·中国现代养殖技术与经营丛书·

专家与成功养殖者共谈——

现代高效肉羊养殖实战方案

ZHUANJIA YU CHENGGONG YANGZHIZHE GONGTAN
XIANDAI GAOXIAO ROUYANG YANGZHI SHIZHAN FANGAN

丛书组编 中国畜牧业协会　　本书主编 旭日干

金盾出版社

内容提要

本书为《中国现代养殖技术与经营丛书》中的一册。由国家肉羊产业技术体系首席科学家旭日干教授主编，国家肉羊产业技术体系岗位科学家与综合试验站站长集体创作。全书以现代肉羊养殖理念为出发点，用大量的“实战方案”为案例，采取“专家与成功养殖者共谈”的独特形式，从我国肉羊产业发展现状、特征、问题与建议，肉羊品种选育与良种扩繁，肉羊的营养调控与饲料配制，肉羊饲养管理技术，肉羊疾病防治与健康养殖，肉羊屠宰与加工，肉羊生产经济组织与规模经营，肉羊养殖经济核算与项目投资评估等八个方面系统介绍了现代肉羊产业新理念、新知识和新技术。

本书的突出特点是，汇集了我国肉羊产业一流的研究团队与企业多年的研究成果和经验，注重贯彻国家颁发的新标准，力推体系研究的新成果，理论与典型案例相结合，权威性、创新性、实用性和操作性强，既可供肉羊养殖者决策参考，也适合养羊场各级管理者和技术人员阅读，而且为相关院校师生了解现代养殖生产理念、技术和方法提供了有价值的参考资料。

图书在版编目(CIP)数据

专家与成功养殖者共谈——现代高效肉羊养殖实战方案/旭日干主编．—北京:金盾出版社,2015.12
(中国现代养殖技术与经营丛书)
ISBN 978-7-5186-0531-6

Ⅰ.①专… Ⅱ.①旭… Ⅲ.①肉用羊—饲养管理 Ⅳ.①S826.9

中国版本图书馆 CIP 数据核字(2015)第 215722 号

金盾出版社出版、总发行
北京太平路 5 号(地铁万寿路站往南)
邮政编码:100036 电话:68214039 83219215
传真:68276683 网址:www.jdcbs.cn
中画美凯印刷有限公司印刷、装订
各地新华书店经销
开本:787×1092 1/16 印张:23.25 彩页:16 字数:400 千字
2015 年 12 月第 1 版第 1 次印刷
印数:1～1 500 册 定价:160.00 元

丛书组编简介

中国畜牧业协会（China Animal Agriculture Association, CAAA）是由从事畜牧业及相关行业的企业、事业单位和个人组成的全国性行业联合组织，是具有独立法人资格的非营利性的国家5A级社会组织。业务主管为农业部，登记管理为民政部。下设猪、禽、牛、羊、兔、鹿、骆驼、草、驴、工程、犬等专业分会，内设综合部、会员部、财务部、国际部、培训部、宣传部、会展部、信息部。协会以整合行业资源、规范行业行为、维护行业利益、开展行业互动、交流行业信息、推动行业发展为宗旨，秉承服务会员、服务行业、服务政府、服务社会的核心理念。主要业务范围包括行业管理、国际合作、展览展示、业务培训、产品推荐、质量认证、信息交流、咨询服务等，在行业中发挥服务、协调、咨询等作用，协助政府进行行业管理，维护会员和行业的合法权益，推动我国畜牧业健康发展。

中国畜牧业协会自2001年12月9日成立以来，在农业部、民政部及相关部门的领导和广大会员的积极参与下，始终围绕行业热点、难点、焦点问题和国家畜牧业中心工作，创新服务模式、强化服务手段、扩大服务范围、增加服务内容、提升服务质量，以会员为依托，以市场为导向，以信息化服务、搭建行业交流合作平台等为手段，想会员之所想，急行业之所急，努力反映行业诉求、维护行业利益，开展卓有成效的工作，有效地推动了我国畜牧业健康可持续发展。先后多次被评为国家先进民间组织和社会组织，2009年6月被民政部评估为“全国5A级社会组织”，2010年2月被民政部评为“社会组织深入学习实践科学发展观活动先进单位”。

出席第十三届（2015）中国畜牧业博览会领导同志在中国畜牧业协会展台留影

左四为于康震（农业部副部长），左三为王智才（农业部总畜牧师），右五为刘强（重庆市人民政府副市长），左一为王宗礼（中国动物卫生与流行病学中心党组书记 、副主任），右四为李希荣（全国畜牧总站站长、中国畜牧业协会常务副会长），右三为何新天（全国畜牧总站党委书记、中国畜牧业协会副会长兼秘书长），右一为殷成文（中国畜牧业协会常务副秘书长），右二为宫桂芬（中国畜牧业协会副秘书长），左二为于洁（中国畜牧业协会秘书长助理）

领导进入展馆参观第十三届（2015）中国畜牧业博览会

中为 于康震（农业部副部长）
右为 刘　强（重庆市人民政府副市长）
左为 于　洁（中国畜牧业协会秘书长助理）

本书主编简介

旭日干，蒙古族，中共党员，内蒙古大学教授。1940年8月生于内蒙古科右前旗，1965年毕业于内蒙古大学生物系。曾任中国工程院副院长、内蒙古大学校长、中国科学技术协会副主席、欧美同学会副会长等职。

旭日干院士自七十年代起就致力于生殖生物学及生物高技术的研究，并做出了突出贡献。1982—1984年赴日留学期间，进行了山羊、绵羊的体外受精研究，在国际上首次成功地培育出世界第一胎“试管山羊”，获得了博士学位。1985年回国后，旭日干院士主持创建了具有国际先进水平的生物高科技研究基地——内蒙古大学实验动物研究中心，在国内率先开展了以牛、羊体外受精为中心的家畜生殖生物学及生物技术的研究，于1989年成功地培育出我国首批“试管绵羊”和“试管牛”，并创造性地提出牛、羊“试管胚”工厂化生产和规模化移植的一整套技术路线，进行了中试开发研究，取得了重大成果，于2001年获得了国家科技进步二等奖。近年来深入进行家畜体细胞克隆与转基因技术的研究，取得了新的进展，培育出了一批体细胞克隆牛、克隆羊和转基因牛、羊，为提升我国养殖业科技水平做出了重要贡献。发表学术论文200余篇，出版专著、译著10多部(包括合著、合编)。他指导和培养博士、硕士研究生和青年科技人员近200人。

1995年当选为中国工程院院士。

本书副主编简介

刁其玉，德国哥廷根大学博士，中国农业科学院研究生院博士生导师，国家肉羊产业技术体系岗位科学家、功能研究室主任，公益性行业专项“南方地区幼龄草食畜禽饲养技术研究”首席科学家，国务院特殊津贴专家。

刁其玉研究员率先开展犊牛和羔羊的营养生理规律及营养素调控技术研究，研制开发出我国第一个具有独立知识产权的代乳品，并在全国得到广泛推广和应用。长期致力于幼龄草食畜（牛、羊）生理营养及饲料配制技术，肉用羔羊营养需要和饲料及添加剂，草食畜高纤维性饲料利用技术及饲料评价新方法研究。获得国家及省部级奖励共7项，授权专利20余项，制定农业行业标准6项，主编著作10余部，发表学术论文300余篇（SCI论文20余篇）。培养硕士、博士研究生及博士后50余名。

目前担任国家农产品质量安全风险评估专家，全国畜牧业标准委员会委员，全国无公害农产品评审委员，全国饲料评审委员会委员，国家农产品地理标志评审委员，北京低碳协会副会长，中国动物营养学分会常务理事兼反刍动物专业委员会主任， 北京奶牛营养学重点实验室主任，新疆南疆地区重点实验室学术委员会主任等。

《中国现代养殖技术与经营丛书》编委会

本书编委会

主 编

旭日干

副主编

刁其玉

编委会

旭日干　中国工程院
　　　　国家肉羊产业技术体系首席科学家

刁其玉　中国农业科学院饲料研究所
　　　　国家肉羊产业技术体系营养与饲料研究室主任

李秉龙　中国农业大学经济管理学院
　　　　国家肉羊产业技术体系环境与产业经济研究室主任

刘湘涛　中国农业科学院兰州兽医研究所
　　　　国家肉羊产业技术体系疾病防控研究室主任

荣威恒　内蒙古自治区农牧业科学院
　　　　国家肉羊产业技术体系遗传育种与繁殖研究室主任

张德权　中国农业科学院农产品加工研究所
　　　　国家肉羊产业技术体系肉品加工研究室主任

王金文　山东省农业科学院畜牧兽医研究所
　　　　国家肉羊产业技术体系环境与产业经济研究室岗位科学家

张子军　安徽农业大学动物科技学院
　　　　国家肉羊产业技术体系环境与产业经济研究室岗位科学家

尚佑军　中国农业科学院兰州兽医研究所

王世琴　中国农业科学院饲料研究所

崔绪奎　山东省农业科学院畜牧兽医研究所

规模化肉羊场全景

彩钢结构加挂卷帘羊舍

山区养羊圈舍建设（江喜春提供）

规模化舍饲肉羊运动场

杜泊羊公羊（廛洪武提供）

夏洛莱羊公羊（王国春提供）

萨福克羊公羊（张英杰提供）

波尔山羊公羊

巴美肉羊公羊（王文义提供）

蒙古羊公羊（荣威恒提供）

湖羊公羊（张子军提供）

昭乌达肉羊公羊（荣威恒提供）

鲁西黑头羊公羊（王金文提供）

小尾寒羊公羊（王金文提供）

南江黄羊公羊（陈瑜提供）

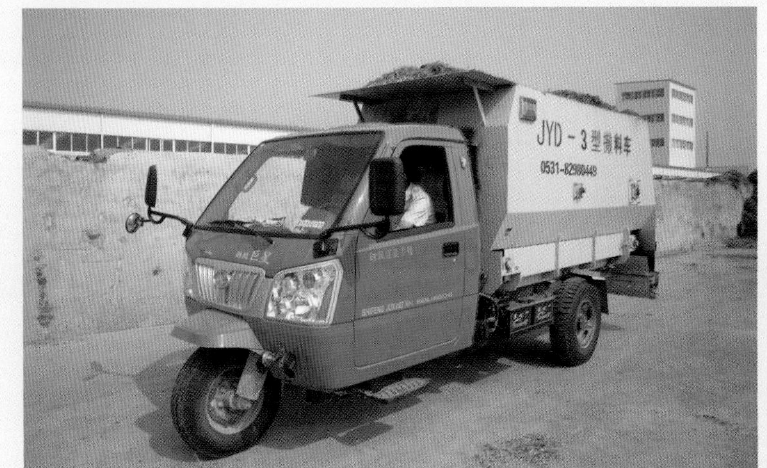

JYD–3型撒料车作业

TMR配套设施设备

牵引式TMR混合机投料

TMR投料

在运动场给羔羊补饲开食料和饲草

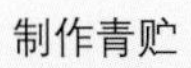

制作青贮

加工饲料

裹包青贮

秸秆压块饲料

秸秆颗粒饲料

青贮取料机

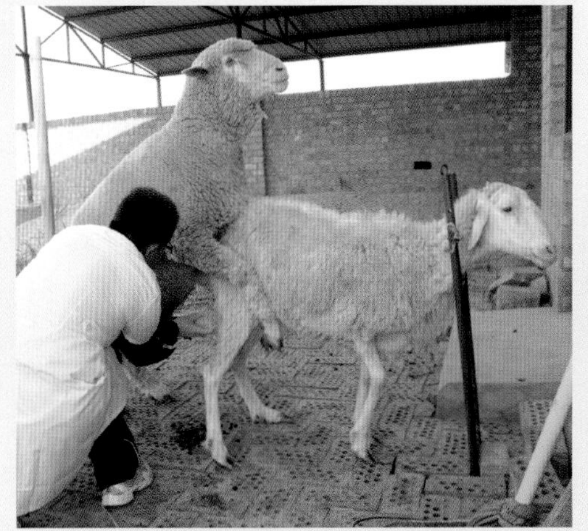

采精（王建国提供）

羔羊人工哺乳

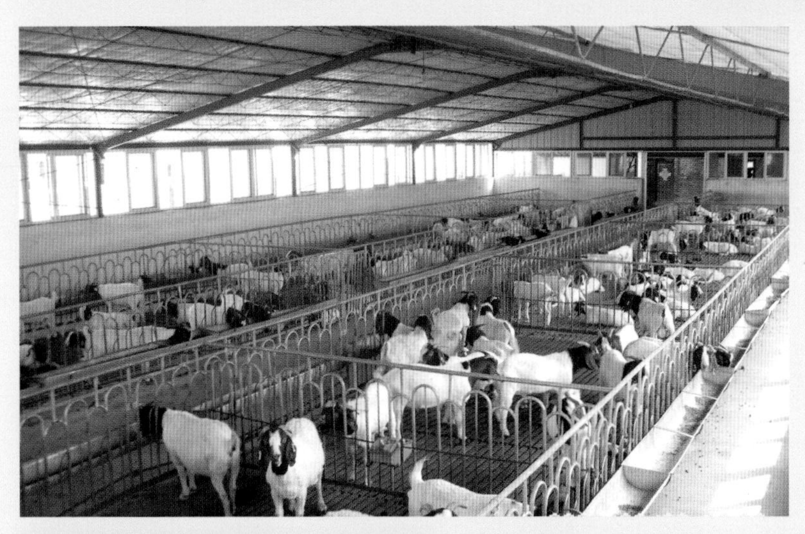

合作社饲养的
纯种波尔山羊

潜山放牧的羊群（江喜春提供））

草原放牧

牧区药浴（祁全青提供）

药浴车

免疫注射
（祁全青提供）

羊舍消毒

粪污处理池

胴体冷却排酸（内蒙古草原宏宝有限公司提供）

羊肉分割包装（内蒙古草原宏宝有限公司提供）

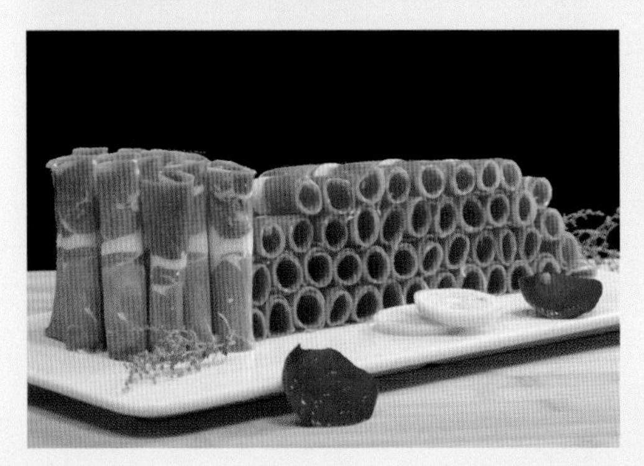

羊肉产品（内蒙古草原宏宝有限公司提供）

丛书序言

改革开放以来，中国养殖业从传统的家庭副业逐步发展成为我国农业经济的支柱产业，为保障城乡居民菜篮子供应，为农村稳定、农业发展、农民增收发挥了重要作用。当前，我国养殖业已经进入重要的战略机遇期和关键转型期，面临着转变生产方式、保证质量安全、缓解资源约束和保护生态环境等诸多挑战。如何站在新的起点上引领养殖业新常态、谋求新的发展，既是全行业迫切解决的重大理论问题，也是贯彻落实党和国家关于强农惠农富农政策，推动农业农村经济持续发展必须认真解决的重大现实问题。

这套由中国畜牧业协会和国家现代农业产业技术体系相关研究中心联合组织编写的《中国现代养殖技术与经营丛书》，正是适应当前我国养殖业发展的新形势新任务新要求而编写的。丛书以提高生产经营效益为宗旨，以转变生产方式为契入点，以科技创新为主线，以科学实用为目标，以实战方案为体例，采取专家与成功养殖者共谈的形式，按照各专业生产流程，把国家现代农业产业技术体系研究的新成果、新技术、新标准和总结的新经验融汇到各个生产环节，并穿插大量图表和典型案例，回答了当前养殖生产中遇到的许多热点、难点问题，是一套理论与实践紧密结合，经营与技术相融合，内容全面系统，图文并茂，通俗易懂，实用性很强的好书。知识是通向成功的阶梯，相信这套丛书的出版，必将有助于广大养殖工作者（包括各级政府主管部门、相关企业的领导、管理人员、养殖专业户及相关院校的师生），更加深刻地认识和把握当代养殖业的发展趋势，更加有效地掌握和运用现代养殖模式和技术，从而获得更大的效益，推进我国养殖业持续健康地向前发展。

中国畜牧业协会作为联系广大养殖工作者的桥梁和纽带，与相关专家学者和基层工作者有着广泛的接触和联系，拥有得天独厚的资源优势；国家现代农业产业技术体系的相关研究中心，承担着养殖产业技术体系的研究、集成与示范职能，不仅拥有强大的研究力量，而且握有许多最新的研究成果；金盾出版社在出版“三农”图书方面享有响亮的品牌。由他们联合编写出版这套丛书，其权威性、创新性、前瞻性和指导性，不言而喻。同时，希望这套丛书的出版，能够吸引更多的专家学者，对中国养殖业的发展给予更多的关注和研究，为我国养殖业的发展提出更多的意见和建议，并做出自己新的贡献。

农业部总畜牧师 王智才

本书前言

中国有着悠久的养羊历史，早在夏商时期就有养羊文字记载，养羊历来都是我国农业生产中的一个重要的产业，与居民的生活和社会发展息息相关。自20世纪80年代以来，我国绵、山羊年存栏、出栏头数和羊肉产量均跃居世界首位，我国是名符其实的世界养羊大国。但是，肉羊养殖作为一个产业，在我国起步还是比较晚。近年来，由于市场对羊毛和羊肉的需求关系发生了变化，养羊业开始发生了重要的战略转型，由毛、绒用羊为主转向肉用羊为主，羊肉生产结构由成年羊肉转向羔羊肉，饲养方式由粗放式经营逐渐转向集约化、专业化经营。加上国家实施粮食安全战略，强调发展草牧业，明确了发展节粮型草食动物的产业政策，使得我国肉羊养殖业作为一个古老而新兴产业迅速的发展起来。2014年，我国绵、山羊存栏已达3亿只，羊肉产量超过400万吨。肉羊产业在改善我国人民膳食结构、提高人民身体素质、增加农牧民生产经营收入、推动我国农业生产结构调整，尤其是畜牧业生产结构调整等方面正显示其巨大的贡献。

于2009年2月正式启动实施的国家肉羊产业技术体系恰逢这样一个产业发展新形势的需求。体系下设1个研发中心，5个功能研究室和24个综合试验站，有22位岗位科学家及其团队组成了一支服务于国家目标的研发团队。六年多来，体系全体成员以肉羊产业为主线，紧紧围绕肉羊产业发展的关键环节深入系统地试验研究，积极探索和实践了我国肉羊产业技术创新和产业转型升级的方略，做了大量的工作，取得了一批阶段性成果，在为产业发展提供技术支撑方面发挥了重要作用，目前我们正认真总结“十二五”规划的实施情况。

本书是我们体系的多名岗位专家结合各自的专业和工作实际，参照已有的文献资料编写的，力求反映体系近年来的研究成果，全面叙述我国现代肉羊产业技术研发现状和发展趋势，突出了肉羊规模化、标准化养殖及羔羊育肥等产业特点。其中，由经济学岗位专家李秉龙教授撰写了“我国肉羊产业发展现状、特征、问题与建议”，他同时总结出“肉羊生产经济组织与规模经营”的实例，给出了“肉羊养殖经济核算与项目投资评估”的模式；育种岗位专家荣威恒研究员与张子军教授撰写了“肉羊品种选育与良种扩繁”，就肉羊的品种特点、杂交选育给出了技术指导；饲料营养岗位专家刁其玉研究员撰写了“肉羊的营养调控与饲料配制”，就高效饲养技术给出了具体技术指导；疾病防控岗位专家刘湘涛研究员针对肉羊规模化养殖、羔羊育肥的产业特点，介绍了“肉羊疾病防治与健康养殖”技术要求与规范；肉羊屠宰与加工岗位专家张德权研究员就肉羊标准化屠宰与加工技术进行了详细的介绍，为肉羊屠宰与加工企业开展传统加工工艺标准化改造提供了技术选择；岗位专家王金文研究员围绕规模化养殖场基础设施建设提出了基本的设计原则和具体的建设方案等等。最后由我本人对全书内容进行通读，并对部分章节做了进一步调整和修改。相信这本书所介绍的来自生产实际的技术成果和产业经营模式等，对正在从事肉羊养殖的技术人员和经营管理者会有一些启发和帮助。

在此，感谢《中国现代养殖技术与经营丛书》编委会的大力支持，感谢中国编辑学会副会长郭德征先生的积极筹划和指导，感谢为本书提供技术资料的综合试验站和养羊企业及养殖户。由于体系作为一个新的科研体制刚刚起步不久，面临的问题和挑战也很多，难以拿得出很成熟的思路和经验可总结，加上这本书的编撰时间比较仓促，我作为主编，后期的统稿审查工作也有点匆匆忙忙，书中难免有一些疏漏和不妥之处，恳请广大读者和行业专家给予批评指正。

旭日干

2015 年 10 月于北京

目 录

第一章

我国肉羊产业发展现状、特征、问题与建议

阅读提示：

我国养羊历史悠久，绵、山羊品种资源丰富。20世纪80年代以来，我国养羊业逐步由毛用向肉毛兼用和以肉用为主转变。20世纪90年代以来，我国肉羊产业保持了较快的发展势头，肉羊存栏量、羊肉产量均有较大幅度的增长，已成为世界上绵羊、山羊年饲养量、出栏量、羊肉产量最多的国家。我国肉羊产业的种羊供种及生产能力显著提高，规模化程度不断提升，产业发展向优势产区集聚，羊肉及相关产品的消费比重显著上升。但我国肉羊产业发展仍然面临着优良肉用品种匮乏、规模化专业化程度低、服务能力弱、生产和加工脱节、产业化水平和市场竞争力低等问题。

第一节　我国肉羊产业发展现状

一、悠久的养羊历史与产业发展方向的转变

我国养羊业历史悠久，源远流长，早在新石器晚期就已经有了羊被驯化的遗迹。经过漫长的历史发展，羊的数量和质量都有了很大的提高，并形成了许多优良的品种类群，这些类群的形成，为以后绵、山羊品种资源的发展奠定了基础。随着相当长时期的驯化与饲养以及人类定居生活的扩展，以游牧为主的养羊范围逐渐扩大，从牧区、半农半牧区到农区，从北方到南方，从高原到沿海都有了羊的足迹，山羊分布更为广泛，绵羊则仍然以高原和寒冷半寒冷地带为主。

我国的养羊技术曾一度领先于世界，经过人们长期的生产实践，在掌握羊与生态环境条件关系的基础上，已逐步形成了饲养放牧、繁殖、选育、疾病防治等生产技术。但世界工业革命开始后，尤其在近代，由于内忧外患致使我国养羊业步入衰落期。新中国成立至今，我国养羊业开始复苏，进入一个全新的高速发展阶段，不但养羊规模大幅度增加，羊品种资源更加丰富，而且羊肉品质也得到较大改善。一大批绵、山羊新品种的培育成功和养羊科研成果的取得，为我国的养羊业进入现代规模化生产提供了可靠的物质基础。加之杂交改良、人工授精技术的普及与推广，为我国养羊产业发展提供了巨大动力来源。

在市场需求的拉动下，从20世纪60年代起，国际养羊业的主导方向发生了变化，由毛用为主转向肉毛兼用，进而到肉用为主的发展趋势。特别是近年来世界范围内食品消费结构的调整，羊肉类健康食品的消费需求不断增长，在此背景下伴随着我国经济的快速发展和居民生活水平的提高，居民食物消费结构发生了很大的变化，羊肉凭借其高蛋白质、低胆固醇等特性深受消费者的青睐。

二、肉羊产业的快速发展

20世纪90年代以来，随着羊毛市场疲软，而羊肉需求量猛增，我国肉羊产业保持了较快的发展势头，肉羊存栏量、羊肉产量均有较大幅度的增长。

1990—2012年间，我国肉羊存栏量由8 931.4万只增加到28 504.1万只，羊肉产量由106.8万吨上升到401万吨，年均增长率为10.2%（中国农村统计年鉴，2013），占世界羊肉总量的比重由1990年的11.9%增加到2010年的29.12%。中国已成为世界上绵羊、山羊年饲养量、出栏量、羊肉产量最多的国家。与此同时，我国肉羊产业产值占整个畜牧业总产值的比重由2.8%上升到6.6%，产业效益增加明显。在肉羊产业全面增长的基础上，我国畜牧兽医科研、教育事业也得到国家的大力扶持和发展，肉羊生产力不断提高，良种覆盖率不断增加，肉羊营养及饲料工业发展迅速。

从1980年到2012年，肉羊出栏率由22.6%上升到95.1%（中国农村统计年鉴，2013），增长了4倍多。来自全国农产品成本收益资料（2013）显示，每只绵羊产品畜的平均活重由1997年的34.77千克增加到2012年的40千克，增加了近6千克。2011年的屠宰率平均为55%，以优良的肉用品种巴美肉羊、昭乌达肉羊、鲁西黑头肉羊为例，胴体净肉率平均达到75%。与此同时，我国肉羊优良品种的选育与推广迅速开展，良种覆盖率也有了大幅度的增长。来自农业部《全国羊遗传改良方案（2009—2020）》的资料显示，到2007年，肉羊良种覆盖率达到50%。出栏率、出肉率和良种率的提高标志着我国肉羊生产和管理水平达到了一个新的台阶，这不但促进了肉羊产业的发展，而且更重要的是整个产业的效益不断提高，农牧民的养殖收入不断增加，肉羊产业已经逐步成为我国畜牧业经济的支柱产业，成为农牧民增收和就业的主渠道之一。

三、2000年以来羊肉价格不断上涨

我国羊肉价格自2000年以来一直保持了上涨的总体趋势，特别是2006年以后羊肉价格进入了快速上涨的轨道，分别在2006—2008年和2011—2013年期间经历了明显的上涨过程。14年间，羊肉价格总涨幅接近350%，年均上涨率超过10.7%，月均上涨率接近0.9%。从需求角度来看，羊肉价格的快速上涨无疑对快速增长的羊肉消费产生巨大影响，同时也对以羊肉消费为主的穆斯林群众生活带来巨大的冲击。从供给方看，羊肉价格上涨对提高农牧民收入具有一定的促进作用。

四、国家连续出台促进肉羊产业发展的政策

在市场经济条件下，经济效率的实现必须形成动态的产业结构和地区分工。有效率的资源组合在区域上就表现为地区之间合理分工，使生产能够发挥各地

优势，形成优化的产业布局。2003年，我国出台了《肉牛肉羊优势区域发展规划（2003—2007）》，并取得了显著成效。在此基础上，2008年《全国肉羊优势区域布局规划（2008—2015）》专门针对肉羊产业发展做出了规划，根据不同区域的特点明确了各区域的定位和主攻方向，覆盖全国21个省、自治区、直辖市的153个优势县旗，并由中央财政现代农业生产发展项目对肉羊生产优势县（旗）进行支持。为调整产业结构，还对标准化养殖场进行补助。这些规划引导肉羊产业向具有一定资源禀赋、市场基础、产业基础的区域集中，发挥肉羊生产的区域比较优势，有效地增加了供给。通过产业集聚水平的提高，提升了产业竞争力。

农业部2011年9月7日印发的《全国畜牧业发展第十二个五年规划（2011—2015）》中对于肉羊发展提出“大力发展舍饲、半舍饲养殖方式，引导发展现代生态家庭牧场，积极推进良种化、规模化、标准化养殖”。政府通过良种补贴、投资育种、繁育、饲料、圈舍设计、育肥、防疫等相关技术的研发，以及建设标准化规模示范场等来促进肉羊规模经营发展。2011年第一批农业部畜禽标准化示范场总共有475个，其中包括44个肉羊标准化示范场。

从2011年起，在退牧还草工程基础上，中央财政投入134亿元资金，在内蒙古自治区等8个主要草原牧区省、自治区建立草原生态保护补助奖励机制。继续以工程项目的形式推行禁牧和建设养畜，但对禁牧区域以外的可利用草原，在核定合理载畜量的基础上实施草畜平衡管理，并给予未超载放牧的牧民草畜平衡奖励，与禁牧补助一起简称“草原补奖政策”。2012年，中央财政草原补奖资金增加到150亿元，实施范围进一步扩大到东北、华北5省，覆盖了全国所有牧区半牧区县，成为新中国成立以来在草原牧区实施的一项资金规模大、涉及面积广、受益牧民多的大政策，标志着我国对牧民的生态补偿政策进入了新阶段。随着退牧还草工程继续实施并更加突出针对性，京津风沙源草原治理工程二期顺利启动，以及相关的游牧民定居工程、草原防火、草原监测、牧草保种、治虫灭鼠、飞播种草等项目继续深入实施，2012年中央财政草原总投入超过220亿元，是2009年的5倍多，创历史新高，牧民人均草原补奖等政策性收入也达到700元，占牧民人均纯收入的11.8%，缓解农牧民对草地的依赖及其导致的资源过度利用的作用日增，对我国草原肉羊生产产生了广泛而深刻的影响。

第二节 我国肉羊产业发展的基本特征

一、肉羊生产的总体特征

(一) 肉羊生产快速发展，种羊供种及生产能力显著提高

从1980年以来，我国肉羊生产保持了良好的发展势头。我国肉羊总存栏量总体呈上升趋势（图1-1）。1980—2012年，我国肉羊总存栏量最高的年份出现在2004年，也是唯一突破3亿只的一年，达到3.04亿只。1994年以前，我国绵羊存量一直高于山羊，1995年开始，山羊存栏量首次超过绵羊，到2004年以后，绵羊存栏量领先于山羊，但是到2007年以后山羊存栏量再次高于绵羊。总的来看，我国肉羊存栏总量呈现稳中有升的趋势。

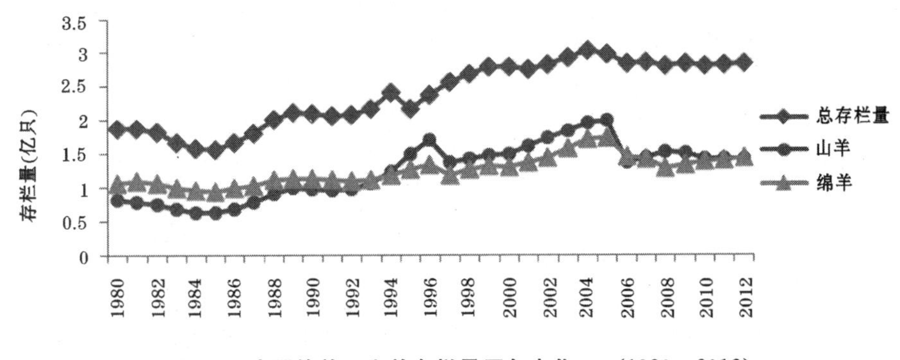

图1-1 我国绵羊、山羊存栏量历年变化 (1980—2012)

与此同时，肉羊良种的培育与推广应用也随之加强。在育种方面，我国积极引入国外优良品种、充分利用国内丰富的遗传资源，开展杂交改良，培育生产力高的绵羊、山羊品种，充分发挥杂交的经济优势，提高其肉用性能，以满足种羊和羊肉市场的需求。良种的供应能力直接决定了肉羊的生产水平，对国外引进的肉羊品种以及配套系进行选育改良，不但增加了我国肉羊良种资源，而且也增强了我国肉羊良种的供应能力。我国历年种羊供种能力及羊肉生产情况见表1-1。种羊场作为肉羊产业链的上游环节，在纯繁扩群、经济杂交、供种以及新品种培育等方面起到至关重要的作用。从1999年至今，我国种羊存栏、出栏量呈不断增加趋势，而良种冻精、胚胎等遗传物质作为品种培育和扩繁的

重要技术手段，从2002年开始，也已逐步推广并采用，对提升我国肉羊生产水平起到了积极作用。从肉羊活重、日增重及羊肉总产量逐年上升的趋势来看，良种供种能力的提高对肉羊的生产水平有积极影响。

表 1-1 我国种羊供种能力及肉羊生产情况

年份	种羊场（个）	种羊存栏量（万只）	出栏量（万只）	冻精（万剂）	胚胎（枚）	活重（千克/只）	日增重（千克/只）	羊肉总产量（万吨）
1999	797	108.5	30.9	—	—	32.71	0.111	251.3
2000	940	109.6	31.1	—	—	34.1	0.116	273.9
2001	1099	116.2	40.3	—	—	38.5	0.148	292.7
2002	1173	95.7	41.6	94.92	66218	40.3	0.145	316.7
2003	1259	124.3	62.1	45.13	57593	36.8	0.128	357.2
2004	1182	122.6	59.0	66.26	32722	41.6	0.175	399.3
2005	1106	124.9	50.2	31.3	41542	42.5	0.183	435.5
2006	907	120.5	45.6	5.4	44433	43.3	0.192	469.7
2007	769	119.6	43.0	27.7	33246	40.7	0.194	382.6
2008	911	140.8	43.9	13.3	36913	39.8	0.19	380.3
2009	906	131.0	37.5	61.0	41195	40.4	0.214	389.4
2010	1040	175.6	66.4	91.56	65179	41.4	0.213	398.9
2011	1168	193.0	86.3	17.5	63467	41.7	0.215	393.1
2012	1288	199.8	79.1	—	128548	40.0	0.371	401.0

数据来源：《中国畜牧业年鉴》（2000—2012）和《全国农产品成本收益资料汇编》（2000—2013）。

（二）肉羊生产仍以散养为主，规模化程度不断提高

与发达国家相比，我国肉羊养殖方式仍然较为传统和落后，饲养仍以一家一户小而散的粗放饲养为主，养殖规模基本上仍表现为“小规模、大群体”。然而随着国家禁牧、休牧等政策的出台以及生态环境保护力度的加大，农牧区的饲养方式正逐步由放牧转变为舍饲和半舍饲，这不仅充分利用了农区丰富的秸秆资源和闲置劳动力，缓解了肉羊对草地和生态环境的压力，更重要的是推进了肉羊产业向规模化、标准化的方向发展。总体来看，肉羊散养所占的比重逐步下降，而规模化养殖的比重不断上升（表1-2）。这不但有助于从源头上控制羊肉产品质量安全，而且可以促进肉羊良种、动物营养等先进生产技术的推广

普及，提高肉羊产业的整体生产能力。

表 1-2　2003—2012 年我国肉羊养殖规模分布　（单位：万户、百万只）

年出栏数	1～29 只		30～99 只		100～499 只		500～999 只		1000 只以上	
年　份	户数	出栏	户数	出栏	户数	出栏	户数	出栏	户数	出栏
2003	2680.6	164.4	162.6	82.2	15.9	35	1.14	7.31	0.18	2.07
2004	—	—	157.1	79.6	15.9	37.4	0.82	7.32	0.12	2.48
2005	—	—	163.7	88.5	27.1	43.2	1.37	8.15	0.22	3.29
2006	—	—	168.0	82.8	27.1	42.0	2.54	15.9	—	—
2007	2393.4	209.2	160	85.5	23.3	44.8	1.68	12.6	0.25	4.11
2008	2119.5	183.9	152.8	84.1	23.7	50.5	1.37	8.92	0.24	4.56
2009	1979.5	172.8	166.3	91.15	24.3	52.9	1.5	10.5	0.28	6.85
2010	1979.5	177.1	160.2	89.7	24.6	57.3	1.74	12.1	0.37	9.85
2011	1887.8	—	164.5	—	25.9	—	2.2	—	0.48	—
2012	1755.8	—	170.7	—	28.4	—	2.41	—	0.60	—

数据来源：《中国畜牧业年鉴》（2001—2010），《中国畜牧业统计》（2011—2012）。

注：“—”表示数据缺失。

（三）肉羊生产区域特征明显，产业发展向优势产区集聚

从肉羊养殖区域分布来看，我国绵羊养殖地区主要集中在内蒙古自治区、新疆维吾尔自治区、甘肃省、青海省和西藏自治区五大牧区，这五大牧区的绵羊存栏总量占全国绵羊总存栏量的比例一直在 65％以上，成为我国绵羊肉的主产区。我国山羊的养殖大省（自治区）主要集中在河南、山东、内蒙古、四川及江苏，这些省在多数年份里稳居我国山羊存栏总量排名的前五位，并且除了内蒙古自治区外，其他 4 个省都分布在农区，已成为我国山羊肉的主产区。不过从养殖区域和羊肉产量综合来看，我国肉羊产业有进一步集中的趋势。通过对农牧区六大主产省羊肉产量变动分析（表 1-3）可以发现，我国肉羊生产逐步向这 12 省（区）集中，2012 年，牧区六省（区）的羊肉总产量占全国羊肉产量的比重达 44.9％，农区六省（区）的占比达到 33.12％，近年来，这 12 个省（区）羊肉总产量占全国比重一直在 80％左右。自 1990 年以来农区六省区羊肉总量占全国的比例始终高于牧区六省（区），这一态势一直保持到 2005 年。2006 年以后，这一态势被打破，牧区六省（区）羊肉

比重开始超越农区又重新成为中国肉羊新的生产重心，直到2012年，这几年牧区六省（区）的羊肉总产量占全国的比重一直保持在44%以上，而农区肉羊总产量的比重稳步下降到33%左右。单从牧区来看，肉羊生产主要集中于内蒙古和新疆两自治区，而农区凭借其大量农作物秸秆、丰富的饲草资源和劳动力资源等优势，激发了农民舍饲或半舍饲化养殖的极大兴趣，农区养羊成为新的亮点，并且农区有进一步向山东、河南、河北3省集中的趋势。不过近几年来，四川肉羊生产发展很快，因此从分布情况来看，肉羊生产有向河南、山东、河北和四川集中的趋势。

表1-3　我国主要牧区、农区羊肉产量及其占全国比重　（单位：万吨，%）

年份		1990	1995	2000	2005	2007	2008	2009	2010	2011	2012
全国		106.8	201.5	274	435.5	382.6	380.3	389.4	398.9	393.1	401
牧区	内蒙古	12.7	16.9	31.8	72.4	80.8	84.8	88.2	89.2	87.2	88.6
	新疆	15.8	24.5	37.5	60	60.5	46	47	47	46.4	48
	甘肃	3.8	5.8	7.5	12.5	14.6	15.4	15.6	15.6	15.4	15.9
	青海	5.6	6.1	7	9.2	8.7	8.7	8.8	9.8	9.9	10.4
	西藏	3.9	4.8	5.7	7.5	8.2	8.3	8.4	8.7	8.6	8.5
	宁夏	1.7	1.7	3.3	6.4	5.7	5.9	6.8	7.3	7.9	8.5
	合计	43.5	59.8	92.8	168	178.5	169.1	174.8	177.6	175.4	179.9
	占比	40.73	29.68	33.87	38.58	46.65	44.46	44.89	44.52	44.62	44.9
农区	山东	15.7	39.2	24.8	36.4	33	33.2	32.9	32.7	32.5	33.1
	河北	8	16.8	24.6	33.7	24.3	26.5	28	29.3	28.4	28.7
	河南	8	21.1	32	46.7	25.3	26.5	25.9	25.2	24.8	24.8
	安徽	3	5.3	11.2	16.4	13.2	13.4	13.8	14.2	14.2	14.6
	江苏	7.3	16.5	15.8	17.9	7.1	7	7.5	7.4	7.3	7.6
	四川	3.7	8.3	16.2	20	23.8	24	24.3	24.8	23.9	24
	合计	45.7	107.2	124.6	171.1	126.7	130.6	132.4	133.6	131.1	132.8
	占比	42.79	53.2	45.47	39.29	33.12	34.34	34	33.49	33.35	33.12

数据来源：根据《中国农村统计年鉴》（1980—2013）整理。

随着国家“优化农业区域布局，加快建设优势农产品产业带”政策的出台，并相继颁布了《肉牛肉羊优势区域发展规划（2003—2007）》和《肉羊优势区域布局规划（2008—2015）》，这些政策规划的颁布对我国肉羊产业的发展起到了重要推动作用，使肉羊生产的区域分布发生了明显变化，促进我国肉羊产业逐步向优势产区集聚（表 1-4）。通过对表 1-4 进行分析发现，自 2000 年以来，我国羊肉生产的四大优势产区羊肉总量占全国的比重长期保持在 90%左右，尤其在 2003 年以后，占全国的比例呈现平稳上升的趋势，2009 年达到最高水平，为 92.99%。这表明四大优势产区是我国羊肉生产的主体和生力军。从变动趋势上来看，肉羊生产向四大优势区域集中的趋势明显，其中中原优势区和中东部农牧交错区是肉羊生产的重中之重，这两大优势区的羊肉总量占全国的比例一直保持在 58%左右，并且无论在生产的绝对量上还是发展速度上均保持领先地位。然而西南优势区羊肉产量占全国的比例增势明显，西北优势区呈现小幅下降的态势。从区域变动的影响因素分析来看，虽然各影响因素对不同区域肉羊生产的作用方向和影响程度不尽相同，但综合来看，除了自然条件这一重要的因素影响外，区域经济发展水平、非农产业发展和政府的支持力度都是影响我国肉羊生产区域变动的关键因素（李秉龙等，2012）。从以上优势产区布局来说，我国肉羊生产已逐步向自然条件适宜、农村经济发展水平较低、非农产业发展相对落后的地区转移和集中。

表 1-4 中国主要优势区域羊肉生产变化 （单位：万吨）

年份		2000	2005	2006	2007	2008	2009	2010	2011	2012
全国		274	435.5	469.7	382.6	380.3	389.4	398.9	393.1	401
中原优势区	河北	24.6	33.7	35.4	24.3	26.5	28	29.3	28.4	28.7
	山东	24.8	36.4	36.6	33	33.2	32.9	32.7	32.5	33.1
	河南	32	46.7	51.2	25.3	26.5	25.9	25.2	24.8	24.8
	湖北	3	6	6.5	6.1	7.3	7.8	8.1	—	8.2
	江苏	15.8	17.9	18	7.1	7	7.5	7.4	7.3	7.6
	安徽	11.2	16.4	17.6	13.2	13.4	13.8	14.2	14.2	14.6
	占比（%）	40.66	36.07	35.19	28.49	29.95	29.76	29.31	27.27	29.2
中东部农牧交错带优势区	山西	7	7.4	7.7	5.2	5.1	5.6	5.6	5.6	5.9
	内蒙古	31.8	72.4	81	80.8	84.8	88.2	89.2	87.2	88.6
	辽宁	3.4	7.1	7.6	7	7.3	7.8	7.9	7.9	7.9
	吉林	3.2	4.2	4.3	4.4	3.5	3.6	3.8	3.9	4.1
	黑龙江	3.5	10.7	12	10.4	10.5	11.6	12.1	11.8	12.1
	占比（%）	17.85	23.38	23.97	28.18	29.24	29.99	29.73	29.61	29.6

续表 1-4

年份		2000	2005	2006	2007	2008	2009	2010	2011	2012
全国		274	435.5	469.7	382.6	380.3	389.4	398.9	393.1	401
西北优势区	新疆	37.5	59.9	67	60.5	46	47	47	46.4	48.0
	甘肃	7.5	12.5	14.4	14.6	15.4	15.6	15.6	15.4	15.9
	陕西	5.4	9.3	10.2	7	7.4	7.3	7.3	6.7	6.9
	宁夏	3.3	6.4	7.2	5.7	5.9	6.8	7.3	7.9	8.5
	占比（%）	19.6	20.23	21.03	22.95	19.64	19.7	19.35	19.44	19.8
西南优势区	四川	16.2	20	21	23.8	24	24.3	24.8	23.9	24.0
	重庆	1.9	3.6	4	1.6	1.8	2.1	2.4	2.6	2.8
	云南	5.8	10.1	11.4	10.2	11.5	12.1	12.9	13	13.6
	湖南	6.1	11.6	13	10.3	10.6	11	10.6	10.2	10.3
	贵州	4.2	5.5	6	2.8	3	3.2	3.4	3.4	3.5
	占比（%）	12.48	11.66	11.79	12.73	13.38	13.53	13.56	13.51	13.5
占比总计		90.59	91.34	91.98	92.35	92.21	92.99	91.95	89.83	92.1

数据来源：根据《中国农村统计年鉴》（2000—2013）整理。

二、居民消费结构有所调整，羊肉及相关产品的消费比重显著上升

（一）羊肉消费量呈上升趋势，城乡居民羊肉消费存在差异

随着我国经济的快速发展和居民生活水平的提高，居民的食物消费结构发生了很大的变化，动物性食品消费在总食品消费中的比例显著提高。与此同时，畜产品消费结构也有了显著提高，猪肉消费比例逐步下降，牛羊肉、禽肉、奶类消费比例大幅上升，居民对食物的消费开始进入有选择的需求阶段。而羊肉凭借其鲜嫩、多汁、味美、高蛋白质、低胆固醇等特性，成为居民肉类消费的首选。由于我国二元经济结构的存在，城乡经济发展水平的不一致，导致我国城镇居民与农村居民出现不同的羊肉消费特征。据国家统计资料显示，从1995年至2012年，居民人均羊肉消费量总体呈现上升趋势，城镇居民的人均羊肉消费绝对量要高于农村居民的消费量，但是二者之间的消费差距逐渐缩小。这主要是由于随着经济的发展，农村居民生活水平的提

高，农村居民人均羊肉消费量呈现明显增加，而城镇居民的人均消费量波动性特征比较明显。通过图 1-2 的分析，在 2002 年、2008 年、2012 年达到城镇居民消费量的低点，不过许多学者认为官方统计数据并不能完全反映居民的真实消费量，也就是对我国畜产品消费量存在低估倾向，主要原因是并未把户外就餐量涵盖其内。

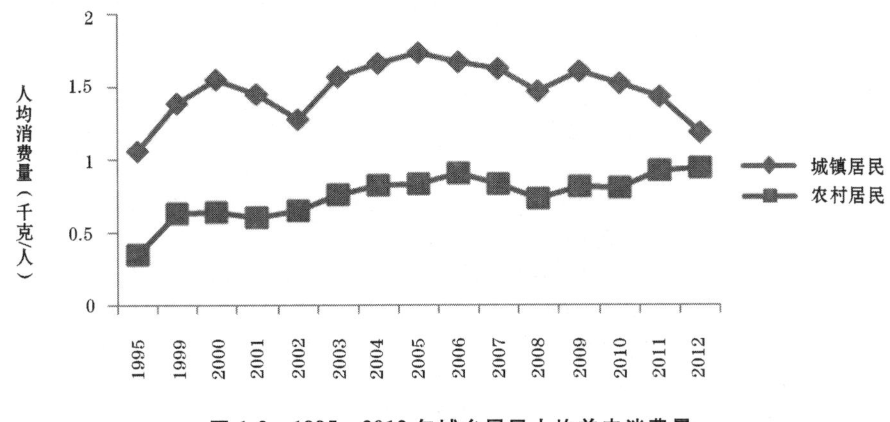

图 1-2　1995—2012 年城乡居民人均羊肉消费量

数据来源：《中国统计年鉴》（1996—2013）

（二）羊肉产品消费因区域差异、收入差异而有所不同

我国是一个多民族的人口大国，各地区受历史、宗教信仰、消费习惯等社会因素的影响，而且区域间经济发展水平也存在不同程度的差异，因此各地区居民的消费特征也存在明显的差异。通过图 1-3 的分析，2005—2012 年，东部、中部、西部及东北地区的牛羊肉消费差别呈现缩小趋势，但是在 2011 年之前，东北地区城镇居民人均牛羊肉消费量在 4 个区域中居于首位，其次是西部地区，中部地区人均牛羊肉消费量最低。从消费的绝对量上来看，2012 年，4 个地区的消费差异最小。东北及西部地区是牛羊肉消费的主要区域，且西部地区人均牛羊肉消费增长迅速，目前已成为最大的消费群体。同时，中部地区城镇居民牛羊肉消费增长较快，有较大的消费潜力。

从农村居民的全年人均羊肉消费量上来看（图 1-4），地区间的消费差异比较明显，从 2005—2011 年，西部地区农村居民人均羊肉消费量一直远远高于东部、中部、东北地区的人均羊肉消费量。具体分析，东部地区农村居民人均羊肉消费量变化不大，总体保持平稳。东北地区的人均羊肉消费量整体呈下降趋势，中部地区农村居民人均羊肉消费量有小幅的上升，但人均消费量与其他 3 个区域比较仍然处于较低水平。

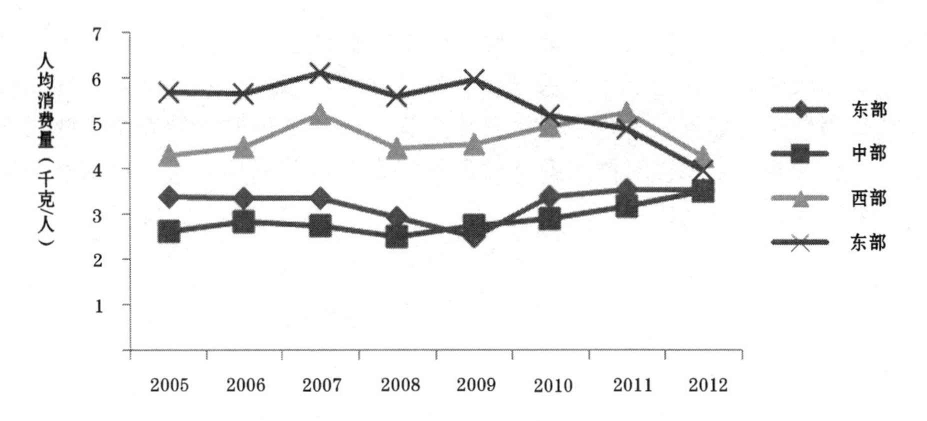

图 1-3　2005—2012 年不同区域城镇居民全年人均牛羊肉消费变化

数据来源：《中国统计年鉴》（2006—2013）

注：①由于不同区域城镇居民人均羊肉消费数据无法获取，在此主要将牛羊肉放在一起分析。

②东、中、西部及东北地区的划分是根据国家统计局标准而定。东部地区包括：北京、天津、河北、上海、江苏、浙江、福建、山东、广东和海南；中部地区包括：山西、安徽、江西、河南、湖北、湖南；西部地区包括：内蒙古、广西、重庆、四川、贵州、云南、西藏、陕西、甘肃、青海、宁夏、新疆；东北地区包括：辽宁、吉林、黑龙江。

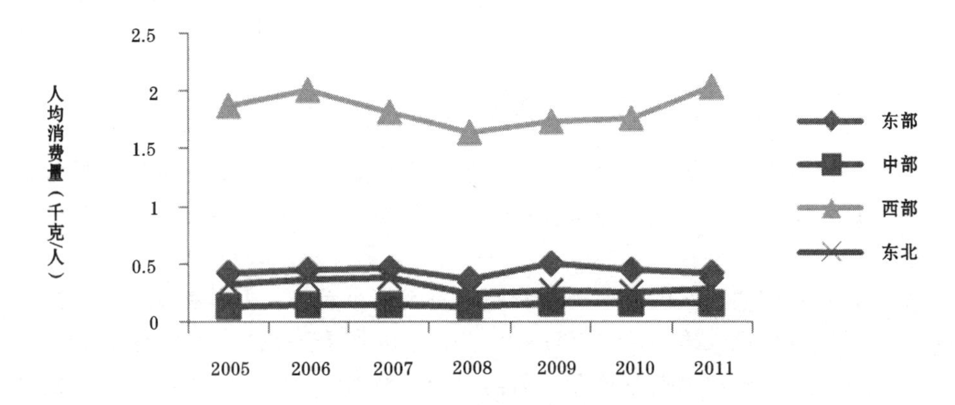

图 1-4　2005—2011 年不同区域农村居民全年人均羊肉消费变化

数据来源：《中国统计年鉴》（2006—2012）

注：由于官方统计数据，对 2012 年的农村居民年人均羊肉消费量未做单独统计，因此该处数据仅统计到 2011 年。

按照不同收入层次来划分，城市居民中收入最低的羊肉消费最少。随着收入的增加，羊肉消费数量同步增加，收入越高的群体，对羊肉消费的量也越多。从表 1-5 可以看出，占比为 10% 的最低收入户的羊肉消费与农村居民的消费量基本持平。总的来看，随着收入的增加，羊肉消费的量也随之增加，但当收入水平提高到一定程度后，羊肉消费的数量并未增加，而是呈现小幅下降的趋势，这一现象，从占比为10%的最高收入户的羊肉消费变化中可以体现出来。

总的来说，羊肉消费的差异特征，不但在不同区域、不同收入水平中体现出来，而且也会受到羊肉价格及相关替代品价格的影响。

表 1-5 1995—2012 年不同收入间城乡居民羊肉消费变化 （单位：千克）

年份	全国总平均	城市居民								农村居民
		最低收入户（10%）		低收入户（10%）	中等偏下户（20%）	中等收入户（20%）	中等偏上户（20%）	高收入户（10%）	最高收入户（10%）	
			困难户（5%）							
1995	0.97	0.66	0.63	0.86	0.85	0.95	1.11	1.15	1.4	0.35
1999	1.23	0.77	0.7	0.95	1.13	1.31	1.41	1.48	1.59	0.63
2000	1.35	0.81	0.73	1.05	1.23	1.35	1.59	1.59	1.98	0.64
2001	1.92	1.43	1.33	1.65	1.91	1.97	2.13	2.06	2.23	0.6
2002	1.08	0.65	0.58	0.82	1.08	1.26	1.38	1.32	1.21	0.65
2003	1.33	0.86	0.77	1.05	1.27	1.43	1.57	1.59	1.34	0.76
2004	1.39	0.93	0.87	1.17	1.41	1.5	1.62	1.52	1.3	0.82
2005	1.43	0.98	0.96	1.08	1.39	1.55	1.67	1.67	1.53	0.83
2006	1.37	0.89	0.81	1.08	1.4	1.49	1.59	1.58	1.36	0.9
2007	1.34	0.94	0.88	1.09	1.3	1.47	1.55	1.46	1.42	0.83
2008	1.22	0.85	0.89	0.91	1.12	1.39	1.45	1.38	1.29	0.73
2009	1.32	0.89	0.92	1.02	1.23	1.51	1.56	1.53	1.42	0.81
2010	1.25	0.88	0.88	1.03	1.21	1.38	1.43	1.38	1.35	0.8
2011	1.18	0.9	0.93	0.86	1.1	1.31	1.37	1.4	1.3	0.92
2012	1.19	0.89	1.04	0.87	1.19	1.26	1.34	1.44	1.3	0.94

第三节　我国肉羊产业发展所面临的主要问题

一、优良的肉用品种匮乏，肉羊良种化程度低

虽然我国绵羊、山羊品种资源丰富，但专门的肉用品种相对比较缺乏。我国的绵羊品种多为毛用或毛肉兼用型，而繁殖力高、生长快、胴体品质好、经济效益优的肉用优良品种除了从国外引进外，近年来国家批准认定的肉羊新品种如巴美肉羊、昭乌达肉羊、察哈尔羊推广主要在内蒙古的局部地区，对我国肉羊产业的整体提升作用还十分有限。一方面，我国羊品种繁多，地方品种的优良特性除繁殖力外，还有肉质优良、适应性强等，对这些优良特性的系统选育还不够充分。山羊品种除了采用多品种复杂杂交，经过多年选育而成的南江黄羊、简州大耳羊为优良肉用山羊良种资源外，大部分为普通山羊，普遍存在生长速度慢、产肉性能差、繁殖率和饲料转化率低下等缺陷，严重制约了我国肉羊产业的发展。另一方面，由于国外品种具有良好的生产性能，20 世纪我国出现了大量“引种潮”，但是我国本地肉羊品种改良需求大，而引入品种数量有限，这种供需矛盾的存在伴随着肉羊“炒种”问题的发生，并在一定程度上也阻碍了肉羊产业发展。目前，适合我国养殖的优良肉羊品种有萨福克羊、德国肉用美利奴羊、小尾寒羊、无角陶塞特羊、兰德瑞斯羊、夏洛莱羊和波尔山羊等，其中只有小尾寒羊是我国自有的品种，其余均为引进品种。总的来看，我国具有知识产权的肉羊自有良种比较匮乏。目前，已通过国家鉴定的具有自主知识产权的肉羊品种（系）有巴美肉羊、昭乌达肉羊、鲁西黑头肉羊、南江黄羊、简州大耳羊、天府肉羊。虽然通过引入国外优良品种，开展杂交改良地方品种，选育与培育生产力高的绵、山羊品种，但我国绵羊、山羊良种化程度依然不高，这就大大影响了我国肉羊产业的总体生产水平和产品质量的提高，使我国肉羊产业水平与发达国家相比差距较大。因此，培育适合我国肉羊产业发展的优良品种，是整个产业发展的动力。

二、肉羊生产以家庭经营为主，规模化、专业化程度低

当前我国肉羊生产的主要模式仍是以家庭经营为主的小规模散养（饲养规

模在100只以下）为主，虽然规模化程度不断提高，但是相比发达国家，规模化程度仍然很低。《中国畜牧业统计》显示，2012年，全国肉羊养殖场（户）共计1 957.98万户，其中年出栏1～29只的场（户）数为1 755.83万户，占89.68%；年出栏30～99只的场（户）数为170.71万户，占8.72%；年出栏100～499只的场（户）数为28.44万户，占1.45%；年出栏500～999只的场（户）数为2.41万户，占0.12%；年出栏1 000只以上的场（户）数为0.599 4万户，仅占0.03%。2012年不同规模年出栏数占全部数的比重是，年出栏1～29只的占45.5%，年出栏30只以上的占54.5%，年出栏100只以上的占28.3%，年出栏500只以上的占9.6%，年出栏1 000只以上的占4.9%。由此可见，我国肉羊生产集中度仍然很低。长期以来，广大农牧民肉羊饲养所形成的"小规模、大群体"粗放饲养模式，尚未形成科学饲养、标准化管理的生产模式。一方面，肉羊生产的传统粗放、量少、质差等特征，也无法从源头上保证肉羊加工企业的原料品种优良、品质优秀、经济性状好等要求，从而造成生产销售中数量、质量的无法控制，难以进行标准化生产和打造优质品牌，资源优势难以形成产业优势。另一方面，这种生产方式也给重大疫病的防控带来巨大隐患，严重影响着畜禽良种、动物营养等先进肉羊生产技术的推广普及，表现为肉羊良种化程度低、羊肉生产时间长、商品率低、饲养成本高、个体胴体重小等方面。最重要的是生产者的养殖成本因规模小而偏高，没有实现规模经济，养殖效益增加不明显。因此，近年来我国肉羊产业在有些地方出现萎缩趋势，出现品种良种化程度低、生产力水平不高的现象，这与国家大力提倡以标准化规模饲养为基础，发展现代畜牧业的要求严重背离。

三、肉羊繁育体系不健全，服务能力依然较弱

良种繁育体系是推广和普及良种的重要载体，在提高肉羊良种化率过程中起着十分重要的作用。羊具有产品和资产双重属性，羊既是生产的产品也是进行再生产的资产和工具。由于羊的繁殖能力低、生产周期长，对羊进行品种改良和提纯培育是提高羊生产能力的重要途径；同时，实现繁育与育肥相分离，促进专业分工，提高生产效率，也是促进肉羊生产可持续发展的重要方面（薛建良，2012）。但是，从总体上看，我国种羊良种繁育体系缺乏活力，也不健全。目前我国并未形成由原种场、扩繁场和商品场组成的完整的良种繁育结构。多数原种场规模偏小，基础设施简陋，育种技术水平低，选种和繁育手段落后，有些地区甚至不设商品场，而是原种场与扩繁场同时供应种羊，导致种羊生产、管理及推广部门信息不对称、服务能力较弱、服务效率低下。据《中国畜牧业

统计》显示，2012 年，我国种羊场有 1 288 家，种羊年末存栏达 199.76 万只，其中能繁母羊为 131.15 万只，当年出栏种羊 79.11 万只。我国肉羊供种能力呈现不断提高的趋势。然而实际情况是，我国的大部分种羊场是为了保护当地特色品种而设立的，种羊场经济效益普遍较差（薛建良，2012），许多育种场和扩繁场名不符实或倒闭破产。尽管种羊供种能力不断提高，但为肉羊产业服务的能力依然偏弱，与生产紧密联系的羊繁育体系还没有形成。种羊鉴定管理不到位，因管理力量薄弱、种羊质量监督管理体系不健全，导致种羊市场混乱，种羊总体质量不高。

四、肉羊生产和加工严重脱节，产业化水平低

肉羊产业的发展有赖于肉羊加工业的发展，目前羊肉的生产仍定位在追求产量型的模式上，国产羊肉大多为中低档羊肉，优质高档羊肉很少。究其深层次的原因，一方面是我国羊肉生产的品种参差不齐，在产肉性能、生长速度、肉质、饲料转化率等方面，与专用肉羊品种存在明显差距，导致我国羊肉档次提升难度很大，优质肥羔供应不足。另一方面，在我国有些屠宰加工企业由于片面追求规模化、现代化造成厂区面积过大，设备实施标准过高，导致固定成本和运行成本提高，再加上优质羊源短缺，活羊价格高，产能大量闲置，使得屠宰加工企业亏损的居多。

从产业链的角度来看，我国肉羊生产的产业链不完善，产业化水平比较低。在养殖环节，肉羊生产主要以散养为主，小规模饲养和中等规模育肥场育肥为主，现有的较为成熟的技术，如营养学研究成果、饲料配制加工技术、企业管理技术等，没有集成应用，继而影响了肉羊产业的生产水平。在屠宰加工环节，缺乏龙头企业，定点屠宰和集贸市场销售占主导方式。肉羊产业链涉及环节多，利益主体复杂，除了养殖户和消费者，还包括饲料加工企业、活羊贩运商、屠宰加工企业、批发商和零售商等利益主体，并且生产、加工、销售各环节连接不紧密，相互独立、各自为政，各环节之间尚未形成“利益共享、风险共担”的产业化机制。这直接导致肉羊产品的加工转化程度不高，多数企业还是以初级加工为主，产品附加值低，保鲜期和货架期短，市场适应能力差。因此，肉羊产业各环节之间的有效组织与协调有待加强和完善。

五、肉羊产业的市场竞争力偏低，缺乏相关政策支持

相关调查研究表明，肉羊产业的市场竞争加剧，主要体现在两个方面：其

一，在羊肉产品消费方面，虽然我国城乡居民在畜产品的消费量和支出上差异显著，但消费结构倾向明显，总体上我国城乡居民的畜产品结构呈现向肉类集中的趋势，肉类中猪肉的消费比例又比较高。特别是在羊肉作为非必需品消费的地区，猪禽肉对其产生很强的替代效应，肉羊生产的比较效益低。其二，在生产方面，肉羊产业规模的扩大受到其他种养业的限制。与发达国家相比，我国畜牧业生产结构不尽合理且调整缓慢。在我国，耗粮型畜禽的生产比重过高，节粮型的草食畜比重偏低，而发达国家恰恰相反。在粮食安全问题日益突出，城乡居民收入水平不断提高，对畜产品需求结构日益多元化的大背景下，这种“猪一粮”结构的生产模式明显与我国资源结构和市场需求不相适应。虽然这种发展模式会带来畜牧业总产值的快速增长，但不利于我国畜牧业的可持续发展。

形成这一局面，固然与我国居民的饮食偏好、养殖户的饲养传统习惯有关，但一个不容忽视的因素就是国家畜牧业发展政策的导向，对生猪、奶牛等产业已初步形成了较为完善的产业支持政策体系，但我国肉羊产业发展的相关政策还不完善，导致在同其他畜产品的市场竞争中，比较优势不明显，市场竞争力比较弱，尤其表现在国际市场上，中国作为世界上最大的羊肉生产国，在世界羊肉贸易中占的比例非常小，只有不到0.2%的羊肉产量用于出口。近年来，发达国家频频使用技术贸易壁垒——畜产品进口的高标准来限制贸易量，使我国羊肉质量难以满足多数进口国的要求，从而缺乏国际市场竞争力。政策的支持与引导是促进我国肉羊产业健康、稳定发展的重要手段和途径，我国针对肉羊产业的标准体系还不完善，市场准入制度还不健全，肉羊市场风险很大，广大养殖户的饲养积极性受到严重影响。因此，促进肉羊产业的健康持续发展，还需加大相关政策的扶持力度。

第四节　促进肉羊产业发展的政策建议

一、加强肉羊良种繁育体系建设，为肉羊产业发展奠定基础

（一）科学指导和管理引种

由于我国缺乏优良肉羊品种，随着肉羊产业的发展，引种成为人们的必然选择。但目前引种具有较大的盲目性，并且重复引种，造成了较大的浪费。因此国家应利用专家制定科学的引种规划，通过宏观管理使引种走向健康的发展

道路。引种应首先遵循生态条件相似性原则，即注意引入地区的自然生态条件与该品种原产地的自然生态条件相似或差异不大，引种才容易成功，并能较好地发挥生产潜力；其次是社会、经济发展需要的原则，即引种还要考虑社会和经济发展需要，特别要考虑市场需求和经济效益。

（二）大力支持肉羊良种的选育

肉羊良种繁育在肉羊产业发展中起到至关重要的作用，因此通过引进国外优良品种来改进本地品种，培育适合我国的肉羊新品种、新品系。对引进的优良种羊在纯繁选育的基础上，通过高科技生物技术（同期发情、胚胎移植等）快速扩繁种羊群，最大限度地为社会提供优良的种羊，同时结合良种繁育技术服务体系建设、冷冻精液配种技术等改良本地绵、山羊，提高其产肉量，改变目前养羊业中存在的良种化程度低、生产水平低的局面，提高养羊业生产效益。广泛开展杂交优势利用，在优势产区二元及三元杂交生产肉羊的基础上，根据不同肉羊优势区域的生态条件和品种资源情况，筛选推广相对稳定优良的杂交组合。肉羊良种需要很长时期的投入，一般企业难以支撑，因此政府对肉羊育种企业的扶持就成为其能否可持续发展的关键。

（三）加强对现有种羊场的管理

为适应肉羊生产需求，根据国务院《种畜禽管理条例》和农业部《种畜禽管理条例实施细则》，尽快验收、整顿现有种羊场，颁发种畜生产许可证，建立良种登记制度，并要引进良种肉羊充实良种构成。新建种羊场要严格按照审批程序办理。根据具体情况制定相应不同品种的种羊内部质量标准，凡不符合种羊质量标准和种畜管理条例的种羊场一律取消其种羊场资格，并加大对种羊管理力度，定期开展种羊生产经营许可证审核、发放工作，确保种羊的质量。对合格种羊场要强化其种羊质量的管理，按照种羊质量标准做好选种、选育工作，杜绝劣质种羊上市，确保为养殖户提供合格种羊。

（四）进一步加强肉羊良种推广工作

在国家扶持肉羊产业的发展政策中，良种补贴政策受到养羊场户的普遍欢迎，地方政府和养殖场户强烈呼吁扩大补贴的范围、力度、方式和完善相关的措施。例如，在肉羊主产区增加补贴的数量和力度，将补贴的范围扩大到非主产区，在主产区进一步增大对人工授精的补贴力度，通过支持养羊合作社来提高种羊利用率，进一步完善种公羊的鉴定、采购、分配程序和公开透明度等。

（五）保护、开发和利用地方肉羊品种资源

我国拥有较多的肉羊品种资源，有些品种资源虽然群体较小，但有很多特殊性，政府应通过专家审定，启动肉羊品种资源保护计划，并在保护中加以开发和利用。中央政府和省级政府对此应承担主要责任，并给予持续性的资金支持。国家和省级政府应制定品种繁育的战略规划，大力支持国内地方肉羊品种资源的保护与利用，鼓励和支持优良新品种和新品系的培育。

二、通过营养标准的制定和推广，提高肉羊饲养的科学化水平

（一）加快制定和推广肉羊饲养标准和常规饲料的营养参数

国家肉羊产业技术体系成立后，营养与饲料研究室全面展开了肉羊营养需要量的研究和常用饲料营养参数的测定，并着手建立肉羊饲料营养参数数据库。目前已经取得了阶段性的研究成果，已经得到20～50千克体重肉羊对能量、蛋白质、矿物质的需要，测定了大量单一饲料样品，数据库的建立已经开始，为饲料的配制提供科学依据。同时，政府还应该通过其他公益性项目，进一步扩大各种饲草料的营养参数的测定，结合各地不同羊的品种、不同生产阶段、不同养殖方式的营养需要量设计饲料配方，并加以推广。

（二）进一步提高肉羊舍饲半舍饲基础设施建设支持力度

为改善牧区因超载过牧恶化的生态环境，增加农牧民收入，应在稳定养殖数量基础上，依靠科技进步，推广舍饲半舍饲养殖，提高生产性能。根据草场面积、草场生产力和季节变化，合理调整载畜量，达到草畜平衡，使草地真正发挥生态和经济双重功能。建议国家进一步提高对实行舍饲半舍饲的规模养殖场（户）在饲养设施设备建设方面的补贴力度。

（三）推广异地育肥的肉羊养殖模式

为解决禁牧后舍饲养殖成本增加的矛盾，可在农牧交错带推广牧区放牧繁育、农区舍饲育肥的模式，充分利用牧区放牧繁育低成本的优势，将繁育羔羊断奶后转往农区强度育肥。这样，一方面可以缓解牧区草场的生态压力，另一方面又可利用羔羊早期生长发育快、饲料报酬高的优势，提高肉羊养殖的经济效益。这种异地育肥方式在河北、山东、山西等省已被证明是一种成功的区域

间优势互补、协调组织羊肉生产的养殖模式。

（四）加强饲料生产与饲草料生产基地建设

饲草料是养羊业的基础，饲草料均衡供应体系是发展现代肉羊产业的物质保障。在肉羊生产向舍饲和半舍饲发展的情况下，要充分利用农作物秸秆，建立专用饲料作物基地，大力推广氨化等粗饲料加工调制技术，开发专用羊饲料及饲料添加剂，改变传统饲料结构。在牧区、半农半牧区推广草地改良、人工种草和草田轮作方式。加快建立现代草产品生产加工示范基地，推动草产品加工业的发展。

三、进一步加强疫病防控，为肉羊产业发展保驾护航

（一）通过政策支持，扭转羊疫苗难以满足市场需求的局面

相对于兽医药企业的规模经营和其他大畜种的疫苗需求来说，羊的疫苗需求量小而分散。因此，政府应该对某些羊的疫苗给予一定程度的补贴，以调动动物生物制品企业生产羊用疫苗的积极性，满足市场对羊用疫苗的需求，从而为羊病预防和控制提供保证。

（二）加大羊病科研投入，加快检测试剂的研发和推广

羊病的基础性研究属于国家公益性事业，政府部门应通过加大科研投入，加快对肉羊产业危害严重疾病的基础性和应用性研究，研制相应的抗原、抗体检测试剂盒，推广试剂盒的临床应用，为羊病的快速诊断和疫苗免疫效果评价以及免疫程序的制定提供有效便捷的工具。

（三）区别制定疫病综合防控技术规范，减少肉羊疫病发生和流行

我国各地自然环境差别较大，各地的饲草料条件和饲养模式不同，因而需要根据各地的具体情况，制定有差别的疫病综合防控技术规范，使得肉羊疫病综合防控措施更加有的放矢。

（四）提高政府捕杀补贴标准，净化危害较为严重的疫病

国内外的疫病防控经验表明，要有效控制一种疫病必须有足够的资金支持。而提高动物扑杀补贴标准，扑杀并无害化处理发病动物和带毒（菌）动物是净化烈性、高度危害性传染病的必要条件。因此，建议政府提高肉羊扑杀补贴标

准，为控制、净化严重危害肉羊产业发展的疾病提供资金支持。

（五）增加基层兽医防疫人员数量，提高基层兽医防疫人员业务素质

基层兽医工作者，尤其是农村兽医防疫人员和羊场兽医技术人员是肉羊疾病防控的一线工作者，其数量的增加和业务素质的提高为预防和控制羊病提供了人力保障和技术储备。因此，建议增加农村和羊场兽医防疫人员数量，定期举行培训班，提高其疫病防控的业务素质，为肉羊疫病防控提供人员储备和技术支撑。

四、规范整顿肉羊屠宰加工业，提升羊肉产品的质量安全水平

（一）立即出台肉羊定点屠宰的法规，加强对肉羊屠宰加工业管理和宏观调控

建议国家立即出台肉羊定点屠宰的法规，并对建立肉羊屠宰加工企业的条件和标准提出严格和明确的要求，应坚决地制止除农牧民自食以外的私屠滥宰。这是我国肉羊屠宰加工业走向标准化规模经营的最基本的制度条件。在肉羊屠宰加工市场上，一方面工厂化屠宰没有全面实施，另一方面绝大部分肉羊屠宰生产能力利用严重不足，很多屠宰企业生产能力利用率只有20%～30%，甚至有些大型肉羊屠宰企业常年停工。因此，建议国家和地方政府要出台肉羊集中屠宰的法规，同时各级地方政府要对肉羊屠宰加工企业的数量、布局、屠宰加工能力进行宏观调控，既要避免贪大求洋，又要防止过度竞争，对某些加工能力严重过剩、企业数量过多的地区，应采取限制新的屠宰企业建立，淘汰落后小企业，促进已有企业合作、兼并、重组等措施。

（二）制定和修订肉羊屠宰与加工标准

加强肉羊屠宰骨、血和内脏等副产物加工相关标准的制定，对传统特色羊肉制品的加工技术规范等进行制定和完善，制定适用于新型加工技术与生产方式配套的标准体系，对新型羊肉制品配套的加工技术规范进行制定，对宰前运输、流通等环节的标准进行制定和完善，建立从养殖、运输、屠宰、分割、加工到销售全程的质量安全控制体系和追溯体系。

（三）引导适宜性高的优良品质选育

根据目前已经开展的羊肉加工适宜性评价试验和其他相关的品种选育试验，从加工适宜性的角度，引导企业选择适宜烧烤、熏制、制肠等不同用途的肉羊品种进行集中饲养育肥，通过统一品种、饲养方式等前期因素，使屠宰加工企业能获得均一稳定的羊肉原料，增加原料的标准化程度，为后续的屠宰、分级、加工等环节标准化奠定基础。

（四）建立和完善企业标准化加工工艺

通过开展羊肉小型加工作坊的标准化研究，在低投入的基础上，引导小型的加工作坊进行标准化改造，提高其产品质量，增加附加值；推动传统羊肉制品的工业化，使许多有中国特色的羊肉制品能按照标准化的生产加工模式进行批量工业化生产，使传统羊肉制品的产品品质更加均一稳定，增强国际竞争力；加强肉羊屠宰与加工标准信息的收集和研究，运用标准化原理，对产前、产中、产后进行全过程控制，确保产品质量安全。

（五）实施标准化改造与升级工程

加快整合手工作坊和半机械化的小型屠宰厂（场），应用现代化的屠宰工艺技术，促进屠宰企业的标准化改造与升级。按照我国肉羊优势区域布局和羊肉工业发展的要求，促进屠宰行业的产业结构调整。对符合定点屠宰设置规划的定点厂（场），推动其对屠宰加工、肉品品质检验、冷藏运输、无害化处理和污水处理等进行标准化改造，并建立羊肉质量安全管理体系，完成 ISO 9000 认证；对具备较好基础的定点屠宰厂（场），引导其通过 ISO 22000 认证，建立质量安全可追溯体系，为羊肉质量安全提供技术和管理保障。

（六）加强监管部门的协调性

我国羊肉加工业的管理涉及农业、畜牧、食品、轻工、工商、卫生、质检等行业，没有统一的管理部门，各行业间既互相交叉、存在重复管理现象，又相互脱节、责权利难以界定。要解决这一问题，须建立从养殖、屠宰、精深加工、批发零售到餐饮消费等环节的质量安全监管机制，进一步理顺各部门的管理权限，各负其责，互相配合，切实履行好政府主管部门的职责。

五、科学构建肉羊产业组织形式，稳步推进肉羊标准化规模经营

（一）将肉羊标准化规模经营植入产业化经营大链条中

肉羊标准化规模经营是产业化经营的一项重要内容，并且会进一步推进肉羊的产业化经营。但肉羊标准化规模经营只有放到产业化的大背景下才能够发挥更大的作用。肉羊产业化经营是以市场为导向，以养羊户经营为基础，以“龙头”组织为依托，以经济效益为中心，以系列化服务为手段，通过实行种养加、产供销、农工商一体化经营，将肉羊再生产过程的产前、产中、产后诸环节联结为一个完整的产业系统，引导分散养羊户的小生产转变为社会化的大生产。在肉羊产业化经营过程中，标准化规模经营应该起到引领作用。

（二）肉羊养殖要坚持以农户养羊为基础

国内外农业发展的历史证明，家庭经营是农业最基本的经营组织形式，这是由农业产业的特点所决定的，我国农村改革开放 30 多年的经验也充分验证了这一点。因此，各级政府对肉羊产业的扶持政策应认真考虑对养羊户的需求。如对养羊户的贴息贷款、良种补贴、机械补贴、圈舍改造补贴、技术培训与指导、市场信息提供等政策措施。支持养羊户对提升我国肉羊产业市场竞争力具有根本性意义，这不但会全面提高羊肉质量和养羊户的经济效益，而且会提高某些不可贸易的农副产品与农业剩余劳动力的利用率，因此具有重要的经济意义、社会意义和政治意义。

（三）正确引导肉羊相关公司和专业合作社的发展

实践证明，肉羊相关公司和专业合作社的发展对整个肉羊产业整体实力的提升起到引领作用，他们在肉羊品种繁育、饲料加工、肉羊屠宰加工等领域具有资金和技术优势，而农户一般缺乏资金和技术，公司可以大有作为。政府对这些公司的支持有助于带动整个肉羊产业的发展，而目前政府对其存在支持不足与支持过度并存现象。支持不足主要表现在对公司如何能带动养羊户的发展考虑不足，政府满足于财政补贴，而对公司的发展战略规划、经营行为、经营机制缺乏指导，造成政府不断有资金注入，但公司却仍然效益不佳；支持过度主要表现在政府满足于“扶大、扶优、扶强”，总是“锦上添花”，而不“雪中送炭”，造成一些公司热衷于拿政府各种项目，而忽略本身的经营。某些羊场和

屠宰厂在政府的财政支持下搞得非常大，经营成本高于养羊户，加工能力利用率不到30%，实际上出现了规模不经济。因此，政府对公司的支持要坚持公平性原则和有助于带动养羊户发展的原则。

国内外农业发展的实践还证明，合作社是农民自己的企业。在我国肉羊产业中合作社的发展严重不足，其原因除了肉羊产业本身发展水平较低外，还与政府的法制和政策有关。从统计数据上来看，肉羊产业中的农民专业合作社已有了一定的数量。但通过大范围的调查发现，真正符合专业合作社法律要求，发挥合作社功能的却较少，由公司所领办的合作社实际上由公司所控制并为公司服务，某些地方合作社的建立就是为了得到政府的资金。因此，各级政府对合作社的扶持应该遵照《中华人民共和国农民专业合作社法》，使已建立的合作社能够按照合作社的机制运行，发挥合作社的功能，注重对合作社经营者的培训，注意政策的公平性，避免给钱了事。

（四）加强屠宰加工、质量安全管理和流通市场体系建设

屠宰加工是提高羊肉及其产品质量安全的关键环节之一。但由于政府监管不力，造成很多现代化屠宰竞争不过私屠滥宰，羊肉及其产品不能够做到优质优价。因此，政府应依法取缔私屠滥宰，严格执行肉羊屠宰加工标准，提高准入门槛，加强质量安全监管，建立健全各级检疫检验制度，建立有序竞争的规范市场体系。

第二章

肉羊品种选育与良种扩繁

阅读提示：

肉羊品种选择与繁殖技术是肉羊生产中最关键的环节，本章主要阐述了肉羊品种资源及地方优良品种的保护与利用、引进肉羊品种杂交改良方法和案例、肉羊品种选择策略与方法、肉用种羊培育及引种方法、肉羊繁殖技术及提高肉羊繁殖率的措施等技术问题。

第一节　我国绵、山羊品种资源

我国绵、山羊品种资源极为丰富，从高海拔的青藏高原到地势较低的东部地区均有其分布。根据地理分布和遗传关系，我国绵羊可划分为蒙古系绵羊、哈萨克系绵羊、藏系绵羊三大谱系。蒙古系绵羊是由分布在中亚山脉地区的野生原羊衍化而来，同羊、小尾寒羊、湖羊、滩羊等品种是其亚种。哈萨克羊系绵羊是独立于蒙古羊的古代西域肥臀羊，通常认为它与哈萨克斯坦的肥臀羊同源。在我国西藏、甘肃、新疆、青海等地广泛分布的盘羊是藏系家绵羊的祖先，古羌人驯化了盘羊，将其驯养成为短瘦尾的古羌羊，随着民族的迁徙和融合扩散到四方，形成如今的藏系绵羊。与绵羊相比，我国是世界上山羊饲养量最多的国家，山羊品种资源丰富，分布广泛，生态类型多样。由于我国气候条件差异较大，山羊在经过数千年来的驯养和选育后，形成了对不同的生态类型适应性很强的品种和类群，在生产性能上各具特色，可以满足不同消费者和生产者的需求（沙文峰等，2006）。

一、肉用型绵羊品种资源

经过长期的驯化和选育，培育出了丰富多样的绵羊品种，形成了生产类型多样化的中国绵羊。例如，风味浓郁的肉脂型羊同羊和阿勒泰羊等，具有高繁殖力特性的小尾寒羊和湖羊。这些绵羊品种均能较好地适应当地的自然环境，具有耐粗饲、抗逆性和抗病力强等特点，在肉、毛、皮或繁殖力、肉质等方面有各自独特的优良性状，构成了中国丰富的绵羊基因库。据畜禽遗传资源调查，列入2011年出版的国家级品种遗传资源志的绵羊品种64个，其中肉用型绵羊品种约占一半。

（一）三大古老绵羊品种资源

1. 蒙古羊（Mongolian sheep）　我国三大粗毛绵羊品种之一，也是我国分布地域最广的古老品种，数量最多，是我国绵羊业的主要基础品种。蒙古羊产于蒙古高原，中心产区位于内蒙古自治区锡林郭勒盟、呼伦贝尔市、赤峰市、乌兰察布市、巴彦淖尔市等。

在内蒙古自治区，蒙古羊从东北向西南体型依次由大变小。苏尼特左旗成年公、母羊平均体重为99.7千克和54.2千克；乌兰察布市公、母羊为49千克和38千克；阿拉善左旗成年公、母羊为47千克和32千克；蒙古羊产肉性能较好，质量高，成年羊满膘时屠宰率可达47%～53%；5～7月龄羔羊胴体重可达13～18千克，屠宰率40%以上。蒙古羊初配年龄公羊18月龄，母羊8～12月龄。母羊为季节性发情，多集中在9～11月份；发情周期18.1天，妊娠期147.1天；年平均产羔率103%。

蒙古羊耐粗饲、易放牧、适应性强，在北方肉羊生产中具有良好的使用价值，利用蒙古羊作为受体母羊，产羔初生重大，母性强。蒙古羊群体种群大，变异多，分布广，也没有经历过其他品种有目的有计划的人工选择，是动物遗传学研究的理想动物资源。

2. 藏羊（Tibetan sheep） 又称西藏羊、藏系羊，是我国三大粗毛绵羊品种之一，属粗毛型绵羊地方品种，主要有高原型（草地型）和山谷型两大类。藏羊原产于青藏高原，分布于西藏、青海、甘肃的甘南藏族自治州和四川省的甘孜、阿坝藏族自治州、凉山彝族自治州和云贵高原地区。

高原型藏羊成年羯羊宰前平均体重为48.5千克，胴体重为22.3千克，屠宰率为46%；成年母羊宰前平均体重为42.8千克，胴体重为19.4千克，屠宰率为45.5%。母羊一般年产1胎，1胎1羔，产双羔者很少。

藏羊肉质具有蛋白质高而脂肪少，胆固醇含量低，矿物质和维生素含量丰富，风味独特等特点，肉品中氨基酸种类齐全，酸性氨基酸含量高。在育种方面，西藏羊作为母系品种，曾参与了青海细毛羊、青海高原毛肉兼用半细毛羊、凉山半细毛羊、云南半细毛羊和澎波半细毛羊等新品种的育成。

3. 哈萨克羊（Kazakh sheep） 我国三大粗毛绵羊品种之一，属肉脂兼用粗毛型绵羊地方品种。主要分布在新疆天山北麓、阿尔泰山南麓和塔城等地，甘肃、青海、新疆3省（区）交界处也有少量分布。

哈萨克羊平均体重成年公羊60.34千克，成年母羊45.80千克。性成熟一般在6～8月龄，初配年龄1.5岁左右，配种大多在11月上旬开始，翌年4～5月份产羔，妊娠期150天左右。初产母羊平均产羔率101.57%，经产母羊平均产羔率104.34%，双羔率很低。

哈萨克羊体质结实，善于爬山游牧，抓膘能力强，极其适应当地的气候环境。通过引进优质萨福克羊和小尾寒羊以改良塔城地区的哈萨克羊，结果显示杂交后代具有显著的杂种优势。

（二）具有高繁殖特性的肉用型绵羊

1. 小尾寒羊（Small-tail Han sheep） 我国著名的肉裘兼用型地方绵羊品

种，主产区为鲁西南。赵有璋教授评价小尾寒羊是中国的“国宝”，是“世界超级绵羊品种”，其生长发育和繁殖率不亚于世界著名的兰德瑞斯羊和罗曼诺夫羊。

小尾寒羊生长发育快，周岁公羊体重63.92千克，母羊50.10千克；成年公羊80.50千克，母羊57.30千克。母羊初次发情在167.19日龄，初次妊娠在178.56日龄，产羔率为255.31%。小尾寒羊全年都能发情配种，但在春、秋季节比较集中，受胎率也比较高。

小尾寒羊生长发育快、体格高大、育肥性能理想；性成熟早、繁殖力强、全年发情；适宜分散饲养、舍饲为主，是农区优良绵羊品种。但小尾寒羊四肢较高，前胸不发达，体躯狭窄，肋骨开张不够，后躯不丰满，肉用体型欠佳；羊肉颜色偏白，口感和风味也不理想，引入其他地区的小尾寒羊出现不同程度的早产、流产，羔羊死亡率高，生长发育受阻等情况。

2. 湖羊（Hu sheep） 主要分布在浙江省的湖州、桐乡、嘉兴、长兴、德清、余杭、海宁和杭州市郊，江苏省的吴江等县、市、区以及上海的部分郊区县。

湖羊1岁平均体重公羊61.66千克，母羊47.23千克。母羊4～5月龄性成熟。公羊一般在8月龄、母羊在6月龄可配种。可一年两胎或两年三胎，母性好，泌乳量高，产羔率平均为229%。

湖羊生长发育快、成熟早、四季发情、多胎多产，适应潮湿、多雨的亚热带气候和常年舍饲的饲养管理方式，是我国皮肉兼用型地方品种，也是生产高档肥羔和培育现代专用肉羊新品种的优秀母本品种。

（三）风味浓郁的肉脂型羊

1. 同羊（Tong sheep） 又名同州羊，主要分布在陕西省渭南、咸阳两市北部各县，延安市南部和秦岭山区有少量分布。饲养方式多为半放牧半舍饲。目前，数量急剧减少，已处于濒危状态。

成年公、母羊平均体重为44.0千克和36.2千克。周岁羯羊屠宰率为51.57%，成年羯羊为57.64%，净肉率41.11%。同羊6～7月龄即达性成熟，1.5岁配种。全年可多次发情、配种，一般两年三胎。

2. 阿勒泰羊（Altay sheep） 又名阿勒泰大尾羊，是新疆维吾尔自治区的一个优良肉脂兼用型粗毛羊品种。

阿勒泰羊在纯放牧条件下，5月龄羯羊屠宰前平均活重36.35千克，屠宰率达到51%。公羔初生重4.5～5.0千克，母羔初生重4.0～4.5千克；初产母羊繁殖率为103%，经产母羊繁殖率为110%。

阿勒泰羊具有耐粗饲、抗严寒、善跋涉、体质结实、早熟、抗逆性强、适于放牧等生物学特性，在终年放牧、四季转移牧场条件下，仍有较强的抓膘能力。

（四）具有独特价值的肉用型绵羊

1. 兰坪乌骨绵羊（Lanping Black-bone sheep） 兰坪乌骨绵羊是以产肉为主的绵羊地方品种，是云南省兰坪县特有的、世界上唯一呈乌骨乌肉特征的哺乳动物，是一种十分珍稀的动物遗传资源。

兰坪乌骨绵羊成年公羊平均体重 47.0 千克，体高 66.5 厘米；成年母羊平均体重为 37.0 千克，体高为 62.7 厘米。公羊性成熟为 8 月龄，母羊性成熟为 7 月龄；公羊初配年龄为 13 月龄，母羊初配年龄为 12 月龄；发情周期为 15～19 天；繁殖季节多在秋季；妊娠期 5 个月；大部分母羊两年三胎，羔羊初生重约 2.5 千克；羔羊成活率约 95%。兰坪乌骨绵羊屠宰率公羊 49.2%，母羊 43.4%。

2. 石屏青绵羊（Shiping Gray sheep） 石屏青绵羊分布于云南省石屏县北部山区，主产于龙武镇、哨冲镇、龙朋镇。石屏青绵羊是长期自然选择和当地彝族群众饲养驯化形成的肉毛兼用型地方品种。

石屏青绵羊成年公羊平均体重为 35.8 千克，胴体重 13.21 千克，净肉重 9.67 千克，屠宰率 36.9%，净肉率 27%；成年母羊相应为 33.8 千克、11.81 千克、8.15 千克、34.9%和 24.1%。公羊 7 月龄进入初情期，12 月龄达到性成熟，18 月龄用于配种；母羊 8 月龄进入初情期，12 月龄达到性成熟，16 月龄用于配种。公羊利用年限为 3～4 年，母羊利用年限 6～8 年，发情以春季较为集中，一般年产 1 胎，产羔率 95.8%。

石屏青绵羊四肢细长，蹄质坚硬结实，行动灵活，善爬坡攀岩，一年四季均以放牧为主，极少补饲，遗传性能稳定，性情温驯，耐寒，耐粗饲，适应性和抗病力强。

（五）我国培育的肉用型绵羊

1. 巴美肉羊（Bamei Mutton sheep） 巴美肉羊属于肉毛兼用型品种，是根据巴彦淖尔市自然条件、社会经济基础和市场发展需求，由内蒙古巴彦淖尔市家畜改良工作站等单位的广大畜牧科技人员和农牧民经过 40 多年的不懈努力和精心培育而成的体型外貌一致、遗传性能稳定的肉羊新品种。

巴美肉羊成年公羊平均体重 101.2 千克，成年母羊体重 60.5 千克，育成公羊 71.2 千克，育成母羊 50.8 千克，6 月龄羔羊平均日增重 230 克以上，胴体重 24.95 千克；屠宰率 51.13%。初产年龄为 1.0 岁，经产羊达到两年三胎，产羔率为 150%以上。

巴美肉羊具有较强的抗逆性和良好的适应性，耐粗饲，觅食能力强，采食范围广，适合农牧区舍饲半舍饲饲养，羔羊育肥快，是生产高档羊肉产品的优质羔羊，近年来以其肉质鲜嫩、无膻味、口感好而深受加工企业和消费者青睐。

2. 昭乌达肉羊（Zhaowuda Mutton sheep） 我国第一个草原型肉羊品种，于2012年经国家畜禽遗传资源委员会审定鉴定通过，获得畜禽新品种配套系证书。昭乌达肉羊是以德国肉用美利奴羊为父本、当地改良细毛羊为母本培育而成的，目前存栏55万余只。

昭乌达肉羊羔羊平均初生重公羔为5.0千克，母羔4.2千克；平均断奶重公羔25.2千克，母羔23.0千克；育成羊平均体重公羊72.1千克，母羊47.6千克；成年羊平均体重公羊95.7千克，母羊55.7千克。昭乌达肉羊性成熟早，在加强补饲情况下，可以实现两年三胎。

昭乌达肉羊体格较大，生长速度快，适应性强，胴体净肉率高，肉质鲜美，具有鲜而不腻、嫩而不膻、肥美多汁、爽滑绵软的特点，是低脂肪、高蛋白质的健康食品，是天然纯正的草原风味。

（六）兼用型肉羊品种

滩羊（Tan sheep）是我国独特的裘皮用绵羊品种。主产于宁夏回族自治区盐池等县，分布于宁夏及其毗邻的甘肃、内蒙古、陕西等地。

滩羊成年公羊平均体重47.0千克，成年母羊35.0千克；成年羯羊的屠宰率为45.0%，成年母羊为40%。滩羊7～8月龄性成熟，每年8～9月份为发情配种旺季。一般年产1胎，产双羔很少。产羔率101%～103%。

滩羊耐粗放管理，遗传性稳定，对产区严酷的自然条件有良好的适应性，是优良的地方品种。

二、我国山羊品种

山羊具有采食广、耐粗饲和抗逆性强等特点，是适应性最强和地理分布最广泛的家畜品种。据调查，中国山羊品种分布遍及全国，北自黑龙江，南至海南省，东到黄海边，西达青藏高原。由于我国地域辽阔和各地区自然条件相差悬殊，加上多年的自然选择和人工选择，逐步形成各地区具有不同遗传特点、体型、外貌特征和生产性能的山羊品种。据畜禽遗传资源调查，列入2011年出版的国家级品种遗传资源志的地方品种或资源58个，根据主要生产途径，中国绵羊品种可划分为八大类型，具体为：①普通山羊。也称土种山羊，数量最多，分布最广，具有强大的适应性和生活力，能在恶劣的生活条件下生长繁殖；

但绒、毛、肉、乳和板皮的产量和品质均不突出，如西藏山羊、新疆山羊等。②肉用山羊，除培育品种南江黄羊外，我国许多地方品种羊屠宰率高、肉质细嫩，具有良好的肉用性能。③毛用山羊，以引进、风土驯化的安哥拉山羊为代表，中国长江三角洲白山羊以生产笔料毛著名。④乳用山羊，以关中奶山羊、崂山奶山羊和新培育的文登奶山羊为代表，具有产奶量高、性情温驯等特点。⑤绒用山羊，是中国特殊的山羊遗传资源，以辽宁绒山羊、内蒙古绒山羊为代表，具有产绒量高、羊绒综合品质好、耐粗饲、适应性强、遗传性能稳定等特点。⑥裘皮山羊，中卫山羊是世界上唯一的裘皮山羊品种。⑦羔皮山羊，其中济宁青山羊所产青猾皮色泽美观、皮毛光润，且其产羔率达283%。⑧板皮山羊，其中以黄淮山羊、板角山羊、马头山羊、成都麻羊等为代表，是我国优良的地方山羊品种，具有板皮弹性好、质地均匀、面积大、抗张力强等特点。目前，此类地方品种多向肉用方向选育。

在调查中，新发现山羊资源15个，其中值得引起关注的是中国南方地方山羊遗传资源，发现了一些特异的羊种（或资源），如全身皮肤为乌色的酉州乌羊等。此外，在我国台湾省，羊的饲养量仅次于鸡和猪，现有7个羊品种，其中包括地方品种台湾黑山羊和引入品种萨能奶山羊、吐根堡奶山羊、波尔山羊、努比亚羊等。

（一）我国肉用型山羊地方良种

1. 西藏山羊（Tinbetan goat） 主要分布在青藏高原的西藏自治区、青海省、四川省阿坝州、甘孜州以及甘肃省南部。

西藏山羊成年公羊平均体重24.2千克，成年母羊21.4千克；成年羯羊屠宰率为48.31%，成年母羊为43.78%。西藏山羊发育较慢，周岁体重相当于成年羊的51%；性成熟较晚，初配年龄为1～1.5岁，一年一胎，多在秋季配种，产羔率110%～135%。

西藏山羊被毛由长而粗的粗毛和细而柔软的绒毛组成，对高寒牧区的生态环境条件有较强的适应能力，耐粗放、抗逆性强、羊绒细长柔软、肉质鲜美，是我国宝贵的畜禽遗传资源。

2. 马头山羊（Matou goat） 马头山羊是我国著名的地方肉用山羊品种，主要分布在湖北省的十堰市、丹江口市和湖南省常德市、怀化市，以及湘西土家族苗族自治州各县。

马头山羊有较好的肉用特征，成年公羊平均体重43.83千克，成年母羊体重35.27千克。马头山羊性成熟较早，母羔3～5月龄、公羔4～6月龄达性成熟，一年两胎或两年三胎，产羔率190%～200%。

马头山羊具有适应性强、性情活泼机灵、耐粗饲、多胎多产、早熟易肥、产肉率高、肉味鲜美、板皮优等特性。但由于引入了波尔山羊、南江黄羊等品种与其进行杂交，对马头山羊造成一定混杂，因而建议在马头山羊主产区进行合理规划，建立保种区和保种场，加强品种选育和保护，同时在保护区内禁止混血杂交。

3. 成都麻羊（Chengdu Brown goat） 成都麻羊属于优良肉皮兼用型山羊品种，分布于成都市的大邑县、双流县、邛崃市、崇州市、新津县、龙泉驿区、青白江区、都江堰市、彭州市及阿坝州的汶川县。

成都麻羊成年公羊平均体重43.3千克，成年母羊体重39.1千克。成年公羊平均胴体重18.8千克、净肉重15.5千克、屠宰率46.4%、净肉率38.3%；成年母羊相应为19.1千克、15.8千克、47.0%、39.0%。成都麻羊性成熟早，常年发情，初配年龄公、母羊均为8月龄左右。初产母羊产羔率为141.70%，经产母羊为239.56%，平均产羔率为211.81%。

成都麻羊体型较大，生长快，繁殖性能高，耐湿热，耐粗饲，食性广，适应性和抗病能力强，板皮品质优良，遗传性能稳定，肉质细嫩，营养丰富。

4. 贵州黑山羊（Guizhou Black goat） 主产于威宁、赫章、水城、盘县等县，分布在贵州西部的毕节、六盘水、黔西南、黔南和安顺等5个地、州（市）所属的30余个县（特区）。

贵州黑山羊成年公羊平均体高59.08厘米，体长61.94厘米，胸围72.81厘米，管围8.24厘米，体重43.30千克；成年母羊平均体高56.11厘米，体长59.70厘米，胸围69.86厘米，管围6.97厘米，体重35.13千克。周岁公羊平均胴体重8.51千克，屠宰率43.88%，净肉率30.80%。公羊4.5月龄性成熟，7月龄初配；母羊6.5月龄性成熟，9月龄初配。初产母羊产羔率121%，经产母羊为149%。

5. 雷州山羊（Leizhou goat） 主要分布在广东省的雷州半岛和海南省，中心产区为广东省徐闻县、雷州市。雷州山羊按体型可分为高脚和矮脚两个类型。矮脚型体矮，骨细，腹大，多产双羔；高脚型体高，多产单羔。

雷州山羊周岁公羊平均体重31.7千克，母羊28.6千克；成年公羊平均体重54.1千克，母羊47.7千克。成年公羊宰前平均体重34.1千克，成年母羊33.36千克；平均胴体重分别为16.51千克和14.23千克，屠宰率分别为52.8%和50.45%，胴体净肉率分别为80.47%和76.27%。雷州山羊性成熟早，5～8月龄配种，有部分羊1岁龄即可产羔。多数母羊一年两胎，少数两年三胎，产奶量较高，产羔率150%～200%。

雷州山羊是我国热带地区的肉用山羊品种，成熟早、生长发育快、繁殖力强、耐粗饲、耐湿热，是我国羊产业中极为宝贵的种质资源。

6. 黄淮山羊（Huanghuai goat） 原产于黄淮平原的广大地区，中心产区是河南省周口市的沈丘县、淮阳县、项城市、郸城县和安徽省阜阳市等地，故又名徐淮白山羊、安徽白山羊和河南槐山羊。产区农民素有养羊习惯，加上丰富的农副产品资源，经长期选育形成现在优良的皮肉兼用型地方山羊品种。

黄淮山羊成年公羊平均体重 41.4 千克，成年母羊 26.8 千克；12 月龄公羊宰前平均体重为 29.03 千克，母羊为 19.07 千克；公、母羊平均胴体重分别为 14.66 千克和 8.77 千克，屠宰率（含内脏脂肪）分别为 53.7%和 48.1%，净肉率分别为 38.5%和 35.2%。黄淮山羊性成熟早，初配年龄一般为 4～5 月龄。母羊常年发情，一年两胎或两年三胎，产羔率平均为 238.66%。

黄淮山羊对不同生态环境有较强的适应性，板皮品质优良，生长发育快，性成熟早，繁殖力强。

（二）我国培育的主要肉用型山羊品种

1. 南江黄羊（Nanjiang Yellow goat） 南江黄羊是以努比亚山羊、成都麻羊、金堂黑山羊为父本，南江县本地山羊为母本，采用复杂育成杂交方法培育而成的，其间曾导入吐根堡奶山羊血液。主产于巴中市南江县、通江县。1998 年，农业部批准为肉羊新品种。

南江黄羊周岁平均体重公羊 37.72 千克，母羊 30.75 千克；成年平均体重公羊 67.07 千克，母羊 45.60 千克。周岁公、母羊平均胴体重分别为 14.32 千克和 13.46 千克，屠宰率分别为 47.62%和 48.26%，净肉率分别为 37.65%和 37.40%。南江黄羊性成熟较早，在放牧条件下母羊常年发情。公羊初配年龄为 12 月龄，母羊为 8 月龄。初产羊产羔率 154.17%，经产羊 205.35%，平均产羔率 194.67%。高繁品系初产羊产羔率 173.33%，经产羊 232.78%，平均产羔率 220.83%。

南江黄羊产肉性能好，肉质细嫩，适口性好，体格高大，生长发育快，产肉性能好，繁殖力高，耐寒、耐粗，采食力与抗逆力强，适应范围广。不仅适应我国南方亚热带农区，也适应北方亚热带向北温带过度的暖温带湿润、半湿润生态类型区。现已推广到全国 20 多个省、直辖市、自治区，反映良好。与国内许多山羊品种杂交，均取得较明显的杂交优势，体重的改进率在 26.33%～165.1%。

2. 简阳大耳羊（Jianyang big eared goats） 简阳大耳羊是努比亚山羊与简阳本地麻羊经过 50 余年，在海拔 300～1 050 米的亚热带湿润气候环境下通过杂交、横交固定和系统选育形成的。主产区位于四川盆地西部、龙泉山东麓、沱江中游。

简阳大耳羊成年公羊平均体重 73.92 千克、体高 79.31 厘米，成年母羊体重 47.53 千克、体高 67.03 厘米，呈大型群体。6～8 月龄的胴体重 14.10 千克，屠宰率 49.62%；周岁羊的胴体重 16.01 千克，屠宰率 48.09%。简阳大耳羊公羊的初配期为 8～9 月龄，母羊为 6～7 月龄；产羔率 200%左右。

简阳大耳羊是四川省优良地方品种之一，四川省制定了《简阳大耳羊标准》和《简阳大耳羊选育标准》。现被推广到海拔 260～3 200 米、气候－8℃～42℃的自然区域后，仍生长良好，繁殖正常。

（三）我国具有特色性状的山羊品种

1. 湖北乌羊（Hubei black goat） 我国特有的地方品种，因皮肤、肉色、骨色为乌色而闻名于世。湖北乌羊又称乌骨山羊，是一种食性广、耐粗饲、中等体型、有角、黑头白身的珍稀地方羊种资源，具有一定的药用价值，市场潜力巨大。

湖北乌羊公、母羔羊平均初生重分别为 1.83 千克和 1.60 千克；3 月龄断奶体重分别为 9.50 千克和 8.75 千克；哺乳至 3 月龄为生长快速期，公、母羔羊平均日增重分别为 85.78 克和 79.44 克。成年湖北乌羊平均屠宰活重 27.3 千克，胴体重 14.1 千克，屠宰率 51.65%，净肉重 8.7 千克，胴体净肉率 61.7%。湖北乌羊性成熟比较早，适配年龄公羊一般为 7 月龄，母羊一般为 8 月龄。通常一年两胎，初产母羊多为单羔，经产母羊多为双羔。

2. 济宁青山羊（Jining Gray goat） 济宁青山羊是鲁西南人民长期培育而成的优良的羔皮用山羊品种，所产羔皮叫猾子皮，原产于山东省西南部的菏泽和济宁两市的 20 多个县。

济宁青山羊有“四青一黑”的外形特征。济宁青山羊体格较小，公羊体高 55～60 厘米，母羊约 50 厘米；公羊体重约 30 千克，母羊约 26 千克。繁殖力高是该品种的重要特征。4 月龄即可配种，母羊常年发情，一年两胎或两年三胎，平均产羔率 293.65%。屠宰率为 42.5%。

济宁青山羊是我国优异的种质资源，全年发情、多胎高产、羔皮品质好、早期生长快、遗传性稳定、耐粗抗病。近 10 年来，由于青猾子皮市场的下滑和肉羊产业的兴起，各地盲目引入其他品种进行改良，致使纯种数量急剧下降。

3. 长江三角洲白山羊（Yangtse River Delta White goat） 长江三角洲白山羊是国内外唯一以生产优质笔料毛为特征的肉、皮、毛兼用山羊品种。原产于我国东海之滨的长江三角洲，主要分布在江苏省的南通、苏州、扬州、镇江，浙江省的嘉兴、杭州、宁波、绍兴和上海市郊区县。

长江三角洲白山羊成年公羊平均体重为28.58千克，成年母羊为18.43千克。周岁羊屠宰率（带皮）在49%以上，2岁羊为51.7%。该品种繁殖能力强，性成熟早，两年三胎，年产羔率达228.5%。

长江三角洲白山羊所产羊肉膻味少，肉质肥嫩鲜美，适口性好；繁殖力强，产羔多；耐高温高湿，耐粗饲，适应性强。

4. 弥勒红骨山羊（Mile Red Bone goat） 弥勒红骨山羊是肉用型地方品种，主要分布于云南省弥勒县东山镇，圭山山脉一带也有零星分布。

弥勒红骨山羊成年公、母羊平均体重分别为37.51千克和30.81千克，成年公羊胴体重13.34千克、净肉重9.65千克、屠宰率51.25%、净肉率36.03%，成年母羊上述指标相应为14.1千克、10.5千克、49.4%、35.5%。公羊6月龄性成熟，8月龄开始配种，利用年限一般为4年。母羊8月龄性成熟，12月龄初配，常年发情，秋季较为集中，一般一年一胎，初产母羊为90%，经产母羊为160%。

弥勒红骨山羊以牙齿、牙龈呈粉红色，全身骨骼呈现红色为特征，遗传性能稳定，性情温驯，耐寒，耐粗饲，适应性和抗病力强。

三、我国地方优良品种的保护和利用

（一）地方优良品种资源的保护

同其他家畜家禽一样，羊不但能够满足人们的消费需求、构成畜牧业经济生产主体，而且在研究人类疾病，研究生物起源、进化、基因组以及为未来的育种工作提供素材等方面也有重要的价值。与此同时，由于羊作为我国区域性分布明显的动物，它们在维护当地草地生态系统平衡中也做出了重要贡献，而且其从饮食、衣着、住行、竞技、宗教祭祀等方面也促进了民族文化的形成与发展。然而，随着外来羊品种的引进及杂交改良，以及对地方品种的保护和利用认识不足，缺乏有效的行动，致使我国固有的羊品种资源遭到了严重的破坏和侵蚀。20世纪80年代的调查表明，我国15%的绵羊、山羊种质资源已经受到不同程度的破坏，甚至有些品种已经灭绝，如枣北大尾羊（湖北），而兰州大尾羊、贵德黑藏羊等数量正在大幅减少。调查中还发现汉中绵羊、威宁绵羊、迪庆绵羊、承德无角山羊、马关无角山羊等品种的数量也在大大减少。目前，这种趋势随着肉用绵、山羊引种和杂交改良范围的扩大而进一步加剧，应引起我们的高度重视。

除此之外，畜禽遗传资源是满足人类畜产品需求的源泉，人类对畜产品需求在不同时期有不同的要求。保护现有绵、山羊遗传资源，不仅为养羊业的可持续发展提供了物质保证，也为满足对绵、山羊产品消费多样化的需要打下基础。因此，针对我国绵、山羊遗传资源的现状与存在的问题，制定一系列品种资源保护政策和采取具体的保种措施是当务之急，在保种工作中应因地制宜，采取切实可行的策略来保护好遗传资源（国家畜禽遗传资源委员会，2011）。

1. 国家确定保护品种，划定保护区 面对日益严峻的畜禽资源灭绝危机，2005年12月全国人民代表大会常务委员会通过的《中华人民共和国畜牧法》规定："国家建立畜禽遗传资源保护制度。各级人民政府应当采取措施，加强畜禽遗传资源保护，畜禽遗传资源保护经费列入财政预算。……畜禽遗传资源保种场、保护区和基因库的管理办法由国务院畜牧兽医行政主管部门制定。"为了加强畜禽遗传资源保护与管理，农业部在《中华人民共和国畜牧法》的基础上出台了《畜禽遗传资源保种场保护区和基因库管理办法》，并于2006年7月1日开始实施（江喜春等，2010）。

目前，在138种国家级畜禽遗传资源保护名录中，包括了辽宁绒山羊、内蒙古绒山羊（阿尔巴斯型、阿拉善型、二狼山型）、小尾寒羊、中卫山羊、长江三角洲白山羊（笔料毛型）、乌珠穆沁羊、同羊、西藏羊（草地型）、西藏山羊、济宁青山羊、贵德黑裘皮羊、湖羊、滩羊、雷州山羊、和田羊、大尾寒羊、多浪羊、兰州大尾羊、汉中绵羊、圭山山羊、岷县黑裘皮羊等21个绵羊、山羊品种。我国也建设了一定数量和规模的资源保种场、保护区和基因库。其中，包括13个国家级羊资源保种场和3个资源保护区，加上畜禽牧草种质资源保存利用中心和基因库，对部分羊品种胚胎和精液的冷冻保存，构成了我国现有羊资源保护体系的主体，承担着羊遗传资源保护的任务。在绵、山羊品种的中心产区，做好品种资源保护工作，划定保护区域。在保护区内，全面开展山羊的纯种繁育，建立核心群。禁止进行品种间杂交，禁止引进、饲养其他品种的种羊，禁止利用区外其他品种的公羊对区内的山羊进行自然交配或人工授精。同时，制定选育标准、选育方案，建立健全以种羊场为龙头、乡镇示范场为骨干、饲养户为依托的良种繁育体系（张花菊，2008）。

值得注意的是，由于受到资金、技术、管理等客观条件的限制，许多品种，特别是新发现的且数量较少的资源群体，如罗平黄山羊、宁蒗黑绵羊、石屏青绵羊、兰坪乌骨绵羊、黔北麻羊等珍贵品种资源尚未列入国家保护名录；而且在138种国家级畜禽遗传资源保护名录中，仍有9个羊种（如西藏山羊、圭山山羊和雷州山羊等）未建成保种场（国家畜禽遗传资源委员会，2011）。

2. 政企联手，保护与利用并重 虽然我国绵、山羊地方品种具有抗逆性强、体质结实、耐粗饲、生产力低而用途多的特点，但由于高产、通用性强的外来品种的影响，地方品种资源正受到被破坏的威胁。地方品种资源的保存与开发利用就显得迫切而重要了。就保种而言，绝对化保种是难以实现的。需要经常保存起来的品种资源仅仅是整体中的一部分，其余大部分（包括种群增殖部分）非保种群都要进行充分开发利用。例如，作为育成新品种的素材，作为产生杂种优势的亲本，作为本品种选育的素材，非保种部分可以根据需要在原产地开展有计划的选育工作（王武强，2002）。

政府与企业联手合作，扶植有实力的企业就地保种和利用，在搞好资源保种的同时，坚持保种与市场相接轨，以经济效益为中心，抓好对龙头企业的建设，并在政策、资金等方面给予一定的扶助，使企业能够对地方品种进行保护，并将专门化品系的选育和配套系的利用工作实施起来（江喜春等，2010）。遗传资源保护的目的是为了利用，其中有些遗传资源可以满足当前的需要，有些则是满足长远未来的需要。对于目前数量少、濒危的资源，由于其当前利用价值较低，工作重点是对其进行保护，但如果不考虑开发利用，将影响保护效果。因此，在对遗传资源进行保护的同时，应积极探索、寻找开发利用途径，采取主动保种战略，以促进和巩固保护效果（马月辉，2004）。只有保种与开发利用两者并重，才能充分发挥我国绵、山羊品种资源的优势，促进我国养羊业健康可持续发展。

3. 合理引种，主管部门监督、引导杂交改良和新品种的培育　近50年来，浙江的纯种湖羊数量下降严重，究其原因主要就是没有合理地协调好杂交育种与保种的关系。近年来，随着我国养羊业的发展，大量引进国外绵、山羊品种，开展了广泛的杂交生产，致使杂交改良和品种资源保护的矛盾日益突出，甚至有些地方过分追求杂交改良的效果，而完全忽略了对地方品种资源的保护。目前，我国部分地区依然存在绵、山羊品种引进多、乱、杂，盲目对国内羊品种资源加以利用的现象，导致品种重复开发和资源浪费。长期下去，必然会造成一些地方品种的灭绝。

以上现象的出现与畜牧主管部门的管理是分不开的。畜牧主管部门应提高对品种资源保护的重视，对相关企业或个人的引种工作加以指导。各级政府对本地区的品种资源开发应制定一个合理的规划，并在此基础上加强对杂交改良和新品种培育的监督。畜牧主管部门只有做好监督、引导工作，才能避免盲目杂交改良或培育新品种，以及由此导致的对本地区羊品种资源的威胁等。因此，无论是地方品种、引入品种或新育成品种都需要在政府主管部门的监督和引导下做好保种工作，即使一些生产性能低下，但抗逆性强、能适应某些特殊环境的原始生态类型也应妥善保存。将来随着人们认识的提高或对畜产品需求方向的转变，很多基因都有可能会成为今后育种工作中不可缺少的遗传材料（江喜春等，2010）。

4. 加强基础性科学技术研究，利用新技术提高品种资源保护的效率 随着科技的发展，尤其是近年来生物技术的快速发展，为畜禽遗传资源的保存和利用提供了新的途径和技术手段。近20年来，国家加强了对畜禽品种资源的基础研究，多次立项畜禽种质资源保护课题。开展了部分畜禽品种的种质和遗传距离测定等方面的系统研究，并在畜禽系统保种理论和保种方法等方面取得了一定成果，为我国开展畜禽品种资源的保存工作提供了科技支撑。今后，我国将会进一步加强资源保护技术的研究工作，主要包括基础研究、保护技术研究、管理技术研究及资源持续利用技术研究。基础研究主要包括品种特性、特异性状及遗传基础研究、品种间关系及品种标准研究；保护技术研究主要包括活体保存技术研究、冷冻胚胎保存、克隆技术及标记辅助选择技术等研究；管理技术研究主要包括保护场、保护区和基因库管理及多样性监测程序等研究；持续利用研究主要包括品种保护与改良协调模式研究、生态系统建立与评价等相关研究。通过一系列的基础性科学技术研究，为畜禽遗传资源的保存和利用提供新的途径和技术手段，可以大大提高我国品种资源保护的效率（江喜春等，2010）。

（二）地方优良品种资源的开发利用

羊的品种资源是羊育种工作的基础，也是养羊业生产的基本条件。我国养羊历史悠久，拥有丰富的羊品种资源，形成了许多具有地方特色的绵羊、山羊品种，并广泛分布在不同的生态环境中（江喜春等，2010）。我国对这些丰富的地方绵、山羊资源的开发利用途径主要包括：作为新品种培育的原材料、作为经济杂交的亲本和作为直接提供畜产品的生产群等3种（王武强，2002）。

1. 作为新品种培育的原材料 肉用绵羊、山羊新品种的培育方法主要包括杂交育种和本品种选育，其中杂交育种的方法起主导作用。最初进行的杂交试验，并不是为了育种，其目的在于进行杂交肉羊生产。只有当杂种肉羊的生产性能比较好，且有了一定数量基础后，育种工作才开始展开。所以，我国杂交育种最初的基础母羊群的遗传背景是比较复杂而广泛的。

肉用羊品种的特征主要表现在具有粗壮的体型外貌、较快的生长速度、较高的繁殖力和良好的肉质等4个方面。在育种过程中，育种材料并非都具有这些性能，或者这些性能不集中在一个品种身上。这就要求在育种理论的指导下，应用现代育种技术和方法，将这些特性从育种材料中选择出来，并聚合固定于育种群之中，使其稳定地遗传下去。如何尽快地完成这个育种过程，育种材料的选择非常关键，而我国丰富的羊品种资源为新品种的培育提供了充足的原材料（刘桂琼，2010）。

近年来，我国通过杂交育种培育出的肉用新品种（品系）较多，如南江黄羊、简阳大耳羊、天府肉羊、巴美肉羊、昭乌达肉羊和鲁西黑头肉羊等。以南江黄羊和昭乌达肉羊的培育为例。南江黄羊是我国培育的第一个肉用型山羊品种，又称为速成亚洲黄羊。南江黄羊育种始于20世纪60年代，以努比亚山羊、成都麻羊为父本，南江县本地山羊、金堂黑山羊为母本，采用复杂育成杂交方式，经过不断的选育和培育而获得成功，于1998年4月17日农业部命名“南江黄羊”为肉羊新品种；昭乌达肉羊是农业部在2012年2月才正式通过审定的新品种，是我国第一个草原型肉羊品种。20多年前，赤峰市畜牧工作者以蒙古羊与当时的苏联美利奴细毛羊进行杂交改良选育形成的偏肉用杂交改良细毛羊为母本，组建育种核心群，再以德国美利奴肉羊为父本进行杂交，迅速克服了原有群体不足，进一步提高肉用性能、繁殖性能。之后，在杂交二代基础上，选择理想型个体组成昭乌达肉羊育种群；同时，进行横交固定、扩群繁育、试推广，采用开放式育种方法，即边杂交，边固定，边选育，边提高，边推广。最终形成体型外貌较为一致的肉羊新品种（胡大君等，2012）。

另外，我国也有少量品种是通过本品种选育形成的。以湖北乌羊为例，其产地的通山人世世代代过着自给自足、与世隔绝的农耕生活，在本地自然生态环境下，本地黑山羊长期近亲繁殖，加上人为本品种选育，出现了现有的乌骨山羊。

2. 作为经济杂交的亲本 经济杂交又称商品杂交，目的是利用2个或2个以上品种进行杂交，其杂种后代进行商品生产。通过杂交，将不同品种的特性结合在一起，创造出亲本不具备的特性。同亲本相比，杂种后代一般均具有生活力强、生产性能高、生长速度快、饲料报酬高等优点。在生产实践中，应用经济杂交最广泛且效益最佳的是肉羊的商品化、集约化生产，特别是肥羔的大规模生产（刘桂琼，2010）。

肉羊生产主要采取杂交生产，利用不同品种的遗传互补和杂种优势。例如，对粗毛羊品种小尾寒羊、蒙古羊等，利用引进的无角陶赛特羊、萨福克羊、夏洛莱羊等作为父本进行杂交；对普通山羊，如黄淮山羊、马头山羊、贵州山羊等，利用引进的波尔山羊作为父本进行杂交，提高生长速度和产肉率；对细毛羊品种，用引进的超细型细毛羊品种为父本进行级进杂交，生产超细型羊毛（马月辉，2004）。

在经济杂交过程中，一般多元杂交应用效果较好。如本地母山羊的体格偏小，与波尔山羊杂交后代易造成妊娠母羊难产，应采用多元杂交，可以先用南江黄羊或奶山羊进行第一轮杂交，杂交一代母羊再与波尔山羊进行杂交。在三元杂交中，决定杂三代性能的关键是第二父本的生长发育性能和胴体品质。由于波尔山羊的生长性能和胴体品质优于南江黄羊、河南奶山羊等品种，波尔山羊作为终端父本更为理想。在绵羊中，夏洛莱羊宜作终端父本（张花菊，2008）。

3. 作为直接提供畜产品的生产群 随着我国经济的发展，人民生活水平得到了极大的提高，我国市场对羊肉的需求量也越来越大。羊肉属于高蛋白质、低脂肪、低胆固醇的营养食品，其味甘性温，益气补虚，强壮筋骨，具有独特的保健作用（赵有璋，2005）。而作为羊肉生产群，我国大部分的绵、山羊都被用于直接为市场提供羊肉等畜产品。

值得指出的是，我国近年来从地方绵、山羊品种资源中开发出了许多优质高档的羊肉，如兰坪乌骨羊羊肉、湖北乌羊羊肉等。兰坪乌骨绵羊羊肉肉质鲜美，所含黑色素还具有很高的保健、药用价值（和四池等，2011），受到广大消费者的欢迎。湖北乌羊肉呈黑色，肉质鲜美，黑色素含量丰富，具有滋阴补阳双重保健功能，益气补虚，可用于治疗腰膝酸痛。另外，该羊心、肝、胆、血、肾、甲状腺等均可入药。

第二节　引进肉羊品种及其杂交组合

一、引进的主要肉羊品种介绍

我国目前引进的肉用种羊品种主要有：杜泊羊、无角陶赛特羊、萨福克羊、特克赛尔羊、德国肉用美利奴羊、夏洛莱羊等肉用绵羊和波尔山羊、努比亚山羊等，另外还有肉毛兼用品种如波德代羊、林肯羊、边区莱斯特羊、考力代羊、英国罗姆尼羊、新西兰罗姆尼羊等。这些肉用种羊，不但自身生产性能好，而且还被广泛用于世界各地的肉羊品种改良与培育，为肉羊业整体生产水平的提高起到了积极的作用。

（一）波尔山羊（Boer goat）

波尔山羊是目前世界上公认的最理想的肉用山羊品种之一，原产于南非共和国，以体型大、增重快、产肉多、耐粗饲而著称。南非波尔山羊的名称来自荷兰语“Boer”，意思是“农民”。

波尔山羊的真正起源尚不清楚，有资料说可能来自南非洲的霍屯督人和游牧部落斑图人饲养的本地山羊，在形成过程中还可能加入了印度山羊、安哥拉山羊和欧洲奶山羊的血缘。根据南非波尔山羊育种协会资料介绍，波尔山羊有5个类型：普通波尔山羊，肉用体型明显，毛短，体躯有不同的花斑；长毛波尔山羊，被毛长而厚，肉质粗糙；无角波尔山羊，无角，体型欠理想；地方波尔山羊，腿长，体型多变，而且不理想，体躯有不同的花斑；改良型波尔山羊，是 20 世纪初好望角东部的农场主，在选择肉用山羊品种时逐步形成的。

理想型的波尔山羊，体躯为白色，头、耳和颈部为浅红色至深红色，但不超过肩部，并有完全的色素沉着，广流星（前额及鼻梁部有一条较宽的白色）明显；除耳部以外，种用个体的头部两侧至少要有直径为 10 厘米的色块，两耳至少要有 75%的部位为红色，并要有相同比例的色素沉着。波尔山羊具有强健的头，眼睛清秀、棕色，鼻梁隆起，头颈部及前肢比较发达，体躯长、宽、深，肋部发育良好并完全开展，胸部发达，背部结实宽厚，臀腿部丰满，四肢结实有力。

波尔山羊初生重一般为 3.5 千克，公羔比母羔重约 0.5 千克；断奶体重一般可达 22.5 千克；7 月龄时公羊体重为 45 千克，母羊为 40 千克；周岁时，公羊体重为 60 千克，母羊为 55 千克；成年体重公羊为 110 千克，母羊为 75 千克。

波尔山羊母羔 6 月龄性成熟，公羔 3～4 月龄性成熟，但需到 5～6 月龄或体重 32 千克时方可作种用。在良好的饲养条件下，母羊可以全年发情。发情周期为 18～21 天，发情持续期平均为 37.4 小时，妊娠期平均为 148 天；产后休情期，在产羔季节为 37 天，在非产羔季节为 60 天；产后第一次发情，最早可在 20 天。波尔山羊每胎平均产 2 羔，其中 50%的母羊产双羔，10%～15%的产 3 羔，在性能测定中的产羔率为 193%，如果用多胎性选择和良好的管理相结合，产羔率可达 225%。波尔山羊泌乳期前 8 周奶产量为 1.91～2.32 千克/天，其中乳脂率含量为 3.4%～4.6%，蛋白质为 3.7%～4.7%，乳糖为 5.2%～5.4%。

波尔山羊四肢健壮，能长距离放牧。它不仅能在密集的灌丛和崎岖的山地很好放牧，还能长途跋涉寻找食物和饮水。波尔山羊对灌木占 82%、牧草占 16%，植株高度为 10～160 厘米、植株顶端下垂的牧地特别青睐。波尔山羊不但采食树叶，而且爬向树干和树枝，对于幼龄树尤其如此。波尔山羊适应性强，适应内陆性气候、亚热带灌木丛、热带灌木丛、半荒漠地区等。波尔山羊的抗病力强，对一些疾病如蓝舌病、肠毒血症及氢氰酸中毒症等抵抗力很强。对内寄生虫的侵害也有很强的抵抗力。波尔山羊代谢的水分交换率比绵羊低，热应激时，每千克代谢活重的需水量比绵羊少 40%。

1959 年，南非波尔山羊育种协会成立，制定和颁布了波尔山羊的种用标准。1970 年南非实施国家绵、山羊性能和后裔测定计划，波尔山羊被纳入测定方案。测定分 5 个阶段，包括以下指标：母羊特征、产奶量、羔羊断奶前后的生长率、饲料转化率，公羔体重、在标准化饲养条件下断奶后公羔的生长率、公羊后裔胴体的定性和定量评定。现在，南非大约有 500 万只波尔山羊，主要分布在 4 个省，其中现代改良型波尔山羊约有 160 万只。

（二）努比亚山羊（Nubian goat）

努比亚山羊原产于非洲东北部的埃及、苏丹及邻近的埃塞俄比亚、利比亚、阿尔及利亚等地，也称埃及山羊，属肉乳兼用型，具有生长快、体格大、性情温驯、繁殖率高、泌乳性能好等优点。以其中心产区尼罗河上游的努比亚而得名，现已分布世界各国。

努比亚山羊头短小，鼻梁隆起，耳大下垂，颈长，躯干较短，尻短而斜，四肢细长。公、母羊无须无角。毛色较杂，有暗红色、棕色、乳白色、灰白色、黑色及各种斑块杂色，以暗红色居多，被毛细短、有光泽。

成年公羊平均体重 80 千克，体高 82.5 厘米，体长 85 厘米；成年母羊上述指标相应为 55 千克、75 厘米和 78.5 厘米。母羊一年两胎，平均产羔率 192.5%，双羔占 72.9%。公羔初生重 3.5 千克，1 月龄重 8.6 千克，2 月龄重 11.9 千克，6 月龄重 32.8 千克；母羔上述指标相应为 3.1 千克，8.5 千克，11.8 千克，25.2 千克。母羊 6～7 月龄性成熟，繁殖率高，胎均产羔 1.92 只，6 月龄育成率达 92%以上。母羊乳房发育良好，多呈球形。泌乳期为 150～180 天，产奶量为 300～800 千克，乳脂率为 4%～7%，奶的风味好。

据国内外的资料介绍，在发展肉羊生产中，用努比亚山羊改良的效果比较好，杂交后代的体型比较丰满，羔羊也出现有双脊背，生长速度快。用它来改良地方山羊，在提高肉用性能和繁殖性能方面效果较好。

（三）萨福克羊（Suffolk）

萨福克羊是目前世界上体格、体重最大的肉用品种，早熟，生长发育快，原产于英国英格兰东南部的萨福克、诺福克、剑桥和艾塞克斯等地。该品种羊是以南丘羊为父本，当地体型较大、瘦肉率高的旧型黑头有角诺福克羊为母本进行杂交培育，于 1859 年育成。

萨福克羊体格大，头短而宽，鼻梁隆起、耳大，公、母羊均无角，颈长、深且宽厚，胸宽，背、腰和臀部长宽而平。肌肉丰满，后躯发育良好。体躯主要部位被毛白色，但偶尔可发现少量的有色纤维，头和四肢为黑色短刺毛。

萨福克羊成年公羊平均体重 118 千克，成年母羊 83 千克；剪毛量成年公羊 5.5 千克，成年母羊 3.1 千克；毛长 7～8 厘米，细度 50～58 支，净毛率 60%左右，被毛白色，但偶尔可见少量的有色纤维。

萨福克羊的特点是早熟，生长发育快，产肉性能好，经肥育的 4 月龄胴体重公羔 24.2 千克，母羔为 19.7 千克，瘦肉率高，是生产大胴体和优质羔羊肉的理想品种。萨福克羊繁殖性能好，公、母羊 7 月龄性成熟，母羊全年发情，产羔率 130%～165%。美国、英国、澳大利亚等国都将该品种作为生产肉羔的终端父本。

我国从 1978 年起先后从澳大利亚、新西兰等国引进，主要分布在新疆、内蒙古、北京、宁夏、吉林、甘肃、河北和山西等省、自治区、直辖市，适应性和杂交改良地方绵羊效果显著。

（四）特克赛尔羊（Texel）

特克赛尔羊因原产于荷兰特克赛尔岛而得名。20 世纪初，用林肯羊、长毛型莱斯特羊与当地旧特克赛尔羊杂交，经过长期的选择和培育而成。

特克赛尔羊头大小适中，清秀无长毛，公、母羊均无角，耳短，眼大突出，鼻端、眼圈、蹄质为黑色，颈中等长、粗，鬐甲宽平，体躯肌肉丰满，胸圆，背腰平直、宽，后躯发育良好。平均体重成年公羊 123 千克，成年母羊 78 千克。剪毛量成年公羊 5 千克，成年母羊 4.5 千克。净毛率 60%，羊毛长度 10～15 厘米，羊毛细度 48～50 支。羔羊 70 日龄前平均日增重为 300 克，在适宜的草场条件下，120 日龄羔羊体重达 40 千克，6～7 月龄达 55 千克，屠宰率 57%。特克赛尔羊早熟，全年发情，产羔率 150%～160%，泌乳性能良好。该品种对寒冷气候有良好的适应性。

特克赛尔羊寿命长，产羔率高，母性好，产奶多。羔羊肉品质好，肌肉发达，瘦肉率和胴体分割率高，市场竞争力强。因此，该品种已广泛分布到比利时、卢森堡、丹麦、德国、法国、英国、美国、新西兰等国，是这些国家推荐饲养的优良品种和用作经济杂交生产肉羔的父本。20 世纪 60 年代我国曾从法国引进过此品种羊，饲养在中国农业科学院畜牧研究所。自 1995 年以来，我国辽宁、山东、北京、河北和陕西等地引进该品种，杂交改良效果较好。

（五）夏洛莱羊（Charolais sheep）

夏洛莱羊原产于法国中部的夏洛莱丘陵和谷地。夏洛莱地区过去饲养本地羊，主要作为肉羊供应首都巴黎。以后因羊毛工业兴起，曾引进美利奴羊进行杂交，1820 年以后，法国羊毛工业不振，农户转向生产肉羊，于是引入英国莱斯特羊与当地羊杂交，形成了一个比较一致的品种类型，1963 年命名为夏洛莱肉羊，1974 年法国农业部正式承认为品种。

夏洛莱羊肉用体型良好，体躯呈圆筒状。头部无毛，公、母羊均无角，额宽，耳大，颈短粗，肩宽平，胸宽而深，身腰长，背部肌肉发达，肋部拱圆，后肢间距大，肌肉发达，呈倒 U 形。四肢较短。被毛同质，白色。

夏洛莱羊生长发育快，一般 4 月龄育肥羔羊体重 40 千克，6 月龄公羔体重

51千克，母羔41千克；7月龄出售的种羊标准公羔53千克，母羔43千克。周岁公羊体重80千克，成年公羊体重125千克，成年母羊85千克。剪毛量成年公羊3～4千克，成年母羊2.0～2.5千克。毛长4～7厘米，羊毛细度56～58支。夏洛莱羊产肉性能好，瘦肉多，脂肪少，4～6月龄羔羊胴体重为22千克，屠宰率50%。产羔率高，经产母羊为170%以上，初产母羊为135.32%。在法国，一般在8月中旬至翌年1月份发情，但发情旺季在9、10月份，妊娠期144～148天，平均受胎率95%。

夏洛莱羊具有早熟、生长发育快、泌乳性能好、体重大、胴体瘦肉率高、肥育性能好等特点，是用于经济杂交生产肥羔较理想的父本。20世纪80年代末90年代初，内蒙古畜牧科学院最早引入夏洛莱羊。近年来，我国许多地区相继引入，现主要分布在辽宁、山东、河北、山西、河南、内蒙古、黑龙江等地。

（六）无角陶赛特羊（Poll Dorset）

无角陶赛特羊原产于大洋洲的澳大利亚和新西兰。该品种是以雷兰羊和有角陶赛特羊为母本，考力代羊为父本进行杂交，杂种羊再与有角陶赛特公羊回交，选择其无角后代培育而成。1954年澳大利亚成立无角陶赛特羊品种协会。

无角陶赛特羊体质结实，头短而宽，耳中等大，公、母羊均无角，颈短、粗，胸宽深，背腰平直，体躯较长，肌肉丰满，后躯发育好，四肢粗、短，整个躯体呈圆筒状，面部、四肢及被毛为白色。

无角陶赛特羊生长发育快，早熟，全年可发情、配种、产羔。经过肥育的4月龄羔羊的平均胴体重，公羔22.0千克、母羔19.7千克。成年公羊体重100千克、成年母羊为70千克，剪毛量2～3千克，净毛率60%左右，毛长7.5～10.0厘米，羊毛细度56～58支。产羔率137%～175%，羔羊繁殖存活率131%。

在新西兰，该品种羊用作生产反季节羊肉的专门化品种。20世纪80年代以来，新疆、内蒙古、甘肃、北京、河北等省、自治区、直辖市和中国农业科学院畜牧研究所，先后从澳大利亚和新西兰引进无角陶赛特羊。许多省、直辖市、自治区用该品种公羊与地方绵羊杂交，效果良好。

（七）德国肉用美利奴羊（German Mutton Merino）

德国肉用美利奴羊属于肉毛兼用细毛羊品种。原产于德国的萨克森州，是用泊列考斯羊和莱斯特羊公羊与德国地方美利奴羊杂交培育而成。

德国肉用美利奴羊体格大，成熟早。公羊很少有角，母羊无角。被毛为白色，密而长，弯曲明显。体质结实，结构匀称，头重、鼻梁隆起、耳大，颈宽厚、鬐甲宽平、胸宽深，头、颈、肩结合良好。背腰长而宽广平直，腹大而紧凑，肋骨开张良好，四肢健壮，蹄质结实，体躯肌肉丰满呈长筒状，前、后躯发达，后躯呈倒U形。

德国肉用美利奴羊平均体重成年公羊95千克、成年母羊63千克。剪毛量成年公羊10～11千克，成年母羊4.5～5.0千克。净毛率45%～52%。羊毛长度7.5～9.0厘米、细度60～64支。母羊产羔率140%～175%。该品种羔羊期生长发育快、早熟、肉用性能好，10～30日龄日增重225.5克；30日龄至断奶日增重255.4克；周岁公羊体重82.13千克，母羊体重62千克；2周岁公羊体重125.7千克，母羊88千克。德国肉用美利奴公、母羔羊3～4月龄平均体重达42千克，可出栏屠宰，胴体重可达20千克，屠宰率为49%。

德国肉用美利奴公、母羊4～5月龄即有性行为，7月龄性成熟，10月龄即可配种。母羊非季节性发情，可常年配种、产羔，产羔率为150%～250%。不哺乳的母羊，可在产后36～46天发情。多数母羊平均60天断奶，断奶后7～26天即可发情。母羊妊娠期为142～151天，平均为145.93天。

德国肉用美利奴羊适应性强，耐粗饲，不易患病。该品种羊毛细，羊毛产量高，同细毛羊杂交可在保证细毛羊毛质的同时，增加产肉量，同小尾寒羊杂交，可在保证不改变其长年发情特性的同时，提高小尾寒羊的产肉量和产毛量。

我国从1958年起曾多次引进该品种，主要分布于江苏、安徽、甘肃、新疆、内蒙古、黑龙江、吉林、山东、山西等地区。大部分省、市、地区多引入肉毛兼用美利奴羊作为改良本地土种羊的终端父本。德国肉用美利奴羊曾参与内蒙古细毛羊、巴美肉羊等新品种的育成。

（八）杜泊羊（Dorper）

杜泊羊原产于南非共和国，是该国在1942—1950年间，用从英国引入的有角陶赛特品种公羊与当地的波斯黑头品种母羊杂交，经选择、培育而成的肉用绵羊品种。杜泊羊品种在南非各地均有分布，主要分布在干旱地区，但在热带地区，如Kwa-Zulu-Nacal省也有分布。杜泊羊分长毛型和短毛型两种。长毛型羊生产地毯毛，较适应寒冷的气候条件；短毛型羊毛短，没有纺织价值，但能较好地抗炎热和雨淋。大多数南非人喜欢饲养短毛型杜泊羊，因此现在该品种的选育方向主要是短毛型。

杜泊羊体格大，体躯近似圆筒状。头顶部平直、长度适中，无角，额宽，鼻梁隆起，耳大稍垂，颈粗短，肩宽厚，前胸丰满，后躯肌肉发达，背平直，肋骨拱圆，体躯长、宽、深。尾长、瘦。四肢强健而长度适中，肢势端正，蹄质坚实。头颈为黑色，体躯和四肢为白色，也有全身白色个体。杜泊绵羊早期发育快，胴体瘦肉率高，肉质细嫩多汁，膻味轻，口感好，特别适于肥羔生产，国际上被誉为“钻石级”绵羊肉，具有很高的经济价值。同时，该品种羊板皮厚，面积大，皮板致密并富弹性，是制高档皮衣、家具和轿车内装饰的上等皮革原料。

杜泊羊早熟，生长发育快，100 日龄平均体重公羔 34.72 千克、母羊 31.29 千克。周岁公羊的体高 72.7 厘米，3 岁公羊为 75.3 厘米。成年公羊平均体重 105 千克，成年母羊 83 千克。正常情况下，产羔率为 140%，其中产单羔母羊占 61%，产双羔母羊占 30%，产三羔母羊占 4%。但在良好的饲养管理条件下，可进行两年三胎，产羔率 180%。母羊泌乳力强，护羔性好。

杜泊绵羊体质结实，食草性广，不择食，耐粗饲，抗病力较强，性情温驯，合群性强，易管理。杜泊绵羊对炎热、干旱、潮湿、寒冷等多种气候条件和生态环境有良好的适应性，并能随气候变化自动脱毛，

南非于 1950 年成立杜泊肉用绵羊品种协会，促使该品种得到迅速发展。杜泊羊已经成为南非第二大品种，总数达到了 1 000 万只，占南非绵羊总数的 1/3 以上。近年来，杜泊羊纷纷被世界上主要羊肉生产国引进。我国从 2001 年开始引入，目前主要分布在山东、陕西、天津、河南、辽宁、北京、山西、云南、宁夏、新疆和甘肃等省、直辖市、自治区，用其与当地羊杂交，效果显著。

（九）考力代羊（Corriedale）

考力代羊是在新西兰于 1880 年开始，用长毛型品种与美利奴进行杂交育成的，于 1910 年成立品种协会。1920 年出版良种册，当年登记羊场 21 个，其中 10 个由林肯×美利奴羊育成，6 个由英国莱斯特×美利奴羊育成，2 个由边区莱斯特×美利奴羊育成，1 个由罗姆尼×美利奴羊育成。主要分布在美洲、亚洲和南非，属肉毛兼用型品种。

考力代羊公、母均无角，颈短而宽，背腰宽平，肌肉丰满，后躯发育良好，四肢结实，长度中等。全身被毛白色，羊毛长度 9～12 厘米，羊毛细度 50～56 支，弯曲明显，匀度良好，强度大，油汗适中。

成年公羊平均体重 95 千克，成年母羊 73 千克。成年公羊剪毛量 10～12 千克，成年母羊 5～6 千克，净毛率为 60%～65%。产羔率 110%～130%。考力代羊具有良好的早熟性，4 月龄羔羊体重可达 35～40 千克，但肉的品质中等。

1946 年，联合国善后救济总署送给我国考力代羊 925 只，分别饲养在北平、南京、甘肃、绥远等地，运往绥远的羊群由于感染疥癣而全部损失，在西北等地的羊群，由于气候和饲养管理条件等的关系，损失很大，不得不将余下的羊群转移到贵州等省饲养。新中国成立后我国又先后从新西兰和澳大利亚引

入相当数量，主要分布在吉林、辽宁、安徽、浙江、贵州等省。考力代羊在我国东部沿海各省、东北和西南等省的适应性较好。

考力代羊具有良好的肉用体型，用作父本改良杂交效果明显，是我国东北半细毛羊、贵州半细毛羊新品种，以及山西陵川半细毛羊新类群的主要父系品种之一。

二、肉用型羊杂交改良

（一）杂交改良的意义

肉羊杂交改良的目的是为了提高羊的生产能力和养殖肉羊的经济效益。引入肉用品种羊个体大，生长速度快，胴体品质好，屠宰率高。我国地方羊品种能更好地适应当地的气候条件，耐粗饲，肉质好，但肉用性能差，经济效益低。因此，合理引入良种肉羊杂交改良我国地方绵、山羊后代能兼具父母代优点，提高养羊业经济效益。杂交改良后商品肉羊羔羊日增重可高达300克以上。杂种羊具有体型大、生长快、饲料转化率高、出肉率高等优势，屠宰率可达50%以上，能多产肉10%～15%。通过杂交改良，绵、山羊还能生产出可供出口和高级饭店使用的高档羊肉。总之，通过对本地肉羊进行杂交改良，进行肉羊生产，经济效益明显，对提高广大养殖户的收入和满足居民对羊肉的需求具有积极的意义。

（二）杂交改良的方法

1. 杂交改良方案的确定

（1）父本的选择　我国绵、山羊品种资源丰富，具有耐粗饲、抗病力强、适应性好、遗传性稳定等优良特性，但存在着体型小、生长慢等缺点。进行杂交改良的主要目的是在保存地方绵、山羊优良特性的同时，提高其体重、增重速度和改善胴体品质。在杂交改良过程中常用地方绵、山羊作为母本，从外地或国外选择优良公羊作为父本。

（2）杂交代数的确定　杂交代数是根据杂交改良的目标和杂交方式来确定。杂交代数不同，杂种优势率表现也不同，一般杂交第一代的杂种优势率最高。在商品肉羊生产中，往往杂交一代用于育肥出栏；如果以培育新品种或新类群为目的进行杂交，通常需级进到第三代、第四代，有时甚至需要更高的代数，才能达到彻底改变原品种的目的。

（3）杂交改良应注意的问题　选择种公羊对个体小的母羊杂交改良时，公羊不宜太大，以防杂种羔羊个体太大，造成母羊难产。一般公羊成年体重以不超过母羊品种的30%～40%为宜。大型品种公羊与小型品种母羊杂交时，宜选用经产母羊，以降低难产率，并且对于产羔母羊要做好接产和护理工作，提高杂种羊的饲养管理和营养水平，充分发挥其杂种优势。在进行杂交改良时要认识到地方品种优点的重要性并加以保留，只有充分发挥地方品种的优点，改进其缺点，才能生产出适应当地环境、饲养条件的优良杂种羊。

2. 杂交方式的选择 在肉羊生产中杂交方式主要有以下几种。

(1) 二元杂交 即2个品种或2个品系间的杂交，其杂交后代直接用于商品育肥生产，通常情况下，比纯种肉羊产肉率提高15%～20%。例如，在生产实践中以国外优良肉羊品种（杜泊羊、夏洛莱羊、萨福克羊、无角道赛特羊等）为父本，我国的小尾寒羊为母本进行杂交，其杂种羊具有生长速度快、性成熟早、体型健壮、适应力强、饲料利用率高等特点。生产中，往往将杂一代公羊和种用性能不佳的母羊用于育肥。

(2) 级进杂交 级进杂交是利用生产性能好的品种改造生产性能差的品种最常用的方法。我国从国外引进波尔山羊改良地方山羊用到较多的就是级进杂交，通常要级进杂交至第三代、第四代。需要注意的是，级进杂交不是代数越高越好。随着杂交代数的增加，杂交后代保留的地方山羊基因型逐渐减少，这就会导致杂种羊适应能力变差，生产性能降低。级进杂交后，当杂交后代的性状表现理想时，就可选择理想后代中的杂种公、母羊通过横交固定，在此基础上进行新品种的培育。

(3) 三元杂交 顾名思义，三元杂交就是指3个品种之间的杂交。将2个品种通过杂交获得的后代中的母羊与第三个品种公羊进行杂交，所产后代即为三品种杂种。例如，夏×萨×本三品种杂种就是通过三元杂交产生的。先用萨福克公羊与本地母绵羊杂交产生杂种，选杂种母羊与夏洛莱公羊杂交，后代即为夏×萨×本三品种杂种。三元杂交能够充分发挥杂种母羊的杂种优势，有效地利用三元杂种个体本身的杂种优势，使其3个亲本品种的优点都得以体现。通过对比，三元杂交的效果优于二元杂交，因此其在肉羊生产中被广泛采用。

（三）杂交改良注意的问题

肉羊杂交生产已成为我国肉羊生产的主要方式。国内常用的肉羊经济杂交模式包括二元经济杂交、三元经济杂交等。采用不同肉羊品种或品系进行杂交，可生产出比原有品种、品系更能适应当地环境条件和高产的杂种肉羊。但在进行杂交改良时还需要注意以下问题：一般认为低遗传力性状的杂种优势高，而高遗传力性状的杂种优势低；随着杂交代数的增加，杂种优势逐渐降低，且有产羔率降低、产羔间隔变长的趋势。所以，一般 F_1 代杂种优势最高；针对杂交对于山羊板皮可能产生的不利影响须做更多研究和重视；不能仅仅将增重速度作为衡量经济杂交的效果，要综合评价改良的成果；在进行杂交改良时，应注意改善饲养管理条件和营养水平。

［案例 2-1］ 肉羊杂交组合

近年来，我国引进国外优秀肉羊品种，对国内地方绵、山羊品种进行杂交改良，许多绵羊、山羊的生产性能得到了较大的提高。在生产实践中，要根据地方品种资源和生态经济条件，合理选择杂交组合。

一、肉用绵羊二元杂交组合

山东省王金文等利用杜泊羊与小尾寒羊杂交，培育出鲁西黑头肉羊。鲁西黑头肉羊生长发育快：6 月龄公羔体重为 50.77±8.60 千克（n=23），母羔为 43.26±7.23 千克（n=30）；12 月龄相应为 79.30±2.61 千克（n=10），59.62±7.33 千克（n=15）。繁殖性能理想：根据 2～5 胎统计，每胎平均产羔头数 2.03±0.50 头。肉用性能好：3～5 月龄羔羊经 60 天育肥期，鲁西黑头肉羊平均日增重为 307±71 克；5 月龄育肥羔羊胴体重为 23.31±1.28 千克，屠宰率为 55.09%。

王公金等（2007）以杜泊羊为父本，与湖羊进行二元杂交。羔羊初生重 2.6 千克，3 月龄重为 15.7 千克，6 月龄重为 24.2 千克。0～6 月龄平均日增重 120.2 克。各项指标与同环境下饲养的杜寒杂种羔羊相似。

夏洛莱羊主要用作育肥羊生产的终端父本，耐干旱、潮湿及寒冷等恶劣气候，季节性发情，产羔率在 135%～190%，较其他绵羊的产羔率 110%～130% 高出很多。根据赵有璋等（2002）的实地考察，在辽宁省朝阳地区，夏洛莱羊分布广，数量大，生长发育快，体格大，肉用体型好，适应性强。同时，杂种羊数量多，杂交效果显著，经济效益明显，受到当地基层干部和广大农户的欢迎。母志海等（2008）采用夏洛莱公羊与小尾寒羊母羊杂交一代羔羊与小尾寒羊纯繁羔羊进行比较，统计 125 只小尾寒羊母羊产夏寒杂种羔羊 231 只，产羔率为 197.6%，3 月龄断奶成活羔羊 228 只，成活率为 95.98%。在相同饲养管理条件下，夏寒杂种一代羔羊 3 月龄断奶重和 6 月龄体重分别为 24.83 千克和 42.21 千克，比同龄小尾寒羊羔羊分别增加 5.11 千克和 8.83 千克，提高 25.93%和 26.46%；3 月龄和 6 月龄胴体重分别为 14.24 千克和 23.35 千克，比同龄小尾寒羊羔羊分别增加了 3.86 千克和 5.68 千克，提高 37.25% 和 32.16%。

萨福克羊是最著名的肉用绵羊品种之一，是传统的“肉羊之王”，具有生长速度快、羔羊初生重大等优势，可秉承杂交双亲的优良性状。何振富（2008）用萨福克公羊与甘肃省武威地区当地小尾寒羊杂交，观察杂交改良后的效果。结果表明：萨寒 F_1 代羔羊初生重、2 月龄、4 月龄和 6 月龄体重分别为 3.93 千克、12.68 千克、23.15 千克和 34.56 千克，较当地小尾寒羊提高 1.13 千克、3.11 千克、4.07 千克和 6.37 千克。在相同的饲养管理条件下，体高、体长、胸围等均高于当地同龄小尾寒羊，其生长发育速度明显快于当地小尾寒羊。

德国肉用美利奴羊属肉毛兼用型，具有羔羊生长发育快、繁殖率强及被毛品质好等特点，常年发情，可两年三产，产羔率 150%～250%。甘肃张玉斌等（2007）在甘肃省临洮华加生物技术良种牛羊繁育公司，以德国美利奴羊为父本，小尾寒羊为母本进行杂交，对杂交一代的生长状况、产肉性能及肉用品质进行测定分析。结果表明，德×寒 F_1 代羔羊平均初生重 4.10 千克，9 月龄、12 月龄日增质量分别为 122.67 克和 110.80 克，均显著高于小尾寒羊。

二、肉用绵羊三元杂交组合

在国家“948”项目支持下，黎斌、赵有璋（2000）从新西兰引进无角陶赛特羊（Poll Dorset）和波德代羊（Borderdale），杂交改良永昌县本地土种羊，取得显著效果。2001—2005 年间，共获 F_1 代羊 18.1 万只，F_2 代羊 3.92 万只，F_3 代羊 0.66 万只，形成了甘肃肉羊新品种群。在甘肃省永昌肉用种羊场、红光园艺场，黎斌、赵有璋（2007）将无角陶赛特羊与小尾寒羊的 F_1 代，与特克赛尔种公羊进行杂交。特陶寒 F_2 代平均初生重为 3.7375 千克，3 月龄断奶时平均体重为 20.63 千克，4 月龄平均体重为 23.76 千克，6 月龄平均体重为 29.91 千克。

山西乔利英等（2010）用夏洛莱羊与山西本地土种羊进行二元杂交，杂交 F_1 代母羊再与南非肉用美利奴公羊杂交。羔羊平均初生重 4.05 千克，100 日龄断奶体重 16.30 千克，0～100 日龄平均日增重 122 克，100 日龄断奶至 6 月龄平均日增重 51.73 克。该组合是山西等地重要的杂交组合类型。

辽宁关昕等（2007），付亮亮（2010）选用陶赛特羊、萨福克羊、德国肉用美利奴羊作为父本，以夏洛莱与小尾寒羊杂交一、二代羊为母本分别进行杂交。据统计，陶夏寒 F_1 代产羔率为 162%，F_2 代为 160%；萨夏寒 F_1 代为 222%，F_2 代为 173%；德夏寒 F_1 代为 127%，F_2 代为 114%。陶夏寒杂种羔羊 3 月龄平均体重 29.97 千克，6 月龄平均体重 44.98 千克，0～6 月龄平均日增重 165.71 克。萨夏寒杂种羔羊 3 月龄平均体重 27.21 千克，6 月龄平均体重 42.59 千克，0～6 月龄平均日增重 166.31 克。德夏寒杂种羔羊 3 月龄平均体重 32.63 千克，6 月龄平均体重 53.19 千克，0～6 月龄平均日增重 223.48 克。

甘肃曹竑等（1999）以小尾寒羊为父本与滩羊二元杂交，F_1 代母羊再与陶赛特公羊杂交。三元杂交单羔、双羔、三羔、四羔初生重分别为 4.29 千克、3.01 千克、2.15 千克、1.78 千克；三元杂交羔羊 1 月龄、3 月龄、6 月龄重分别达 11.03 千克、15.56 千克、30.37 千克，分别比小尾寒羊×滩羊二元杂交羔羊提高 25.06%、16.29%、28.58%。甘肃赵希智（2003）以小尾寒羊为父本与滩羊二元杂交，F_1 代母羊再与特克赛尔公羊杂交。特寒滩三元杂交初生重、3 月龄、6 月龄重分别达 4.26 千克、23.62 千克、41.15 千克，而相同环境下饲养的陶寒滩三元杂交羔羊的相应指标分别为 4.42 千克、21.93 千克、39.34 千克。与滩羊相比，特寒滩三元杂交羔羊和陶寒滩三元杂交羔羊初生重分别提高 44.44%、39.22%，断奶重分别提高 53.57%、65.41%，6 月龄重分别提高 43.26%、50.45%。马进勇等（2010）先以小尾寒羊公羊与蒙古母羊交配，F_1 代母羊再与不同的终端父本进行杂交。萨寒蒙杂种羔羊初生重、3 月龄重、6 月龄重分别为 3.96 千克、23.67 千克、39.97 千克，陶寒蒙杂种羔羊初生重、3 月龄重、6 月龄重分别为 3.98 千克、24.18 千克、40.18 千克，夏寒蒙杂种羔羊初生重、3 月龄重、6 月龄重分别为 3.97 千克、24.30 千克、40.48 千克，杜寒蒙杂种羔羊初生重、3 月龄重、6 月龄重分别为 4.10 千克、26.48 千克、43.68 千克。

三、肉用山羊二元杂交组合

肉用山羊二元杂交组合主要是波尔山羊与各种当地山羊品种进行的杂交。包括波鲁、波宜、波黄、波南、波长、波乐、波简、波马、波福、波川、波陕、波贵等杂交组合。也有努马杂交，即努比亚山羊与马头山羊杂交。这些杂交组合 F_1 代的生长速度、产肉性能均有不同程度的提高。

以波贵杂交组合为例，贵州省遵义市于 2002 年从贵州省冻精站引进波尔山羊冻精，开展波尔山羊杂交改良试验。收集所产羔羊各个月龄段的体重、体尺的测定数据，记录并观察羔羊生长情况及适应性。对两组羔羊进行综合比较，评定杂交效果。结果显示，波贵 F_1 代羊体型大、头大、额宽、耳扁宽大而下垂，胸宽深、背腰长平、四肢粗壮、结构紧凑，前后躯干发育良好、肌肉丰满；全身被毛除头部、头颈部、耳有带浅棕色外，其余部位为白色。F_1 代羊性情温驯，哺乳性能良好，保持了本地羊繁殖率高的特点，羔羊成活率提高 13.7%。F_1 代羊初生重高、生长发育快，与贵州白山羊相比，初生重提高 51.4%（公）和 49.35%（母），平均为 50.38%；3 月龄提高 56.65%（公）和 52.4%（母），平均为 54.53%；6 月龄提高 53.17%（公）和 50.43%（母），平均为 51.8%；9 月龄提高 58.50%（公）和 64%（母），平均为 61.25%；12 月龄提高

59.78%（公）和58.95%（母），平均为59.36%；6月龄前F_1代公母羊日增重为116.6克和110.8克，分别比同龄贵州白山羊（76克和73.3克）提高53.5%和50.5%。波贵杂交组合具有较强的杂种优势。6月龄、12月龄体重杂种优势率公羊为17.4%和18.7%，母羊为16.8%和18.8%。波尔山羊改良贵州白山羊，在6、12月龄有较好的产肉性能，并且可提前利用，缩短饲养期，提高出栏率，增加山羊肉产量。此外，F_1代羊还具有放牧性强、采食速度快、采食量大、适应性强和抗病力强等特点。

四、肉用山羊三元杂交组合

1. 波努马杂交组合

努比亚山羊公羊先与马头山羊母羊杂交，F_1代母羊再与波尔山羊公羊杂交。F_2代平均初生重、3月龄、6月龄、9月龄、12月龄体重分别为3.0千克、12.0千克、22.0千克、27.9千克、34.0千克，分别比马头山羊提高71.4%、0、25.0%、22.2%、21.4%。

2. 波奶陕杂交组合

关中奶山羊公羊与陕南白山羊杂交，F_1代母羊再与波尔山羊公羊杂交。波奶陕、波陕、奶陕、陕南白山羊羔羊的初生重分别为3.63千克、3.07千克、2.45千克、2.18千克。波奶波、波陕、奶陕、陕南白山羊羔羊3月龄体重分别达19.46千克、16.60千克、15.19千克、14.40千克，6月龄体重分别达32.30千克、27.45千克、21.35千克、19.50千克。

第三节　肉羊品种选择策略与方法

肉羊品种的选择是肉羊生产实践中至关重要的一个环节。肉羊生产，主要考虑羊只的生长发育速度、繁殖力和产肉量3项指标（徐泽君，1995）。在特定的生产条件、气候环境下，选择合适的肉羊品种，是提高肉羊生产效率的关键技术之一。在生产实践中，由于各个羊场生产规模、生产目的以及各地生态环境等方面存在差异，因此对肉羊品种的选择策略与方法也有所不同。

一、依据生产规模和生产目的，选择适宜的肉羊品种

引进种羊的品种和质量等级，根据羊场类型和羊群饲养的规模确定，规模

越大，种羊的品种和质量要求越高。新建羊场应从生产规模、产品市场和羊场未来发展方向等方面综合规划，确定所引进种羊的数量、品种和代别。根据引种计划，选择质量高、信誉好的大型种羊场引种（唐秀芬，2012）。而饲养规模小的养殖户所选肉羊在生产性能（体型大小、生长速度、遗传特性等）、外貌特征方面基本符合本品种标准即可。

选择肉羊品种首先要明确生产目的，即明确育种，还是开展经济杂交，这样才能合理投资、准确选种。种羊场所选种羊要求为特级良种，如果是加入核心群进行育种的，则应购买经过生产性能测定的种羊；用于经济杂交生产商品肉羊的品种要求相对较低，生产性能和外貌特征等基本符合本品种标准即可（杨德智，2011）。

此外，饲养方式不同，选择的肉羊品种也有所不同。通常情况下，绵羊品种比山羊品种耐舍饲，培育品种比地方土种耐舍饲。

二、因地制宜，选择合适的肉羊品种

选择肉羊品种，不能道听途说，要考察分析，避免盲目引种。选择某一肉羊品种前，首先要对本地的地理位置、资源条件、市场行情、技术水平等认真考察，综合分析，咨询当地畜牧部门，听取专业技术人员的建议，再对各品种的优缺点和市场供求分析对比。此外，还应考虑该品种在本地的作用，是否有利于本地肉羊生产和社会经济的发展。其次要考虑种羊引入地和本地气候环境是否相近，饲草资源条件是否能满足种羊的饲养需要以及饲养管理技术是否能达到要求等，尽量做到与引入地气候、环境、饲养习惯相近（张英杰，2005）。

例如，贵州省沿河土家族自治县是贵州白山羊的原产地和主产区，品种资源丰富，已具备发展肉羊生产的母本品种优势。目前，该县所需要的是对本地山羊具有改良效果、能提高山羊生产性能的优良品种，在肉羊生产的父本品种选择上则重点考虑选择个体大、抗病力强、生长速度快、产肉率高、性成熟早、繁殖力强等性状优良的山羊品种，如波尔山羊、南江黄羊、简阳大耳羊等；母本品种则尽可能在该县范围内选择组建，充分发挥其地方品种的优良性状和生产潜力。对于必须异地引进的品种，要查清血缘，了解掌握其品种种质特性和生产性能，切忌引进混杂羊、土杂羊、劣质羊和低产羊，确定好引进的肉羊品种后，在选择肉羊引种区域时，必须选择在没有疫病流行和疫病流行史的地区引种（杨秀强等，2013），以免削弱山羊引种对品种改良繁育的效果和在肉羊生产中所发挥的作用。

三、不同生产区域，肉羊品种的选择策略

我国地域辽阔，地形复杂，自然环境和气候条件各异，在长期自然和人工选择下，形成了适应各种生态条件和人类需求的羊品种。如藏羊适应于高海拔、寒冷的青藏高原，绒山羊适应我国北方地区的寒冷气候。因此，养殖户在选择肉羊品种时首先要考虑适应能力；其次要考虑当地的饲草饲料条件（肖西山，2007）。

目前，随着我国经济发展及百姓生活水平的提高，国内市场对羊肉的需求量大大增加，我国绵羊、山羊的生产方向也逐渐转为以产肉为主。我国肉羊品种以地方品种居多，其品种特性和产品特点与产区特殊的生态经济条件有密切的关系。根据我国绵羊、山羊生产区域的分布，将我国划分为牧区、南方山区和北方农区三大地区，各地区分布的肉羊品种不同，选择的肉羊品种也各不相同。

（一）牧　区

牧区主要包括内蒙古、甘肃、新疆、青海、宁夏、西藏等省、自治区。该区域冬季寒冷、漫长，气候干燥，年平均温度0℃～8℃，年降水量由东向西从500毫米向150毫米递减；除内蒙古自治区东部外，天然草场贫瘠，但在荒漠中的绿洲地区农业发达，然而可提供给绵、山羊在冬、春季节补饲的饲草饲料不足。其中，青藏高原境内山势平缓，丘陵起伏，湖盆开阔，到处可见天然牧场，但海拔一般在3 000米以上，气候寒冷干燥，无绝对无霜期，枯草季节长。

牧区自然环境比较恶劣，但以产肉为主的品种分布较多，主要有蒙古羊、苏尼特羊、呼伦贝尔羊、乌珠穆沁羊、巴美肉羊、昭乌达肉羊、乌冉克羊、内蒙古细毛羊、呼伦贝尔细毛羊、乌兰察布细毛羊、兴安毛肉兼用细毛羊、内蒙古半细毛羊、内蒙古绒山羊、罕山白绒山羊、敖汉细毛羊、科尔沁细毛羊、哈萨克羊、多浪羊、阿勒泰羊、巴什拜羊、巴音布鲁克羊、巴尔楚克羊、柯尔克孜羊、塔什库尔干羊、吐鲁番黑羊、新疆细毛羊、阿勒泰肉用细毛羊、新疆山羊、藏羊、西藏山羊、彭波半细毛羊、欧拉羊、青海毛肉兼用细毛羊、青海高原毛肉兼用半细毛羊、兰州大尾羊、中卫山羊、滩羊、甘肃高山细毛羊、河西绒山羊等。主要产品是羊肉、绒毛、羊皮等，繁殖性能低，一般一年产一胎，多数情况下产单羔。

牧区的细毛羊养殖户如果想提高羊肉的生产量，可选择德国美利奴羊作为

父本，与本地细毛羊杂交，在不改变细羊毛的情况下，可提高羊肉生产量。品种选择不当，就会出现杂交后代羊毛变粗，达不到细羊毛的标准。在饲养蒙古羊、藏羊、哈萨克羊等粗毛羊地区，选择肉羊品种时以体型较大的长毛型羊为好，如波德代、陶塞特、白萨福克等品种。以安哥拉山羊为父本，中卫山羊为母本进行杂交，能显著提高中卫山羊的产肉性能（肖西山，1998）。

由于青藏高原生态环境条件严酷，羊只生长发育缓慢，该地区大型肉羊养殖场较少，绵羊、山羊主要放牧饲养，因此，选择适应本地环境的本地优良品种，外貌特征基本符合本品种标准即可。

（二）北方农区

北方农区主要包括陕西、山西、山东、河北、北京、天津、河南、辽宁、吉林、黑龙江等省、自治区、直辖市。其中，山西省、陕西省属内陆气候，干旱少雨，天然草场多属荒漠、半荒漠草原类型，植被稀疏，覆盖度在40%以下，牧草多为耐旱、耐盐碱的藜科、菊科等多年生植物和小灌木，牧草中干物质及粗蛋白质含量较高。水质呈碱性。荒漠中的绿洲农业发达，可提供农副产品作为肉羊的冬春补充饲料。山东省、河北省、北京市、天津市、河南省、辽宁省、吉林省、黑龙江省气候较为温暖湿润，年平均温度一般在8℃～14℃，年降水量400～700毫米，农业发达，能提供比较丰富的饲草饲料，因此山羊分布密度在全国最高。

该地区的肉羊品种主要有同羊、汉中绵羊、陕南白山羊、小尾寒羊、鲁西黑头羊、济宁青山羊、鲁中山地绵羊、泗水裘皮羊、洼地绵羊、大尾寒羊、鲁北白山羊、沂蒙黑山羊、文登奶山羊、太行山羊、广灵大尾羊、晋中绵羊、吕梁黑山羊、豫西脂尾羊、尧山白山羊、伏牛白山羊、鲁山牛腿山羊、东北细毛羊、辽宁绒山羊、承德无角山羊和黄淮山羊等。这些品种的共同特点是早熟、繁殖性能好，一年两胎或两年三胎。根据王景元的资料，济宁青山羊1～5胎次315只产羔母羊统计，平均产羔率为294%，最高1胎产8羔。小尾寒羊在绵羊中繁殖性能最为优良，经产母羊产羔率达250%以上。

在该区饲养绵羊的地方，可选择引进短毛型肉羊品种，如夏洛莱羊、杜泊羊等品种，提高绵羊个体产肉量。其中，可选择陶赛特羊、波得代羊、杜泊羊、小尾寒羊、新疆细毛羊、德国美利奴羊、特克赛尔羊等品种，对提高东北地区绵羊的产肉性能效果显著。该区饲养山羊的地方，可选择产肉量高的波尔山羊、安哥拉山羊，来提高山羊的个体产肉量。

（三）南方山区

南方山区指秦岭山脉和淮河以南的广大农业地区，主要包括江苏、浙江、安徽、福建、江西、上海、广东、广西、海南、湖北、湖南、四川、云南、贵州、重庆、台湾等省、自治区、直辖市和香港、澳门特区。整个地区地处亚热带和热带，由于气候温暖潮湿，农业发达，灌丛草坡面积大，因此，终年有丰富的饲草，特别是青绿饲草。

该区肉羊品种多，尤其是山羊品种，主要有湖羊、长江三角洲白山羊、雷州山羊、马头山羊、湖北乌羊、麻城黑山羊、宜昌白山羊、成都麻羊、建昌黑山羊、川东白山羊、南江黄羊、简阳大耳羊、天府肉羊、凉山半细毛羊、白玉黑山羊、板角山羊、北川白山羊、川南黑山羊、川中黑山羊、古蔺马羊、建昌黑山羊、美姑山羊、雅安奶山羊、隆林山羊、都安山羊、隆林山羊、大足黑山羊、渝东黑山羊、酉州乌羊、贵州黑山羊、贵州白山羊、榕江小香羊、威宁绵羊、黔北麻羊、云岭山羊、昭通山羊、兰坪乌骨绵羊、弥勒红骨山羊、宁蒗黑绵羊、石屏青绵羊、腾冲绵羊、云南半细毛羊、凤庆无角黑山羊、圭山山羊、龙陵黄山羊、罗平黄山羊、马关无角山羊、宁蒗黑头羊、福清山羊、戴云山羊、闽东山羊、赣西山羊、广丰山羊、湘东黑山羊等品种，主要产肉、优质板皮和笔料毛。这一地区山羊的共同特点是：体格中等或较大，被毛短而无绒，但羊只生长发育快，性成熟早，母羊全年发情，一般一年两胎，每胎平均产羔 2 只以上。

南方饲养山羊的地区，宜引进产肉量高的波尔山羊、努比亚山羊品种，来提高个体产肉量。南方饲养绵羊的地区，可选择短毛型肉羊品种，如夏洛莱羊、杜泊羊等品种，提高当地绵羊个体产肉量。需要注意的是，生产特色羊肉的地方品种，如酉州乌羊、兰坪乌骨绵羊、弥勒红骨山羊等，不宜选用肉质与其差异较大的品种进行杂交生产。

第四节　肉用种羊培育及引种方法

一、种羊的选择

（一）选种的意义

种羊是提高羊群生产力的基础，是实现高产的内因。选种，就是通过综合评价选择，用具有高生产性能和优良产品品质的个体来补充羊群，再结合对不良个体的严格淘汰，以达到不断改善和提高羊群整体性能和产品品质的目的。

（二）选种的方法

在我国现阶段，绵、山羊选种的主要对象是种公羊。农谚说“公羊好好一坡，母羊好好一窝”，说明选择种公羊的重要性。选择的主要性状多为有重要经济价值的数量性状和质量性状，肉羊的选择性状有初生重、断奶重、日增重、6～8月龄重、周岁重、产肉量、屠宰率、胴体重、胴体净肉率、眼肌面积、繁殖力等。

种公羊的选择一般从4个方面着手：根据个体表型选择；根据个体祖先的成绩——系谱选择；根据旁系成绩——半同胞测验成绩选择；根据后代品质——后裔测验成绩选择。另外，随着生物技术的发展，分子标记辅助选择也逐步提上日程。

上述几种选择方法是相辅相成、互相联系的，应根据选种单位的具体情况和不同时期所掌握的资料合理利用，以提高选择的准确性。

1. 个体表型选择 个体表型值的高低通过个体品质鉴定和生产性能测定的结果来衡量，表型选择就是在这一基础上进行的。因此，首先要掌握个体品质鉴定方法和生产性能测定方法。此法要求标准明确，简便易行，尤其在育种工作的初期，当缺少育种记载和后代品质资料时，可作为选择羊只的基本依据。个体表型选择是我国现阶段绵羊、山羊育种工作中应用最广泛的一种选择方法。表型选择的效果，取决于表型与基因型的相关程度以及被选择性状遗传力的高低。

绵羊、山羊个体品质鉴定的内容和项目，随绵、山羊的生产方向和品种而异。基本原则是以被选择个体品种的代表性产品的重要经济性状为主要依据进行鉴定。就肉用羊而言，具体以肉用性状为主。鉴定时应按各自的品种鉴定分级标准组织实施。

（1）鉴定年龄和时间 是以代表品种主要产品的性状已经充分表现，而有可能给予正确客观的评定结果为准。肉用羊一般在断奶、6～8月龄、周岁和2.5岁时进行鉴定。

绵、山羊的年龄一般根据育种记录和耳标了解，但在无耳标情况下，只能根据牙齿的更换、磨损情况及角轮进行初步判断。

（2）鉴定方式 根据育种工作的需要可分为个体鉴定和等级鉴定两种。两者都是根据鉴定项目逐头进行，只是等级鉴定不做个体记录，依鉴定结果综合评定等级，做出等级标记，分别归入特级、一级、二级、三级和四级；而个体鉴定要进行个体记录，并可根据育种工作需要增减某些项目，作为选择种羊的依据之一。个体鉴定的羊只包括种公羊，特级、一级母羊及其所生育成羊，以及后裔测验的母羊及其羔羊，因为这些羊只是羊群中的优秀个体，羊群质量的提高必须以这些羊只为基础。

肉用绵羊体况评级标准：采用5级评分，方法是用手触摸待测羊后腰部位的肌肉和脂肪沉积情况，触摸羊背部最后一根肋骨之后、髋骨之前的脊柱，触摸横突的尖部。

1级：羊只极度瘦弱，骨骼显露，无脂肪覆盖，手指容易触及，羊只行动正常。

2级：羊只偏瘦，肌肉组织外部正常，骨骼外露不显，横突圆滑，手指较难触及，背、臀、肋骨部位有薄层脂肪覆盖。羊只健康，行动敏捷。

3级：羊只脊柱滚圆平滑，肌肉丰满，羊体主要部位有中等厚度脂肪覆盖，横突滚圆平滑，手指很难触及。

4级：全躯外观隆圆，肩、背、臀、前肋处有较多脂肪沉积，肌肉非常丰满，横突无法触及，硬实感差，羊只行动少，不爱活动。

5级：在肩部、背部、臀部和前肋处有大量脂肪沉积，肌肉非常丰满，横突无法触及，硬实感差，羊只行动少，不爱活动。

2. 根据系谱进行选择 系谱是反映个体祖先生产力和等级的重要资料，是十分重要的遗传信息来源。在养羊业生产实践中，常常通过系谱审查来掌握被选个体的育种价值。如果被选个体本身好，并且许多主要经济性状与亲代具有共同点，则证明遗传性稳定，可以考虑留种。当个体本身还没有表型值资料时，则可用系谱中的祖先资料来估计其育种值，从而进行早期选择。

根据系谱选择，主要考虑对被选个体影响最大的是亲代，即父母代的影响，血缘关系越远，对子代的影响越小。因此，生产实践中，一般对祖父母代以上的祖先资料很少考虑。

3. 根据半同胞表型值进行选择 是利用同父异母的半同胞表型值资料来估算被选个体的育种值而进行的选择。这一方法在生产实践中更有特殊意义。一是由于羊人工授精繁殖技术的广泛应用，同期所生的半同胞羊只数量大，资料容易获得，而且由于同年所生，环境影响相同，所以结果也比较准确可靠；二是可以进行早期选择，在被选个体无后代时即可进行。

4. 根据后代品质——后裔测验成绩选择 后裔测验就是通过后代品质的优劣来评定种羊的育种价值，这是最直接、最可靠的选种方法。因为选种的目的是为了获得优良后代，如果被选种羊的后代好，就说明该种羊种用价值高，选种正确。后裔测验方法的不足之处是需要较长的时间，要等到种羊有了后代，并且生长到后代品质充分表现，能够做出正确评定的时候，如肉用羊要等后代长到6～8月龄时，滩羊要在1月龄左右，羔皮羊在3日龄内。虽然如此，此法在养羊业中仍被广泛应用，特别是种羊场和规模较大且有育种任务的养羊专业户。

（1）后裔测验应遵循的基本原则

第一，被测验的公羊需经表型选择、系谱审查以及半同胞旁系选择后，认为是最优秀的并准备以后要大量使用的公羊，年龄 1.0～1.5 岁。

第二，要求与配母羊品质整齐、优良，最好是一级母羊或准备以后配种的母羊，年龄 2～4 岁。

第三，每只被测公羊的与配母羊数在肉用羊上要求为 60～70 只，以所产后代到周岁鉴定时不少于 30 只母羊为宜；羔裘皮羊配 30～50 只母羊即可。配种时间尽可能一致，相对集中为好。

第四，后代出生后应与母羊同群饲养，同时对不同公羊的后代，也应尽可能在同样或相似的环境中饲养，以排除环境因素造成的差异，从而科学客观地进行比较。

（2）后裔测验结果的评定方法

①母女对比法　有母女同年龄成绩对比和母女同期成绩对比两种。前者有年度差异，特别是饲养水平年度波动大时，会影响结果；后者虽无年度差异，饲养条件相同，但需校正年龄差异。对细毛羊来说，1 岁时的成绩相当于成年期的系数是体重为 70%，毛量为 80%。

②同期同龄后代对比法　计算出公羊的相对育种值，相对育种值越大，公羊越好。一般以 100%为界，超过 100%的为初步合格的公羊。

在养羊业中，对公羊进行后裔测验较为广泛，但也不能忽视母羊对后代的影响。根据后代品质评定母羊的方法，是当母羊与不同公羊交配，都能生产优良羔羊，就可以认为该母羊遗传素质优良；若与不同公羊交配，连续 2 次都生产劣质羔羊，该母羊就应由育种群转移到一般生产群。母羊的多胎性状是一个很有价值的经济性状，当其他条件相同时，应优先选择多胎母羊留种。

5. 标记辅助选择　Davis（1984）发现 Booroola 绵羊的多胎性是由于常染色体上控制繁殖性状的基因发生突变所致，该基因被命名为 FecB，FecB 基因对排卵数具有加性效应，对产羔数具有显性效应。FecB 基因定位在绵羊 6 号染色体的 SPP1 和 EGF 之间的区域，有研究发现位于该区域内的骨形态发生蛋白 IB 受体（BMPRIB）基因编码区 746 处 A→C 突变的发生与 FecB 表型一致。Jia 等（2005）发现我国多胎品种小尾寒羊群体中 BMPRIB 基因也存在 746 处 A→C 突变，其纯合的突变型和杂合突变型比野生型母羊多产 1.04 个和 0.74 个羔羊。1998 年 Lord 将 FecB 基因精确定位在绵羊 6 号染色体着丝粒区的微卫星标记 OarAE101 和 BM1329 之间的一个 10 厘米区间内，有研究发现与多胎基因 FecB 紧密连锁的微卫星座位 OarAE101、LSCV043、300U、BMS2508、

BM143 等在小尾寒羊和湖羊群体中呈高度多态性位点，有望成为多胎绵羊辅助标记选择的分子标记。

二、种羔羊、后备种羊的选择

（一）羔羊的选择

1. 古代羔羊的选择 我国《齐民要术》中提到："常留腊月、正月生羔为种者，上；十一月、二月生者，次之"。因为非此月数（这些月份）生者，毛必焦卷，骨骼细小，所以然者，是逢寒遇热故也。其八、九、十生者，虽值秋肥，然比至冬暮，母乳已竭，春草未生，是故不佳。其三、四月生者，草虽茂美，而羔小未食，常饮热乳，所以亦恶。五、六、七月生者两热（指天气暑热，不饮热乳）相仍，恶中之甚。其十一月及二月生者，母既含重（原指"重身"，即妊娠），肤躯充满，草虽枯，亦不羸瘦；母乳适尽，即得春草，是以极佳也。古人从不同季节的选择种羔羊做了因时制宜的深入分析。现在，我国西北牧区仍然是选留冬羔作种，证实《齐民要术》总结的选择经验是有科学依据的，这是我国宝贵的传统经验（郭文韬，1986）。

2. 现代羔羊的选择

（1）选择方式　目前，种羔羊的选择主要通过以下两方面着手进行：一方面是亲代选择，即通过有意识的选配从亲代中获取；另一方面是按个体品质从出生羔羊中挑选。现阶段，我国种羔羊的选择主要以个体品质作为选种参考依据。

（2）选择程序　羔羊的选择首先要从特、一级母羊所生的后代中挑选；其次，在选择时要突出肉用性状，如初生重、成年体重、日增重和体高、胸围等主要增重、体尺指标。除此之外，一般羔羊的选择顺序还要经过初生、断奶和周岁 3 个阶段，并且每个阶段的选择都有侧重点。在养羊实践中，有目的、有意识地选择一些较好的羔羊，加强饲养管理，重点进行培育，从中得到生长发育良好、生产性能优良的种羊，对提高羊群生产力具有重大意义。

①出生时选择　羔羊在出生后 3 天之内，通过个体品质观察，选择最优秀的羔羊进行培育，公羔体型外貌：眼大而凸出，颈粗短，体格端正，躯体健壮，全身皮肤皱褶良好，被毛丛粗而密，生长发育好，包皮位置距肚脐眼部位距离合适，二指较为理想，睾丸大小适中、发育正常，睾丸富有弹性并具有明显的附睾，羔羊四肢粗壮，体躯无杂色毛，四肢无杂色斑块；母羔体型外貌：眼大有神，皮薄富有弹性，鼻梁直，口裂长、唇齐，乳头 1 对，位置匀称，外生殖

器正常。

②断奶时选择　通过个体品质鉴定选出的羔羊要进行一次详细审查，公羔在后期培育过程中发现有头部较小，眼平，鼻凹，嘴尖，颈薄而长，腿和腰部短，肉厚，胸部狭窄，腹部特大者应及早淘汰；母羔在后期培育过程中发现腿和腰部短，肉厚，腹小的母羔羊应及时淘汰。

③周岁时选择　再按理想型品种分别进行个体品质鉴定，根据羊只品质进行组群和饲养，最后再根据羊只品质进行选配。

（二）后备羊的选择

1. 选择后备羊的基本准则

第一，双亲要求。从体格壮硕、生产性能优越的公、母羊后代中选留后备羊；从窝产2羔或2羔以上的高繁殖率母羊后代中选种。

第二，个体本身要求。选择羔羊初生重大、体格壮硕、生活能力强的羊只用作种用；选择的后备羊血缘关系要清楚，体型、外貌符合选种要求。公羊要求体质结实，体况良好，背腰平直，四肢端正，前胸深宽，四肢粗壮，肌肉组织发达，头重，眼大而有神，颈粗而有力，臀部结实，四肢较长，善于行走，睾丸发育匀称；种母羊要眼大有神，鼻梁直，头轻嘴宽，腰长腿高，后躯大而宽，乳房有弹性且附着紧密，位置匀称，外生殖器正常。

第三，在祖先和后代需求条件许可时，应进一步了解祖先的情况下从优秀祖先的后代中选种。同时，对种公羊的选择，可采用后裔性能测验来综合评价预选种公羊的优劣，以便最终选定优良种公羊（黄勇富，2006）。

2. 后备羊的选择

（1）体型外貌选择　不符合本品种特征的羊不能作为选种的对象，这在纯种繁育中非常重要。此外，与生产性能方面有直接关系的体型也不能忽视。一旦忽视了体型，生产性能只能在实际的生产性能测定中来完成，这就要花费时间，造成一定的浪费。在繁殖性能、产肉性能的某些方面，可以通过体型选择来解决。

通过观察体型外貌，在初选时可以确定该羊只的优劣。被选种羊要求体格壮硕、体质结实、骨骼分布均匀、腿高且粗、前胸宽、腰长，爬跨时稳当。头、颈部结合良好，头大雄壮，精神旺盛。生殖系统发育正常，无疾病和缺陷，两侧睾丸匀称，性欲旺盛。此方法标准明确，简便易行。

（2）生产性能选择　生产性能指体重、早熟性等方面。通过遗传可以把羊的生产性能传给后代，因此选择生产性能好的种羊是选育的关键环节。但与其他品种相比，要在各个方面都优秀是不可能的，应该突出主要优点。

(3) 系谱选种　个体祖先血统来源、生产性能和等级等重要资料可以通过系谱反映，如果被选个体本身好，并且与亲代相比，有许多标准都具有共同特点，说明该种羊遗传性能稳定，可以考虑选择留种。

(4) 旁系品质选种　是指根据被选个体的半同胞表面特征进行选种，即通过利用同父母半同胞特征值资料来估算被选个体育种值的方法进行选种（岳文斌，2008）。

三、种羊的淘汰

（一）种羊的选留率

肉羊的生产首先要定位好饲养规模，调整好生产布局，做到种羊规模“不求最多，但求最佳”的原则；其次要有“稳定发展数量，努力提高质量，饲养优质种羊”的经营理念。据此，羊场管理者每年要对种羊群严格淘汰。种羊的选留是肉羊生产中不可缺少的环节，而种羊的选留率要与羊群结构相匹配，一般情况下，除了未满周岁的育成羊要单独组群外，羊场的其他羊群结构要按年龄阶段混合组群。在不扩群的情况下，成年母羊群中 2～5 岁的壮龄羊占 70%左右，而壮年羊群中每年淘汰率为 10%左右，原则上 6 岁以上老龄母羊都应大量淘汰，个别优秀健康母羊可以留在母羊群。因此，为了保证羊场高效生产，每年需补充 1 岁母羊群在 22%左右。综合以上考虑，理想的母羊群年龄结构为：青、壮、老年羊相应地保持在 22%、68%和 10%的比例，新建羊场或扩建羊场，青年母羊的比例可适当提高；种公羊羊群组成应按母羊数来分配，在人工授精条件下，种公羊数占成年母羊数的 1%～2%，种羊场规模不大时为防止近亲交配，种公羊数占母羊群 3%左右，同时可另加 2%～3%的试情公羊；在自然交配条件下，每 25～35 只母羊配备 1 只种公羊（吴惠勇等，1998）。

综上所述，种羊的选留率根据羊场生产规模决定。羊场的初选选留种羊数应比种羊需求计划多出 1 倍，其中种公羊初选选留率为 20%，终选选留率为 5%；而种母羊的终选选留率为现有生产羊的 40%，后备种母羊的选留率应占 30%，以保证适时补栏。

（二）种羊淘汰方法

1. 产羔率　因为羊的多羔性具有较强的遗传性，通过适当的方式及时淘汰繁殖率不高的种羊可以提高全群繁殖率，不但可以增加经济效益，而且可以促进养羊业健康快速发展。

2. 年龄　种羊的淘汰年龄为公羊 5～6 岁，母羊 5 岁，超过此年龄后，种公羊表现为精液密度低、活力弱、质量差，从而影响羊的配种率、受胎率和成活率；种母羊出现繁殖能力下降现象。

3. 疾病 种羊患有不宜医治的疾病时应及时淘汰，如患有布鲁氏菌病等传染病，患有遗传性疾病（如羔羊肛门闭锁、羔羊癫痫等），要早发现、早淘汰。

4. 亲缘关系 长期使用1个品种或1只种公羊配种，使羊群中的个体都有亲缘关系，这样会出现近亲繁殖现象，不利于养羊生产，这时需要引入其他羊场生产性能较高的同一品种公羊进行血液更新，淘汰原有种公羊。

四、引种方法

（一）引种前的准备工作

1. 制定引种计划 首先要认真研究引种的必要性，明确引种目的。引进品种、数量及公母比例要确定，然后，抽派业务骨干组成引种小组，分配任务，各负其责，使引种环节落实到人。国外引入品种应从有信誉的大型种羊场或良种繁殖场引进，地方良种应从中心产区引进。

2. 羊舍及隔离场所的准备 引种前应修建羊舍及隔离场所，确保种羊引进后有饲养、隔离观察场地。要求圈舍光线良好、通风透气、干燥卫生。建成后，可选用生石灰、新洁尔灭、烧碱等进行消毒。

3. 检查引种羊群健康状况 引种不慎会带入疫病，给安全生产带来巨大隐患。为了安全引种，必须要求原场提供必要的检疫证明及免疫标志，确保引种羊群健康、无烈性传染病。不能提供健康证明的羊场不宜引种。

4. 落实引种计划 在正式引种前几天派引种小组人员赴引种地，对所引品种的种质特性、繁殖、饲养管理方式、饲草料供应、疫病等情况做全面了解，调查当地种羊价格，按计划保质保量选购种羊，并寻找场地集中饲养等待接运，以便接运车辆随到随运。

（二）种羊选择

引种时要认真选择引入个体。要注意引入个体的体质外形、生长发育状况、生产力高低，同时要查系谱，了解引入个体性状的遗传稳定性，并防止引入遗传缺陷病。

引入个体间一般不应有亲缘关系，公羊最好来自不同家系，这样可使引入种群的遗传基础广些，有利于今后选育。此外，幼龄个体对新环境的可塑性好，适应能力强，所以引幼龄羊易成功，当然必要时也可以引进胚胎。

（三）合理选择调运季节

影响品种的自然因素较多，其中气温对品种的影响最大，因此一定要选择好引种季节，尽量避免在炎热的夏季引种。同时，要考虑到有利于引种后风土驯化，使引种羊尽快适应当地环境。从低海拔向高海拔地区引种，一般可安排在冬末、春初季节，从高海拔向低海拔地区引种，可安排在秋末、冬初季节。在此时间内两地的气候条件差异小，气温接近，过渡气温时间长，特别在秋末冬初引种还有一个更大的优点，此时羊只膘肥体壮，引进后在越冬前还能够放牧，适当补充草料，种羊可顺利越冬。

（四）种羊的运输

1. 运输前的准备 短距离（如省内、邻省等）运输以汽车运输较好，便于在运输途中观察和护理羊只。要求运输车况良好，同时要配备篷布，防止日晒雨淋；检查车厢内有无尖锐物（如钢钉等），最好铺垫草防滑，货厢门要牢固，采用双层运输时支架及上层货架一定要固定好。车厢在运输前可选用10%生石灰或3%～5%氢氧化钠溶液喷洒。

驾驶员要求技术精湛、经验丰富、应变力和责任心强的人，带齐各类行车证件。押运员必须是业务骨干，责任心强，吃苦耐劳，年富力强。临行办好各种过境证明，如种畜运输证明、检疫证明等。

备好提水桶、兽用药械（如注射器等）、应急抢救药物（如镇静、消毒、强心等药物）、手电筒等器具及所需的草料。

妥善安排接车工作，保证引进种羊到达后有专人专管。

2. 运输 根据车厢大小确定运输数量，装载量以羊只不拥挤为宜。起运前要给羊只喂足草料及饮水。运输途中要求中速行车，避泥泞、颠簸路段和急刹车。

（五）隔离期饲养管理

对新引入种羊要严格执行检疫隔离制度，确定无疫情后方可进入大群饲养。一般境外引种须在隔离场隔离观察60天，境内引种需隔离观察30天。

种羊到场后第一天停料，补充饮水、喂给青绿饲草，在饮水中加入适量食盐。第二天开始喂料，饲料最好与引种场一致，7～8天以后逐步过渡到引入地饲料。

进场1周内，可视情况进行预防性给药，预防腹泻、肺炎等疾病。进场1～2周后，根据供方提供的免疫记录、病原检测结果、隔离观察情况等，对引进羊及时注射，注意免疫应与预防性投药错开。根据在隔离期检测和观察情况，引入羊群进场3周内考虑进行体内、外寄生虫投药驱虫。

（六）加强引入种群的选育

不同品种对引入地生态环境的适应性不同，同一品种内个体间也有差异。引种后应加强选种、选配和培育，使引入种群从遗传上适应新的生态环境。

若引入地生态环境与原产地相差很大，不宜大量引种，可考虑少量引入并提供良好的饲养管理和必要的“小环境”条件，保证其生产性能，并利用其与本地品种杂交，用于育种。

对引入品种选育的同时，还要逐代扩群，选育到一定程度就可以开展品系繁育，建立符合我国生态环境和生产（市场）系统的新品系，并扩大生产，在本地养殖业中大量使用。

（七）加强引种后的饲养管理

许多引种地区只注重引种，而忽视引种后的饲养管理，造成引种后羊群品质下降，利用率不高。引种进场第一年很关键，要加强引入种羊的饲养管理和适应性锻炼，尽量使羊逐渐适应引入地环境，这样才能发挥引入品种的经济价值。

［案例 2-2］ 肉羊引种

一、小尾寒羊引种

小尾寒羊在全国推广的地区和数量很大，引入成功的案例很多，失败的也不少。青海省民和县自1985年起从山东等地引进小尾寒羊，在20世纪90年代初期，因未充分考虑原产地的生态环境和小尾寒羊的生活习性等原因，小尾寒羊数量逐渐减少。后来，小尾寒羊多胎、生长发育快、产肉性能高的特点被重新认识，在“封山育林、育草”“退耕还林”和“西繁东育”等牧业政策的引导下，该县小尾寒羊饲养条件改善，饲养方式改变，数量快速增长。经过冶兆平等的调查显示，2012年底，民和县共存栏小尾寒羊34.42万只，其中纯种小尾寒羊11.47万只，杂种小尾寒羊22.95万只。曲绪仙等的调查显示，小尾寒羊在一些高海拔地区、气候较恶劣的农区以及草场较贫瘠的地区也能很好的适应，说明小尾寒羊具有较强的适应性。山西晋中地区的榆社、左权、和顺、昔阳、寿阳、榆次、太谷等地在1985—1988年先后引入小尾寒羊5 000余只，经过7年的饲养后，存栏仅为950只。郭千虎等的调查显示，以舍饲为主的羊生长在海拔较低的河川地区，生长发育较为正常，但是膘情较差，繁殖率和成活率均较低。

二、湖羊引种

福建省清流县在2011年9月份首次从浙江省余杭区湖羊种羊场引进成年湖羊种母羊38只，种公羊2只，经过27个月舍饲后，该群湖羊增加到328只。2013年初，清流县又从浙江省海宁市湖羊种羊场引进成年种母羊50只，种公羊2只，经过11个月舍饲后，该群湖羊数量增至178只。两年来，清流县辐射带动新建6家湖羊场，饲养数量达到2 300余只。魏国祯等对清流县湖羊养殖状况进行分析显示：湖羊可以适应高湿、低温等气候环境，但不适应超过30℃的高温气候环境；湖羊采食范围较广，可选择当地的桂闽引象草、杂交狼尾草、墨西哥玉米等多种牧草和农作物秸秆作为主饲原料，适当搭配一定量的豆腐渣、啤酒渣以及少量精料为湖羊饲料配方；湖羊引入清流县后，仍表现出相对稳定的生长性能以及繁殖性能。

三、波尔山羊引种

波尔山羊是目前世界上公认的最理想的肉用山羊品种之一。我国1995年首次从德国引进25只波尔山羊，分别饲养在陕西省和江苏省，1997年，农业部正式开始实施引进波尔山羊项目，由于其独特的种质特性和肉用性能，国内20多个省、自治区、直辖市又先后分别从南非、澳大利亚和新西兰等地引进波尔山羊，各地不仅提供良好的饲养条件，还广泛采用密集产羔、胚胎移植等繁殖新技术来大幅度增加波尔山羊数量，但是由于我国人口众多，对羊肉有庞大的需求量，波尔山羊的产肉性能被广大农牧民和养羊场所看好，使得波尔山羊很快风靡全国。由于种羊数量少，市场供不应求，因此种羊价格不断攀升，使得许多公司老板、养羊户斥巨资购买种羊，演绎了一场气势不小的波尔山羊“炒种”风。到2002年，每只4～5月龄的纯种波尔山羊公羔，价格高达1.2万～2万元，高出其成本价的4～7倍，比从国外直接进口的还要贵。同时，由于种羊价高量少，原本只供食用的杂种羊也被当作种羊出售，使得波尔山羊在不少地区出现了不同程度的退化。因为“炒种”，波尔山羊只能周转于公司、企业和养羊场，主要在“炒种”环节上悬空，从而延滞了当地土种羊改良的步伐，完全偏离了引入波尔山羊的初衷。到2003年秋季，肉羊价格在全国范围内大幅度下降，特别是波尔山羊原先需要2万元才能买回来的，在当时2 000元都卖不出去，使得很多公司、养殖户不知所措，陷入亏本，究其原因是人为的“炒种”扰乱了市场的正常秩序。

第五节　肉羊繁殖技术

一、羊的繁殖现象及其规律

（一）性成熟和初配年龄

当羊的性器官发育完全，可以产生成熟的生殖细胞，能正常繁殖时，称之为性成熟。绵、山羊的性成熟时期因品种、生态环境、性别而有差异，一般为4～8月龄，山羊比绵羊早，母羊比公羊早。然而，绵羊、山羊达到性成熟时发育还不充分，配种会影响羊自身生长和胎儿的发育。因此，羔羊断奶后必须分群管理，以避免早配。

绵羊、山羊初配年龄在性成熟后，并达到体成熟，即成年体重的70%左右时为宜。绵羊、山羊的初配年龄一般在8～18月龄。在当前我国的广大农村牧区，凡是草场或饲养条件良好的地区，绵羊初配年龄在1～1.5岁，而草场或饲养条件较差的地区，初次配种往往推迟到2～2.5岁时进行。西北气候寒冷地区的新疆山羊、西藏山羊、陕北白绒山羊性成熟较晚，初配年龄在12～18月龄，而分布南方温暖地区的宜昌白山羊、南江黄羊、贵州白山羊等品种性成熟早，初配年龄为8月龄。

（二）发　情

发情为母羊在性成熟以后，所表现出的一种具有周期性变化的生理现象。母羊发情时有以下表现特征。

1. 性欲　性欲是母羊愿意接受公羊交配的一种行为。母羊发情时，一般不抗拒公羊接近或爬跨，或者主动接近公羊并接受公羊的爬跨交配。在发情初期，性欲表现不甚明显，以后逐渐显著。排卵以后，性欲逐渐减弱，到性欲消失后，母羊则抗拒公羊接近和爬跨。

2. 性兴奋　母羊发情时，表现兴奋不安。

3. 生殖道变化　外阴部充血肿大，柔软而松弛，阴道黏膜充血发红，上皮细胞增生，前庭腺分泌增多，子宫颈开放，子宫蠕动增多，输卵管的蠕动、分泌和上皮纤毛的波动也增强。

4. 卵泡发育和排卵　卵巢上有卵泡发育成熟，卵泡破裂，排出卵子。

母羊在某一时期出现上述特征，称为发情。母羊从开始表现发情特征到消失，这一段时期叫发情持续期。母羊的发情持续期与品种、个体、年龄和配种季节等有密切关系，如中国美利奴羊为1～2天，小尾寒羊为30.23±4.84小时，马头山羊为2～3天，波尔山羊为1～2天，青山羊为49.56±11.83小时。羊在发情期内，未配种或虽配种但未受孕时，经过一定时期会再次发情。上次发情开始到下次发情开始的时间，称为一个发情周期。发情周期同样受品种、个体和饲养管理条件等因素的影响，如阿勒泰羊为16～18天，湖羊为17.5天，成都麻羊为20天，雷州山羊为18天，波尔山羊为14～22天。

（三）妊　娠

绵羊、山羊从开始妊娠到分娩，这一时期称为妊娠期。妊娠期的长短，因品种、多胎性、营养状况等而略有差异。早熟品种多半是在饲料营养丰富的条件下育成的，妊娠期较短，平均为145天；晚熟品种多在放牧条件下育成，妊娠期较长，平均为149天。妊娠期如南丘羊为144天，萨福克羊147天，罗姆尼羊148天，考力代羊150天，中国美利奴羊151天，无角陶赛特羊147天，波德代羊146天，小尾寒羊148天，马头山羊150天，建昌黑山羊149天，波尔山羊148天。

（四）羊的繁殖季节

绵羊、山羊的繁殖季节（又称配种季节）是通过长期的自然选择逐渐演化而形成的，主要决定因素是分娩时的环境条件要有利于初生羔羊的存活。绵、山羊的繁殖季节，与其发情集中期相一致。绵羊、山羊属于短昼繁殖动物，发情主要集中在秋分至春分之间，因品种、生态环境、饲养管理条件等而异。在饲养管理条件良好的年份，母羊发情开始早，而且发情整齐旺盛。公羊在任何季节都能配种，但在气温高的季节，性欲减弱或者完全消失，精液品质下降，精子数减少，活力降低，畸形精子增多。在气候温暖、海拔较低、饲草饲料良好的地区，绵羊、山羊一般四季发情，配种时间不受限制。

二、肉羊的配种方法

（一）配种时期的选择

肉羊配种时期的选择，主要是根据在什么时期产羔最有利于羔羊的成活和母仔健壮来决定。在一年一产的情况下，产羔时间可分两种，即冬羔和春羔。一般7～9月份配种，12月份至翌年1～2月份产羔叫产冬羔；10～12月份配种，翌年3～5月份产羔叫产春羔。配种时期应根据所在地区的气候、生产技术条件、销售市场等决定。

产冬羔的主要优点：①母羊妊娠期处于秋季，营养条件比较好，羔羊初生重大，断奶后即可吃上青草，因而生长发育快，第一年的越冬度春能力强。②产羔季节气候比较寒冷，肠炎和羔羊痢疾的发病率低，故羔羊成活率较高。③绵羊冬羔的剪毛量比春羔的高。

冬羔的局限性：在冬季产羔必须贮备足够的饲草饲料和准备保温良好的羊舍，同时，配备等多的劳动力。

产春羔的主要优点：①气候开始转暖，因而对羊舍条件的要求不严格。②羊在哺乳前期已能吃上青草，能分泌较多的乳汁哺乳羔羊。

产春羔的主要缺点：母羊在整个妊娠期处于饲草饲料不足的冬季，母羊营养不良，羔羊初生重比较小，体质弱，虽经夏、秋季节的放牧可以获得一些补偿，但比较难于越冬度春；绵羊在翌年剪毛时，无论剪毛量还是体重，都不如冬羔高；另外，由于春羔断奶时已是秋季，故对断奶后母羊的抓膘有影响，特别是在草场不好的地区，对于母羊的发情配种及当年的越冬度春都有不利影响。

在生产中，一些有经验的养殖户根据自身条件实行一年一产，以保证母仔健壮。如果实施两年三产、甚至一年两产，母羊的消耗很大，对羊场饲草料贮备、配种生产组织、饲养管理技术要求高。采取两年三产，建议8个月为1个繁殖周期，即母羊妊娠5个月，哺乳2个月，休息、配种组织1个月。母羊两年三产配种、生产组织方案：9月份配种，翌年2月份产羔；5月份配种，10月份产羔；翌年1月份配种，6月份产羔，9月份配种。

（二）配种方法

肉羊的配种方法有两种，即自然交配和人工授精。

自然交配是在绵羊、山羊的繁殖季节，将公、母羊混群放牧，任其自由交配的一种最原始的方法。自然交配节省人工，不需要任何设备，如果公、母羊比例适当（一般为1∶30～40），受胎率也相当高。自然配种方法的缺点：由于公、母羊混群放牧，公羊追逐母羊交配，影响羊群的采食抓膘，公羊体力消耗很大；无法了解后代的血缘关系；不能进行有效的选种选配；由于不知道母羊配种的确切时间，因而无法推测母羊的预产期，也使母羊产羔期拉长，羔羊年龄大小不一，从而给管理上造成困难。

20世纪80年代赵有璋等在技术、设备、劳动力等条件不足的甘肃省甘南牧区，利用家畜性行为特点，繁殖季节将几只体质健壮、精力充沛、精液品质良好的种公羊同时投入繁殖母羊群中，公母比例为1∶80～100，让公、母羊自由交配，但是每天必须将公羊从母羊群中分隔出来休息半天，进行补饲，恢复体力。实践证明，这种方法效果十分理想。

为了克服自然交配方法的缺点，可采用人工辅助交配法。即公、母羊分群放牧，到配种季节每天对母羊进行试情，挑选出发情母羊与指定的公羊交配。此法可以准确登记公母羊的耳号及配种日期，从而能够预测分娩期，节省公羊精力，提高受配母羊头数，利于选配工作。

羊的人工授精是指通过人为方法，将公羊的精液输入母羊的生殖道内，使卵子受精以繁殖后代，是近代畜牧科学技术的重大成就之一，是当前我国养羊业中常用的技术措施。其技术包括发情鉴定，采精、精液品质鉴定，输精及妊娠检查。人工授精技术需要仪器设备，具备操作技能。

三、肉羊人工授精技术

（一）人工授精站建设

羊人工授精站应选择在水草条件好，有足够放牧地，交通方便，无传染病，地势干燥平坦，背风向阳、排水良好的地方建立。设有采精室、精液处理室和输精室。周边养羊户可将发情母羊送到人工授精站进行配种，提高当地羊生产性能。规模较大的羊场可建立人工授精室，利用自养公羊精液或购买的冷冻精液对本场母羊配种。

采精室、精液处理室和输精室要求光线充足，地面坚实（采集室最好辅砖块、精液处理室和输精室水泥硬化地面），便于清扫、消毒。适宜室温为18℃～25℃。采精室面积为12～20米^2，精液处理室8～12米^2，输精室20～30米^2。

（二）器械药品的准备

人工授精所需要器械和药品，按授精站承担的配种任务配备。表2-1为授配1 000只母羊所需器械和药品。

表2-1　授配1 000只母羊所需器械、药品和用具

序　号	名　称	规　格	单　位	数　量
1	显微镜	40～400倍	架	1
2	蒸馏器	中型	套	1

续表 2-1

序 号	名 称	规 格	单 位	数 量
3	天 平	0.1～100 克	台	1
4	假阴道外壳		个	6～10
5	假阴道内胎		条	15～20
6	假阴道塞子（带气嘴）		个	8～10
7	玻璃输精器	1 毫升	支	20～30
8	输精量调节器		个	4～6
9	集精杯		个	15～20
10	金属开膣器	羊用	个	5
11	温度计	0℃～100℃	支	4～6
12	温湿度计		个	3
13	载玻片		盒	1
14	盖玻片		盒	1～2
15	酒精灯		个	2
16	玻璃量杯	50 毫升、100 毫升	个	各 2～3
17	玻璃量筒	500 毫升、1 000 毫升	个	各 2
18	蒸馏水瓶	5 000 毫升、10 000 毫升	个	各 1～2
19	玻璃漏斗	8 厘米、12 厘米	个	各 2～3
20	漏斗架		个	1～2
21	广口玻璃瓶	125 毫升、500 毫升	个	4～6
22	细口玻璃瓶	500 毫升、1 000 毫升	个	各 1～2
23	三角烧瓶	500 毫升	个	3
24	洗 瓶	500 毫升	个	4
25	烧 杯	500 毫升	个	4
26	玻璃皿	10～12 厘米	套	4～6
28	搪瓷盘	20 厘米×30 厘米 40 厘米×50 厘米	个 个	2 2
27	带盖搪瓷杯	250 毫升、500 毫升	个	各 2～3
29	钢精锅	27～29 厘米、带蒸笼	个	1

续表 2-1

序　号	名　称	规　格	单　位	数　量
30	长柄镊子		把	2
31	剪　刀	直头	把	2
32	吸　管	1 毫升	支	10～15
33	广口保温瓶	手提式	个	4
34	玻璃棒	0.2 厘米、0.5 厘米	根	各 20～30
35	酒　精	95%，500 毫升	瓶	8～10
36	氯化钠	化学纯，500 克	瓶	2～3
37	碳酸氢钠或碳酸钠		千克	2～3
38	白凡士林		千克	1
39	药　勺	角质	个	3～4
40	试管刷	大、中、小	个	各 2～3
41	滤　纸		盒	5
42	擦镜纸		张	200
43	煤酚皂	500 毫升	瓶	2～3
44	手　刷		个	2～3
45	纱　布		千克	1～2
46	药　棉		千克	2
47	试情布	30 厘米×40 厘米	块	30～50
48	搪瓷脸盆		个	4
49	高压消毒锅	中型	个	1
50	酒精灯		个	3
51	盛水桶		个	2～3
52	暖水瓶	8 磅	个	3
53	取暖设备		套	3
54	桌　子		张	3
55	凳　子		张	4
56	塑料桌布		米	3～4
57	器械箱		个	2

续表 2-1

序 号	名 称	规 格	单 位	数 量
58	手电筒	带电池	个	4
59	羊耳标、耳标钳、记号笔	塑料和不锈钢	套	1套（带耳标1 200个）
60	工作服		套	每人1套
61	肥皂、洗衣粉		条、包	各5～10
62	碘 酊		毫升	500
63	配种记录本		本	每群1本
64	公羊精液检查记录		本	3
65	采精架		个	1
66	输精架		个	2～3
67	临时打号用染料			若 干

（三）公羊的准备

配种开始前1～1.5个月，每只种公羊至少要采精液15～20次，开始每天可采精液1次，在后期隔1天采精液1次，对每次采得的精液都应进行品质检查，品质优良的才可以配种。

如果公羊初次参加配种，在配种前1个月左右，应有计划地对公羊进行调教。调教办法如下：让公羊在采精室与发情母羊本交几次；把发情母羊的阴道分泌物抹在公羊鼻尖上以刺激其性欲；注射丙酸睾酮，每次1毫升，隔1天1次；每天用温水把公羊阴囊洗净、擦干，然后用手由下而上地轻轻按摩睾丸，早、晚各1次，每次10分钟；别的公羊采精时，让被调教公羊在旁“观摩”，加强饲养管理，增加运动等。

由于母羊发情征状不明显，发情持续期短，漏配一次就会耽误半个多月，因此在人工授精工作中利用试情公羊找出发情母羊适时配种非常重要。试情公羊要求体质结实、健康无病、行动灵活、性欲旺盛、生产性能良好、年龄在2～5岁。试情公羊与配种母羊的比例为1∶50左右。试情时应在试情公羊腹下系上试情布，防止偷配。试情结束后清洗试情布，以防布面变硬，擦伤公羊阴茎。也可对试情公羊进行输精管结扎和阴茎移位，以杜绝偷配。试情公羊阴茎移位的角度要合适，每年试情工作开始前对所有阴茎移位的公羊进行1次移位角度的检查。输精管结扎的试情公羊，一般使用2～3年后要更换。为了节省人力和时间，在澳大利亚，在公羊的试情布上安置一个特别的自动打印器，试情期间臀部留有印记的母羊即为发情母羊。

（四）母羊群的准备

凡确定参加人工授精的母羊，要单独组群，加强饲养管理，配种前 1～1.5 个月提高营养水平，使母羊达到八成膘。在配种开始前 5～7 天，进入授精站的待配母羊舍（圈）。

（五）发情鉴定

每天清晨或早、晚各 1 次，将试情公羊赶入待配母羊群中进行试情，凡愿意与公羊接近，并接受公羊爬跨的母羊即认为是发情羊，应及时将其捕捉并送至发情母羊圈中。有的处女羊发情征状不明显，虽然有时与公羊接近，但又拒绝接受爬跨，此时应辅之以阴道检查来判定。

试情工作是羊人工授精的关键环节，因此必须做到：认真负责，仔细观察，随时注意试情公羊的动向，及时捕捉发情母羊，随时驱散成堆的羊群，为试情公羊接触母羊创造条件；在试情过程中要保持安静，不可惊扰羊群；为了不漏情，试情公羊数要足够，试情时间要保证。配种期在 7～9 月份的试情时间应不少于 1.5 小时，10～12 月份配种的试情时间应不少于 1 小时。

（六）采　精

1. 器具消毒　人工授精器械使用前必须经过严格消毒。先将器械洗净，然后按器械的性质、种类分别消毒。金属器械、玻璃输精器及内胎等，一般采用酒精或火焰消毒，凡士林、生理盐水、棉球等高压蒸汽消毒。蒸汽消毒时，器材应按使用的先后顺序放入消毒锅，以免使用时在锅内乱寻找，耽误时间。消毒好的器材、药液要防止再次污染并注意保温。

2. 假阴道的准备

（1）假阴道的安装和消毒　首先检查内胎有无损坏和沙眼，将完好无损的内胎放入开水浸泡 3～5 分钟。新内胎或长期未用的内胎，必须用热肥皂水或洗衣粉刷洗净、晾干，备用。

①安装　先将内胎装入外壳，光面朝内，两头等长，然后将内胎一端翻套在外壳上，依法套好另一端，注意勿使内胎扭转，并且松紧适度，然后在两端分别套上橡皮圈固定。

②消毒　用长柄镊子夹上 75%酒精棉球擦拭内胎消毒，从内向外旋转，要求彻底无遗漏，等酒精挥发后，用生理盐水棉球多次擦拭。

集精杯用高压蒸汽消毒、晾（烘）干，也可用75%酒精棉球擦拭消毒，最后用生理盐水棉球多次擦拭，安装在假阴道的一端。

（2）内胎温度调节　左手握住假阴道的中部，右手用量杯将50℃～55℃温水从灌水孔注入，采精时假阴道内胎温度达40℃～42℃为宜。水量为外壳与内胎间容量的1/2～2/3，实践中常以竖立假阴道，水位刚好到达灌水孔即可。最后装上带活塞的气嘴，并将活塞关好。

（3）涂抹润滑剂　用消毒玻璃棒（或温度计）取少许凡士林，由外向内均匀涂抹一薄层，涂抹至假阴道长度的1/2为宜。

（4）检查温度、吹气加压　从假阴道气嘴吹气，用消毒的温度计插入假阴道内检查温度，以采精时达40℃～42℃为宜，可用热水或冷水调节。当温度适宜时，将集精杯的敞口端塞入未涂凡士林的假阴道端，用手护住集精杯、吹气加压，使涂凡士林一端的内胎壁遇合，口部呈三角形为宜，关好气嘴。最后用纱布盖好，准备采精。

3. 采精的方法和步骤

（1）采精场地　首先要有固定的采精场所，以便使公羊建立交配的条件反射，露天采精，要求场地背风、平坦，防止尘土飞扬。采精时应保持环境安静。

（2）台羊的准备　对公羊来说，台羊（母羊）是重要的性刺激物，是用假阴道采精的必要条件。台羊应当选择健康、体格与公羊相近的发情母羊。用不发情母羊作为台羊不易固定，也不能引起公羊性欲。采精时，先将台羊固定在采精架上。

如用假母羊作台羊，须先训练公羊，即先用真母羊作台羊，采精数次，再改用假母羊。假母羊是用木料制成的木架（大小与公羊体格相似），架内填入麦秸或稻草，上面覆盖一张羊皮并固定之。

（3）公羊的牵引　在牵引公羊到采精现场后，不要使它立即爬跨台羊，要控制几分钟再让它爬跨，这样可增强其性反射，提高采精量。公羊阴茎包皮孔部分如有长毛，应事先剪短，如有污物应擦洗干净。

（4）人工采精　采精人员用右手握住假阴道后端，固定好集精杯，蹲在台羊的右后侧，让假阴道靠近公羊的臀部，当公羊跨上母羊背上的同时，迅速将公羊的阴茎导入假阴道内，切忌用手抓碰、摩擦阴茎。公羊后躯急速向前用力一冲，表明完成射精。此时，操作员顺公羊动作向后移下假阴道，并迅速将假阴道竖起，集精杯一端向下，然后打开活塞上的气嘴，放出空气，取下集精杯，盖好，送精液处理室待检。

4. 采精后用具的清理　倒出假阴道内的温水，将假阴道、集精杯放在热水中用洗衣粉充分洗涤，然后用温水冲洗干净、晾（烘）干。

（七）精液品质的检查

精液品质的检查，是保证授精效果的重要措施。主要检查项目和方法如下：

1. 射精量 精液采集后，通过集精杯的刻度读取射精量。

2. 色泽 正常的精液为乳白色。如精液呈浅灰色或浅青色，是精子少的表现；深黄色表示精液内混有尿液；粉红色或淡红色表示有新的损伤而混有血液；红褐色表示在生殖道中有深的旧损伤；有脓液混入时精液呈淡绿色；精囊发炎时，精液中可发现絮状物。

3. 精液的气味 刚采得的正常精液略有腥味，当睾丸、附睾或副性腺有慢性化脓性病变时，精液有腐臭味。

4. 云雾状 用肉眼观察新采得的公羊精液，可以看到由于精子活动所引起的翻腾滚动极似云雾的状态。精子的密度越大、活力越强，云雾状越明显。因此，根据云雾状的明显与否，可以判断精子活力和精子密度。

5. 精子活力 用显微镜检查精子活力的方法：取原精液，或用生理盐水稀释的精液1滴，滴在干净的载玻片上，盖上盖玻片，没有气泡，然后在显微镜下放大进行观察，观察时盖玻片、载玻片、显微镜载物台的温度应不低于30℃，室温不应低于18℃。

评定精子的活力，是根据直线前进运动的精子所占的比例来确定其活力等级。在显微镜下观察，可以看到精子有3种运动方式：①前进运动：精子的运动呈直线前进运动。②回旋运动：精子虽也运动，但绕小圈子回旋转动，圈子的直径很小，不到1个精子的长度。③摆动式运动：精子在原地不断摆动，并不前进。除此之外，往往还可以观察到没有任何运动的精子，呈静止状态。除第一种精子具有受精能力外，其他几种运动方式的精子不久即会死亡，没有受精能力。精子活力等级是根据在显微镜下直线前进运动的精子在视野中所占的比例来评定。如有70%的精子做直线前进运动，其活力评为0.7，以此类推。一般公羊鲜精的活力应在0.6以上才能用于输精。

6. 密度 精子密度是精液品质的重要指标之一。用显微镜检查精子密度，通常在检查精子活力的同时，目测评定。公羊精子的密度分为“密”“中”“稀”3级。

密：精子数目充满整个视野，精子之间的空隙很小，不足1个精子长度，由于精子非常稠密，所以很难看出单个精子的活动情形。

中：在视野中看到的精子很多，但精子间有着明晰的空隙，彼此间的距离相当于1～2个精子的长度。

稀：在视野中只有少数精子，精子间的空隙很大，超过2个精子的长度。

另外，在视野中如看不到精子，则以“0”表示。

公羊的精液含附性腺分泌物少，精子密度大，所以用于输精的精液，其精子密度至少是“中级”。

精液精确评级，能为精液稀释提供依据，可以通过计数板制片测定，或者利用精子密度测定仪测定。

（八）精液的稀释

1. 精液稀释的目的

第一，可以增加精液体积和扩大配种母羊头数。精液中健康精子数达 1 亿个/毫升即可配种。原精液稀释后可为更多的发情母羊配种。

第二，延长精子的存活时间，提高受胎率。精液经过适当的稀释后，可减弱副性腺分泌物对精子的有害作用，因为副性腺分泌物中含有大量的钠和钾，它们会引起精子膜的膨胀并中和精子表面的电荷；能补充精子代谢所需要的养分；缓冲精液中的酸碱度；抑制细菌繁殖。由于精液稀释后延长了精子的存活时间，故有助于提高受胎率。

第三，便于精液的冷冻保存。精液用含有卵黄、甘油等抗冻剂的稀释液进行稀释，可以提高精液在解冻后的复苏率。

2. 肉羊常用稀释液

（1）普通稀释液　仅增加精液体积的稀释液有以下几种。

0.9%氯化钠溶液：称取 0.9 克氯化钠用蒸馏水充分溶解，定容至 100 毫升，用滤纸过滤，再经过煮沸消毒或高压蒸汽消毒，因蒸发所减少的水分，用蒸馏水补充，以保持溶液浓度。也可以直接用医用生理盐水。

乳汁稀释液：先将乳汁（牛奶或羊奶）用 4 层纱布过滤到三角瓶或烧杯中，然后隔水煮沸消毒 10～15 分钟，取出冷却，除去奶皮即可。

上述稀释液制备简便，但只用于及时输精，不能作保存和运输之用，稀释倍数 1～3 倍。

（2）低温保存稀释液　大倍数稀释，保存一定时间和远距离运送的精液，需要以下稀释液配方。

绵羊稀释液：有 A 液和 B 液两种稀释液，配方如下。

A 液：柠檬酸钠 1.4 克，葡萄糖 3.0 克，新鲜卵黄 20 毫升，青霉素 10 万单位，蒸馏水 100 毫升。

B 液：柠檬酸钠 2.3 克，胺苯磺胺 0.3 克，蜂蜜 10 克，蒸馏水 100 毫升。

山羊稀释液：葡萄糖 0.8 克＋二水柠檬酸钠 2.8 克＋蒸馏水 100 毫升，取其 80 毫升＋卵黄 20 毫升＋青霉素、链霉素各 10 万单位。

稀释倍数，根据精液品质而定。若原精液精子密度 10 亿个/毫升，活力 0.8 以上，可进行 10 倍稀释；密度 20 亿个/毫升，活力 0.9 以上，可进行 20 倍稀释。稀释后用安瓿分装，用纱布包好，置于 5℃～10℃的冷水保温瓶内贮存或运输，运输过程中要防止震动和升温。

（九）输　精

由于母羊发情持续时间短，发情特征不明显，必须认真做好对发情母羊当天配种 1～2 次，若每天配 1 次时在上午配，配 2 次时上、下午各配 1 次，第二天试情表现发情，再配 1 次。人工输精方法如下。

将待配母羊牵到输精室内的输精架上保定好。在输精前先用 0.01%高锰酸钾溶液或 2%来苏儿消毒待配母羊外阴部，再用温水洗掉药液并擦干，最后以生理盐水棉球擦拭。开膣器表面涂一层液状石蜡，输精员先将开膣器呈 90°角慢慢插入阴道，缓慢扭正后轻轻打开，寻找子宫颈。如果在打开开膣器后，发现母羊阴道内黏液过多或有排尿表现，应让母羊先排尿或设法使母羊阴道内的黏液排净。子宫颈附近黏膜颜色较深，当阴道打开后，向颜色较深的方向寻找子宫颈口，将输精器前端插入子宫颈口内 0.5～1.0 厘米深，用拇指轻压活塞，注入原精液 0.05～0.1 毫升或稀释精液 0.1～0.2 毫升。初配母羊阴道狭窄，开膣器插不进或打不开，无法寻见子宫颈时，进行阴道输精，输入原精液 0.2～0.3 毫升。

使用同一输精器精液进行连续输精时，每输完一只羊用 75%酒精棉球擦拭输精器消毒，要特别注意棉球上的酒精不宜太多，而且只能从后部向尖端方向擦拭，不能倒擦。酒精棉球擦拭后，用 0.9%生理盐水棉球再擦拭几遍。

输精器用后立即用温碱水或洗涤剂冲洗，再用温水冲洗，以防精液黏固在管内，然后消毒、烘干。开膣器先用温碱水或洗涤剂冲洗，再用温水洗，擦干保存。其他用品，按性质分别洗涤和整理，然后放在柜内或放在桌上的搪瓷盘中，用纱布盖好，避免尘土污染。

四、提高肉羊繁殖率的措施

肉羊产业在畜牧业中占有重要地位，提高肉羊繁殖效率是肉羊产业持续发展的基础。提高肉羊繁殖率的技术措施主要有以下几方面。

（一）提高种公羊和繁殖母羊的饲养水平

营养条件对绵羊、山羊繁殖率的影响极大。丰富和平衡的营养，可以增强种公羊的性欲，提高精液品质，促进母羊发情和排卵数的增加。因此，加强对公、母羊的饲养，尤其是在当前我国农村牧区生产中，加强对母羊在配种前期及配种期的饲养，实行满膘配种，是提高绵羊、山羊繁殖率的重要措施。

（二）选留来自多胎的后代羊作种用

根据研究，绵羊、山羊的繁殖率是具有遗传性的，一般母羊在第一胎时生产双羔，这样的母羊在以后的胎次产双羔的重复力较高；许多研究者的试验指出：选择具有较高生产双羔潜力的公羊比为了同样目的来选择母羊，在遗传上更为有效。

另外，引入具有多胎性的绵、山羊的基因，也可以有效地提高绵、山羊的繁殖率。如小尾寒羊的产羔率平均为270%，苏联美利奴羊为140%，考力代羊为120%，经过杂交，苏寒一代杂种的产羔率平均为171%，苏寒二代平均为162%，考苏寒三代平均为148%。同时，考苏寒三代杂种羊在安徽省萧县的环境条件下，还保持了小尾寒羊常年发情、一年两产的遗传特性。

（三）增加适龄繁殖母羊比例，实施密集产羔

羊群结构是否合理，对羊的增殖有很大的影响，因此，增加适龄繁殖母羊（2～5岁）的比例，也是提高羊繁殖率的一项重要措施。在育种场，适龄繁殖母羊比例可提高到60%～70%，商品羊场在40%～50%。

另外，在气候和饲养管理条件较好的地区，可以实行羊的密集产羔，也就是使适龄繁殖母羊两年产三胎或一年产两胎。为了保证密集产羔的顺利进行，必须注意以下几点：一是必须选择健康结实、营养良好的母羊，母羊的年龄以2～5岁为宜，同时要求乳房发育良好、泌乳量较高。二是要加强对母羊及其羔羊的饲养管理，母羊在产前和产后必须有较好的补饲条件。三是根据当地饲养管理条件合理安排好母羊的配种时间。

（四）运用繁殖新技术

繁殖新技术可有效提高肉羊繁殖率。肉羊繁殖新技术有诱导发情、同期发情、超数排卵和胚胎移植、早期妊娠诊断、诱发分娩、免疫技术等。

1. 诱导发情 诱导发情是对因生理或病理原因不能正常发情的性成熟母羊，利用激素和管理措施，使其发情排卵的技术。

（1）绵羊的诱导发情　绵羊属于较为严格的季节性繁殖动物，在休情期或产羔后不久做诱导发情处理，可以使其正常发情和排卵，增加其产羔数。对于发情季节到来后仍不发情的母羊，也可诱导发情。

处理方法：埋植孕激素药棒或放置孕激素阴道栓 14～18 天，取药棒（栓）前 1～2 天或当天肌内注射 500～1 000 单位孕马血清（或 10 单位/千克体重），诱导发情效果好。如 Wheaton 用含 400 毫克孕酮的海绵阴道栓处理乏情母羊，结合注射 600～700 单位孕马血清或促性腺激素释放激素，获得 61%的产羔率。

选择激素注意事项：促卵泡素（FSH）、促黄体素（LH）、孕马血清促性腺激素（PMSG）、人绒毛膜促性腺激素（hCG）对母羊促进卵泡发育、成熟和排卵具有直接作用，其中雌激素可以诱导母羊出现明显的发情表现，但在卵巢上一般缺乏卵泡发育和排卵活动，配种时必须等到下一个发情周期；孕激素可以抑制动物发情和排卵，然而处理乏情母羊在连续使用孕激素 12～16 天后突然撤去孕激素，将会出现发情和排卵活动；前列腺素具有溶解黄体的作用，孕激素对发情活动的抑制作用可以通过黄体的溶解而解除，产生诱导发情的效果；GnRH 可以促进垂体分泌 FSH 和 LH，因而具有与 LH 或 hCG 类似的作用。

（2）*山羊的诱导发情*　热带、亚热带地区的山羊，发情无明显的季节性，我国南方地区的山羊几乎可以全年配种。对产羔后长时间不发情的母羊，可用绵羊诱导发情的方法进行处理。孕激素处理的时间为 11 天，孕激素停药前 2 天肌内注射 500～700 单位孕马血清，可明显提高发情率和受胎率。

2. 同期发情　同期发情是利用激素制剂，人为地控制并调整一群母畜的发情周期，使它们在特定的时间内集中发情。该技术可以实现母畜集中发情，便于集中组织配种。同期发情也是胚胎移植中重要的技术环节，可使供体和受体发情同期化，为胚胎移植提供条件。

常用同期发情方法主要有孕激素阴道栓法、埋植法和前列腺素注射法。以阴道栓法效果最稳定，在胚胎移植领域得到广泛应用。

（1）*孕激素阴道栓法*　将孕激素阴道栓放于羊阴道深处，绵羊在非繁殖季节处理 10～20 天，在繁殖季节处理 12～14 天；山羊则需处理 17～21 天。取栓后 1～2 天，母羊集中发情。取栓前 1～2 天或取栓当天注射 350～1 000 单位孕马血清，对促进卵泡发育和发情的同期化有一定的作用。

常用的阴道栓内含 30 毫克氟孕酮或 60 毫克甲羟孕酮，新西兰生产的 CIDR 栓含 500 毫克孕酮。根据阴道栓材质分为海绵栓和硅胶栓两种。海绵栓生产成本低，但是在阴道内放置后，吸附子宫、阴道黏液，易发生感染。因此，放置海绵栓时应配合使用抗生素，以防止感染；取栓后，还需要使用生理盐水等清洗阴道，使用效果不稳定。硅胶栓生产成本高，但副作用很小，同期发情率 90%左右，效果稳定。

（2）*耳背皮下埋植法*　利用套管针将含 3 毫克甲基炔诺酮的硅胶棒埋入母羊耳皮下，一般情况下，绵羊埋植 12 天、山羊埋植 17 天后撤除，即可引起发情。孕激素处理结束时，通过注射孕马血清也可以提升同情发情的效果。

(3) *前列腺素法* 在母羊发情后数日肌内注射0.1～0.2毫克氯前列烯醇，1～3天可以使60%～70%的母羊发情同期化，相隔8～9天再注射1次，可提高同期发情率。该方法同期发情后第一情期的受胎率较低，第二情期相对集中且受胎率正常。此法操作简单，但只有在母羊发情5天后，且体内有黄体存在时使用才有效，只能在母羊繁殖季节使用，不宜在非繁殖季节使用。

3. 超数排卵和胚胎移植 超数排卵就是利用促卵泡生长、成熟的激素或孕马血清处理来改变母羊在一个发情期只排1～2个卵的状况，促使羊在一个发情期排几个至几十个卵。超数排卵是胚胎移植的一个重要环节。

(1) *超数排卵处理方法*

促卵泡素（FSH）＋前列腺素（PG）法：在绵羊发情周期第12天或第13天、山羊第17天开始肌内（皮下）注射FSH，3天内以递减剂量连续注射6次，每隔12小时1次，第5次肌内注射FSH同时注射氯前列烯醇（$PGF_2\alpha$）。国产FSH总剂量：绵、山羊为150～300单位，注射完后观察发情，超数排卵处理母羊发情后立即静脉注射促黄体素（LH）100～150单位，有的用60微克促黄体素释放激素（LRH）代替LH，获得同样的效果，有的主张不注射LH。

孕马血清（PMSG）法：在绵羊发情周期第12～13天、山羊第16～18天，一次肌内（皮下）注射PMSG 800～1 500单位，母羊发情后或配种当日肌内注射人胎盘绒毛膜促性腺激素（hCG）500～750单位。

超数排卵处理后，由于外源激素的参与，卵巢受到异常刺激，超数排卵效果不够稳定，个体间差异很大。影响超数排卵效果的主要因素有家畜的个体情况、环境条件和超数排卵的处理方式等。

(2) *胚胎移植* 胚胎移植就是将一头优良母畜（又称供体）的受精卵或早期胚胎取出，移植到生理状态相同的普通母畜（又称受体）的输卵管或子宫内，借腹怀胎，以繁殖优良母畜后代的一项技术。超数排卵和胚胎移植结合起来，就能使一只优良的母羊在一个繁殖季节里，生产比自然繁殖增加许多倍的后代。

(3) *幼畜超数排卵技术* 又称JIVET技术（Juvenile in vitro embryo technology），最早由澳大利亚南澳政府生殖与发育研究中心研究开发。JIVET技术即幼畜胚胎体外生产技术，基本原理是将幼畜的超数排卵与采卵、卵母细胞的体外成熟、体外受精、胚胎体外培养和胚胎移植等技术集成为一体的生物高新技术体系。目前，利用幼畜卵母细胞进行胚胎体外生产已成为家畜繁殖学领域中的研究热点之一。

从理论上来说，利用羔羊早期繁殖技术可使1只1～2月龄羔羊在不到2年的时间内，生产约250只后代。以幼畜为供体不仅可为胚胎体外生产提供大量的卵母细胞资源，满足科研和生产的需求，缩短世代间隔，使遗传改良进程效率大大提高。JIVET技术目前尚存在一些问题：利用幼畜作供体生产体外胚胎数量较低；与成年家畜胚胎生产相比，JIVET生产的胚胎生存能力低，发育延迟，畸形率高；针对不同年龄、不同超排方案、体外培养体系的方法不统一，不同品种间的超排效率也不一样；在更多领域的应用和生产实践还不能实现。

4. 早期妊娠诊断 早期妊娠诊断对于保胎，减少空怀和提高繁殖率具有重要的意义。早期妊娠诊断方法如下。

（1）*不返情观察* 对配种母羊持续观察1个发情周期，即20天左右，如果母羊不返情，即认为母羊妊娠；反之，则认为未受孕。这种方法简便、易行，但因为绵羊、山羊发情征状不明显、发情持续时间短，难以准确观察，即便使用试情公羊，母羊的发情与否也不能完全客观反映母羊的生理状况。

（2）*激素测定法* 母羊妊娠后，血液中孕酮含量较未妊娠母羊显著增加，利用这个特点对母羊可做早期妊娠诊断。在羊配种后20～25天，用放射免疫法测定，绵羊每毫升血浆中孕酮含量大于1.5纳克，妊娠准确率为93%；奶山羊每毫升血浆中孕酮含量在3纳克以上，妊娠准确率为98.6%。虽然该方法的精确度高、早期妊娠诊断迅速，但因其设备条件和技术要求高，费时且有放射性危害，因此在生产中推广应用受到限制。

（3）*免疫学诊断法* 母羊妊娠后，胚胎、胎盘及母体组织分别能产生一些化学物质，如某些激素或某些酶类等，其含量在妊娠的一定时期显著增高，其中某些物质具有很强的抗原性，能刺激动物机体产生免疫反应。而抗原与抗体的结合，可在两个不同水平上被测定出来：一是荧光染料或同位素标记，然后在显微镜下定位；另一个是抗原抗体结合，产生某些物理性状，如凝集反应、沉淀反应，利用这些反应的有无来判断家畜是否妊娠。早期妊娠的绵羊含有特异性抗原，这种抗原在受精后第二天就能从一些妊娠羊的血液里检查出来，从第八天起可以从所有试验母羊的胚胎、子宫及黄体中鉴定出来。这种抗原是与红细胞结合在一起的，用它制备的抗妊娠血清，与妊娠10～15天期间母羊的红细胞混合出现红细胞凝集作用，如果没有妊娠，则不发生凝集现象。

（4）*超声波探测法* 应用B型超声波法对母羊进行妊娠检测，最早可于发情配种后的19～20天检测出结果，在第24天即可达到81.25%的准确率（检测标准为妊娠囊和卵黄囊），32天准确率可达到93.75%（检测标准为妊娠腔），37天准确率达到100%（检测标准为妊娠腔、胎盘和胎儿），三者均可满足生产需要。该方法需要购买小型便携式B超，几乎对母羊无应激，结果准确。

总之，羊的早期妊娠诊断在生产中意义重大，养羊场（户）可根据条件，选择不同的方法，开展此项工作。

5. 诱发分娩 诱发分娩是指在妊娠末期的一定时间内，注射某种激素制剂，诱发孕畜在比较确定的时间内提前分娩，是控制分娩过程和时间的一项繁殖管理措施。诱发分娩使用的激素有皮质激素或其合成制剂，前列腺素 $F_{2\alpha}$及其类似物、雌激素、催产素等。绵羊、山羊在妊娠 144 天时，注射地塞米松（或贝塔米松）12～16 毫克，多数母羊在 40～60 小时内产羔；对妊娠 141～144 天的母羊，肌内注射 15 毫克前列腺素 $F_{2\alpha}$或 0.1～0.2 毫克氯前列烯醇，多数母羊在 32～120 小时产羔；不注射上述药物的妊娠母羊，197 小时后才产羔。

6. 利用免疫技术

（1）基于类固醇激素雄烯二酮的羊多胎素疫苗 澳大利亚研制并生产的“雄烯二酮-7α-羧乙基硫醚-人血清白蛋白”制剂（商品名 Fecundin）1983 年问世，将该疫苗在母羊繁殖季节来临之时进行间隔 3～4 周的 2 次注射，可以把排卵数提高 50%左右，提高的幅度与母羊本身繁殖率高低有关，可提高绵羊产羔率平均在 20.0%以上。中国农业科学院兰州畜牧研究所王利智等研制成功的双羔苗，其化学结构为睾酮-3-羧甲基肟-牛血清白蛋白，配种前在母羊右侧颈部皮下注射 2 毫升，相隔 21 天进行第二次相同剂量的注射，能显著提高母羊的产羔率。根据范青松等（1990）试验，试验组母绵羊 897 只，产羔 1 148 只，产羔率为 127.98%，双羔率为 26.98%；对照组母绵羊 1 383 只，产羔 1 434 只，产羔率为 103.7%，双羔率为 3.47%；试验组与对照组相比，产羔率提高 24.29%，双羔率提高 23.51%，差异均极显著。与此同时，经过对 30 只母羊 2 年连续注射的观察，其中 2 年连续产双羔的羊有 9 只，占 30%；先单后双的羊有 6 只，占 20%；先双后单的羊有 5 只，占 16%；连续 2 年产单羔的羊有 10 只，占产羔母羊的 33.3%。产双羔母羊占连续注射母羊的 2/3，表明连年注射双羔苗对提高产羔率是有效的。

但是，无论是双羔素，还是双羔苗，对营养条件差的母羊，基本上无效果，只有在母羊营养条件好、体况好时双胎效果才比较理想。

对种公羊，免疫类固醇激素能促进睾丸发育并提高其功能，提高精子生成量，同时不影响精液品质。雌二醇免疫除了产生以上效果外，还可以直接去除雌激素对雄激素的对抗作用。对公畜免疫抑制素也可以促进睾丸发育，使初情期提前和增加精子生成量。

（2）影响卵泡发育的 BMP15 和 GDF9 免疫技术 BMP15 由处于生长发育期的卵泡的卵母细胞分泌，影响卵泡颗粒细胞的功能和发育。与 BMP15 非常相似的另一转化生长因子 GDF9 在发生突变后，携带突变基因的母羊也表现出排卵数的增加。BMP15 或 GDF9 为早期卵泡发育所必需。利用 BMP15 进行短期免疫则使排卵数和产羔数都提高 25%。由于这一提高幅度并不优于免

疫类固醇激素和抑制素的效果，因此免疫 BMP15 或 GDF9 在生产上推广的前景不大。

［案例 2-3］　胚胎移植产业化应用典型

内蒙古大学研究团队与赛诺牧业深度合作，在企业建立了现代繁殖生物技术的转化应用平台，培养了一支技术过硬的企业技术队伍。利用动物克隆、同期发情、超数排卵、人工授精、胚胎移植等集成化技术体系，建成了全国最大的黑头杜泊种羊繁殖基地、全国最大的杜泊羊-蒙古羊杂交肉羊生产育肥基地，年生产胚胎 2 万～3 万枚、年产杜泊种羊 2 万只，人工授精 15 万只杜-蒙杂交肉羊。在杜-蒙羊繁殖和育肥过程中，集成杂交优势组合技术、大规模同期发情及人工授精配种技术、羔羊早期断奶技术、母羊两年三产技术、羔羊快速强度育肥技术等，在牧区大力推广舍饲及补饲技术，并形成企业饲养标准。放牧条件下，基础母羊实现两年三产，受胎率达到 75%以上，生产的羔羊成活率达到 95%以上，牧区生产的杜-蒙杂交羔羊 5～6 个月出栏，体重达到 50～60 千克。自 2005 年至 2014 年，共计移植胚胎 69 488 枚，总计生产杜泊羊 38 022 只，建立了生态型高效肉羊草原畜牧业经营模式。

第三章
肉羊的营养调控与饲料配制

阅读提示：

本章重点介绍了肉羊的消化生理特点、肉羊常用的饲草饲料及其营养特性，简单介绍了肉羊饲养标准、营养需要的概念，并详细介绍了肉羊饲料的分类及构成以及肉羊日粮配制方法，简述了肉羊养殖过程中饲料的安全标准，并介绍了肉羊常用的饲料添加剂，最后对秸秆饲喂肉羊技术进行了介绍和举例。通过本章的阅读，可以掌握和了解肉羊的营养需要特点以及肉羊饲料的合理、安全供给方式，阐明肉羊作为草食动物可以大量利用饲草和农作物秸秆的节粮型家畜的优势。

第一节　肉羊的消化生理特点

羊作为反刍动物，有其特有的生活习性和消化生理特点。了解和掌握羊的生活习性和消化生理特点，在生产过程中遵循其规律，可以降低养殖成本，提高养殖效率。

一、羊的生活习性

（一）采食能力强，饲料范围广

羊嘴尖，唇薄，上唇有一纵裂，增加了上唇的灵活度，下腭门齿向外有一定的倾斜度，所以羊可以啃食很短的牧草。牛、马等草食家畜不能放牧的短草牧场，羊可以很好地利用。在荒漠、半荒漠地区，牛不能很好利用的大多数种类的植物，羊则可以有效利用。

（二）合群性强

羊的群居行为很强，在放牧时喜欢群牧，即使在牧草密度低的牧场上。

（三）善于游走

游走有利于增加放牧羊只的采食空间，特别是牧区的羊终年以放牧为主，需要长途跋涉才能吃饱喝好。山羊生性好动，除卧息反刍外，大部分时间处于走走停停的逍遥运动之中。羔羊的好动性表现得尤为突出，经常前肢腾空、身体站立、跳跃嬉戏。山羊有很强的登高和跳跃能力，绵羊则此能力差。

（四）喜干厌湿，耐寒怕热

羊喜欢在干燥通风的地方采食和卧息，湿热、湿冷的圈舍和低洼潮湿的草场对绵羊生长发育不利。

（五）嗅觉灵敏

羊的嗅觉比视觉和听觉灵敏。羊可以靠嗅觉辨别植物种类或枝叶，选择含有蛋白质多、粗纤维少、没有异味的牧草采食；可以辨别饮水的清洁度，还能够靠嗅觉来识别羔羊。

二、羊的消化生理特点

羊的消化器官由口腔、食管、胃、小肠、大肠、肛门和消化腺组成。但羊与猪、鸡等单胃动物不同，属于反刍动物，具有复胃结构，即瘤胃、网胃、瓣胃、皱胃，不但容积大，而且构造也比单胃动物复杂。

（一）幼龄羔羊消化生理的特点

对于反刍动物幼畜来说，在消化道内有一特殊的结构，称为食管沟。当羔羊在吮吸乳汁或饮水时，能反射性地引起食管沟闭合成管状，形成一个管沟，使其吮吸的乳汁避开瘤胃，直接进入皱胃和小肠，保持乳汁原有的营养。食管沟随着年龄的增长而逐渐失去作用，一般为 3 个月左右。

对于哺乳羔羊来说，发挥消化作用的主要是皱胃，而前 3 胃的容积较小，尚未发育完全，瘤胃微生物区系尚未形成，没有消化能力。因此，新生羔羊只能依靠哺乳来满足营养需要。新生羔羊的肠道重量占整个消化道的 70%～80%，大大高于成年羊的 30%～50%。

随着日龄的增长和日粮的改变，小肠所占比例逐渐下降，胃的比例大大提高。在肉羊养殖生产中，根据这些特点，在羔羊出生后 7～10 天的哺乳早期，人工补饲易消化的植物性饲料，可以促进前胃的发育，逐渐建立起比较完善的微生物区系，增强对植物性饲料的消化能力，可促进瘤胃的发育和提前出现反刍行为。

（二）成年羊消化生理特点

1. 复胃结构 根据形态和构造的不同，羊的胃可分为 4 部分，即瘤胃、网胃、瓣胃和皱胃（也称真胃）。复胃体积约占羊整个腹腔容积的 4/5。成年羊的瘤胃体积最大，其容积约占整个胃容积的 80%。

瘤胃称为第一胃，具有物理和生物消化作用。物理作用主要是通过瘤胃的节律性蠕动将食物磨碎；生物消化是瘤胃消化的主体，瘤胃内有大量微生物，主要包括细菌、真菌和原虫，其分泌的酶将饲料发酵，分解产物被瘤胃壁直接吸收或被微生物利用合成微生物蛋白质、脂肪和核酸等，其余部分连同瘤胃微生物一起随食糜流出瘤胃，进入后 3 胃，而后进入小肠而被吸收和利用。研究表明，山羊所采食干物质的 40%～80%在瘤胃中消化，其中包括 80%碳水化合物、60%～90%粗纤维、18%～77%粗蛋白质和 10%～100%粗脂肪等。

第二胃叫网胃，为球形，内壁分隔成许多网格如蜂巢状，第一胃和第二胃紧连在一起，其消化生理作用基本相似。第三胃叫瓣胃，又名百叶胃，内壁有无数纵列的褶膜，对食物进行机械的压榨作用。第四胃叫皱胃，也叫真胃，为圆锥形，胃壁有腺体组织，能分泌胃液，胃液的主要成分是盐酸和胃蛋白酶，因此皱胃对食物主要进行化学消化。

2. 反刍行为 反刍是羊的重要的消化生理特点，指进入瘤胃中的饲料变成食糜，以食团形式沿食管上行至口腔，经细致咀嚼后再吞咽回到瘤胃的整个过程，包括逆呕、再咀嚼、再混唾液、再吞咽4个过程。反刍的生理意义是：充分咀嚼，帮助消化；混合唾液，中和胃内容物发酵时产生的有机酸；排出瘤胃内发酵产生的气体；促进食糜向后部消化管的推进。动物患病和过度疲劳都可能引起反刍的减少或停止。

3. 瘤胃微生物及其作用 瘤胃内含有大量的有机物和水，pH值为中性至弱酸性，温度适宜（39℃～41℃），渗透压与血液相近，特别适合微生物的生长、繁殖。在反刍动物的瘤胃内栖息着复杂、多样、非致病的各种微生物，包括瘤胃原虫、瘤胃细菌和厌氧真菌，还有少数噬菌体。在幼畜出生前，其消化道内并无微生物，出生后从母体和环境中接触各种微生物，但是经过适应和选择，只有少数微生物能在消化道定植、存活和繁殖，并随着幼龄畜的生长和发育，形成特定的微生物区系。

瘤胃微生物对羊的消化和营养具有重要意义。瘤胃微生物与羊是一种共生关系，而且这些瘤胃微生物在正常情况下保持稳定的区系活性，并随饲料种类和品质而变化。因此在生产实践中，变更饲料种类时需要有1～2周的适应期，才能保证瘤胃微生物顺利过渡，如突然变更饲料（例如突然采食大量的青贮饲料或精饲料）都会破坏瘤胃微生物区系的稳定性，引起羊只消化代谢紊乱。

4. 瘤胃微生物消化生理特点

（1）分解碳水化合物　羊采食饲料中55％～95％的可溶性碳水化合物、70％～95％的粗纤维都是在瘤胃中被消化的。粗饲料和能量饲料在瘤胃蠕动的机械作用和瘤胃微生物酶的作用下被发酵，分解的终产物是挥发性脂肪酸（VFA），挥发性脂肪酸主要由乙酸、丙酸和丁酸组成，还有少量的戊酸，同时释放能量，部分能量以ATP（三磷酸腺苷）形式供微生物活动，大部分挥发性脂肪酸在瘤胃壁吸收，泌乳羊瘤胃吸收的乙酸约有40％被乳腺利用，成为合成乳脂的主要原料；部分丙酸在瘤胃壁细胞中转化为葡萄糖，连同其他脂肪酸一起进入血液循环，是羊能量的主要来源。据测定，绵羊在一昼夜内形成挥发性脂肪酸的数量高达500克，可满足其40％的能量需要。

瘤胃发酵产生的大量气体，主要有甲烷和二氧化碳。健康成年羊瘤胃中二氧化碳含量比甲烷多，当羊瘤胃臌气或饥饿时甲烷含量大大超过二氧化碳。这些气体约有1/4被吸收进入血液后经肺排出，一部分被瘤胃微生物所利用，其余的通过嗳气排出。

瘤胃内的微生物可分解淀粉、葡萄糖等糖类物质，产生挥发性脂肪酸、二氧化碳和甲烷等。同时，这些微生物可利用饲料分解产生的单糖合成糖原，储存于微生物体内。当微生物进入小肠被消化后，这些糖原又被消化分解为葡萄糖，成为反刍动物体内葡萄糖的重要来源。

（2）利用蛋白质和非蛋白氮合成微生物菌体蛋白质　瘤胃微生物分泌的酶能将饲料中的蛋白质水解为肽、氨基酸和氨，也可将饲料中的非蛋白氮（如尿素等）水解为氨。在一定条件下，微生物又可以利用这些分解产物（肽、氨基酸和氨）合成前体蛋白质，即微生物蛋白质。微生物蛋白质有反刍动物必需的各种氨基酸，且比例合适，组成较稳定，生物学价值高，在皱胃及十二指肠等后段消化道消化吸收。因此，饲料蛋白质在瘤胃中被消化的数量主要取决于其降解率和瘤胃流通速度。

如果饲料蛋白质在瘤胃中的降解快于菌体蛋白质的合成，分解产生的氨就会在瘤胃液中积累并超出一定的浓度，此时多余的氨被吸收进入血液，在肝脏中被转化为尿素，部分尿素经血液和唾液两条途径又进入瘤胃，再被瘤胃微生物利用合成微生物蛋白质，如此循环往复，平衡瘤胃中氨的浓度，氨浓度过高时易发生氨中毒。相反，如果饲料蛋白质不足，或饲料蛋白质不能很好地被降解，反刍动物瘤胃中氨的浓度低于50毫克/升时，瘤胃细菌的生长受阻，最终影响饲料碳水化合物的消化。

在肉羊生产实践中，可以充分利用瘤胃微生物的蛋白质代谢特点，利用生物学价值较低的植物性蛋白质饲料和非蛋白氮转化为生物学价值较高的微生物蛋白质，以减少蛋白质饲料的投入，降低饲料成本。饲料中的可消化蛋白质约有70％在瘤胃中被水解，其余进入小肠消化吸收。

（3）分解饲料中的脂肪，并将不饱和脂肪酸转化生成饱和脂肪酸　植物性饲料所含脂肪大部分是由不饱和脂肪酸构成的，而羊体内脂肪大多由饱和脂肪酸构成，且相当数量是反式异构体和支链脂肪酸。这是因为瘤胃微生物可将饲料中不饱和脂肪酸氢化形成饱和脂肪酸，并将顺式结构的饲料脂肪酸转化为反式结构而被羊体吸收和用于合成饱和脂肪酸。

（4）合成维生素　反刍动物（除羔羊外）瘤胃微生物能合成B族维生素、维生素K和维生素C，供动物体利用。因此，日粮中缺乏这些维生素也不致影响成年反刍动物的健康。

第二节 肉羊所需营养物质及其功能

肉羊维持生命和健康，确保正常的生长发育及生产，必须从饲料中摄取各种营养物质，包括碳水化合物、蛋白质、脂肪、矿物质、维生素和水。

一、碳水化合物

碳水化合物是形成动物体组织成分和合成畜产品不可缺少的成分，也是动物能量的主要来源。碳水化合物被羊体消化吸收和氧化分解，产生热能，维持体温及生命活动，供给生产所需能量。碳水化合物可分为无氮浸出物和粗纤维。无氮浸出物又称易溶性碳水化合物，包括淀粉和糖类，能量含量高，易于消化吸收，主要来源于谷物类饲料；粗纤维包括纤维素、半纤维素和木质素，是植物细胞壁的主要成分，来自牧草和其他粗饲料，如干草、农作物秸秆和青贮饲料等，是羊日粮的主要组成部分。反刍动物瘤胃微生物能够分泌分解纤维素、半纤维素的酶而将粗饲料中50%～80%的粗纤维降解成单糖，并转化为挥发性脂肪酸，而挥发性脂肪酸是羊的主要能量来源。粗纤维除供能外，还可以填充胃肠，使羊有饱腹感，同时能刺激胃肠蠕动，有利于草料消化和粪便排泄，维持胃肠道的功能和健康。

二、蛋白质

蛋白质是一切生命的物质基础，动物的生长、发育和繁殖等过程都离不开蛋白质。各个生理阶段的羊，都需要一定量的蛋白质。饲料中的含氮化合物包括真蛋白质和非蛋白含氮物。真蛋白质是由多种氨基酸结合而成的高分子化合物。非蛋白含氮物是指非蛋白质形态的含氮化合物，如游离氨基酸、肽、生物碱、尿素等。羊日粮中蛋白质不足，会影响瘤胃的作用效果，羊只生长缓慢，繁殖率、产仔率下降；严重缺乏时，会导致羊只消化紊乱，体重下降，抗病力减弱等。而蛋白质过量，又易造成蛋白质的浪费。肉羊的氨基酸营养中有9种必需氨基酸，包括组氨酸、异亮氨酸、亮氨酸、赖氨酸、蛋氨酸、苯丙氨酸、苏氨酸、酪氨酸和缬氨酸。瘤胃微生物可以利用氨和饲料提供的碳架合成这些氨基酸，以满足羊的需要。羔羊由于瘤胃发育不完全，瘤胃内没有微生物或微生物合成功能不完善，合成的氨基酸数量有限，至少需补充9种必需氨基酸。随着前胃的发育成熟，对日粮中必需氨基酸的需要逐渐减少。成年羊瘤胃功能发育完善，降解日粮和合成氨基酸的能力很强，一般无须由饲料中提供必需氨基酸。

肉羊小肠吸收的氨基酸主要来源于4个方面——瘤胃微生物蛋白质、过瘤胃蛋白质、过瘤胃氨基酸和内源氮。其中，瘤胃微生物蛋白质和过瘤胃蛋白质是主要来源。瘤胃微生物蛋白质在小肠的消化率很高，几乎全部消化，而且氨基酸组成比较合理。

三、脂　肪

脂肪不仅是构成羊机体的重要成分，也是热能的重要来源。脂肪能溶解脂溶性维生素和一些生殖激素，便于羊体吸收利用。多余的脂肪则以体脂肪的形式储存于体内，并在饲料条件差时，转化为热能供羊维持生命和生产。脂类进入肉羊瘤胃后，在瘤胃微生物的作用下发生水解、氢化和氧化等过程，其中部分脂肪酸被瘤胃微生物利用。羊对脂肪需求量相对较少，常规饲料即能满足需求。羊日粮中脂肪含量超过10%，会影响羊的瘤胃微生物发酵，阻碍羊对其他营养物质的吸收和利用。

凡是体内不能合成，必须由日粮或通过体内特定先体物质形成，对机体正常功能和健康具有重要保护作用的脂肪酸称为必需脂肪酸，主要有花生四烯酸等。成年羊可以自身合成必需脂肪酸，而幼龄羔羊瘤胃功能尚不完善，需要从饲料中摄入部分必需脂肪酸。

四、矿物质

矿物质是组成肉羊机体不可缺少的部分，它参与肉羊的神经系统、肌肉系统、营养的消化、运输及代谢、体内酸碱平衡等活动，也是体内多种酶的重要组成部分和激活因子。矿物质营养缺乏或过量都会影响肉羊的生长发育、繁殖和生产性能，严重时导致死亡。根据矿物质在体内的含量，分为常量元素和微量元素，其中常量元素7种，包括钠、钾、钙、镁、氯、磷和硫；微量元素8种，包括碘、铁、钼、铜、钴、锰、锌和硒。

钙和磷是羊体内含量最多的矿物质，主要存在于骨骼和牙齿中。钙是细胞和体液的重要成分，也是一些酶的重要激活因子，缺钙时会影响羊生理功能的发挥。磷是核酸、磷脂和蛋白质的组成成分，具有重要的生物学功能。羊的日粮中钙磷适宜的比例为1.5～2∶1，日粮中缺钙或是钙、磷不平衡以及维生素D供应不足时，羔羊会出现佝偻病，成年羊会发生骨质疏松和骨软症，妊娠母羊或哺乳母羊可能发生产前或产后瘫痪。一般植物性饲料钙少磷多，植酸磷不易被吸收，日粮中必须补钙和磷。

钠和氯主要分布于羊体的体液及软组织中，在维持体液平衡和渗透压方面起着重要作用，并能调节体液的平衡。一般用食盐补充钠和氯，既是营养品，又是调味剂，可以增加食欲，促进生长。羊缺乏钠和氯可引起食欲下降，消化不良，导致生长受阻。植物性饲料，尤其是作物秸秆，含钠、氯较少，必须在日粮中加以补充，但过量食入食盐，可引起中毒、死亡，一般可将盐与其他矿物质及辅料混合后制成舔砖让羊自由采食。

铁主要存在于羊的肝脏和血液中，是血红素、肌红蛋白和许多呼吸酶类的成分，还参与骨髓的形成。饲料中缺铁时，易导致羊患贫血症，对羔羊尤为敏感。通常情况下，青绿饲料和谷类饲料含铁丰富，成年羊一般不易缺铁，对哺乳早期的羔羊和舍饲生长肥育羊应注意补铁。

铜对血红素的形成有催化作用，还是多种酶的成分和激活剂。日粮中铜缺乏会影响铁的正常代谢，易出现贫血、生长受阻、行动失调等。由于牧草和饲料中含铜较高，放牧饲养的成年羊一般不易缺铜。但如果长期饲喂生长在缺铜地区土壤中的植物或是草地土壤中的钼含量较高时，容易造成铜的缺乏。通常在羊日粮中补充硫酸铜等添加剂，需要注意的是，羊对铜的耐受程度很低，补饲不当会引起中毒。

羊体内70%的镁存在于骨骼和牙齿中，25%存在于软组织细胞中，镁与一些酶的活性有关，在糖和蛋白质代谢中起重要作用。

硒是谷胱甘肽过氧化物酶的组成成分，与维生素E一样，具有抗氧化作用，能把过氧化脂类还原，保护细胞膜不受脂类代谢产物的破坏。缺硒易引起羊食欲减退，生长缓慢，繁殖力受阻；羔羊常见营养性肌肉萎缩，出现白肌病。一般以亚硒酸钠预混剂补硒。硒过量易导致中毒，生产中应注意剂量。

五、维生素

维生素是肉羊生长发育、繁殖后代和维持生命所必需的重要营养物质，主要以辅酶和催化剂的形式广泛参与体内生化反应。维生素缺乏可引起机体代谢紊乱，影响动物健康和生产性能。至少有15种维生素为羊所必需。

维生素按照溶解性分为脂溶性维生素和水溶性维生素。脂溶性维生素是指不溶于水，可溶于脂肪及其他脂溶性溶剂中的维生素，包括维生素A（视黄醇)、维生素 D（麦角固醇 D_2 和胆钙化醇 D_3）、维生素 E（生育酚）和维生素 K（甲萘醌），在消化道随脂肪一同被吸收，吸收的机制与脂肪相同。水溶性维生素包括 B 族维生素及维生素 C。

肉羊（除羔羊阶段）瘤胃微生物可以合成足量的 B 族维生素和维生素 K 来满足需要，大部分动物都可在体内合成足够的维生素 C。一般牧草中含有大量维生素 D 的前体麦角胆固醇，麦角胆固醇在牧草晒制过程中，由于紫外线的作用转化为维生素 D，在日光照射下，这一转化过程也可在羊的皮下进行，因此放牧羊或饲喂青干草的舍饲羊一般不会缺乏维生素 D。

六、水

水的营养非常重要，但在生产中常被忽视。一个饥饿羊，可以失掉几乎全部脂肪、半数以上蛋白质和体重的 40%仍能生存，但失掉体重 1%～2%的水，即出现渴感、食欲减退；继续失水达体重的 8%～10%，则引起代谢紊乱；失水达体重的 20%，可使羊致死。

一般情况下，成年羊的需水量为采食干物质的 2～3 倍，受机体代谢水平、生理阶段、环境温度、体重、生产方向以及饲料组成等诸多因素的影响。羊的生产水平高时需水量大；环境温度高于 30℃时需水量明显增加，气温低于 10℃时需水量明显减少；采食量大时需水量也大；羊采食矿物质、蛋白质、粗纤维较多，需较多的饮水。妊娠母羊需水量增加，特别是在妊娠后期要保证充足干净的饮水，以保证顺利产羔和分娩后泌乳的需要。一般全天泌乳母羊需要4.5～9.0 升清洁饮水。饮水水温不能超过 40℃，因为水温过高会造成瘤胃微生物的死亡，影响瘤胃的正常功能。在冬季，饮水温度不能低于 5℃，温度过低会抑制瘤胃微生物活动，且为维持正常体温，羊只必须消耗自身能量，造成能量浪费。

第三节　肉羊常用饲料及其营养特性

饲料为肉羊提供维持、生长、繁殖的一切营养物质。肉羊常用的饲料主要包括精饲料和粗饲料，其中精饲料主要有能量饲料、蛋白质饲料、矿物质饲料、维生素饲料以及饲料添加剂；粗饲料主要有青绿饲料、青贮饲料、青干草和秸秆类饲料等。

一、肉羊常用能量饲料原料

（一）常用谷物类饲料

1. 玉米　玉米是家畜、家禽的主要能量饲料，被誉为“饲料之王”，能量浓度在谷类子实饲料中最高，而且适口性好，易于消化。可溶性碳水化合物含量高，可达72%，其中主要是淀粉，粗纤维含量低，仅2%，所以玉米的消化率可达90%。脂肪含量高，为3.5%～4.5%。玉米含粗蛋白质偏低，为7%～9%，并且氨基酸组成欠佳。玉米因适口性好、能量含量高，在瘤胃中的降解率低于其他谷类，可以通过瘤胃到达小肠的营养物质比较高。使用时不要粉碎过细，一般粉碎或压扁即可，以提高过瘤胃利用率。

2. 小麦　小麦的粗蛋白质含量较高，在12%左右，高者可达14%～16%。由于小麦中木聚糖含量较高，进入肠道后黏性增加，影响消化，在我国较少用于饲料。小麦是否用于饲料取决于玉米和小麦的价格。

3. 大麦　大麦子实有两种，即带壳的草大麦和不带壳的裸大麦。带壳大麦，即通常所说的大麦，其能量含量较低。大麦谷粒坚硬，饲喂前必须压碎或碾碎。大麦中无氮浸出物与粗脂肪含量均低于玉米，粗脂肪中的亚油酸含量很少，仅0.78%左右。粗纤维含量因带壳而在谷实类饲料中是较高的，为5%左右。粗蛋白质含量11%～14%，且品质较好。赖氨酸含量比玉米、高粱含量约高1倍。

4. 高粱　高粱作为世界上主要粮食作物之一，其总产量仅次于小麦、水稻和玉米。高粱子实能量水平因品种不同而不同，带壳少的高粱子实能量含量与玉米相近，蛋白质含量略高于玉米，氨基酸组成与玉米相似，缺乏赖氨酸、蛋氨酸、色氨酸和异亮氨酸。高粱含有单宁，有涩味、适口性差，单宁可以在体内与蛋白质结合，从而降低蛋白质和氨基酸的利用率，是影响高粱利用的主要因素。

5. 燕麦　燕麦的麦壳占的比重较大，一般为28%，整粒燕麦子实的粗纤维含量较高，达8%左右。主要成分为淀粉，含量为33%～43%，较其他谷实类少。含油脂较其他谷类高，约5.2%，脂肪主要分布于胚部，脂肪中40%～47%为亚麻油酸。燕麦子实的粗蛋白质含量高达11.5%以上，与大麦含量相似，但赖氨酸含量低。富含B族维生素，烟酸含量较低，脂溶性维生素及矿物质含量均低。

（二）糠麸类

1. 小麦麸 小麦麸俗称麸皮，是以小麦为原料加工面粉时的副产品。麸皮的质量相差很大，如生产的面粉质量要求高，麸皮的质量也相应较高。麸皮的消化能、代谢能较低，麸皮中B族维生素及维生素E的含量高，可以作为动物配合饲料中维生素的重要来源。

2. 米糠及米糠饼粕 米糠是糙米（稻谷去壳）加工精米时分离出来的一种副产品，加工的精米越白，米糠的质量越好。米糠中粗脂肪含量高达16.5%，易被氧化发热，不易保存。经提油后利于保存，提油采用压榨法时，经过烘、炒、蒸煮、预压等工艺后，适口性和消化性都有所改善。

（三）块根块茎类

块根块茎类饲料的特点是水分含量高，达70%～95%，松脆可口，易消化，干物质含量低，按干物质计，能量相当于玉米、高粱等。干物质中粗纤维含量低，为2.5%～3.5%，无氮浸出物含量很高，占干物质的65%～85%，多是宜消化的糖、淀粉等。蛋白质含量低，但生物学价值很高，而且蛋白质中的非蛋白质含氮物质占的比例较高，矿物质和B族维生素含量不足。一般缺钙、磷，富含钾。冬季在以秸秆、干草为主的肉羊日粮中配合饲料，能改善日粮适口性，提高饲料利用率。

1. 甘薯 甘薯又称红薯、白薯、红苕、地瓜等。甘薯中粗蛋白质含量较低，占干物质的3.3%，粗纤维少，富含淀粉，钙的含量特别低。甘薯怕冷，宜在13℃左右贮存。甘薯粉渣是用甘薯制粉后的残渣。鲜粉渣含水分80%～85%，干燥粉渣含水分10%～15%。粉渣中的主要营养成分为可溶性无氮浸出物，容易被肉羊消化、吸收。由于甘薯中含有很少的蛋白质和矿物质，故其粉渣中也缺少蛋白质、钙、磷和其他矿物质。甘薯是肉羊的良好能量饲料，甘薯粉和其他蛋白质饲料配合制成颗粒饲料，应添加足够的矿物质饲料。

甘薯易患黑斑病，患有黑斑病的甘薯，不宜作为羊饲料，因为这种霉菌产生一种苦味，不仅适口性差，还可导致羊发病。有黑斑病的甘薯及其制粉和酿酒的糟渣，有异味且含毒性酮，饲喂羊易导致气喘病，甚至死亡。

2. 马铃薯 马铃薯又称土豆。马铃薯含有70%～80%的无氮浸出物，其中大部分是淀粉，约占干物质的70%。风干的马铃薯中粗纤维含量为2%～3%，粗蛋白质含量8%～9%，非蛋白氮较多，约占蛋白质含量的一半。每千克中含消化能14.23兆焦左右。

马铃薯在块茎青绿皮上、芽眼与芽中含有龙葵素，在幼芽及未成熟的块茎和经日光照射变成绿色的块茎中含量较高，喂量过多可引起中毒。饲喂时要切除发芽部位并仔细选择，以防中毒。

马铃薯制粉后的副产品为马铃薯粉渣，粉渣中淀粉很丰富。干粉渣含蛋白质4.1%左右，含可溶性无氮浸出物约70%，羊可以很好地利用马铃薯的非蛋白质含氮物和可溶性无氮浸出物，在日粮中用量应控制在20%以下。

3. 胡萝卜 按干物质计，胡萝卜中含无氮浸出物约47.5%，属能量饲料，但由于其鲜样中水分含量大，容积大，主要作为冬季羊的多汁饲料。每千克胡萝卜含胡萝卜素36毫克以上及0.09%的磷，高于一般多汁饲料。胡萝卜含铁量较高，颜色越深胡萝卜素和铁含量越高。胡萝卜中淀粉和糖类含量高，因含有蔗糖和果糖，多汁味甜。由于胡萝卜产量高、耐贮存、营养丰富，冬季青饲料缺乏时，在喂干草或秸秆类饲料比例较大的羊日粮中添加一些胡萝卜，可以改善日粮的适口性。

二、蛋白质饲料原料

蛋白质饲料是指饲料干物质中粗蛋白质含量在20%以上，粗纤维含量在18%以下的饲料。蛋白质饲料具有能量饲料的某些特点，即饲料干物质中粗纤维含量较少，易消化的有机物质较多，单位重量所含的消化能较高。

蛋白质饲料分为植物性蛋白质饲料和动物性蛋白质饲料两大类。植物性蛋白质饲料包括油料饼粕类、豆科子实类和淀粉、工业副产品等；动物性蛋白质饲料包括鱼粉、肉粉、肉骨粉、血粉、羽毛粉等。除乳及乳制品外，其他动物蛋白质产品禁止用作肉羊的饲料。蛋白质饲料还包括单细胞蛋白质饲料（如各种酵母饲料、蓝藻类等）和非蛋白氮饲料（如磷酸脲、尿素、铵盐等）。

植物性蛋白质饲料营养特点是蛋白质含量较高，赖氨酸和色氨酸含量较低；其营养价值随原料的种类、加工工艺而有很大差异。一些豆科子实、饼粕类饲料中含有抗营养因子。

（一）大豆饼粕

是指大豆榨油产生的副产品。一般大豆不直接用作肉羊饲料，豆类饲料中含有抗营养物质——胰蛋白酶抑制剂，生喂时影响动物的适口性和饲料的消化率，需要通过110℃、3分钟的加热才可以消除。榨油时未加热或加热不足的豆粕在使用前也需加热处理，破坏其中的抗营养物质后才可饲喂。

大豆饼粕的粗蛋白质含量较高，为40%～44%，蛋白质品质好，必需氨基酸的比例好，尤其是赖氨酸含量可达2.5%～2.8%，是棉仁饼、菜籽饼及花生饼的2倍。蛋氨酸含量不足，因而，在玉米—豆粕型日粮中需要添加蛋氨酸，才能满足动物的营养需要。质量好的大豆饼粕色黄味香，适口性好，但在日粮中用量不宜超过20%。

（二）菜籽饼粕

菜籽饼粕的原料是油菜籽。菜籽饼粕的粗蛋白质含量在36%左右，矿物质和维生素含量比豆饼丰富，含磷较高，硒含量比大豆饼粕高6倍，居各饼粕之首。菜籽饼粕中的抗营养因子主要是从油菜籽中所含的硫葡萄糖苷酯类衍生出来的，这种物质分布于油菜籽的柔软组织中。此外，菜籽中还含有单宁、芥子碱、皂角苷等有害物质，味苦涩，影响适口性和利用率。这些物质在瘤胃中被分解，需限量饲喂，羔羊、妊娠母羊最好不喂。

菜籽饼粕的脱毒处理方法主要有2种。

草木灰或生石灰法：用清水100升加入草木灰18～25千克或生石灰1～2千克，搅拌均匀，沉淀后取上清液备用。先将菜籽饼粕粉碎，加入2倍的草木灰或生石灰水清液，一般浸泡3～5天，夏季最少浸泡24小时，滤去废水后用清水冲洗3～4遍即可。也可直接采用清水浸泡脱毒，即用缸、盆等容器盛装粉碎的菜籽饼（粕），再加入4～5倍的清水，浸泡3～5天，夏季浸泡1昼夜，滤去废水后加入等量清水反复处理3～4次即可。

热水蒸煮法：适用于小规模少量处理用，可将粉碎的菜籽饼（粕）放入约50℃的热水中，浸泡8～12小时，中间换热水2次，然后滤去废水，加水敞开煮沸1小时，边煮边搅拌，使毒物蒸发，或将已粉碎的菜籽饼粕蒸30分钟脱毒，此法脱毒率在80%以上。

饲用菜籽饼粕应掌握以下要点：①饼粕来源要清楚。最好采用浸提法生产的菜籽粕，蛋白质含量高，毒性成分少，严禁使用霉变饼粕。②控制用量，一般占肉羊日粮的2%～3%，幼畜、种畜不宜饲用。③与豆饼、棉籽饼合理搭配使用。

（三）棉籽饼粕

棉花子实脱油后的饼粕，因加工条件不同，营养价值相差很大，主要影响因素是棉籽壳是否去掉。完全脱壳棉仁制成的饼粕，叫作棉仁饼粕，其粗蛋白质含量可达40%以上，与大豆饼不相上下。不脱壳棉籽制成的棉籽饼粕，粗蛋白质含量22%左右，在使用中应加以区分。

棉籽内含有害物质棉酚和环丙烯脂肪酸。棉酚可引起畜禽中毒。瘤胃微生物可以分解棉酚，降低毒性，可作为肉羊良好的蛋白质饲料来源，是棉区喂羊的好饲料。肉羊育肥饲料中，棉籽饼粕可用到50%。种羊如果长期过量使用则影响其种用性能。棉籽饼粕长期大量饲喂（日喂1千克以上）会引起中毒。羔羊日粮中棉籽饼粕用量不宜超过20%。棉籽饼粕常用的去毒方法为煮沸1～2小时，冷却后饲喂。

（四）向日葵饼粕

向日葵饼粕又叫葵花仁饼粕，是向日葵籽榨油后的副产物。向日葵饼粕的饲用价值视脱壳程度而定。我国的向日葵仁饼粕，一般脱壳不净，粗蛋白质含量在28%～32%，赖氨酸含量不足。向日葵仁饼粕与其他饼粕类饲料配合使用效果较好。向日葵饼粕的适口性好，是羊的优质蛋白质饲料，与棉籽饼粕有同等价值。

（五）花生仁饼粕

花生的品种很多，脱油方法不同，因而花生饼粕的性质和营养成分也不相同。花生仁饼粕营养价值高，是饼粕类饲料中可利用能量水平最高的粗蛋白质，含量高达44%。花生饼粕适口性极好，有香味，所有动物都爱吃。但花生仁饼粕易染上黄曲霉，花生的含水量在9%以上，温度30℃、相对湿度为80%时，黄曲霉即可繁殖，引起中毒，因此花生饼粕贮存时间不宜过长。

瘤胃微生物有分解毒素的功能，因此羊对黄曲霉素不很敏感。感染黄曲霉素的花生饼粕，可以用氨处理去毒。花生粕在瘤胃中的降解速度很快，羊只采食后几小时85%以上的干物质即被降解，因此不适合作为羊唯一的蛋白质饲料原料。花生饼粕可用于羔羊的开食料。

（六）芝麻饼粕

芝麻饼粕不含抗营养物质，粗蛋白质含量可达40%，蛋氨酸含量是大豆粕、棉仁粕含量的2倍，比菜籽粕、向日葵粕约高1/3，是所有植物性饲料中含蛋氨酸最多的饲料。赖氨酸含量不足，配料时应予注意。可用于羔羊和育肥羊日粮，可使羊被毛光泽好。但用量过多，可引起体脂软化，在生产中应注意搭配使用。

（七）亚麻籽饼粕

亚麻俗称胡麻，亚麻籽脱油后的残渣即为亚麻籽饼粕。亚麻籽饼粕代谢能值较低，脂肪含量高，在贮藏过程中容易变质，不利保存。经过高温高压榨油的亚麻籽饼粕很容易引起蛋白质褐变，降低其利用率。亚麻籽饼粕含粗蛋白质

32%～34%，适口性差，赖氨酸含量不足。亚麻籽饼粕有促进胃肠蠕动的功能。羔羊、成年羊及种用羊均可饲用，并且表现出皮毛光滑、润泽。亚麻籽饼粕用量应占肉羊日粮的10%以下。每日采食量在500克以上时，羊有稀便倾向。

（八）非蛋白含氮物质

在肉羊生产实践中，常用的非蛋白含氮物质有以下几种。

1. 尿素 尿素为无色、无臭、晶体颗粒，易溶于水（1毫升水可溶解1克尿素）、乙醇、甲醇，几乎不溶于乙醚和氯仿。溶解度随温度升高而增加。具有吸湿性。尿素必须在一定量的碳水化合物参与下被瘤胃微生物合成菌体蛋白质，为机体提供蛋白质营养。用量一般不超过羊日粮干物质的1%，饲喂过多会引起中毒。在实际应用中可与谷物细粉或其他含碳水化合物的原料，经加温、加压制成浆状或凝胶状产品，如胶状尿素和浆状尿素。尿素用法用量：①拌入精饲料中饲喂，把尿素干粉均匀地混入精饲料中喂给。②在青贮饲料中添加，添加量为青贮饲料鲜重的0.5%。③制成尿素矿物质舔块，将尿素与矿物质、糖蜜等充分混合，制成舔块，利于控制尿素的采食量，预防尿素中毒。④在舍饲条件下，与铡碎的青干草混合饲喂，或直接将尿素溶液喷洒在干草上供牛羊自由采食，但此法浪费较大。

使用尿素必须严格控制用量。尿素在瘤胃内会产生大量的游离氨，致使瘤胃pH值增高。如果瘤胃壁吸收的氨数量超过肝脏的转化能力，则在血液中氨的浓度增加，出现氨中毒症状，呼吸急促，肌肉震颤，出汗不止，动作失调，严重时口吐白沫。因此，尿素只可饲喂瘤胃发育完全的羊，添加量不宜超过精料补料的2%，补充日粮粗蛋白质水平低于12%的蛋白质营养效果更明显，拌入精料补充料中饲喂时，一定要混合均匀。饲喂尿素半小时后，才可饮水。日粮中能量、矿物质、氮硫比的供给平衡，日粮氮硫比10～15：1为宜。

2. 硫酸铵 硫酸铵是常用的氮肥，易溶于水，易吸水结块，毒性小，既是一种硫源也是一种氮源，均为瘤胃微生物生长所必需。用硫酸铵补充日粮硫时，则应将硫酸铵中的氮与日粮中氮及尿素氮合计考虑。在贮存时严禁与石灰、水泥等碱性物质接触或同库存放。

3. 磷酸铵盐 主要有磷酸氢二铵和磷酸二氢铵，用作非蛋白氮类饲料添加剂，补充反刍动物所需的氮源，同时它们的磷含量都在40%以上，在使用中务必注意磷的总量供给。可以制作成舔块或混入青贮饲料中或直接添加于牧草、精料补充料中饲用。不能加入饮水中使用。

4. 磷酸脲 磷酸脲是非蛋白氮饲料中的新产品，它对反刍动物的增奶和增重有显著作用，其效果优于尿素等其他非蛋白氮添加剂，原因是磷酸脲含有水溶性磷和释放缓慢的非蛋白氮，相对减少了瘤胃氨中毒的危害。据刁其玉(2000)记载，磷酸脲在羊上的饲养试验数据表明，给平均体重14.5千克的杂交育成羊每天每只添加10克磷酸脲（换算成精料补充料百分比，在2%～3.5%），可提高日增重26.69%。《饲料添加剂安全使用规范》中指出，磷酸脲的用量不宜超过动物所采食总蛋白质的20%，在牛羊精饲料中的添加量应在3%以下。使用时应考虑日粮中磷的含量不超标。

三、常用粗饲料

广义上的粗饲料一般包括青绿饲料、青贮饲料以及青干草、农作物秸秆等。粗饲料是反刍动物不可缺少的日粮成分，在维持反刍动物生理健康和良好生产性能等方面发挥着不可替代的作用。

（一）青绿饲料

青绿饲料是一类营养相对平衡的饲料，干物质少，能量相对较低，但是蛋白质含量丰富，氨基酸组成比较完全，赖氨酸、色氨酸和精氨酸含量较多，营养价值高；维生素含量丰富，特别是胡萝卜素含量较高，B族维生素、维生素E、维生素C和维生素K含量也较丰富，但缺乏维生素D，维生素B_6很少。钙、磷比较丰富，比例较为适宜。含有丰富的铁、锰、锌、铜等微量元素，如果土壤中不缺乏某种元素，则无须补充。在羊生长期可用优质青绿饲料作为唯一的饲料来源，但在育肥后期则需要补充谷物、饼粕等能量饲料和蛋白质饲料。

肉羊常用的青绿饲料主要包括牧草、青割饲料和叶菜类等。牧草种类很多，营养价值因植物种类、土壤状况等不同而有差异。人工牧草如苜蓿、沙打旺、草木樨、苏丹草等营养价值较一般野草高。青割饲料是把农作物如玉米、大麦、豌豆等进行密植，在子实未成熟前收割饲喂羊。青刈饲料中粗蛋白质含量和消化率均比结籽后高。此外，青草茎叶的营养含量上部优于下部，叶优于茎。所以，要充分利用生长早期的青绿饲料，收贮时尽量减少叶部损失。叶菜类包括树叶（如榆、杨、桑、果树叶等）和青菜（如白菜等），含有丰富的蛋白质和胡萝卜素，粗纤维含量较低，营养价值较高。

饲喂青绿饲料时应注意防止亚硝酸盐和氢氰酸中毒。饲用甜菜、萝卜叶、芥菜叶、白菜叶等叶菜类中都含有少量硝酸盐，它本身无毒或毒性很低，但是堆放时间过长，腐败菌将硝酸盐还原为有毒的亚硝酸盐。在高粱苗、玉米苗、马铃薯的幼芽、木薯、亚麻叶、豆麻籽饼、三叶草、南瓜蔓等中含有氰苷配糖体，这些饲料经过发霉或霜冻枯萎，在植物体内特殊酶的作用下，氰苷被水解而产生氢氰酸。当含氰苷的饲料被采食到瘤胃后，在瘤胃微生物作用下，使氰苷和氰化物分解为氢氰酸，引发羊中毒，因此用这些饲料饲喂羊之前应晒干或制成青贮饲料。

（二）青贮饲料

青贮饲料是指将新鲜的青刈饲料、牧草、玉米秸秆等，切碎装入青贮塔、窖或塑料袋等内，隔绝空气，经过乳酸菌的发酵，制成的一种营养丰富的多汁饲料。青贮不仅能较好地保持青绿饲料的营养特性，减少营养物质的损失，而且由于青贮过程中产生大量芳香族化合物，使饲料具有酸香味，柔软多汁，改善了适口性，是一种长期保存青绿饲料的方法。制作青贮饲料，可使羊一年四季都能采食到青绿多汁饲料。青贮原料中含有硝酸盐、氢氰酸等有毒物质，经发酵后可大大降低其含量。青贮饲料中由于存在大量乳酸菌，菌体蛋白质含量比原料提高20%～30%。在牧区，青贮牧草，可以缓解枯草期饲草压力；在农区推广青贮技术，可以提高农作物秸秆的饲料化利用。青贮饲料制作简便、成本低廉、保存时间长、使用方便，缓解了冬、春青绿饲料压力，已成为规模养殖场肉羊日粮的基本组成成分。使用时，应适量搭配，不宜过多。初次饲喂青贮饲料时，要经过短期的过渡适应，少喂勤添，逐渐增加喂量。

［案例3-1］　青贮饲料的调制方法及利用效果

一、青贮饲料的制作方法

1. 适时刈割

优质的青贮原料是调制优良青贮饲料的物质基础。青贮饲料的营养价值与原料品种有关，还与收割时期有关，适时收割可保证营养和产量的最佳。

禾本科牧草的最适宜刈割期为抽穗期（出苗或返青后50～60天），而豆科牧草为初花期。专用青贮玉米，即带穗整株玉米，在蜡熟末期收获。在当地条件下，初霜期来临前能够达到蜡熟末期的品种均可作为青贮原料。粮食用玉米在蜡熟末期，茎秆和叶片大部分呈绿色时，应及时掰果穗后，抢收茎秆制作青贮。

2. 铡　短

饲喂肉羊的青贮牧草，一般切成2～3厘米长，青贮玉米和向日葵等粗茎植物，切成0.5～2厘米长为宜。柔软幼嫩的原料可切得长一些。切碎工具有切碎机、甩刀式收割机和圆筒式收割机等，圆筒式收割机的切碎效率更高。将切碎机放置在青贮窖旁，边切碎边装填边压实。

3. 装　填

选晴好天气，集中人力物力尽快装填完成。装填时可先在青贮窖底铺一层10厘米厚的干草，四壁衬上塑料薄膜（永久性窖不用铺衬），然后把铡短的原料逐层装入，铺平、压实，特别是容器的四壁与四角要压紧。由于青贮原料会下沉，因此装填要高出窖口0.5～0.7米。

4. 封顶及整修

原料装填完毕后要及时封严，防止漏水漏气。可先用塑料薄膜覆盖，然后用土封严，四周挖排水沟。也可以先在青贮原料上盖15厘米厚的干草，再盖上70～100厘米厚的湿土，窖顶做成隆凸圆顶。封顶2～3天后，在下陷处填土封严。

二、青贮饲料的取用

青贮饲料在封窖30～50天后完成发酵过程，可开窖饲用。调制良好的青贮饲料可保存数年。开窖后的取用和保管是关系到青贮饲喂效果的重要问题。取用青贮饲料时要做好防止二次发酵的措施。青贮饲料的二次发酵是指在开窖后，由于空气进入导致好气性微生物大量繁殖，温度和pH值上升，青贮饲料中的养分被分解并产生好气性腐败的现象。

为了防止二次发酵的发生，在生产中可采取以下措施：一是要做到适时收割，控制青贮原料的含水量在60%～70%，不要用霜后刈割的原料调制青贮，因为这种原料会抑制乳酸发酵，容易导致二次发酵。二是在调制过程中必须把原料切短并压实，排净青贮饲料中的空气。三是加强密封，防止在保存过程中漏气。四是开窖后连续使用。五是准确计算日需要量，合理设计青贮窖的断面面积，保证每日取用的青贮料厚度冬季在6～7厘米，夏季在10～15厘米。六是喷洒甲酸、丙酸、己酸等防腐剂。如表层的青贮变质或发霉，应及时取出丢弃。

三、青贮饲料的饲喂方法和饲喂量

1. 饲喂方法

青贮饲料是一种良好的多汁饲料。肉羊经过驯食后都喜采食，驯食方法：肉羊空腹时，先用少量青贮饲料与少量精饲料混合均匀后饲喂，使羊不能挑食。经过1～2周，多数羊都能习惯。然后逐步增加青贮饲喂量。饲喂青贮饲料最好不要间断，一方面防止窖内饲料腐烂变质，另一方面羊只频繁更换饲料容易引起消化不良或生产不稳定。

喂饲青贮饲料要及时清槽。冬季不可饲喂挂霜或冰冻青贮饲料。青贮饲料含水量大，牲畜不能单一大量饲喂青贮，应与干草或铡碎的干玉米秸混喂。如发现羊腹泻，应减量或停喂，待恢复后继续饲喂。妊娠母羊切忌饲喂带冰碴的青贮饲料。若青贮饲料酸味太大，可在日粮中加入碱性物质如小苏打中和。

2. 饲喂量

羊每天每只可饲喂青贮饲料 1.5～2.5 千克。过去认为妊娠初期羊应少喂，妊娠后期停喂，近年研究发现，用优质青贮饲料饲喂妊娠母羊，同时补充精饲料，可以改进母羊繁殖性能。

3. 饲喂效果

青贮饲料鲜嫩多汁，粗纤维消化率在 65%左右，无氮浸出物消化率在 60%左右，胡萝卜素含量较多。绵羊能很有效地利用青贮饲料。表 3-1 为青贮料饲喂绵羊的饲养效果举例。

表 3-1 青贮饲料饲喂绵羊试验结果

组　别	项　目			
	受胎率（%）	成活率（%）	产毛量（千克/头）	日增重（千克/日）
试验组	95.65	95.45	4.09	0.05
对照组	73.68	85.71	3.66	－0.02
增加（%）	＋29.82	＋11.36	＋11.75	＋351

资料来源：刑延铣．农作物秸秆饲料加工与应用．金盾出版社，2009。

（三）干　草

干草是指青草（或者其他青绿饲料植物）在结籽前刈割全部地上部分，经自然晾晒或人工烘干蒸发其大部分水分，干燥到含水量在 14%～17%，达到能长期贮存的程度，即称之为干草。粗饲料中，干草的营养价值取决于青饲料的种类、收割时期以及调制贮藏方法。青干草品质由色泽、茎叶多少、气味、杂质含量等感官指标来评定。新鲜饲草通过调制成干草，可实现长时间保存和商品化流通，同时干草又是生产其他草产品（如草粉、草颗粒等）的主要原料。

1. 干草调制原理　通过自然或人工干燥方法使刈割后的新鲜饲草迅速处于生理干燥状态，使细胞呼吸和酶的作用逐渐减弱甚至停止，降低有害微生物对其所含养分的分解而霉败变质，从而达到长期保存的目的。

干草的调制过程一般分为两个阶段。第一阶段，从饲草刈割到水分降至40%左右。这个阶段饲草的细胞尚未完全死亡，呼吸作用继续进行，饲草中养分的分解作用大于同化作用。第一阶段饲草养分损失5%～10%。第二阶段，饲草的水分从40%降至17%以下。这个阶段饲草细胞的生理作用停止，大多数细胞已经死亡，呼吸作用停止，但是仍有酶参与微弱的生化活动，分解养分。此时，微生物已经处于生理干燥状态，繁殖活动也趋于停止。

一般茎秆较细、叶量适中的豆科和禾本科饲草调制干草的效果比较好。用于调制干草的饲草要适时刈割，合理调制才会使调制后的效果和质量处于最优。早期收割的饲草，虽然蛋白质、维生素等营养含量丰富，但产量低，单位中养分含量相对较少，并且水分含量高，难以晒干；收割过迟，饲草中的粗纤维又会增多，蛋白质等营养也会降低，因此生产中应该掌握好刈割的时期，收割饲草时要注意减少叶片的损失。一般晒制干草的方法如下。

(1) 自然干燥法

①地面干燥法　将收割后的牧草在原地或者运到地势比较干燥的地方进行晾晒。通常收割的牧草干燥4～6小时，使水分降到40%左右后，用搂草机搂成草条继续晾晒，使水分降至35%左右，然后用集草机将草集成草堆，并保持草堆的松散通风，直至牧草完全干燥。

②草架干燥法　在比较潮湿的地区或者在雨水较多的季节，可以在专门制作的草架子上进行干草调制。干草架子有独木架、三脚架、幕式棚架、铁丝长架、活动架等。在架子上干燥可以大大提高牧草的干燥速度，保证干草的品质。在架子上干燥时应自上而下地把草置于草架上，厚度应小于70厘米，并保持蓬松和一定的斜度，以利于通风和排水。

③发酵干燥法　发酵干燥法就是将收获后的牧草先进行摊晾，使水分降低到50%左右时，将草堆集成3～5米高的草垛逐层压实，垛的表层可以用土或薄膜覆盖，使草垛在两三天内温度达到60℃～70℃，随后在晴天时开垛晾晒，将草干燥。当遇到连绵阴雨天时，可以在温度不过分升高的前提下，让其发酵更长的时间，此法晒制的干草营养物质损失较大。

(2) 人工干燥法

①吹风干燥法　利用电风扇、吹风机和送风器对草堆或草垛进行不加温干燥。常温鼓风干燥适合用于牧草收获时期的昼夜相对湿度低于75%、温度高于15℃的地方使用。在特别潮湿的地方鼓风用的空气可以适当加热，以提高干燥的速度。

②高温快速干燥法　利用烘干机将牧草水分快速蒸发掉，含水量很高的牧草在烘干机内经过几分钟或几秒钟后，水分便下降到5%～10%。此法调制干

草对牧草的营养价值及消化率影响很小，但需要较高的投入，成本大幅增加。

③压裂草茎干燥法　牧草干燥时间的长短主要取决于其茎秆干燥所需要的时间，叶片干燥的速度比茎秆要快得多，所需的时间短。为了使牧草茎叶干燥时间保持一致，减少叶片在干燥中的损失，常利用牧草茎秆压裂机将茎秆压裂压扁，消除茎秆角质层和维管束对水分蒸发的阻碍，加快茎秆中水分蒸发的速度，最大限度地使茎秆的干燥速度与叶片干燥速度同步。压裂茎秆干燥牧草的时间要比不压裂茎秆干燥的时间缩短 1/3～1/2。

2. 干草加工　干草因体积大，不便于运输，损耗大，因此一般将干草继续加工成草粉或者制粒成干草颗粒饲料。

(1) 草粉　草粉是指将适时刈割的牧草经快速干燥后粉碎而成的青绿色粉状饲料，许多国家把青草粉作为重要的蛋白质、维生素饲料资源。生产优质的青草粉的原料主要是一些高产优质的豆科牧草及豆科与禾本科混播牧草，如苜蓿、沙打旺、草木樨、三叶草、红豆草和野豌豆等。若采用混播牧草，则优质豆科牧草的比例（按干物质计）应不低于 1/3～1/2，目前世界各国加工青草粉的主要原料是苜蓿。不适宜加工青草粉的有杂类草、木质化程度较高且粗纤维含量高于 33%的高大粗硬牧草。含水量在 85%以上的多汁、幼嫩饲草，如聚合草、油菜等也不适于加工青草粉。

(2) 干草颗粒　为了减少青草粉在贮存中的养分损失及便于贮运，通常再把草粉压制成草颗粒，草颗粒的容重一般为草粉的 2～2.5 倍。这样可以减少草粉与空气的接触面积，从而减少氧化作用和养分损失，而且在制粒过程中也可以加入抗氧化剂，以防止胡萝卜素的损失。干草制成颗粒饲料还可以减少运输和储藏中的容积，便于贮运；减少饲喂中的浪费；增加采食量，提高生产性能；几种饲草混合制粒，可以防止羊择食，提高干草的利用率。但将干草制成颗粒饲料，会增加饲喂的成本，只有在养殖场或者兼做饲料加工厂时才划算。

（四）农作物秸秆类饲料

秸秆饲料是指各种农作物收获子实后的秸秆、子实脱粒后的副产品等。我国农作物种植面积大，分布广，农作物秸秆及副产物资源丰富，产量多，价格低廉。秸秆中粗蛋白质含量低，粗纤维含量高，适口性差，必须经过加工调制，才可以作为反刍动物的饲料，秸秆饲料的加工调制方法可以归纳为物理、化学和生物学方法 3 大类。

1. 物理处理法

(1) 切短和粉碎　秸秆最简便而又实用的方法之一。各种秸秆经过切断或粉碎处理后，便于羊咀嚼，可减少能量消耗，同时也可提高采食量，并减少饲喂过程中的饲料浪费，而且也利于和其他饲料进行配合。粉碎虽然可以增加粗饲料的采食量，但也容易引起纤维物质消化率的下降和瘤胃内挥发性脂肪酸生成比率发生变化。据报道，秸秆粉碎后，瘤胃内脂肪酸的生成速度和丙酸比率将有所增加。同时由于随之而引起的反刍减少，导致瘤胃 pH 值下降。从饲料有效利用的角度考虑，一般将秸秆切短饲喂，不提倡秸秆粉碎后直接饲喂动物。

（2）浸泡　秸秆饲料浸泡后质地柔软，能提高其适口性。同时，浸泡处理可改善饲料采食量和消化率，并可提高代谢能利用率，增加体脂中不饱和脂肪酸比例。

（3）蒸煮和膨化　蒸煮处理的效果根据处理条件不同而异。据刘建新报道，在压力 15～17 千帕/厘米^2 下处理稻草 5 分钟，可获得最佳的体外消化率，而强度更高的处理将引起饲料干物质损失过多和消化率下降。动物实验也表明，过强处理反而会引起饲料消化率下降。膨化处理是高压水蒸气处理后突然降压以破坏纤维结构的方法，对秸秆甚至木材都有效果。膨化处理的原理是使木质素低分子化，分解结构性碳水化合物，从而增加可溶性成分。

（4）射线处理　γ 射线等照射低质粗饲料以提高其饲用价值的研究由来已久，被处理材料不同，处理效果也不尽相同，但一般能增加体外消化率和瘤胃挥发性脂肪酸产量，主要是由于照射处理增加了饲料的水溶性部分，后者被瘤胃微生物有效利用所致。

2. 化学处理法

（1）碱化处理　碱类物质能使饲料纤维内部的氢键结合变弱，使纤维素分子膨胀，而且能使细胞壁中纤维素与木质素间的联系削弱，溶解半纤维素，有利于羊瘤胃中的微生物发挥其作用。由于秸秆和秕壳内含有木质素和硅酸盐，影响其消化率和营养价值，用碱处理后可除去大部分木质素和部分可溶性硅酸盐，使纤维素和半纤维素被释放出来，从而提高秸秆和秕壳的营养价值。

①氢氧化钠处理法　用 1.6 千克氢氧化钠加水 100 升，制成溶液。将秸秆铡成 2～3 厘米小段，每 100 千克干秸秆用上述氢氧化钠溶液 6 千克，使用喷雾器均匀喷洒，使之湿润。24 小时后，再用清水把余碱洗去。饲喂时把碱化秸秆与其他饲料混合使用，一般占日粮的 20%～40%。

②生石灰处理法　每 100 千克干秸秆用 3 千克生石灰或 4 千克熟石灰、1～1.5 千克食盐，再加上 200～250 升水制成溶液。把溶液喷洒在切碎的秸秆上，拌和均匀，然后放置 24～36 小时，不用冲洗即可饲喂。

③氢氧化钠和生石灰混合处理法　秸秆不铡碎平铺 20～30 厘米厚，喷洒 1.5%～2%氢氧化钠和 1.5%～2%生石灰的混合液，然后压实。依次逐层铺放秸秆，喷洒混合溶液（每 50 千克干秸秆喷 80～120 千克混合溶液）。经 1 周后，

秸秆内温度达到50℃～55℃。经过处理，秸秆粗纤维的消化率可由40%提高到70%。

④氢氧化钠尿素处理法　既可以提高秸秆有机物的消化率，又可以增加秸秆的含氮量。把占秸秆重量2%氢氧化钠制成水溶液，然后加3%尿素，拌匀，喷洒到秸秆上饲喂效果好。经由这样混合处理的秸秆在日粮中的比例不宜超过35%。

（2）氨化处理　秸秆含氮量低，与氨相遇时其有机物与氨形成铵盐，铵盐则成为羊瘤胃内微生物氮源。另一方面，氨溶于水形成氢氧化铵，对粗饲料有碱化作用，破坏木质素与纤维素、半纤维素链间的酯键，提高消化率。秸秆经氨化处理后，含氮量能增加1倍以上，粗纤维含量降低10%以上，饲喂羊时，秸秆采食量和养分消化率能提高20%以上，从而改善生产性能。氨化处理技术如下：

①原材料　要求清洁、未霉变、铡短为2～3厘米的秸秆。氨源及容器可选择以下一种：液氨（无水氨），氨瓶或氨罐装运；工业或农用氨水，含氮量15%～25%，用胶皮带、塑料桶等密闭容器装运；农用尿素，含氮量46%，塑料袋密封包装。

②方　法

堆贮法：选用聚乙烯塑料布铺在地上，将铡成3厘米左右的秸秆堆在上面，然后再用塑料布盖上，四边用土压严，在上风头留个口，以便浇氨水。

窖贮法：圆形、方形、长方形窖均可，一般要求窖的口径不小于2～2.5米，深度以3～3.5米为宜，在窖底铺上塑料布，把铡好的秸秆装入即可。

堆贮法和窖贮法都要把底面挖成凹形，以便贮积氨水。浇注氨水的数量，堆贮每100千克秸秆加氨水10～12千克，窖贮每100千克加氨水15千克。浇氨水时人要站在上风头，氨水最好浇注在中底部。

小垛法：适用于尿素处理，农户少量生产制作。在庭院内向阳处地面上，铺2.6米^{2}塑料薄膜，取3～4千克尿素，加水30升，将尿素溶液均匀喷洒在100千克麦秸（或铡短的玉米秸）上，堆好踩实，最后用13米^{2}塑料布盖好封边，越严越好。小垛氨化100千克一垛，占地少，易管理，塑料薄膜可连续使用4～5次，投资小，省工。这种方法最适合在农户推广使用。

③注意事项　氨化时间因温度不同而异，气温20℃时，需7天左右；15℃时，需10天左右；5℃～10℃时，需20天左右；0℃～5℃时，1个月左右。当秸秆变成棕色时即可开口放氨。放氨需3～5天，以氨味全部散失、秸秆具糊香味，即可掺喂家畜。饲喂时，数量要逐渐增加，最大饲喂量可占日粮的40%左右。

3. 生物学处理法 生物学处理的实质就是利用某些微生物处理秸秆饲料，可根本改变秸秆作为饲料不易消化的缺陷，提高秸秆的营养价值及其利用率。此外，利用微生物处理秸秆成本较低，不受农时季节限制，有效地节省了人力资源。利用生物处理技术提高秸秆饲用价值的研究成果已经用于饲料生产，并已成为农业综合开发领域的一个亮点，正在朝着多元化、深层次的方向发展。微贮秸秆饲料制作技术如下。

在农作物秸秆中加入高效活性菌（秸秆发酵活干菌）贮藏，经一定的发酵过程使农作物秸秆变成具有酸、香味的饲料。一般将用微生物发酵处理后的秸秆称为微贮秸秆饲料。其原理：秸秆在微贮过程中，在适宜的温度和厌氧条件下，由于秸秆发酵菌作用，秸秆中的半纤维素—糖链和木质素聚合物的酯键被酶解，增加了秸秆的柔软性和膨胀度，使羊瘤胃微生物能直接与纤维素接触，从而提高了粗纤维的消化率。同时，在发酵过程中，部分木质纤维素类物质转化为糖类，糖类又被有机酸发酵菌转化为乳酸和挥发性脂肪酸，使 pH 值降到 4.5～5.0，抑制了丁酸菌、腐败菌等有害菌的繁殖，使秸秆能够长期保存。

秸秆微贮饲料的制作除需要进行菌种的复活和菌液的配制外，其他步骤与尿素氨化秸秆制作方法基本相同。以市售的海星牌秸秆发酵活干菌为例，秸秆微贮的步骤为：

（1）*菌种的复活* 秸秆发酵活干菌每袋 3 克，可处理秸秆 1 吨。处理秸秆前先将 1 袋发酵活干菌倒入 2 升水中，充分溶解。最好先在水中加白糖 20 克，溶解后，再加入活干菌，这样可提高菌种复活率。然后在常温下放置 1～2 小时使菌种复活。复活好的菌剂要当天用完。

（2）*菌液的配制* 将复活好的菌种倒入充分溶解的 0.8%～1.0%食盐水中拌匀。1 000 千克秸秆加入发酵活干菌 3 克，食盐 8～10 千克，水 1 000～1 200 升。微贮饲料含水量达 60%～70%最理想。

（3）*贮存* 用于微贮的秸秆一定要切短，在窖底铺放 20～30 厘米厚的秸秆，均匀喷洒菌液水，压实后，再铺放 20～30 厘米厚的秸秆，均匀喷洒菌液水，重复直到高出窖口 40 厘米再封口。为提高微贮饲料的质量，在装窖时可以铺一层秸秆撒一层麸皮、米糠等养料。每吨秸秆可加 1～3 千克麸皮、米糠等，为微生物发酵初期提供一定的营养物质。秸秆装满充分压实后，在最上面一层均匀撒上一些食盐，再盖上塑料薄膜，薄膜上面撒上 20～30 厘米厚的稻秸、麦秸或杂草，覆土 15～20 厘米，密封，保证窖内呈厌氧状态。秸秆微贮后，一般经 21～30 天即可完成发酵过程。品质优良的微贮稻秸、麦秸呈黄褐色，具有醇香和果香气味，并有弱酸味，手感松散、柔软湿润。

（五）影响粗饲料消化利用的因素

肉羊对粗饲料的消化率受多种因素的影响。

1. 粗饲料的质量 牧草或幼嫩的农作物秸秆，纤维素的消化率可达90%，粗饲料的木质化程度越高，消化率越低。粗饲料经化学方法或物理方法处理后，纤维素消化率可提高20%～40%。粗饲料粉碎过细，会使纤维素的消化率降低10%～15%，原因是粉碎过细的饲料会很快地通过消化道，即提高了饲料流经瘤胃的速度，从而缩短了瘤胃微生物的作用时间。但由于饲料在消化道中的流速快，反刍动物的采食量也会大大增加，生长速度往往会在一定的程度上得到改善。但总的来说，当饲料粉碎细度增加后，反刍动物对日粮中营养物质的利用率降低。

2. 日粮类型 羊采食粗饲料型日粮时，瘤胃pH值接近中性，分解纤维的微生物最活跃，对粗纤维的消化率最高；采食精饲料型日粮时，瘤胃pH值下降，纤维分解菌的活动受到抑制，消化率降低。所以，瘤胃内环境接近中性，可以提高粗纤维的消化率。

3. 日粮营养成分 肉羊日粮中应含有适宜的蛋白质、可溶性碳水化合物和矿物质，以保证瘤胃微生物活动的需要。只有在瘤胃内环境适宜微生物生存时，才能充分发挥其在饲料消化中的作用。日粮中粗纤维的数量过多或过少，都将影响反刍动物对日粮中其他营养物质的消化与利用。

第四节　肉羊营养需要及配合饲料类型

肉羊在生长、繁殖和生产过程中，需要多种营养物质，包括能量、蛋白质、矿物质、维生素及水等，羊对这些营养物质的需要可分为维持需要和生产需要。羊的饲养标准又叫羊的营养需要量，是指羊维持生命活动和从事生产（乳、肉、繁殖）对能量和各种营养物质的需要量。各种营养物质的需要，不但数量要充足，而且比例要恰当。饲养标准是反映羊不同发育阶段、生理状况和生产水平对能量、蛋白质、矿物质和维生素等营养物质的需要量。

一、肉羊营养需要

羊对营养物质的需要可分为维持需要和生产需要。维持需要是指羊为维持正常生理活动，体重不增不减，也不进行生产时所需的营养物质；生产需要包括肉羊生长、繁殖、泌乳时的营养物质需要。

（一）母羊的营养需要

母羊对营养物质的需要可以划分为4个部分，即维持需要、生长需要、妊娠需要和泌乳需要。

1. 维持需要 是指羊为维持其正常生命活动而无任何生产活动所需要的营养。如空怀既不需妊娠也不泌乳，只从事采食、消化和排泄废物等最基本的生命活动，所需要的营养物质即为维持需要量。

（1）*能量需要* 成年母羊的维持能量需要包括绝食代谢的能量、随意活动的增加量和抵抗必要应激环境所需要的能量等，研究表明，羊的维持能量需要是通过供能的形式维持正常体温，其数量与机体体表面积（而不是体重）成正比。处于不同生理阶段的羊对摄入能量的分配比例是不同的。空怀母羊体况良好时仅需要维持能量，其摄入量的100%将用于维持；泌乳初期的成年母羊至少需要摄入能量的30%用于维持，其余70%用于产奶；正在迅速生长的周岁母羊需要摄入能量的50%用于维持，50%用于生长。羊的维持饲养离不开其他营养成分（如蛋白质、矿物质、水等）的适量摄入，但能量是所需养分中最多的。在典型日粮中，能量的存在形式是碳水化合物和少量脂肪。如果饲喂的蛋白质过多，则蛋白质将用作能量来源，这是一种损失。

（2）*蛋白质需要* 在维持阶段，羊仅需要少量的蛋白质用于合成机体正常生命活动中不断被更新的各种体组织蛋白质，其需要量主要与体重和肌肉量有关。羊对供给的蛋白质品质要求不太高，因为瘤胃微生物可以把稍差的蛋白质转化为优质蛋白质（菌体蛋白）。但对于细胞利用效率来说，维持需要的蛋白质应该是优质的，因为劣质的蛋白质（尤其是氨基酸不平衡时）被消化后难以有效地供给维持需要。

（3）*矿物质需要* 在维持阶段里，羊不断地从粪中排出矿物质，如果从日粮中得不到补充，机体就会动用骨骼或其他体组织中的矿物质。研究表明，常用的饲料可能缺少一种或多种矿物质元素，有必要将微量元素和钙、磷作为补充料，混在日粮中给予或供自由采食。

（4）*维生素需要* 与矿物质相同，羊机体亦需要各种水溶性和脂溶性维生素用于正常生命活动。羊瘤胃微生物可合成水溶性维生素（B族维生素和维生素C），通常可满足羊需要，因此饲料中无需补充。但在舍饲和饲草质量低下时，维生素A是首先要考虑补充的脂溶性维生素之一。

（5）*对水的需要* 机体在维持状态下，其排尿、排粪、呼吸等都是水分排出的途径，失水量与体重、环境等因素有关。因此，每天保持供水（2～4次）

对保持水的适当平衡是非常必要的。

2. 妊娠需要 妊娠前期供给胎儿生长的养分需求量不大，但在产前60～80天，胎儿生长发育加快，所需养分也随胎儿增大而急剧上升。此外，妊娠后期母羊体内的营养蓄积增加，且在产前养分储积效率很高，这是满足母羊产后泌乳出现的摄入养分少于产出养分所做的必要储备。综合来看，母羊妊娠后期的能量代谢比空怀期营养高15%～20%，日粮中能量和可消化蛋白质供给量应在前期的基础上分别增加30%～40%和40%～50%，以及更多的钙、磷和维生素A等。

实践证明，若妊娠早期营养供给不足，胎儿可能会被吸收或流产。但妊娠后期营养不足，则初生的羔羊初生重小，体质瘦弱，甚至死胎；若出现严重的营养障碍时，还会带来母羊体重下降，患骨骼疏松性疾病或分娩无力、难产等问题，还有可能造成下一个繁殖周期的发情异常。需要注意的是，产前数周过量饲喂或过高的营养水平供给，则会引起胎儿过大而难产，或会发生产后泌乳量减少。因此，保证妊娠期母羊全期的营养均衡供给，使其有一个良好的体况，是妊娠母羊的理想管理目标。

3. 哺乳需要 羔羊哺乳期一般为90～120天，依据羔羊依赖母乳的情况，将哺乳期划分为哺乳前期和哺乳后期。

（1）*哺乳前期* 哺乳前期指产羔后2个月，母羊的饲养管理与妊娠后期母羊的饲养管理一样重要，是饲养种母羊、获得优质羔羊的关键，可为羔羊早期断奶提供物质保障。母羊产羔后，体质虚弱，需要很快恢复；羔羊在哺乳期生长发育快，需要较多的营养物质；母羊产羔后15～20天的泌乳量增加很快，并在随后的1个月内保持较高的泌乳量，所以在泌乳前期必须加强哺乳母羊的饲养和营养。

（2）*哺乳后期* 哺乳后期指产羔后第3～4个月。此时母羊的泌乳能力逐渐下降，即使增加补饲量也难以达到泌乳前期的泌乳量。随着母羊泌乳量的减少，羔羊的胃肠功能已趋于完善，从以母乳为主过渡到以饲料为主的阶段。为了促使羔羊胃肠功能的发育健全，实施早期断奶，对母羊可以减少精饲料的饲喂量，在羔羊断奶的前1周，也要减少母羊的多汁饲料、青贮饲料和精饲料喂量，以防断奶时发生乳房炎。

（二）育肥羊的营养需要

肉羊育肥阶段是产生经济效益的重要时期，合理的育肥措施和营养供给能促进羊的生长发育，减少疾病发生，改进畜产品品质，提高生产效益，在肉羊的养殖中具有重要的意义。根据育肥对象，育肥羊一般可分为羔羊育肥和成年羊育肥。

1. 羔羊育肥营养需要 羔羊育肥主要是利用羔羊早期生长速度快的特点进行育肥。在国外，羔羊育肥技术在肉羊生产上得到普遍推广并产生了良好的经济效益。近年来，世界主要羊肉生产国的优质肥羔或优质小羊肉占到羊肉产量的80%以上；美国上市的羊肉94%是肥羔羊，养羊收入2/3来自羔羊生产。

羔羊阶段是一个消化道逐渐发育成熟，生长代谢旺盛的时期。在常规情况下，羔羊3周龄前尚无反刍能力，必须依靠乳汁获得营养；3周龄开始进入反刍阶段，可以逐渐适应植物性饲料；8周龄后羔羊瘤胃实现完全发育，能够采食和消化植物性饲料。在羔羊的培育上，我国传统方式下羔羊断奶往往在3～4月龄完成，而4月龄之前也是羔羊生长速度最快的时期，最快增重速度可达到每天300～400克。由此可见，在常规饲养模式下，2月龄后母乳难以满足羔羊生长的营养需要，为了充分利用这段时间内羔羊的生长潜能，需要合理地配合饲料进行营养补充。

近年来发展起来的羔羊早期断奶和羔羊育肥相结合的技术在世界范围内得到推广和应用。此项技术是指将羔羊常规哺乳时间缩短到30～60天，甚至更早，在断奶后对羔羊进行强度育肥，使羔羊在短时间内快速生长达到出栏水平。

2. 成年羊育肥营养需要 成年羊育肥主要针对淘汰的老弱瘦残羊，目的在于提高成年羊的膘情改善肉品质。育肥期的成年羊已经停止生长发育，增重往往是脂肪的沉积，因此在日粮中需要大量的能量，其他营养成分需要量都略低于育肥羔羊。

二、肉羊饲养标准

饲养标准对于肉羊的科学养殖至关重要，是肉羊养殖者合理养殖肉羊、科学配制日粮的依据。饲料成分营养价值表和饲养标准匹配使用，可以收到良好的效果。

国外对肉羊的营养物质代谢规律及营养需要参数进行了大量细致的研究，并取得了丰硕的成果，很多国家都已经完成肉羊饲养标准的制定工作，美国NRC、英国AFRC、澳大利亚和法国的标委会都在近几年推出新制定的标准，这些标准的制定使肉羊饲养逐步向着科学化、标准化方向发展并对本国肉羊产业的发展起到了巨大的推动作用。同时，美国和英国规定的肉用羊营养需要量也被我国广泛采用为肉用羊饲料配制的指南。

我国饲养的肉用羊具有养殖品种、饲料种类等许多方面的特殊性和地域性，全面套用国外标准缺少科学性和实用性。我国对肉羊营养需要量的研究起步较晚，在2004年确定了肉用绵羊和山羊对日粮干物质进食量、消化能、代谢能、粗蛋白质、维生素、矿物质元素每日需要量值。目前，针对我国肉用羊品种、养殖方式和饲料特点，正在研究和制定肉用羊的饲养标准，为肉用羊高效养殖提供科学依据。

饲养标准是根据大量饲养实验结果和动物生产实践的经验总结，对各种特定动物所需要的各种营养物质的定额做出的规定。肉羊日粮的科学配制是保证高产高效的基础，对合理利用饲料、最大程度发挥肉羊生产性能、降低饲养成本和提高养羊业经济效益均具有重要意义。由于羊的营养需要量大都是在实验室条件下通过大量试验，并用一定数学方法（如析因法等）得到的估计值，一定程度上也受实验手段和方法的影响，加之羊的饲料组成及生存环境变异性很大，因此在实际使用中应做一定的调整。

三、肉羊配合饲料类型

配合饲料指根据肉羊的不同品种、生长阶段和生产水平对各种营养物质需要和消化生理特点，把多种饲料原料按照规定的加工工艺配制成均匀一致、营养平衡的饲料产品。配合饲料的主要目的是充分满足羊的营养需要，提高饲料的营养价值，改善羊的生产性能及产品品质，缩短饲养期，提高出栏率，提高饲料转化率和经济效益。

（一）配合饲料的优点

1. 营养全面，饲料转化率高　配合饲料依据饲养标准，采用科学配方和加工工艺，应用最新科研成果生产，可以最大限度地发挥肉羊生产潜力。

2. 饲料原料多样化，可以充分利用各种饲料资源　配合饲料是利用多种饲料原料合理搭配而成的，原料营养价值互补。可以利用各地农副产品、食品工业下脚料、牧草和林业资源等一些不易单独作饲料的原料资源，如农作物秸秆、糟渣产品等，对促进节粮型畜牧业的发展具有重要意义。

3. 弥补青、粗饲料营养的不足　目前，我国草原面积逐渐减少、草场退化，饲草资源严重不足，农作物秸秆是粗饲料的主要来源。粗饲料缺口大、质量差是肉羊生产中的突出问题，配合饲料可以弥补粗饲料营养不足的问题。

4. 饲用安全、贮运方便　配合饲料是根据羊的营养需要，按工艺流程配制的，营养均衡，称量准确，混合均匀，保证了饲喂的安全性。生产过程中加入抗氧化剂、抗黏结剂等各种饲料保藏剂，延长了饲料保存期，提高了配合饲料的质量。经过粉碎、混合、包装，体积较小，便于贮存、运输。

（二）配合饲料的分类

1. 按营养成分分类

（1）全价配合饲料　全价配合饲料也称全日粮配合饲料，它能直接用于饲喂饲养对象，并能全面满足饲喂对象除水分外的营养需要。这种饲料按羊饲养标准中规定的营养需要量合理配合了粗饲料（秸秆、干草、青贮等）、能量饲料（谷物、糠麸等）、蛋白质饲料（饼粕、鱼粉等）、矿物质饲料（石粉、食盐等）以及各种饲料添加剂（微量元素、维生素、氨基酸、促生长剂、抗氧化剂等），不需要加任何其他成分即可直接饲喂并能保证羊的健康，全面满足羊只对营养的需求。全价配合饲料饲喂效果较好，可保证羊营养均衡、全价，直接降低成本，获得较高的经济效益。

（2）精料补充料　精料补充料是目前养羊生产中最常用的配合饲料形式，是指为补充羊以青粗饲料、青贮饲料为基础日粮时的营养不足，用多种精料原料按一定比例配制的产品。主要由能量饲料、蛋白质饲料和矿物质饲料组成。对羊来说，精料补充料不是全价配合饲料，只是日粮的一部分，也称为半日粮型配合饲料。养羊生产中，精料补充料必须与青饲料、青绿多汁饲料、粗饲料等合理搭配使用，才能构成全日粮型配合饲料。

通常精料补充料制成粉状饲料饲喂，青粗饲料或青贮饲料通过投放饲喂或放牧来满足。目前，我国广大农牧区羊用精料补充料应用尚未普及，在各地羊的养殖中普遍存在营养缺乏问题，特别是在冬、春季节，这严重降低了羊只的生产性能，也制约了我国羊只的生产水平，因此此项技术还需进一步推广。

（3）浓缩饲料　浓缩饲料是指以蛋白质饲料为主，加上常量矿物质饲料（钙、磷、食盐）、维生素和添加剂预混料配制而成的混合饲料。浓缩饲料是我国的习惯叫法，在美国称之为平衡用配合饲料，泰国则叫料精。浓缩饲料是一种半成品料，按一定比例与能量饲料配合后就构成了羊用精料补充料。一般浓缩饲料占精料补充料的20%～40%。

肉羊浓缩饲料参考所搭配的能量饲料和青、粗饲料等的用量，可使用一定比例的非蛋白氮饲料代替蛋白质饲料，但要注意补充一定的硫，以提供瘤胃微生物合成含硫氨基酸的原料。浓缩饲料一般粗蛋白质含量不少于30%，粗纤维含量不大于3%。

（4）添加剂预混合饲料　为了把微量的饲料添加剂均匀混合到配合饲料中、方便用户使用，通常将一种或多种微量的添加剂原料与稀释剂或载体按要求配比均匀混合而成的产品称为添加剂预混合饲料，简称预混料。预混合饲料是半成品，不能直接饲喂。一般添加剂预混料占精料补充料的0.2%～1%。

预混合饲料可视为配合饲料的核心，因其含有的微量活性组分常是配合饲料饲用效果的决定因素。肉羊添加剂预混合饲料可分为复合预混合饲料、微量元素预混合饲料和维生素预混合饲料3类。在养羊生产中，预混料可以制成粉状半成品配制精料混合料，也可制成饲料舔砖，直接使用。

添加剂预混合饲料应具有高度的分散性、均质性和散落性。微量元素添加剂和维生素添加剂不要配在一起，微量元素可使维生素受到破坏而失效，因而要单独存放。添加剂预混合饲料贮藏保管要避光、防潮，并在生产后的1个月内用完，最长不超过3个月。

2. 按饲料形状分类

（1）粉状饲料　指按要求将饲料原料粉碎到规定的细度，再按一定比例均匀混合的一种料形。粉料的粒度对反刍动物饲养效果、饲料转化率影响不大，适当增大粒度反而会提高饲养效果。因此，一般建议羊用粉料的粒度在2.5毫米以上。生产中粉料是普遍使用的一种料形，其生产设备及工艺较简单，加工成本低，饲喂方便、安全、可靠，但容易引起挑食，浪费较多，运输中易产生分级现象。粉状饲料常用于精料补充料、浓缩饲料和添加剂预混合饲料的生产，在羊只饲养中使用时最好拌湿后饲喂。

（2）颗粒饲料　指将均匀混合的粉状饲料通过蒸汽加压处理制成的颗粒状饲料。颗粒饲料密度大、体积小、便于运输和贮存、适口性好、动物采食量高，可避免挑食，减少饲料浪费，提高了饲料转化率，保证了饲料的全价性，并且制粒过程破坏了饲料中的有毒有害成分，起到杀毒杀菌的作用。但颗粒饲料也存在成本高及加工过程中维生素、酶和赖氨酸效价降低等缺点。

在养羊生产中，常见的颗粒饲料主要有全价颗粒饲料和牧草、农副产品颗粒饲料。肉羊全价颗粒饲料营养均衡全面，与自由饮水相结合可满足生产需要，投喂简单，可实现养殖模式的简约化。随着养羊集约化和规模化的发展，使用方便并能显著提高养殖机械化程度的颗粒料也必将得到普遍应用。目前，颗粒饲料主要用于育肥羔羊的生产。

（3）块状饲料　包括饲料原料和配合饲料产品两大类。一般指重量在1千克以上的正方形、长方形或圆形饲料，常用于牛羊等反刍动物的舔砖。羊饲料舔砖是指根据羊的生理特点与营养需要设计，把用于羊补饲的蛋白质饲料、尿素、矿物质、食盐、精饲料等，混入适量的草粉或秸秆粉，经高压压制成砖块状舔食用添加剂，富含可溶性氮、碳水化合物、维生素和矿物质。它是一种高能、高蛋白质的强化饲料，可补充羊放牧后的营养不足部分。

(4) 膨化饲料　是将粒状、粉状混合饲料加入适量水分，在120℃～170℃高温条件下使饲料木质素溶化，纤维分子断裂而发生水解，同时在1.9～9.8兆帕压力下突然解压，破坏纤维素结构，使细胞壁结构疏松。膨化饲料多用于鱼类，是羊的一种新型饲料。在羊饲料中，通常将尿素与谷物如玉米、燕麦等和对氨离子有选择性吸附作用的保护剂及其他添加剂，经膨化制成粒状补充饲料。其饲用价值、安全性和应用效果比尿素直接饲喂或制成氨化饲料优越性明显，可作为一种新型的高蛋白质补充料。

（三）如何选择合适的肉羊饲料

养殖场（户）是自己配制饲料还是购买商品饲料，要根据自身养殖规模、加工设备设施以及饲料的特性、生产成本等几方面考虑。对于不具备饲料加工设备、场地的中小规模养殖企业、养殖户，可购买精料补充料或浓缩饲料，按要求搭配能量饲料和粗饲料，制成肉羊的全价日粮，这样饲料的品质控制过程比较简单，便于养殖户的应用。具备饲料加工设施的大规模肉羊养殖场，可以选择购买饲料原料及添加剂预混料，根据当地饲料资源，充分利用农副产品，自己配制饲料，以降低饲料成本。

第五节　肉羊日粮配制

在一定条件下凡能满足羊维持需要和生产需要、可被羊直接或间接利用、无毒副作用的物质称为羊的饲料。肉羊日粮指满足一只羊一昼夜所需各种营养物质而采食的各种饲料总量。养羊生产的实质是将饲料转化为畜产品（肉、毛、皮、绒、奶）。因此，要获得好的经济效益和生产成绩，羊饲料的科学配制起到关键作用。同时，饲料原料的营养成分及价值特征、加工、贮存均影响羊的消化。单一的饲料原料各有不同的营养特征，普遍存在营养不平衡、不能满足羊营养需要、饲喂效果差等问题，有的饲料还存在适口性差、不能直接饲喂、加工和保存不方便的缺陷，有的饲料含抗营养因子和毒素。因此，应将尽量多的饲料原料、品种等进行合理搭配，营养互补，达到平衡的目的，同时选择合理的加工工艺，提高饲料安全性、适口性及保藏性。

在肉羊饲养过程中，根据羊的营养需要，饲料原料的特性、来源、价格及营养成分的含量，计算出各种饲料原料的配合比例，即配制营养平衡、全价的日粮，这个过程就是日粮配合。

一、日粮配方设计方法

肉羊日粮科学配制的目标就是满足肉羊不同品种、生理阶段、生产水平等条件下对各种营养物质的需求，以保证最大限度地发挥其生产性能及得到较高的产品品质。羊日粮配制一般遵循以下原则。

第一，以肉羊的饲养标准为依据。根据饲养的肉羊品种，选择适当的推荐标准。可参考美国国家研究委员会（NRC）标准、法国动物营养平衡委员会（AEC）标准等或我国肉羊饲养标准 2004，并根据本地区具体情况进行适当调整实现日粮的科学性原则。

第二，根据羊的消化生理特点，合理地选择多种饲料原料进行搭配。肉羊的日粮应以青、粗饲料为主，适当搭配精料补充料，并注意饲料的适口性和容积。采用多种营养调控措施，以提高羊对粗饲料的采食量和利用率为目标，实现日粮优化和营养均衡的原则。

第三，因地制宜和因时制宜地选择当地来源广、价格低廉、营养丰富、质量可靠的饲料原料。合理安排饲料加工工艺，减少动力消耗，降低饲料成本，实现日粮的经济性原则。

第四，正确使用饲料添加剂。饲料添加剂是配合饲料的核心，要选择安全、有效、低毒、无残留的添加剂，合理利用新型饲料添加剂如微生态制剂、酶制剂、缓冲剂、中草药添加剂等。根据肉羊的瘤胃特性，在使用氨基酸、脂肪等营养性添加剂时应进行过瘤胃保护。

二、日粮配合步骤及注意事项

（一）肉羊日粮配制步骤

在现代畜牧生产中，借助计算机，通过线性规划原理，可快捷地计算出营养全价且成本低廉的最优配方。下面介绍手工计算的基本步骤：

第一，确定肉羊每日的营养需要量。根据羊群生理阶段、体重和生产目标，查出各种营养物质的需要量。

第二，应先满足肉羊粗饲料的饲喂量，计算出粗饲料提供的各种营养成分。

第三，计算由精饲料提供的营养成分含量。每日的总营养需要与粗饲料所提供的养分之差，即为精饲料应提供的养分量。

第四，根据选择使用的饲料营养成分，配制精料补充料配方，先满足能量和蛋白质的需要量，再用矿物质饲料来平衡日粮中的钙、磷需要量。

第五，确定日粮配方。将所有饲料提供的各种养分进行汇总，与营养需要量比较，进行调整后确定日粮配方。

（二）注意事项

羊是群饲家畜，在生产实践中，对放牧羊群，计算出放牧采食获得的营养数量，不足部分补给干草、青贮饲料和精饲料。此外，在高温季节或地区，羊采食量下降，为减轻热应激、降低日粮中的热增耗而保持净能不变，在调整日粮时，应减少粗饲料喂量，精料补充料保持较高浓度的脂肪、蛋白质和维生素。在寒冷地区或寒冷季节，为减轻冷应激，在日粮中应添加含热能较高的饲料。从经济上考虑，用粗饲料作热源比精饲料划算。

对于精饲料的配制，要做到饲料品种多样化，同时要充分利用价格低廉、容易取得的原料。任何一种谷物类饲料都可用来育肥羔羊，但效果最好的是玉米等高能量饲料。在使用玉米配制肉羊饲料时，要注意玉米不能粉碎得过细，破碎一下即可。对于蛋白质饲料，可以选择一些价格相对低廉的杂粕和优质豆粕结合使用。

对于预混料的使用，由于一般的养殖场（户）都不具备自配的条件，建议选择正规、信誉较好的厂家购买使用。

对于粗饲料的使用，考虑到舍饲养羊成本较高的问题，为提高育肥效益，应充分利用天然牧草、秸秆、树叶、农副产品及各种下脚料，扩大饲料来源。

三、肉羊全舍饲TMR饲喂技术

全混合日粮（TMR）饲喂技术，又称TMR饲喂技术，是指根据肉羊不同生理阶段或饲养阶段的营养需要，把切短的粗饲料、青贮饲料、精饲料以及各种饲料添加剂进行科学配比，经过在饲料搅拌机内充分混合后得到一种营养相对平衡的全价日粮，直接供羊自由采食的饲养技术。该技术适合于较大规模的肉羊饲养场，但小型养殖场户一般可采用简易饲料搅拌机混合后直接饲喂的方法，也可取得较好的饲喂效果。

（一）技术特点

1. 合理划分饲喂群体　为保证不同阶段、不同体况的肉羊获得相应的营养需要，防止营养过剩或不足，便于饲喂与管理，必须分群饲喂。分群管理是使用TMR饲喂方式的前提，理论上羊群分得越细越好，但考虑到生产中的可操作性，建议如下：对于大型的自繁自养肉羊场，应根据生理阶段划分为种公羊及后备公羊群、空怀期及妊娠早期母羊群、泌乳期母羊、断奶羔羊及育成羊群等群体。其中，哺乳后期的母羊，因为产奶量降低和羔羊早期补饲采食量加大等原因，应适时归入空怀期母羊群。对于集中育肥羊场，可按照饲养阶段划分为前期、中期和后期等羊群。对于小型肉羊场，可减少分群数量，直接分为公羊群、母羊群和育成羊群等。饲养效果的调整可通过喂料量控制。

2. 科学设计饲料配方　根据羊场实际情况，考虑所处生理阶段、年龄胎次、体况体型、饲料资源等因素合理设计饲料配方。同时，结合各种群体的大小，尽可能设计出多种 TMR 日粮配方，并且每月调整 1 次。

3. TMR 搅拌机的选择　在 TMR 饲喂技术中能否对全部日粮进行彻底混合是非常关键的，因此羊场应具备能够进行彻底混合的饲料搅拌设备。TMR 搅拌机容积的选择：一是应根据羊场的建筑结构、喂料道的宽窄、圈舍高度和入口等来确定合适的 TMR 搅拌机容量；根据羊群大小、干物质采食量、日粮种类（容重）、每天的饲喂次数以及混合机充满度等选择混合机的容积大小。通常，5～7.米^3 搅拌车可供 500～3 000 只饲养规模的羊场使用。TMR 搅拌机机型的选择：TMR 搅拌机分立式、卧式、自走式、牵引式和固定式等机型。一般来说，立式机要优于卧式机，表现在草捆和长草无须另外加工；混合均匀度高，能保证足够的长纤维刺激瘤胃反刍和唾液分泌；搅拌罐内无剩料，卧式剩料难清除，影响下次饲喂效果；机器维修方便，只需每年更换刀片即可；使用寿命较长。

4. 填料顺序和混合时间　饲料原料的投放次序影响搅拌的均匀度。一般投放原则为先长后短，先干后湿，先轻后重。添加顺序为精料、干草、副饲料、全棉籽、青贮饲料、湿糟类等。不同类型的混合搅拌机采用不同的次序，如果是立式搅拌车应将精饲料和干草添加顺序颠倒。根据混合均匀度决定混合时间。一般在最后一批原料添加完毕后再搅拌 5～8 分钟即可。若有长草要铡切，需要先投干草进行铡切后再继续投其他原料。干草也可以预先切短再投入。搅拌时间太短，原料混合不匀；搅拌过长，TMR 太细，有效纤维不足，使瘤胃 pH 值降低，易造成营养代谢病。

5. 物料含水率的要求　TMR 日粮的水分含量要求在 45%～55%。当原料水分偏低时，需要额外加水；若过干（<35%），饲料颗粒易分离，造成肉羊挑食；过湿（>55%）则降低干物质采食量（TMR 日粮水分每高出 1%，干物质采食量下降幅度为体重的 0.02%），并有可能导致日粮的消化率下降。水分至少每周检测 1 次。简易测定水分的方法是用手握住一把 TMR 饲料，松开后若饲料缓慢散开，丢掉料团后手掌残留料渣，说明水分适当；若饲料抱团或散开太慢，说明水分偏高；若散开速度快且掌心几乎不残留料渣，则水分偏低。

6. 饲喂方法 每天饲喂3～4次，冬天可以只喂3次。保证饲槽中24小时都有新鲜料（不得多于3小时的空槽），并及时将肉羊拱开的日粮推向肉羊，以保证肉羊的日粮干物质采食量最大化，24小时内将饲料推回饲槽中5～6次，以鼓励采食并减少挑食。

7. TMR的观察和调整 日粮放到饲槽后一定要随时观察羊群的采食情况，采食前后的TMR日粮在饲槽中应该基本一致。即要保证料脚用颗粒分离筛的检测结果与采食前的检测结果差值不超过10%。反之，则说明肉羊在挑食，严重时饲槽中出现"挖洞"现象，即肉羊挑食精饲料，粗饲料剩余较多。其原因之一是因饲料中水分过低，造成草料分离。另外，TMR制作颗粒度不均匀，干草过长也易造成草料分离。挑食使肉羊摄入的饲料精粗比例失调，会影响瘤胃内环境平衡，造成酸中毒。一般肉羊每天剩料应该占到每日添加量的3%～5%为宜。剩料太少说明肉羊可能没有吃饱，太多则造成浪费。为保证日粮的精粗比例稳定，维持瘤胃稳定的内环境，在调整日粮的供给量时最好按照日粮配方的头日量按比例进行增减，当肉羊的实际采食量增减幅度超过日粮设计给量的10%时就需要对日粮配方进行调整。

（二）成　效

1. 确保日粮营养均衡 由于TMR各组分比例适当，且均匀混合，肉羊每次采食的TMR中，营养均衡、精粗料比例适宜，能维持瘤胃微生物的数量及瘤胃内环境的相对稳定，使发酵、消化、吸收和代谢正常进行，因而有利于提高饲料利用率，减少消化道疾病、食欲不振及营养应激等。据统计，使用TMR可降低肉羊发病率20%左右。

2. 提高肉羊生产性能 由于TMR技术综合考虑了肉羊不同生理阶段对纤维素、蛋白质和能量需要，整个日粮较为平衡，有利于发挥肉羊的生产潜能。

3. 提高饲料利用效率 采用整体营养调控理论和电子计算机技术优化饲料配方，使肉羊采食的饲料都是精粗比例稳定、营养浓度一致的全价日粮，它有利于维持瘤胃内环境的稳定，提高微生物的活性，使瘤胃内蛋白质和碳水化合物的利用趋于同步，比传统饲养方式的饲料利用率提高4%左右。

4. 有利于充分利用当地饲料资源 由于TMR技术是将精饲料、粗饲料充分混合的全价日粮，因此，可以根据当地的饲料资源调整饲料配方，将秸秆、干草等添加进去。

5. 可节省劳力 混合车是应用TMR的理想容器，它容易操作，节省时间，只要花 0.5 小时就可以完成装载、混合和喂料。即使是 3 000 只的大羊场用混合车喂料也只要 3 小时，因此大大节省了劳力和时间，提高了工作效率，有助于推进肉羊养殖的规模化和集约化。

2009 年在甘肃永昌和民勤的两个规模化羊场使用司达特（北京）畜牧设备有限公司固定式卧式搅拌车生产 TMR，开展了肉羊 TMR 加工工艺参数筛选与工艺设计，建立了适应河西走廊地区的绵羊全混合日粮生产和饲喂技术规程，提高了工作效率和饲草料资源的利用率。

［案例 3-2］　农区肉羊全混合日粮（TMR）配套技术的探索与推广

一、肉羊 TMR 饲喂技术的探索

1. TMR 饲喂技术是农区舍饲肉羊发展的必然选择

黄河三角洲地区的优势在于丰富的土地和资源，拥有未利用的荒草地 811 万亩。区内人均土地面积大，是山东粮食主产区，仅玉米、小麦轮作面积近千万亩，农作物秸秆产量超过千万吨，秧蔓类饲草产量高、质量好，农产品加工下脚料用之不竭；当地四季分明、气候温和、雨量适中；发展舍饲肉羊产业具有得天独厚的条件和巨大发展空间。21 世纪之初，各级政府立足当地独特资源优势，把黄河三角洲肉羊产业化开发作为调整农业产业结构，振兴东营高效生态经济的重要措施来抓，在各级畜牧局、有关部门及专家们的支持下，肉羊生产得到迅猛发展，规模舍饲肉羊开始起步，2002 年仅东营市肉羊存养量就达 150 多万只。但其后的四年一路下滑，最低年份肉羊存养量不到高峰期的 30%。其中炒种崩盘的恶劣影响固然是主要因素，但饲养成本急剧上升，舍饲技术欠缺，饲喂不合理，致使舍饲养羊损失惨重也是其重要原因。近五年来，农区丰富的饲草资源优势，持续走高的羊肉市场，试验站的引导与服务，高效示范典型的带动，越来越多的农民认识到舍饲肉羊是今后肉羊产业升级发展的必由之路，规模舍饲肉羊逐渐有了较快的发展，养羊户也积累了部分秸秆养羊经验。在这期间我们发现有两个问题养羊户困惑较大，一是舍饲技术十分欠缺，自古以来养羊就是牧羊，舍饲后饲草的需用量、成本大增，其质量、价格与养羊成败、效益高低关联度最大，在生产中“用什么喂羊、怎样喂羊、每天喂多少合适”咨询量最多。单纯追求低成本，不注重预混料的添加，盲目饲喂糟渣类产品等而出现损失的教训屡屡发生，对舍饲肉羊的发展影响很大。二是当地农作物秸秆、农产品加工下脚料不光量大，且品种繁多，质量、价格参差不齐，保存使用要求区别很大。选哪些品种，日粮怎样搭配，怎样饲喂，如何加工、贮存，也是农民最关心的事之一。当时凯银清真肉业公司立足增强企业核心竞争

力的长远目标，发挥龙头企业带动作用，配合政府建设优质肉牛羊生产基地。在长期与农民打交道过程中，深刻认识到只有合理解决秸秆、农副产品综合利用和科学饲养方法，走循环节约之路，降低饲养成本，增加效益，是尽快走出舍饲肉羊发展困境的最佳选择。

2. 农区饲草资源综合利用和肉羊 TMR 饲喂技术的探索

以鲁良羊场为中心示范场，在试验筛选基础上，不断吸收农民实践经验，以现代营养学基础进行完善规范，培养推广典型示范场户，逐渐形成高效实用、深受农民欢迎的农区饲草资源综合利用和肉羊 TMR 饲喂技术。几年来主要开展了以下有效的探索。

①开展黄河三角洲肉羊饲草料开发利用调研。在市县畜牧主管部门的支持配合下，2004 年公司组织了 5 个专业调查小组，历时 15 天，通过详细调查和汇总，就黄河三角洲地区饲草料加工利用现状和存在问题进行了认真分析。探索了草场资源、农作物秸秆、农产品加工副产品综合加工、贮存、利用技术和不同地区的优选饲喂模式，因地制宜进行了推广，现在的几个过硬的舍饲肉羊典型就是那时开始起步的。

②开展秸秆与农产品加工下脚料配合饲喂试验。在秸秆、农产品加工下脚料已逐渐被养羊户认识的基础上，2007 年在鲁良羊场进行了秸秆＋糟渣类产品＋精补料饲喂羔羊试验，结果说明试验组饲养成本大幅度降低，日增重提高 55 克，差异显著，同时，采食时间缩短，说明糟渣类适口性好，营养价值较高，风干草料与增重比，试验组 2.83∶1，对照组 3.41∶1，差异极显著。在此基础上，制定了糟渣类产品保管使用规范并进行大面积推广，效果相当好。

③优选推广不同地区的日粮配方。在学习农民实践经验、羊场试喂、营养测算前提下，优选了 6 个不同地区的繁殖羊日粮配方，在制定推广各类配方中，为便于操作，建议每场根据当地条件最多选择一两种为基础日粮配方，不同性别、不同生理期只调整精料补充料饲喂比例以适应营养需求：推广按配方搭配，按实调整，均匀混合饲喂方法，深受养羊户欢迎。

④TMR 饲喂技术纳入东营试验站重点工作内容之一。2008 年山东鲁良优质肉羊科技示范有限公司成为国家肉羊产业技术体系东营试验站依托单位，在体系内岗位专家指导帮助下，逐渐把原先秸秆综合利用、日粮搭配及饲喂方法总结提升为肉羊配套 TMR 饲喂技术，该技术不是单纯草料的混合，而是从生产源头-科学利用-饲喂技术为一体的舍饲关键技术，也是农民易接受的简明、好操作的技术流程。近几年作为示范县舍饲肉羊规模发展的关键技术进行推广，在“6＋1 示范县培训”框架中把 TMR 饲喂技术作为“舍饲养肉羊重点把三关”的主要一关，从示范服务入手，狠抓推广落实，在实践中坚持框架原则与不断

完善提高结合，规范流程与典型示范结合，推广成效很大，繁殖肉羊规模饲养逐渐走向快车道。2010年鲁良羊场被确定为国家肉羊标准化示范场的同时把TMR技术作为示范场技术模式在肉羊体系内介绍推广。

3. TMR饲喂技术优点

一般传统肉羊饲喂方法是按先粗后精、先鲜后干原则将饲草分类，顺序饲喂。该方法缺点是用工量大，饲养不规范，操作烦琐，饲喂时间长，羊易挑食，饲草浪费较多。TMR技术发达国家在奶牛生产上已经得到了广泛采用，目前国内较大奶牛场应用也较普遍，并取得了理想的效果。国内肉羊业TMR饲喂技术仍然处于试验探索阶段。多年来本场不断总结试用配套TMR技术，虽不成熟完善，但亦表现出明显的优势：

①肉羊配套TMR技术从饲草料订购、储备、加工、质量检测、配方设计、混合、饲喂、管理全程均按标准进行规范操作，为羊群提供了稳定、均衡、营养全面的饲喂基础和方法，保证了舍饲羊群的健康高效生产。

②便于场内饲养技术整体控制，有利于全场管理、技术水平的提高。应用TMR饲养方式，要求有一定的管理和技术水平，若操作过程中某环节疏忽和失误，即使是很好的配方和原料，也可能带来羊群健康方面一系列的问题。

③精粗饲料混合均匀，青干搭配，精粗结合，适口性好，羊采食快，不挑食、采食量增多。能保持瘤胃较稳定的内环境，增强瘤胃功能，提高了健康水平，发病减少，羊群的整齐度大幅提高。

④日粮配方科学计算，合理搭配，饲草均为秸秆及加工下脚料，当地生产，产量高，价格便宜。

粉碎、混合、饲喂简便易操作，用工量少，饲养成本降低，增加了养殖收入。据内蒙古自治区乌兰察布市杨思良研究员试验报道，TMR饲养方式饲喂繁殖羊，比传统饲养方式，每只羊年节约成本113.15元，而收入增加110～130元。

⑤可提高干物质的采食量，提高饲料转化率。据有关报道，TMR饲养方式比传统饲养方式饲料利用率提高了4%左右。

⑥饲养程序简化，提高劳动生产率，减少饲养的随意性，使得饲养管理更精确，便于推行标准化饲养。

4. TMR饲喂技术的技术要点

①将当地产量高、质量好的干鲜玉米秸、花生（红薯）秧等，订单式向农民定购，并分别制作成黄贮、全株青贮、干玉米秸、花生秧粗糠（0.5～1.0厘米），秋冬季备足全年用量并妥善储存。酒糟、豆渣、果渣等糟渣类农产品加工下脚料，在加工旺季合同批量定购，装填在水泥池内压实封严贮存，随用随取，

湿渣饲喂。精料补充料按配方用饲料加工机组生产备用，其配方按日粮中饲草、糟渣用量的总营养含量多少而设计。

②将以上饲草料原料品种分别确定其营养成分含量，按饲养标准分别制定出各类羊的日粮配方，一般成年羊日粮中玉米青贮占25%、干草糠35%、糟渣类25%、精料补充料15%（草料全部按折干计算），一般不同生理阶段可根据不同营养需求只调整精料补充料配方和数量。

③按不同类羊群的日粮配方所规定的草料原料品种、数量每日1次分发到每栋羊舍。

④每栋羊舍饲养员将所用日粮原料加水后，一般羊场只用人工混合均匀即可，有条件的羊场可用搅拌机械（当地用JZC-2000-3000混凝土搅拌机代替）加人工混合均匀，混合草料用手紧握成团但无水滴出时为加水量适宜，夏秋季每天2次、冬季1次混合拌匀待喂，每天饲喂2～3次，每次分2～3次添加。注意冬天防冻结，夏天防止积压、发热、霉变。

⑤管理技术人员要勤观察，勤记录，每天观察羊的采食量、剩余量、粪便变化，监督各环节操作规程有无失误（原料质量、草料分发、精料配置、匀料、搅拌、保管、饲喂是否准确），定期测定、汇总生长发育、发情配种、发病等是否正常。随时根据羊群生产状态和草料品种、质量、数量等动态变化及时调整精补料和日粮配方。

5. TMR饲喂技术的注意事项

①所选饲草原料以当地产量大、质量好、价格合适为首选品种，注意优选精补料原料厂家和产品质量。

②所有日粮组合均以秸秆＋糟渣＋精补料模式：各环节均制定落实操作规程。

③各类原料营养含量，主要品种经有资质单位化验确定，其他品种以当地权威部门发布的测定数据为准。

④各类原料严把购进质量、贮存保管两大关。

⑤干秸秆原料粉碎为0.6～1.0厘米粗糠，玉米秸青贮不超过1.5厘米，糟渣类产品推广地上窖压实封严储存方法。

二、肉羊配套TMR饲喂技术的推广效果和建议

1. 推广效果

TMR技术，经不断实验完善，在黄河三角洲地区规模养殖场大面积推广，取得了显著的效果，成为推动当地舍饲肉羊快速发展的标准化关键饲养技术。

肉羊技术体系东营综合试验站三年来共建设五个肉羊高效养殖示范县，先

后培育建立肉羊舍饲示范场（户）61个，全部采用TMR饲喂技术，绝大多数示范场（户）成为当地高效舍饲肉羊带头人。潍坊市坊子区白杨埠村红亮肉羊养殖场，是2002年起步的养羊大户，该场多年来实验采用的花生秧45%+四种糟渣产品45%+精补料10%的TMR饲喂模式，日粮搭配合理，营养均衡，价格低廉，而效果相当好。日饲养成本不足1.60元，3月龄杜寒杂交羔羊体重平均38.6千克，2010年该场纯收入约百万元。潍坊市临朐县五井镇九杰村冯恩胜是搞化工出身，对养羊一窍不通，在试验站和示范县技术骨干指导下，今年3月边建场边四处选购羊，5月份建成存栏300只基础母羊的杂交肉羊繁殖场，采用花生秧粉35%+干玉米秸粉20%+淀粉糟渣30%+精补料15%混合模式饲喂，到8月中旬已产羔羊56只，空怀母羊80%以上已配种妊娠，羊群健康状况良好，除一只意外事故死亡外，全群仅发病淘汰7只羊。

近年来当地规模舍饲肉羊发展迅速，很大程度上得益于TMR饲喂配套技术的推广和普及。据初步统计，目前黄河三角洲地区存养以杜寒杂交羊为主的肉用繁殖羊群61万只，同比增长29.8%；优质肉羊生产基地已辐射到东营及周边4个地市11个县市区，黄河三角洲高档肥羔肉产业化开发已初具雏形，特别是优质肉羊生产基地建设已有突破性进展，已逐渐形成三个优势产业集群。即北部沿海以利津、河口、沾化为中心的育肥基地，年出栏育肥羊200万只以上，西部以黄河沿岸广饶、博兴、桓台为中心的以高繁殖率为特征的杂交羔羊快速繁育基地，年生产杂交羊10万只，南部山区、平原农区以坊子、临朐、青州、昌乐、安丘为中心的杂交繁育、选种育种为一体的优质肉羊生产基地，年出栏优质杂交羊45万只以上。

随着我国肉羊业舍饲规模化、集约化和现代化发展的步伐加快，以及国内优质的粗饲料产业发展进程，肉羊TMR饲养技术的大力推广应用已是必然趋势，这将是我国肉羊产业饲养科学化的必由之路。

2. 不足和建议

小型肉羊场无专用肉羊日粮混合机械，用建筑混凝土搅拌机混合均匀度较差，还需人工充分拌匀。缺乏适合农区生产实际和体制的实用秸秆捡拾、加工机械、青贮、秸秆收集存储用工多、受气候制约大、青贮和秸秆还田的关系等，已成为影响高效秸秆综合利用的主要矛盾。建议政府加大实用机械研发力度，增加投入，用政策鼓励秸秆过腹还田，是推广肉羊配套TMR技术，高效发展节约型秸秆畜牧业的当务之急。

四、典型肉羊饲料配方

（一）母羊的饲料配方实例

1. 妊娠前期母羊配方　见表3-2至表3-7。

表3-2　妊娠前期母羊精料补充料配方1

原料名称	配比（%）	营养成分	含　量
玉　米	57.5	干物质（%）	86.82
大豆粕	20	粗蛋白质（%）	16.43
小麦麸	18	粗脂肪（%）	3.15
石　粉	1.5	粗纤维（%）	3.54
磷酸氢钙	1	钙（%）	0.86
食　盐	1	磷（%）	0.61
预混料	1	食盐（%）	0.98
合　计	100	消化能（兆焦/千克）	13.09

表3-3　妊娠前期母羊精料补充料配方2

原料名称	配比（%）	营养成分	含　量
玉　米	57.5	干物质（%）	86.93
大豆粕	16	粗蛋白质（%）	16.37
啤酒糟	12	粗脂肪（%）	3.40
小麦麸	10	粗纤维（%）	4.23
磷酸氢钙	1.5	钙（%）	0.82
石　粉	1	磷（%）	0.65
食　盐	1	食盐（%）	0.98
预混料	1	消化能（兆焦/千克）	13.33
合　计	100		

表 3-4 妊娠前期母羊精料补充料配方 3

原料名称	配比（%）	营养成分	含 量
玉 米	65	干物质（%）	86.89
小麦麸	13	粗蛋白质（%）	14.58
棉籽粕	10	粗脂肪（%）	3.03
菜籽粕	8	粗纤维（%）	4.15
石 粉	1.5	钙（%）	0.75
食 盐	1	磷（%）	0.56
预混料	1	食盐（%）	0.98
磷酸氢钙	0.5	消化能（兆焦/千克）	13.06
合 计	100		

表 3-5 妊娠前期母羊饲料配方 4

原料名称	配比（%）	营养成分	含 量
苜蓿干草	30	干物质（%）	89.90
羊 草	30	粗蛋白质（%）	12.00
玉 米	27.5	粗脂肪（%）	2.60
大豆粕	5	粗纤维（%）	18.15
甘薯干	5	钙（%）	0.97
磷酸氢钙	1	磷（%）	0.41
预混料	1	食盐（%）	0.49
食 盐	0.5	消化能（兆焦/千克）	9.73
合 计	100		

表 3-6 妊娠前期母羊日粮配方 5

原料名称	组成（千克）	营养成分	含 量
玉米青贮	2	干物质（千克/天）	1.72
羊 草	1	粗蛋白质（克/天）	170.00
精料补充料	0.4	粗脂肪（克/天）	61.28

续表 3-6

原料名称	组成（千克）	营养成分	含　量
合　计	3.4	粗纤维（克/天） 钙（克/天） 磷（克/天） 食盐（克/天） 消化能（兆焦/天）	447.04 8.90 5.40 2.00 16.49

表 3-7　妊娠前期母羊日粮配方 6

原料名称	组成（千克）	营养成分	含　量
玉米秸	1.2	干物质（千克/天）	1.69
苜蓿草粉	0.5	粗蛋白质（克/天）	188.80
精料补充料	0.2	粗脂肪（克/天）	30.44
合　计	1.9	粗纤维（克/天） 钙（克/天） 磷（克/天） 食盐（克/天） 消化能（兆焦/天）	434.32 9.20 2.30 1.00 17.75

2. 妊娠后期母羊配方　见表 3-8 至表 3-11。

表 3-8　妊娠后期母羊精料补充料配方 7

原料名称	配比（%）	营养成分	含　量
玉　米	55	干物质（%）	86.79
小麦麸	21	粗蛋白质（%）	16.68
大豆粕	20	粗脂肪（%）	3.18
石　粉	1.5	粗纤维（%）	3.77
磷酸氢钙	1	钙（%）	0.86
预混料	1	磷（%）	0.63
食　盐	0.5	食盐（%）	0.49
合　计	100	消化能（兆焦/千克）	13.10

表 3-9　妊娠后期母羊精料补充料配方 8

原料名称	配比（%）	营养成分	含　量
玉　米	60	干物质（%）	86.86
大豆粕	14	粗蛋白质（%）	17.15
小麦麸	12	粗脂肪（%）	3.57
菜籽粕	5	粗纤维（%）	3.59
花生仁粕	5	钙（%）	0.76
石　粉	1.5	磷（%）	0.51
食　盐	1	食盐（%）	0.98
预混料	1	消化能（兆焦/千克）	13.27
磷酸氢钙	0.5		
合　计	100		

表 3-10　妊娠后期母羊配合饲料配方 9

原料名称	配比（%）	营养成分	含　量
苜蓿干草	30	干物质（%）	88.15
野干草	25	粗蛋白质（%）	16.94
玉　米	23	粗脂肪（%）	1.78
大豆粕	12	粗纤维（%）	17.51
棉籽粕	8	钙（%）	0.87
预混料	1	磷（%）	0.46
磷酸氢钙	0.5	食盐（%）	0.49
食　盐	0.5	消化能（兆焦/千克）	9.30
合　计	100		

表 3-11　妊娠后期母羊日粮配方 10

原料名称	组成（千克）	营养成分	含　量
花生藤蔓	1	干物质（千克/天）	2.38
玉米秸	1	粗蛋白质（克/天）	269.86
精料补充料	0.6	粗脂肪（克/天）	45.25

续表 3-11

原料名称	组成（千克）	营养成分	含　量
胡萝卜	0.5	粗纤维（克/天）	572.86
合　计	3.1	钙（克/天） 磷（克/天） 食盐（克/天） 消化能（兆焦/天）	30.07 4.40 3.00 29.25

3. 泌乳前期母羊精料配方　见表 3-12 至表 3-15。

表 3-12　泌乳前期母羊精料补充料配方 11

原料名称	配比（%）	营养成分	含　量
玉　米	60	干物质（%）	87.64
棉籽粕	15	粗蛋白质（%）	18.21
豆　粕	12	粗脂肪（%）	3.87
小麦麸	8	粗纤维（%）	2.78
磷酸氢钙	2	钙（%）	0.87
石　粉	1	磷（%）	0.79
食　盐	1	食盐（%）	1.02
预混料	1	消化能（兆焦/千克）	13.34
合　计	100		

注：舍饲母羊日粮混合精料喂量为 0.4～1.0 千克，哺乳高峰期应加大精料喂料，粗饲料喂量为 0.7～2.0 千克。

表 3-13　泌乳前期母羊精料补充料配方 12

原料名称	配比（%）	营养成分	含　量
玉　米	50	干物质（%）	87.39
DDGS*	15	粗蛋白质（%）	17.69
小麦麸	12	粗脂肪（%）	4.63
菜籽粕	10	粗纤维（%）	4.57
大豆粕	9	钙（%）	0.91
石　粉	1.5	磷（%）	0.68

续表 3-13

原料名称	配比（%）	营养成分	含　量
磷酸氢钙	1	食盐（%）	0.49
预混料	1	消化能（兆焦/千克）	13.21
食　盐	0.5		
合　计	100		

注：* 干酒糟及其可溶物。舍饲母羊日粮混合精料喂量为 0.4～1.0 千克，哺乳高峰期应加大精料喂料，粗饲料喂量为 0.7～2.0 千克。

表 3-14　泌乳后期母羊精料补充料配方 13

原料名称	配比（%）	营养成分	含　量
玉　米	60	干物质（%）	86.86
小麦麸	16	粗蛋白质（%）	16.05
棉籽粕	12	粗脂肪（%）	3.02
大豆粕	8	粗纤维（%）	4.00
石　粉	1.5	钙（%）	0.85
磷酸氢钙	1	磷（%）	0.64
预混料	1	食盐（%）	0.49
食　盐	0.5	消化能（兆焦/千克）	13.08
合　计	100		

注：精料饲喂量应逐渐减少为哺乳前期的 70%，每天 0.2～0.6 千克，同时增加青草和普通青干草的供给量。

表 3-15　舍饲绵羊哺乳期精料补充料配方 14

原料名称	配比（%）	营养成分	含　量
玉　米	65	干物质（%）	86.71
小麦麸	28	粗蛋白质（%）	11.37
大豆粕	3	粗脂肪（%）	3.49
石　粉	1.5	粗纤维（%）	3.69
预混料	1	钙（%）	0.70
食　盐	1	磷（%）	0.54

续表 3-15

原料名称	配比（%）	营养成分	含　量
磷酸氢钙	0.5	食盐（%）	0.98
合　计	100	消化能（兆焦/千克）	13.08

注：1. 该配方适用于哺乳单羔前 8 周或哺乳双羔最后 8 周体重为 60 千克的母羊。
2. 每周饲喂精料 1.58 千克。粗饲料可以按羊草：苜蓿干草：玉米秸：稻草比例为 2：1：5：2 搭配，日饲喂量为 1.02 千克。

4. 哺乳母羊全混合日粮配方 见表 3-16 至表 3-17。

表 3-16 母羊哺乳期全混合日粮配方 15

原料名称	配比（%）	营养成分	含　量
玉米秸	32	干物质（%）	88.09
玉　米	37	粗蛋白质（%）	9.29
米　糠	15	粗脂肪（%）	4.83
高　粱	10	粗纤维（%）	9.94
大豆粕	2	钙（%）	0.68
石　粉	1.5	磷（%）	0.52
预混料	1	食盐（%）	0.98
食　盐	1	消化能（兆焦/千克）	10.72
磷酸氢钙	0.5		
合　计	100		

注：混合精料与粗饲料之比为 3：1。因饲喂作物秸秆，每只母羊每日需补充胡萝卜等富含胡萝卜素的青饲料 2～4 千克。

表 3-17 母羊哺乳期全混合日粮配方 16

原料名称	配比（%）	营养成分	含　量
玉　米	40	干物质（%）	90.87
氨化玉米秸秆	34	粗蛋白质（%）	9.42
高　粱	10	粗脂肪（%）	2.38
小麦麸	7	粗纤维（%）	10.34
棉籽粕	4.5	钙（%）	0.88

续表 3-17

原料名称	配比（%）	营养成分	含　量
石　粉	1.5	磷（%）	0.50
磷酸氢钙	1.5	食盐（%）	0.52
食　盐	0.5	消化能（兆焦/千克）	11.34
预混料	1		
合　计	100		

注：本配方可用于农区舍饲哺乳母羊。

（二）育肥羊的饲料配方实例

1. 羔羊育肥日粮配方　见表3-18至表3-25。

表3-18　育肥羔羊日粮配方17

原料名称	配比（%）	营养成分	含　量
干　草	30.0	代谢能（兆焦/千克）	9.06
玉米秸	16.5	干物质（%）	89.85
玉　米	39.7	粗蛋白质（%）	14.03
豆　粕	12.7	中性洗涤纤维（%）	36.10
石　粉	0.2	酸性洗涤纤维（%）	21.17
食　盐	0.6	钙（%）	0.31
微量元素预混料	0.3	磷（%）	0.27
合　计	100		

注：本配方引自动物营养学报，适用于30千克前后陶寒一代育肥羔羊。

表3-19　育肥羔羊日粮配方18

原料名称	配比（%）	营养成分	含　量
玉　米	61.0	消化能（兆焦/千克）	12.60
豆　粕	19.0	干物质（%）	87.53
麸　皮	10.0	粗蛋白质（%）	15.05
统　糠	4.0	中性洗涤纤维（%）	12.01
石　粉	0.5	酸性洗涤纤维（%）	5.26

续表 3-19

原料名称	配比（%）	营养成分	含　量
食　盐	1.0	钙（%）	0.79
碳酸氢钠	0.5	磷（%）	0.36
预混料	4.0		
合　计	100		
新鲜干草	自由采食		

注：本配方引自中国畜牧兽医，适用于 4 月龄前后海南黑山羊育肥羔羊，日增重能达到 68 克/天。

表 3-20　育肥羔羊日粮配方 19

原料名称	配比（%）	营养成分	含　量
玉　米	41.11	代谢能（兆焦/千克）	9.67
豆　粕	14.12	干物质（%）	95.95
小麦麸	8.10	粗蛋白质（%）	14.94
羊　草	26.87	中性洗涤纤维（%）	33.35
苜　蓿	6.58	酸性洗涤纤维（%）	15.32
磷酸氢钙	0.92	钙（%）	0.75
石　粉	0.80	磷（%）	0.50
食　盐	0.50		
预混料	1.00		
合　计	100		

注：本配方引自动物营养学报，适用于 30 千克前后杜寒杂交羔羊，公羔羊日增重达到 292 克/天，母羔羊日增重能达到 246 克/天。

表 3-21　育肥羔羊日粮配方 20

原料名称	配比（%）	营养成分	含　量
玉　米	60.0	消化能（兆焦/千克）	13.18
豆　粕	10.0	粗蛋白质（%）	17.04
棉籽粕	4.0	粗脂肪（%）	33.52
亚麻仁粕	8.7	粗灰分（%）	2.86
小麦麸	7.8	粗纤维（%）	3.64

续表 3-21

原料名称	配比（%）	营养成分	含　量
玉米酒精糟	5.0	钙（%）	0.87
石　粉	1.5	磷（%）	0.62
磷酸氢钙	1.0	蛋胱氨酸（%）	0.58
食　盐	1.0	赖氨酸（%）	0.63
预混料	1.0		
合　计	100		

注：本配方引自畜牧与兽医，适用于 2～6 月龄陶寒杂交羔羊和小尾寒羊，日增重分别能达到 250 克/天 和 184 克/天。

表 3-22　育肥羔羊日粮配方 21

原料名称	配比（%）	营养成分	含　量
玉　米	42.83	消化能（兆焦/千克）	11.7
豆　粕	16.04	代谢能（兆焦/千克）	9.7
大豆秸	40.02	粗蛋白质（%）	15.3
无水磷酸氢钙	0.4	中性洗涤纤维（%）	49.2
石　粉	0.2	酸性洗涤纤维（%）	20.9
氯化钠	0.4	钙（%）	7.8
预混料	0.11	磷（%）	3.9
合　计	100		

注：本配方引自中国农业科学，适用于 35～50 千克杜湖杂交公羔羊，日增重能达到 327 克/天。

2. 成年羊育肥饲料配方　见表 3-23 至表 3-25。

表 3-23　成年羊育肥日粮配方 22

原料名称	配比（%）	营养成分	含　量
苜蓿草粉	40	代谢能（兆焦/千克）	11.97
羊　草	30	粗蛋白质（%）	14.07
玉　米	14.55		
豆　粕	7.02		
磷酸氢钙	0.9		

续表 3-23

原料名称	配比（%）	营养成分	含　量
添加剂	0.3		
苜蓿粉	6.99		
食　盐	0.24		
合　计	100		

注：本配方引自草业学报，适用于50千克前后白头萨福克杂交母羊，日增重能达到140克/天。

表 3-24　成年羊育肥日粮配方 23

原料名称	配比（%）	营养成分	含　量
玉　米	21.2	代谢能（兆焦/千克）	8.06
小麦麸	4.8	粗蛋白质（%）	10.12
胡麻饼	2.0	中性洗涤纤维（%）	57.02
浓缩料	12.0	酸性洗涤纤维（%）	23.89
全株玉米青贮	60.0	钙（%）	0.43
合　计	100	磷（%）	0.21

注：本配方引自草业学报，适用于50千克前后白头萨福克杂交母羊，日增重能达到140克/天。

表 3-25　成年羊育肥日粮配方 24

原料名称	配比（%）	营养成分	含　量
玉　米	21	代谢能（兆焦/千克）	11.25
麸　皮	6	粗蛋白质（%）	12.49
胡麻饼	6	钙（%）	0.46
葵花饼	3	磷（%）	0.35
干苜蓿	8		
玉米秸	31		
葵花盘	9		
青贮玉米	9		
饲料酵母	4		
预混料	2		
合　计	100		

注：本配方引自黑龙江畜牧兽医，适用于50千克以上体重杜寒、滩寒育肥羊。

第六节　肉羊饲料安全标准

一、卫生标准

肉羊养殖所用的饲料及饲料原料应无发酵、霉变、结块及异味、臭味等，有害物质及微生物允许量符合《饲料卫生标准》（GB 13078）的规定，此标准是饲料行业一项重要的强制性国家标准，从保障饲料对动物的饲用安全性和动物性食品的安全性出发，对饲料产品和饲料原料中有毒有害物质及有害微生物以强制性要求的形式做出统一的规定。此标准既是饲料生产企业组织生产经营的准则，也是养殖户检验产品卫生状况的依据。

二、质量标准

肉羊使用的商品饲料应具有省级以上农牧行政主管部门批准的正规企业生产的、具有产品批准文号并符合相应的产品标准。合格的商品饲料应当包括：①有注册商标，并应标注在产品标签说明书或外包装上。②必须有产品合格证。③必须有产品标签，标签内容包括产品名称、饲用对象、产品批准文号、主要饲料原料类别、营养成分保证值、用法用量、生产日期、净重、厂名、厂址等。④有产品说明书，内容包括推荐饲喂方法、预计饲喂效果、保存方法及注意事项等。

（一）全价配合饲料

全价配合饲料主要用于育肥羊。在肉羊生产实践中，常购买全价颗粒饲料进行快速育肥，可以收到较好的育肥效果和经济效益。反映全价配合饲料质量的主要指标如下。

1. 感官指标　配合饲料新鲜，无霉变，无异味，质地疏松干燥，混合均匀，一般情况下无可见原料。

2. 配方组成及养分浓度　配合饲料产品标签上标注有主要原料组成和营养成分。优质配合饲料所用原料适口性好，养分消化利用率高，抗营养因子种类少、含量低；养分种类齐全，养分含量及相互之间的比例符合肉羊的营养需要。

3. 应用效果　反映配合饲料应用效果的主要指标包括采食量、平均日增重、饲料利用率、种羊的繁殖成绩、羔羊成活率等。优质配合饲料能使动物健康、皮毛光亮、生产性能高、畜产品质量好。

4. 应用 选择配合饲料既要注重感官品质，更要注重原料组成和营养价值，价格也是重要的因素。

（二）浓缩饲料

肉羊常用浓缩饲料一般占肉羊精料补充料的比例在20%～40%，常用于养殖户和小型养殖场。市场上，肉羊用浓缩饲料品种和品牌繁多，质量差异很大。选购时应详细了解产品特征，重点应注意浓缩饲料的原料组成、养分含量、氨基酸平衡浓度、添加剂种类和水平、使用对象、用法及用量以及质量价格比。

（三）精料补充料

一般来说，精料补充料占肉羊日粮的比例为30%～60%。选购精料补充料时，应查看该产品执行的标准，其营养成分含量应能达到标签中的产品成分分析保证值，产品质量要求同全价配合饲料。

三、肉羊添加剂的使用

添加剂的使用，可以改善饲料的适口性，提高饲料利用率，改善代谢功能，并且可以预防疾病，改善畜产品品质，提高肉羊养殖经济效益。肉羊饲料添加剂必须符合中华人民共和国公布的《允许使用的饲料添加剂品种目录》所规定的品种或取得试生产产品批准文号的新饲料添加剂品种。药物性饲料添加剂的使用必须符合《药物性饲料添加剂》等国家相关规定。肉羊常用的饲料添加剂主要有以下几种。

（一）营养性添加剂

1. 矿物质与微量元素 矿物质元素可调节肉羊机体能量、蛋白质和脂肪的代谢，提高采食量，促进营养物质的消化利用，刺激生长，调节体内酸碱平衡等。羊体内缺少某些矿物质元素，将会出现代谢病、贫血病、消化道疾病等，造成生长力下降。矿物质的添加量按肉羊营养需要添加，一般将微量元素制成添加剂预混料，按照配方与其他精饲料原料混合均匀后使用。也可将微量元素制成盐砖，让羊自由舔食。

2. 维生素添加剂 对于消化系统发育成熟的肉羊，能够合成B族维生素和维生素K、维生素C，不必另外添加。日粮中应提供足够的维生素A、维生素D和维生素E，以满足肉羊的需要。但对于断奶前羔羊，则应在育肥日粮中添加B族维生素和维生素K、维生素C。

维生素添加剂按羊的营养需要，在饲料中维生素不足的情况下，适量添加。添加过量，不但造成浪费，还可造成中毒。一般30～40千克肉羊每日需维生素A 1 200～1 500单位，维生素D 500～600单位。添加维生素时还应注意维生素与微量元素间的相互作用，多数维生素与矿物质元素会相互作用而失效，最好不要把它们放在一起配制成预混料，或用维生素的包埋剂型配制矿物质和维生素预混料。

（二）一般性添加剂

1. 稀土 作为一种饲料添加剂用于畜禽，具有良好的饲喂效果和较高的经济效益。一般作为饲料添加剂稀土类型有硝酸盐稀土、氯化盐稀土、维生素C稀土和碳酸盐稀土。研究表明，稀土可以激活动物体内的生长因子，促进酶的转化，增强蛋白质和核酸的合成，促进生长，增强免疫力，并能改善产品品质，增进动物对饲料的消化吸收。

2. 缓冲剂 添加缓冲剂的目的是改善肉羊瘤胃内环境，有利于微生物的生长繁殖。在肉羊强度育肥时，精饲料占日粮的比例较大，瘤胃内会形成过多的酸性物质，使瘤胃微生物区系被抑制，对饲料的消化能力减弱。添加缓冲剂，可增加瘤胃内碱性蓄积，中和酸性物质，促进食欲，提高饲料的消化率和肉羊增重速度。

肉羊常用的缓冲剂有碳酸氢钠和氧化镁。碳酸氢钠的添加量占日粮干物质的0.7%～1%。氧化镁添加量为日粮干物质的0.03%～0.5%。添加缓冲剂时应由少到多，使羊有一个适应过程。

3. 酶制剂 酶是活体细胞产生的具有特殊催化能力的蛋白质，是一种生物催化剂，对饲料养分消化起重要作用。肉羊用酶制剂除纤维素酶外，还有蛋白酶、脂肪酶、果胶酶、淀粉酶、尿素分解阻滞酶等。

4. 微生态制剂 市售微生态制剂是针对猪鸡等单胃动物，反刍家畜用微生态制剂很少，美国Diamond公司生产的益康XP产品已经投放我国，该产品在体内繁殖生长，其代谢产物可刺激体内有益菌生长，促进饲料消化，增进机体健康。

（三）药物性添加剂

药物饲料添加剂的使用按照中华人民共和国农业部发布的《药物饲料添加剂使用规范》执行，不使用中华人民共和国农业部《食品动物禁用的兽药及其他化合物清单》所列的兽药。饲料、饮水中不添加农业部、卫生部、国家药品监督管理局《禁止在饲料和动物饮用水中使用的药物品种目录》所列的药物。不在饲料中直接添加兽药，严格执行中华人民共和国农业部规定的各类兽药的休药期规定。建议选择酶制剂、益生菌、中草药等绿色饲料添加剂。肉羊用药物饲料添加剂如下。

1. 瘤胃素 又名莫能菌素，是肉桂的链霉菌发酵产生的抗生素。其功能是通过减少甲烷气体能量损失和饲料蛋白质降解、脱氨损失，控制和提高瘤胃发酵效率，从而提高增重速度及饲料转化率。

试验研究表明，舍饲绵羊饲喂瘤胃素，日增重比对照羊提高35%左右，饲料转化率提高27%。生长山羊饲喂瘤胃素，日增重比对照提高16%～32%，饲料转化率提高13%～19%。瘤胃素的添加量一般为每千克日粮干物质中添加25～30毫克，均匀地混合在饲料中。

2. 中草药添加剂 是为预防疾病、改善机体生理状况、促进生长而在饲料中添加的一类天然中草药、中草药提取物或其他加工利用后的剩余物。

河北农业大学张英杰等对小尾寒羊育肥公羔进行了中草药添加剂试验，选用健脾开胃、助消化、驱虫等中草药（黄芪、麦芽、山楂、陈皮、槟榔等），经科学配伍粉碎混匀，每只羊每日添加15克，经2个月的饲喂期，试验组平均重较对照组增加2.69千克，且发病率显著降低。

第七节　非常规饲料养羊技术

长期以来，粮食、牧草一直占动物常规饲料的大部分，在提供畜产品的过程中占有相当重要的地位。饲料用粮不足始终是制约我国畜牧业发展的主要因素。在养羊业中，饲料资源日趋紧张已成为制约我国养羊生产的重要因素，因此积极开发利用非常规饲料已迫在眉睫。非常规饲料是指在传统畜牧业中未作为主要饲料使用或在家畜家禽商品粮中一般不使用的一类饲料资源。主要包括农作物的秸秆和秕壳、糟渣废液、林业副产物等。羊作为反刍动物，相对于单胃动物能够更好地利用粗纤维。因此，非常规饲料往往能在肉羊养殖上得到运用。

非常规饲料一般具有以下特点：①受产地来源、加工处理及贮存条件等多方面因素的影响，营养成分不平衡，多数营养成分变异很大，质量不稳定，从而导致研究数据的缺乏，大多数的营养价值评定不太准确，没有较为可靠的饲料数据库，增加了日粮配方设计的难度。②多数含有多种抗营养因子或毒物，不经过处理不能直接使用或必须限制用量。③多数适口性差，饲用价值较低，限制了它的使用。④多数体积大、营养浓度低，在生长育肥动物日粮中使用受到限制。⑤有些原料掺杂和掺假情况严重，部分加工副产品变质问题突出。下面简要介绍一下非常规饲料资源及其利用。

一、农作物及经济作物秸秆、秕壳类

随着我国养羊业的发展，对优质粗饲料的需求量越来越大，粗饲料资源匮乏已成为制约我国养羊业发展及影响生产效率的重要因素，无论农区还是牧区，草畜矛盾都日益突出。在北方农区粗饲料主要以玉米秸和小麦秸为主，品质和适口性均差，且季节性供应极不平衡；在南方农区，以饲喂稻草为主，品质较差；在牧区，尤其是实施草食家畜休牧、禁牧政策以来，养羊业草畜矛盾比农区更为突出，这些因素都严重影响着我国养羊业的发展。当前，在养羊生产中主要应用玉米秸、小麦秸等，而一些非常规秸秆类如谷草、豆秸、高粱秸等的应用还不是很广泛。

1. 豆秸 豆秸是大豆等豆科植物的副产品，主要包括大豆秸、蚕豆秸和豌豆秸，后两者品质较优。我国年产豆秸约1 500万吨，营养价值方面如粗蛋白质含量和消化率均比禾本科秸秆高。大豆秸干物质中营养成分经测定主要为：干物质（DM）96.62%，粗蛋白质（CP）13.98%，粗脂肪（EE）0.72%，粗纤维（CF）43.33%，中性洗涤纤维（NDF）61.96%，酸性洗涤纤维（ADF）49.97%，粗灰分（Ash）6.34%，钙（Ca）0.73%，磷（P）0.18%。青刈大豆茎叶，营养价值接近紫花苜蓿。收获后的大豆、豌豆、豇豆等的茎叶，其维生素大部分分解，蛋白质减少；茎也木质化，质地坚硬。由于这时豆秸含粗纤维较多，质地粗硬，木质化程度较高，但其本身的粗蛋白质含量和可消化能量均比玉米秸、小麦秸等其他常见农作物秸秆高。肉羊生产实践中，常将豆秸加工成草粉，饲喂前用水浸泡3～4小时，然后与精料补充料混合均匀后饲喂。

2. 谷草 谷子的秸秆通称谷草，它是谷子脱粒后的副产物，质地柔软厚实，营养丰富，可消化粗蛋白质、可消化总养分均较玉米秸、麦秸、稻草高。据研究，谷草的干草鲜草及青贮物中的营养成分相当丰富，新鲜谷草茎叶和干草粗蛋白质含量高于其他禾本科牧草，其饲料营养价值接近豆科牧草；干物质中可消化总养分占47.0%～51.1%，是我国北方饲养大牲畜骡、马、牛等不可缺少的优质饲草，也是养羊生产中一种非常有价值的粗饲料，但在养羊生产中研究应用还较少。根据研究，谷草所含营养成分完全可以满足牲畜，尤其是羊的生长发育需要，并且还含有对羊有益的多种特殊物质，能提高产品转化率和肉、奶等品质，可作为养羊生产中一种优质饲草饲料资源来开发，但仍需进一步饲养试验研究确定。

3. 饲草用高粱 饲草用高粱是一种禾谷类饲草，主要包括两种类型，一种是甜高粱，另一种是高粱—苏丹草杂交种。近年来，甜高粱在我国发展较快，在某些省市已成为一种重要的饲料作物在推广利用。饲用高粱既能作青饲料直接饲喂也可调制成青干草或青贮饲料贮备。其价值虽不及豆科牧草，但超过青刈玉米，具有产量高、抗逆性强、适应性广、质地细软、适口性好、没有不良气味、羊喜食等优点。一般产鲜草 90～150 吨/公顷，一个生长季可多次刈割，刈割后可直接饲喂牲畜、青贮或晒干，还可直接放牧。另外，我国黄河以北地区旱地、瘠薄地、盐碱地面积较大，水资源缺乏，种植饲草用高粱有巨大的潜力，发展前景非常广阔。研究表明，饲草用高粱可以作为养羊的粗饲料，饲养羔羊的效果与皇竹草相近，可作为一种优质粗饲料资源在养羊业中推广。值得注意的是，这两种饲草用高粱在株高 0.8 米之前不要饲喂羊只，以防氢氰酸中毒。

4. 棉花秸秆 棉花秸秆作为棉花生产的副产品，因其木质素含量高，常作为废弃物用于燃烧取暖或造纸等，是否可以用作粗饲料在养羊生产中的研究近年来较多，但对于棉秆饲料化效果与方法还需进一步深入研究。棉秆的营养成分比较丰富，其粗蛋白质含量（6.5%）和纤维素含量较玉米秸、稻草、小麦秸高，半纤维素含量比玉米秸、稻草、小麦秸低。还含有丰富的磷和钙。因此，棉花秸秆作为一种粗饲料原料具有较好的营养价值，能作为一种新的饲料资源来开发利用。棉花秸秆纤维素消化率和适口性是影响棉花秸秆利用的主要问题之一，但经过处理后其纤维结构改善，消化率提高，适口性增加，可以考虑在生产中较大范围地使用粉碎及处理后的棉花秸秆饲喂肉羊。

5. 花生秧 花生属豆科植物，花生秧所含营养物质丰富，而且质地松软，羊喜食，是一种优质的粗饲料来源。经分析测定，生长期的花生秧茎叶中含有粗蛋白质 12.9%，与优良牧草及饲料作物相比，粗蛋白质分别是豌豆秧和稻草的 1.6 倍和 6 倍，是优质墨西哥饲料玉米及苏丹草秸秆的 1.5 倍，高于多年生黑麦草，接近盛花期紫花苜蓿含量的 16.7%。花生秧对羊来说饲用价值较高，营养全面，通过青贮处理后更能发挥其饲喂价值，可以在养羊业大量推广应用。

6. 甘薯秧 甘薯是我国主要的粮食作物，全国每年种植面积约 600 万公顷，栽培面积和总产量均居世界首位，仅次于水稻和玉米，居第三位。甘薯秧是甘薯收获后的新鲜秧蔓，新收获的甘薯秧含干物质 15%～20%，粗蛋白质 2.2%～2.5%，不但营养丰富，是优质的青绿饲料，而且产量大，产地集中、易于收购，成本较低，是发展养羊业优质的饲料来源。新收获的甘薯秧体积大，水分、粗纤维含量高，不宜贮存，利用率较低。当前在养羊生产中常采用的方法是晒干或磨碎，但经长时间的暴晒后，维生素等大量营养物质会损失，木质素含量增加，适口性变差，若经适当加工（如青贮），鲜甘薯秧可以制成适口性更好、利用期更长的优质饲料，适合羊只在冬季粗饲料缺乏时利用，是养羊生产中非常值得推广的秸秆饲料之一。

二、糟渣类资源

我国糟渣资源丰富，种类多，数量大，但因这类资源通常含较高的水分和无氮浸出物，易发酵腐败变质，严重污染了环境和造成资源的浪费。据统计，我国仅酿造、淀粉、酿酒、生物农药、果品加工每年可生产糟渣约1亿吨，是一种可利用的宝贵再生资源。糟渣主要包括酒糟、豆腐渣、酱油糟、醋糟、玉米淀粉工业下脚料、果渣、甜菜渣、甘蔗渣及菌糠等。在非常规饲料的开发应用中，糟渣类非常规饲料因其具有产量高、供应充足和使用方便的优点，而越来越受到人们的青睐。

近年来人们在糟渣类非常规饲料利用方面做了很多研究，并取得了一系列的进展。但是相关的营养成分数据不够完善，对于抗营养因子的认识不够明确等问题，还有待解决。因此，为了提高糟渣类非常规饲料的开发利用，还需要进一步对其营养价值、饲用价值以及饲用安全性进行评定，以期为养羊业科学合理利用糟渣类非常规饲料奠定基础。

1. 酒糟 酒糟是酿酒过程中的直接下脚料，它不仅含有一定比例的粮食可以节省喂羊的精料，还含有丰富的粗蛋白质，高出玉米含量的2～3倍，同时还含有多种微量元素、维生素、酵母菌等，赖氨酸、蛋氨酸和色氨酸的含量也很高，这是农作物秸秆所不能提供的。常见的酒糟有啤酒糟、白酒糟以及酒精糟等。酒糟是经发酵后高温蒸煮所形成的，所以它的粗纤维含量较低，这样就注定了酒糟作肉羊饲料有很好的适口性和容易消化的特点。

（1）白酒糟　白酒糟在经过酿造后可溶性碳水化合物发酵成醇被提取，与玉米相比，无氮浸出物含量显著降低，而其他营养成分如蛋白质、脂肪、粗纤维与粗灰分等含量明显增加，白酒糟风干物质基础上的粗纤维含量高于18%，属于粗饲料，但其中的粗蛋白质、粗脂肪含量高，因此白酒糟既可作为粗饲料使用，又可以节约部分精料。此外，白酒糟中含有特有的芳香味和乙醇，但几乎不含胡萝卜素和维生素D，钙质也缺乏，因此必须与优质饲料混合饲喂。鲜酒糟喂前应先使酒精挥发掉，可以高温处理，也可以晾晒；如果酸味过大，每50千克酒糟可拌入50～100克石灰粉末，中和酸味。尽量鲜喂，防止发酵和霉变，力争在短时间内喂完，暂时用不完，应隔绝空气保存，也可以青贮或烘干、晒干，贮存备用。由于鲜糟中含有醇类、醛类及酸类等有害物质，饲喂鲜糟要控制喂量，一般不要超过饲粮的20%～30%。避免长期单一饲喂，必须搭配一定量的玉米、糠麸、饼粕类等精饲料，并补充适量的矿物质饲料和青绿饲料。酒糟中含有酒精、甲醇等，不适于饲喂妊娠、哺乳母羊和种公羊。

（2）啤酒糟　随着我国啤酒产量的连年增加，废糟也相应增加。啤酒糟是啤酒生产中最主要的副产品，占废弃物总量的80%以上。啤酒糟的主要成分是麦芽壳，主要含蛋白质和纤维，其粗蛋白质含量在25%左右，粗纤维含量在17%以上。可以鲜喂，也可以经脱水、干燥粉碎后制成啤酒糟干粉，是一种营养价值较好的饲料原料，其综合营养价值在小麦麸、米糠饼之上。

（3）酒精糟及其残液干燥物（DDGS）　是谷物发酵生产酒精的一种副产品，它是将酒糟醪液经固液分离后的滤渣（distillers grains，DG）与蒸发浓缩后的过滤浆液（condensed distillers solubles，CDS）混合干燥而制成。与其他饲料相比，DDGS的蛋白质、能量和磷等含量较高，但淀粉含量较低。不同类型谷物生产的DDGS，其营养成分含量不同。在各种谷物发酵生产酒精的副产品中，以玉米DDGS为主。与其他饲料相比，DDGS的蛋白质、能量和磷等含量较高，由于其纤维含量比较高，且具有明显的价格优势，所以主要用来饲喂反刍家畜，特别是奶牛、肉牛和肉羊。国内外的研究表明，与豆粕相比，玉米DDGS是较好的过瘤胃蛋白质（RUP）饲料，用DDGS替代玉米和豆粕，可改善瘤胃内环境和瘤胃发酵状况。另外，其粗纤维和脂肪含量较多，可以替代可溶性碳水化合物和淀粉，有助于维持瘤胃微生态平衡和稳定瘤胃pH值。

2. 豆腐渣　豆腐渣是生产豆腐或豆浆的副产品，鲜渣含水量多，含少量蛋白质和淀粉，缺乏维生素，含粗纤维较少，适口性好，消化率高。在肉羊养殖中，豆腐渣是一种物美价廉的饲料。由于豆腐渣中含有胰蛋白酶抑制剂、外源凝集素等抗营养因子，饲喂时要控制用量，不能过多，一般占育肥羊日粮的10%～20%。豆腐渣不宜久存，易酸败变质，必须鲜用。目前，豆腐渣有两种贮存方法，一是厌氧发酵贮存。用密封坛把豆腐渣封起来，以延长保存期；二是晒干贮存。把豆腐渣的水分排出，将水分含量控制在13%～14%。用厌氧发酵的豆腐渣饲喂家畜，用量与鲜喂量差不多；用晒干的豆腐渣饲喂家畜，用量要减少到鲜喂量的1/5。

3. 果渣　随着水果种植业和加工业的发展，果渣产量日益增加。果渣是水果经过榨汁、生产罐头等过程得到的副产品，主要为果浆、果核、果皮等。按每加工1 000千克水果，可产生鲜果渣400～500千克，烘干得120～165千克干果渣来计算，全国每年约有果渣资源几百万吨。常见的果渣有苹果渣、柑橘渣、番茄渣、葡萄渣等。果渣作为饲料主要有3个方面的应用：直接饲喂、鲜渣青贮和利用微生物发酵技术生产菌体蛋白饲料。新鲜果渣直接饲喂简单易行，但存放时间短、易酸败变质。因此，需干燥以延长存放时间。干燥方式有 2 种，晾晒—烘干干燥和直接烘干干燥。果渣烘干后可以粉碎成果渣粉，然后加入配合饲料或颗粒料中。

（三）林业副产物资源

主要包括树叶、树籽、嫩枝和木材加工下脚料。该类物质粗蛋白质含量占干物质的 25%～29%，是很好的蛋白质补充料，同时还含有大量的维生素。其中树叶、树籽可直接饲喂畜禽，而嫩枝、木材加工下脚料需通过水解、膨化、青贮、发酵、糖化等处理后才可以利用。葡萄叶、杨树叶、苹果叶和桃树叶等都具有很大的利用价值。桑叶可以替代部分精料，特别是蛋白质饲料，并且对动物生产性能没有影响。此外，猕猴桃叶也已被证实对波尔山羊具有良好的适口性，粗蛋白质、粗脂肪、粗纤维、粗灰分、无氮浸出物等指标也有一定的优势，具有较好的饲料开发前景。

我国非常规饲料资源广泛，利用本地丰富、廉价的资源是提高养羊经济效益的好方法。因此，加大对非常规饲料资源的研究，不断补充并完善营养价值参考，引进和研发先进的加工工艺仍然任重而道远。

第四章
肉羊的饲养管理技术

阅读提示：

本章主要介绍了不同地区肉羊的养殖方式，详细介绍了肉羊基础设施建设及不同阶段的肉羊饲养管理技术要点，并重点介绍了育肥羊的饲养管理技术。通过本章的学习，可以掌握不同养殖方式下，肉羊的管理要点，并能掌握肉羊不同阶段的饲养管理技术，为高效、优质生产奠定基础。

第一节　肉羊的养殖方式

以往我国传统养羊主要以放牧为主，这种饲养方式的优点是生产成本低廉。但随着草地载畜量的逐年增加，放牧饲养很容易对草地资源造成破坏，同时，这种饲养方式生产周期较长，肉质较粗糙，经济效益也较差。随着国家退耕还林、还草工程的实施以及人们对羊肉产品需求量的增长，肉羊舍饲养殖日益受到重视。

我国各地区均有肉羊的养殖。由于生态环境以及饲草料资源等差异，肉羊养殖主要有3种形式：全舍饲饲养、舍饲半舍饲饲养和放牧饲养。在舍饲条件下，肉羊生产可以进行人为控制，既可改变其择食性，又可控制其运动量；不仅能降低无益消耗，还能提高营养物质的利用率。同时，舍饲养羊也有利于先进技术的推广，有利于生产管理水平的提升，有利于发展规模化养殖，有利于经济效益的进一步提高。正因为如此，肉羊的饲养方式逐步由放牧转变为舍饲和半舍饲，分散饲养转变为集中饲养，规模化程度不断提高，养殖小区和规模化养殖场蓬勃发展，肉羊业作为畜牧业生产中的新兴产业正在逐步形成。

一、肉羊全舍饲饲养

舍饲就是将肉羊围在圈舍内人工饲养。肉羊全舍饲饲养既是发展优质高档羊肉的有效措施，也是保护草原生态环境，加快肉羊业发展的重要途径。农区地处北温带和亚热带，雨量充沛，无霜期长，种植业发达，饲草饲料资源丰富，具备发展养羊生产的有利条件，但由于场地限制而多采用舍饲、集约化养殖方式。舍饲可大幅度提高生产效率，减少环境破坏，利于规模化、标准化饲养和规范化管理（图4-1）。

舍饲需根据羊群规模和卫生防疫要求等，配备羊舍及一系列设施设备，以追求经济利益和生态效益的最大化为目标，所需饲草需要由人工种植、收割和饲喂，投入成本比放牧高。一般为高度密集饲养，进行工厂化组织生产和劳动，各种作业流程（包括饲养、繁殖、羔羊育肥等）配套齐全，可实现完整的生产控制，全年均衡生产，达到产品规格化。舍饲规模化肉羊养殖是现代化养羊的重要标志，对养殖科学技术和经营管理水平有较高的要求，便于当前养羊业先进科学技术的应用，同时也是生产高档羊肉的重要措施，在肉羊养殖中发挥着越来越重要的作用。

图 4-1 舍饲规模化肉羊养殖场

二、肉羊舍饲半舍饲饲养

舍饲半舍饲饲养是放牧与舍饲相结合的饲养方式。根据不同季节牧草生产的数量和品质、羊群生理状况，确定每天放牧时间和在羊舍饲喂的次数和数量。夏秋季节各种牧草、灌木生长茂盛，营养价值较高，可以不补饲或少补饲；冬春牧草枯萎、量少质差，单纯放牧不能获得足够营养，必须归牧后补饲。这种饲养方式结合了放牧与舍饲的优点，饲料成本低，适合各种生产方向的羊。

肉羊生产实践中，种公羊的饲养常采用舍饲半舍饲饲养，根据配种情况、膘情等确定放牧的时间和频率，放牧时应距母羊较远，定时、定点、定速度。其次是配种期母羊，此时是母羊抓膘复壮，为发情、配种、妊娠储备营养的关键时期，配种前 1～1.5 个月，将母羊放到最好的草场增强其营养和加强运动，以提高配种受胎率。

三、肉羊放牧饲养

牧区养羊生产是草原畜牧业的重要组成部分。我国的牧区主要分布在内蒙古高原、东北平原西部、黄土高原北部、青藏高原、祁连山以西、黄河以北的广大地区。其特点是饲养规模大、经营管理粗放；全年放牧，冬季少量补饲。放牧被认为是草地利用最经济有效的方法之一，草地家畜放牧系统是草地畜牧业最主要的生产系统，其核心是草地营养供给和家畜营养需求的平衡。目前，在半牧区、牧区利用天然草场放牧的主要形式是四季或三季草场放牧，即按不同季节在不同的草场内放牧（图 4-2）。

图 4-2　放牧饲养

（一）四季牧场的规划

根据气候变化、牧草生长规律、地形地势和水源等情况规划四季放牧场，才能收到良好的效果。春季牧场是冷季进入暖季的交替时间，应选择雪融较早，较暖，牧草萌发早，离羊舍较近的平川、盆地、丘陵草场等。夏季牧场气温高，雨多，羊怕湿热，应选择凉爽、蚊蝇少，便于收草，有利于绵羊放牧抓膘的高山地区。秋季牧场是抓膘的最佳时期，气候好，牧草营养价值高。放牧顺序应由山冈到山腰，到山谷，最后到平滩地。此外，还可以利用割草后的草地和茬地。冬季牧场牧草枯黄，营养价值低，而通常是育成羊处于生长发育阶段，妊娠母羊正处在妊娠或产冬羔阶段，应选择在背风向阳、地势较低的暖低地和丘陵阳坡。

（二）草原划区轮牧设计方案

划区轮牧牵涉许许多多的因素，要制定适合于当地草地、畜种、畜种结构情况及制定科学的轮牧方案，实施较复杂，难度大。建议聘请专家进行设计和指导。

1. 季节放牧场　划定草场，确定载畜量。根据轮牧户天然草地载畜量、人工饲草地或打草提供饲草料数量，划分好暖季放牧场和冷季放牧场。计算公式如下：

$$草地载畜量=\frac{草地产量\times利用率}{家畜日采食量\times放牧天数}$$

$$暖季放牧场面积=\frac{肉羊头数\times日采食量\times放牧天数}{牧草产量\times利用率}$$

冷季放牧场面积=草场总面积-暖季放牧场面积-饲草料面积

2. 技术参数

(1) 草甸草原模式　根据牧草产量及牧草再生特点，确定草甸草原划区轮牧频度4次，轮牧周期40天左右，小区放牧天数4～7天，小区数目6～10个，轮牧天数160天左右。

(2) 典型草原模式　根据牧草产量及牧草再生情况，确定草原划区轮牧放牧频度3次，轮牧周期50天左右，小区数目6～10个，小区放牧天数5～8天，轮牧天数150天左右。

(3) 荒漠草原模式　根据牧草品质高、产量低、牧草再生性弱的特点，确定草原划区轮牧放牧频度2次，轮牧周期75天左右，小区数目6～12个，小区放牧天数6～12天，轮牧天数150天左右。

3. 放牧小区设计　按不同类型草原划区轮牧设计技术参数确定放牧频率，依次轮流放牧全部轮牧小区所需要的时间，小区放牧天数，计算出小区数目，并设1～3个补充小区，根据牧户放牧场面积、草场类型确定小区面积。

4. 划区轮牧小区形状　根据草场形状，尽量设计成长方形或正方形，宽度按每个成年肉羊0.5～1.0米设计，其长宽比例为3∶1、2∶1、1∶1。根据每一个牧户草场形状，以羊进出、饮水方便，缩短游走距离为原则来确定小区形状。

5. 划区轮牧基础设施设计

(1) 牧道及门位　牧道宽度根据羊的头数而定，一般宽度为5～7米，尽量缩短牧道长度。门位的设计要尽量减少羊只进出轮牧区游走时间，既不可绕道进入轮牧区，又要考虑水源的距离。

(2) 饮水设施　水源应在轮牧区或靠近轮牧区。根据牧户基础条件，可在轮牧区内打井或用抽水机或管道供水。在轮牧区内设置水槽，保证羊只随时饮水和足够的饮水量。

(3) 围栏　网围栏高度0.9～1.1米。每10～13米网围栏设置1根小立柱，(特制水泥桩或角钢柱)，每200米网围栏设有1个中立柱。也可用电围栏和生物围栏。

6. 轮牧区管理方案　制定羊群轮牧计划，制定羊群饮水、补盐及疾病防治日常管理方案，以300～500只羊为1个放牧单元。制定放牧小区轮换计划等，达到长期均衡利用；定期检查各类设施，做好检修、保护工作。

第二节 肉羊场基础设施建设

长期以来羊舍和养羊设备是制约肉羊舍饲和规模化生产的关键因素。为挖掘肉羊生产潜力，搞好优质肉羊生产，确保畜产品的品质和卫生安全，必须抓好羊舍建设，同时做好相关设施设备配套工作。为此，应结合当地实际建设羊舍，既要与当地畜牧业发展规划和生态环境建设相适应，又要考虑养羊业发展趋势和市场需求的变化，以便确定生产方向和适宜的生产规模。对羊场布局进行科学规划设计，精心施工，做到功能分区明确，生产操作方便，把饲养设施和设备建设好、配备好，为肉羊生产创造良好的环境条件，从而提高劳动效率和养羊生产的经济效益。

一、饲养场选址布局

建设羊场的目的，在于给羊只提供适宜的生存环境，便于生产管理，以达到优质、高产高效的目标。肉羊场建设包括选址、布局、建设、饲养管理、防疫、环保等诸多技术环节。因此，在实施过程中，既要考虑羊只的生物学特性、羊群规模大小和生产管理方式，又要符合科学合理、因地制宜、经济实用的基本原则。

（一）选　址

1. 地势高燥平坦　羊场应选建在地势较高、向阳，排水良好和通风干燥的平坦地方。不宜在低洼涝地、山洪水道、冬季风口处选址。朝向以坐北向南或偏东5°～10°为宜，即场地高于周围地势，地下水位在2米以下。场址的土壤以沙壤土最好，有利于排除积水、防潮。

2. 草料充足，有清洁水源　以舍饲为主的地区及集中育肥肉羊产区，羊场最好有一定的饲草、饲料基地及放牧草地。水源供水量充足，水质优良，以泉水、井水和自来水较理想。切忌在水源不足或受到严重污染的地方建场。

3. 交通、通讯便利　为防止疫病的传播，羊场距离公路、铁路等交通干道、居民点、附近单位和其他畜群，应至少保持500米以上（图4-3）。

4. 能源供应充足　电力负荷能稳定供应，满足生产需要。

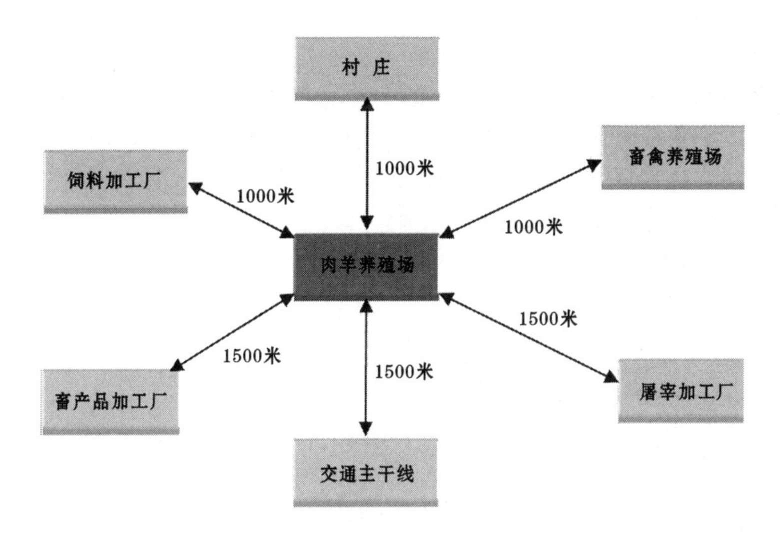

图 4-3 羊场选址交通示意图

（二）羊场规划设计

羊场的规划原则要有利于肉羊高效生产，安全防疫、环境控制，并按以下原则进行。

一是根据羊场的生产工艺要求，结合当地气候条件、地形地势及周围环境特点，因地制宜，做好功能分区。合理布置各种建筑物，满足其使用功能，创造出经济合理的生产环境。

二是充分利用场区原有的自然地形、地势，建筑物长轴尽可能顺场区等高线布置，尽量减少土石方工程量和基础设施工程费用，最大限度地减少基本建设费用。

三是合理组织场内、外的人流和物流，创造最有利的环境条件和低劳动强度的生产联系，实现高效生产。

四是保证建筑物具有良好的朝向，满足采光和自然通风条件。

五是利于肉羊粪尿、污水及其他废弃物的处理，确保符合清洁生产的要求。

六是对生产区的规划，要兼顾未来技术进步和改造的可能性，可按照分期、分单元建场的方式进行规划，以确保达到最终规模后总体的协调和一致。

（三）羊场功能分区及规划布局

1. 占地面积 按存栏基础母羊计算，占地面积 15～20 米^2/只，其中羊舍建筑面积 5～7 米^2/只，辅助和管理建筑面积 3～4 米^2/只。按年出栏商品肉羊计算，占地面积 5～7 米^2/只，其中羊舍建筑面积 1.6～2.3 米^2/只，辅助和管理建筑面积 0.9～1.2 米^2/只。

2. 肉羊场的功能分区 肉羊场通常分为生活管理区、辅助生产区、生产区和隔离区。生活管理区和辅助生产区应位于场区常年主导风向的上风处和地势较高处，隔离区位于场区常年主导风向的下风处和地势较低处（图 4-4）。自繁自养养殖场布局见（图 4-5）。

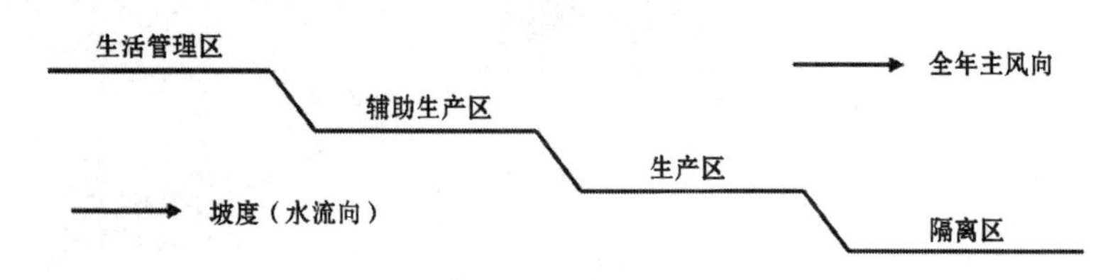

图 4-4 肉羊养殖场地势风向规划图

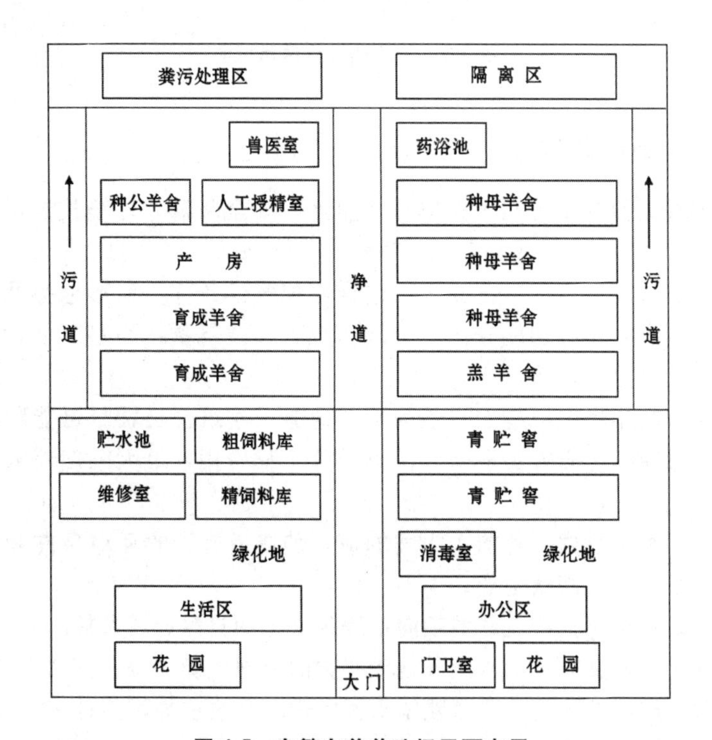

图 4-5 自繁自养养殖场平面布局

（1）生活管理区 主要包括管理人员办公室、接待室、会议室、技术档案室、食堂、职工宿舍、传达室、更衣消毒室、厕所等。

（2）辅助生产区 主要是供水、供电、供热、设备维修、物资仓库、饲料贮存等设施。

(3) **生产区** 主要布置不同类型的羊舍、剪毛间、采精室、人工授精室、肉羊装车台、选种展示厅等建筑。

(4) **隔离区** 主要是兽医室、隔离肉羊舍、尸体解剖室、病尸高压灭菌或焚烧处理设备及粪便和污水储存与处理设施。

二、羊舍设计与建设

(一) 地点要求

以夏季防暑、冬季防寒、通风和便于管理为原则。根据肉羊的生物学特性，应选地势高燥、排水良好、背风向阳、通风干燥、环境安静、方便防疫的地方建造羊舍。

(二) 面积要求

羊舍应有足够的面积，使羊在舍内不感到拥挤，可以自由活动。各类羊只所需羊舍面积，见表 4-1。

表 4-1 各类羊舍所需面积 (单位：米^2)

羊 别	面积 (米^2/只)	羊 别	面积 (米^2/只)
单饲公羊	4.0～6.0	育成母羊	0.7～0.8
群饲公羊	1.5～2.0	去势羔羊	0.6～0.8
春季产羔母羊	1.2～1.4	3～4 月龄羔羊	0.3～0.4
冬季产羔母羊	1.6～2.0	育肥羯羊、淘汰羊	0.7～0.8
育成公羊	0.7～0.9	—	—

农区多为传统的公、母、大、小混群饲养，其每只羊占地面积应为 0.8～1.2 米^2。产羔舍可按基础母羊数的 20%～25%计算面积。运动场面积一般为羊舍面积的 2～3 倍。

(三) 高度要求

一般高度为 2.8～3.0 米，双坡式羊舍净高（地面至天棚的高度）不低于 2 米。单坡式羊舍前墙高度不低于 2.5 米，后墙高度不低于 1.8 米。

(四) 通风采光要求

一般羊舍冬季温度保持在 0℃以上，羔羊舍温度不超过 8℃，产羔室温度在

8℃～10℃比较适宜。羊舍的通风换气装置，既要保证有足够的新鲜空气，又能避贼风。在安设通风换气装置时要考虑每只羊每小时需要3～4米^{3}的新鲜空气。羊舍窗户面积一般占地面面积的1/15，在农区，绵羊舍主要注重通风，山羊舍要兼顾保温。

（五）建筑材料要求

羊舍的建筑材料以就地取材、经济耐用为原则。砖混结构羊舍建筑材料：红砖（240毫米×115毫米×53毫米），水泥（225/275/325号），建筑用黄沙（河沙），檩梁（槽钢或木质）、黏土瓦或水泥瓦。轻钢结构羊舍建筑用材：工型钢（16＃/18＃/20＃），槽钢（8＃/10＃），镀锌管，卷帘布，彩钢夹芯板（100毫米/120/毫米/150毫米）。

（六）防疫要求

包括防止场外人员及其他动物进入场区，场区应以围墙和防疫沟与外界隔离，周围设绿化隔离带，围墙距建筑物的间距不小于3.5米。

三、实用羊舍类型与示范

羊舍按外围护结构封闭的程度，分为开放式羊舍、半开放式羊舍和封闭式羊舍三大类型。

（一）封闭式羊舍

封闭羊舍四面有墙，纵墙上设窗，跨度可大可小。可开窗进行自然通风和光照，或进行正压机械通风，也可关窗进行负压机械通风。由于关窗后封闭较好，防寒保暖效果较半开放式好（图4-6，图4-7）。

封闭式羊舍使用范围：有窗封闭舍主要适用于温暖地区和寒冷地区养羊生产。

（二）半开放式羊舍

半开放式羊舍三面有墙，正面全部敞开或有部分墙体，敞开部分通常在向阳侧。这类羊舍的开敞部分在冬天可加遮挡形成封闭舍。一般不需人工照明、人工通风和人工采暖设备，基建投资少，运转费用小，但通风不如开放舍。所以这类羊舍适用于冬季不太冷而夏季又不太热的地区使用（图4-8）。

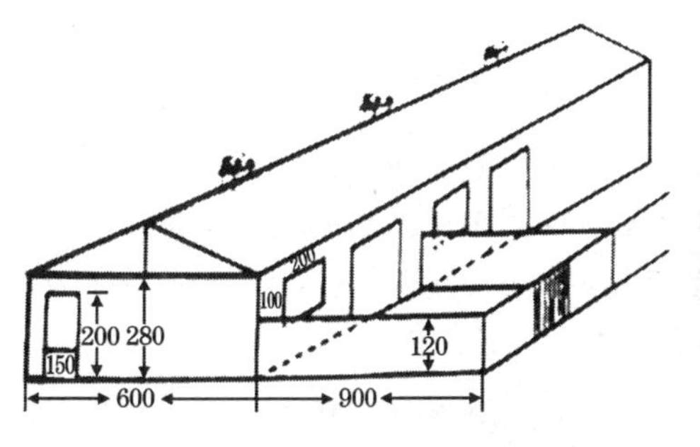

图 4-6　封闭式单列羊舍示意图

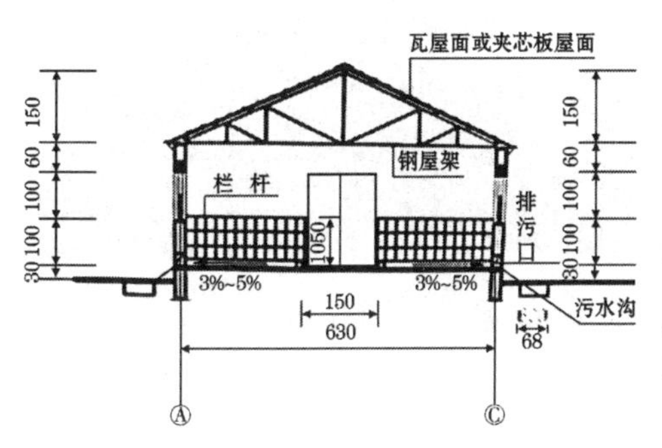

图 4-7　封闭式双列羊舍示意图

图 4-8　半开放式羊舍

半开放式羊舍外围护结构具有一定的防寒防暑能力，冬季可以避免寒流的直接侵袭，防寒能力强于开放舍，但空气温度与舍外差别不很大。半开放式羊舍跨度较小，仅适用于中小型羊场。

（三）开放式羊舍

开放舍是指一面（正面）或四面无墙的羊舍，后者也称为棚舍。其特点是独立柱承重，不设墙或只设栅栏或矮墙，其结构简单，造价低廉，自然通风和采光好，但保温性能较差，冬季加挂卷帘遮挡，可有效提高羊舍的防寒能力，开放式羊舍适用于炎热地区和温暖地区养羊生产（图 4-9）。

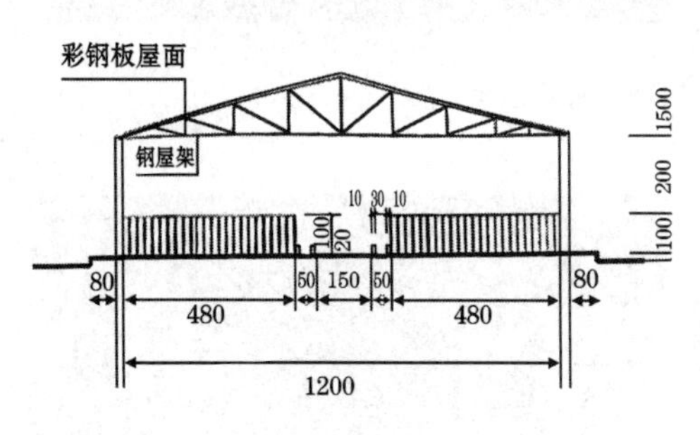

图 4-9 开放式羊舍示意图

（四）塑料薄膜大棚式羊舍

塑料薄膜大棚式羊舍一般中梁高 2.5 米，后墙高 1.7 米，前墙高 1.2 米。中梁与前沿墙用竹片或钢筋搭建，可选用木本材、钢材、竹竿、铁丝和铝材等，上面覆盖单层或双层膜，塑料薄膜可选用白色透明、透光好、强度大、厚度为 100～120 微米、宽度 3～4 米，抗老化、防滴和保温性好的膜，例如聚氯乙烯膜、聚乙烯膜、无滴膜等。在侧面开一个高 1.8 米、宽 1.2 米的小门，供饲养人员出入。在前墙留有供羊群出入运动场的门（图 4-10）。

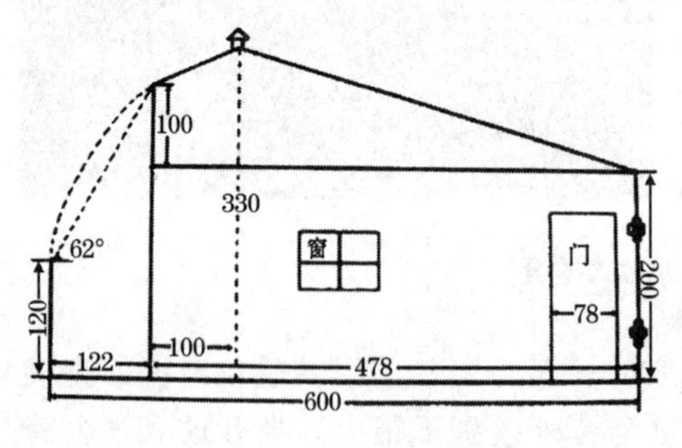

图 4-10 塑料暖棚羊舍侧面示意图

在北方较寒冷地区，采用此法效果明显，可提高羊舍温度，基本能满足羊的生长发育要求，而且投资少，易于修建。

（五）轻钢结构加挂卷帘羊舍

它是在轻钢结构开放式棚舍基础上，周边设置布质卷帘，夏季将卷帘卷起，利于通风换气；冬季把卷帘落下，利于舍内保温。卷帘布为PE面料，密度240克/米^2，幅宽：1.5米、1.83米、2.2米等，每平方米价格9.0元左右，具有防风防水，防寒保暖作用。适用于暖温带及亚热带地区使用（图4-11）。

图4-11 轻钢结构卷帘棚舍

（六）经济实用型羊舍

双列式组合轻钢结构羊舍规格：长9.0米、宽3.0米，檐高2.0米，脊高2.60米，围栏高0.75米，实用面积27.0米^2。竹制漏缝羊床，离地面0.40米，设自动饮水碗饮水，木制饲槽，可饲养羔羊或育肥羊50只。冬春季羊舍周边设置卷帘，防风保暖；夏秋季挂遮阳网，起到防晒、防蚊蝇作用（图4-12）。

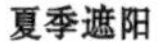

夏季遮阳

冬季保暖

图4-12 经济实用型羊舍

经济实用型组合式羊舍结构简单，清洁卫生，适宜于农区小规模、大群体肉羊舍饲育肥生产，在农区不占或少占耕地发展肉羊生产，具有重要意义。

四、生产设施与设备

（一）饲草料贮藏设施

主要有饲草、饲料贮藏库，加工车间以及加工设备和配合机组等。

1. 饲料、饲草贮存库 应根据养殖规模确定贮存库大小。一是有利于饲草饲料的保管、贮藏；二是便于安装和使用机械设备；三是有利于充分利用仓库空间；四是保证仓库安全，并配备安全防火设施。

饲草、饲料库容积，先计算需要量，再计算库容积。例如年存栏1 000只基础母羊场，需建设跨度10～12米、檐高3～4米、长90米干草库房1个；需建设跨度10～12米，檐高3～4米，长24米精饲料库房1个。

2. 青贮窖 青贮窖要选择在地势高燥，排水良好，地下水位较低，距离羊舍较近而又远离水源和粪场的地方。

制作青贮饲料的设施，必须满足以下条件：①青贮窖（壕、塔）壁最好是用石灰、水泥等防水材料填充、涂抹。②青贮设施不要靠近水塘、粪池，以免污水渗入。地下式或半地下式青贮设施的底面要高出地下水位0.5米以上，且四周要挖排水沟。③内壁要求平滑垂直，墙壁的角要圆滑，以利于青贮料的下沉和压实。④青贮设施的宽度或直径一般应小于深度，宽深比为1∶1.5～2为好，以便青贮料能借助自身的重量压实。⑤地上式青贮窖（壕、塔），在寒冷地区要有防冻设施，防止青贮料冻结。

青贮窖容积计算一般每只基础母羊按年需1.5米^{3}贮备青贮饲料。年存栏1 000只基础母羊场，年需青贮1 500米^3，按20%损耗计，需建长80米、宽10米，高（或深）2.5米青贮窖1个。

3. 饲草棚 饲草棚要根据当地饲草、饲料供应条件和养殖规模建设，贮存空间可根据每只羊年需200千克左右青干草计算。应满足3～6个月生产需要。

4. 饲草、饲料加工车间 年存栏1 000只基础母羊场，应建设长30～35米、跨度10～12米、檐高3～4米饲草、饲料加工车间1个。

（二）饲草、饲料加工设备

1. 铡草机 目前铡草机和青贮饲料切碎机主要有两种类型，即滚筒式和圆盘式，用于切碎秸秆和青贮饲料。主要由喂入、铡切、抛送、传动、行走、防护装置和机架等部分组成。

如 9Z-9A 型铡草机（图 4-13），主要用于羊场各种牧草和秸秆的切碎，主要技术参数见表 4-2。

表 4-2　9Z-9A 型铡草机生产效率

饲料原料	含水率（%）	生产效率（吨/小时）
青玉米秸秆	65	9
干玉米秸秆	17	4
青牧草	65	7
干稻草	17	4
干麦秸	17	3

图 4-13　9Z-9A 型铡草机

2. 粉 碎 机

（1）饲料粉碎机　根据粉碎物料的粒度可分为普通粉碎机、微粉碎机、超微粉碎机；根据粉碎机的结构可分为销连锤片式（图 4-14）、劲锤式、对辊式和齿爪式。料粉碎主要性能指标见表 4-3。

表 4-3　9FQ-400 型饲料粉碎机主要性能指标

饲料原料	筛孔直径（毫米）	生产效率（千克/小时）
玉　米	5.0	≥15000
玉　米	2.0	≥15000
水渍大豆	2.0	≥800
鲜地瓜	1.2	≥1000

图 4-14　9FQ-400 型锤片式饲料粉碎机

（2）饲草粉碎机　主要用于粉碎各种饲草，如：玉米秸、豆秸、花生秧、甘薯秧、干杂草等。也可加工鲜玉米秸、鲜甘薯秧、青杂草、青菜、鲜马铃薯等饲料。粉碎机主要由上机体、进料斗、下机体、喂入辊切刀、转子、风机、出料管、底架、电机等部分组成（图 4-15）。粉碎机技术参数见表 4-4。

表 4-4　9CJ-500 型饲草粉碎机技术参数

配套动力（千瓦）	设备产量（千克/小时）	设备外形（毫米）	适用范围	设备特点
18.5/22	500（Φ3 的筛孔）	3100×3100×2785	农场、牧场及专业户加工草粉	1. 是粉碎多种干草及农作物秸秆等粗饲料的专用设备； 2. 可和其他设备配套组成以草和秸秆为主要原料的粗饲料加工机组，生产粉状或颗粒饲料

图 4-15　9CJ-500 型饲草粉碎机

4. 饲料混合机　目前国内常用的饲料混合机种类主要有卧式环带混合机、立式混合机和双轴桨叶式混合机等。

（1）卧式环带混合机　卧式环带混合机由机体、转子、进料口、出料口和传动机构等组成（图 4-16）。混合时间 3～6 分钟/批。卧式环带混合机主要技术参数见表 4-5。

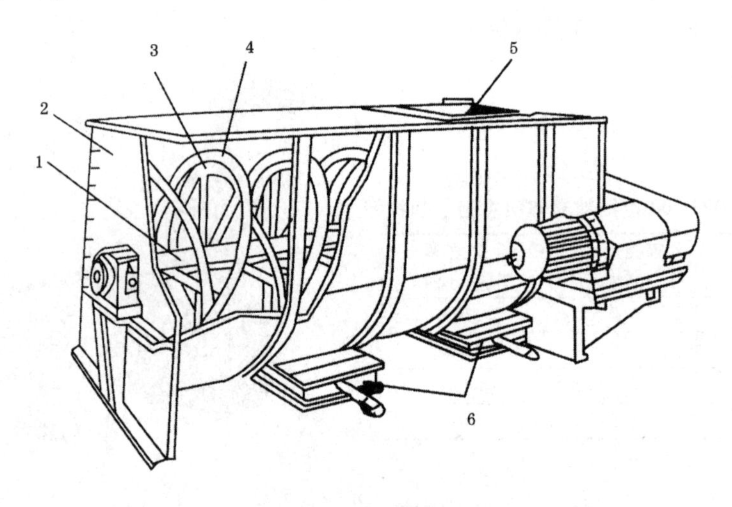

图 4-16　卧式螺带混合机

1. 主轴　2. 机壳　3. 内螺带　4. 外螺带　5. 进料口　6. 出料口

表 4-5 卧式环带混合机的主要技术参数

型号规格	有效容积（米³）	混合量（吨）	均匀度（cv）（%）	混合时间（分钟）	配用动力（千瓦）
SLHY0.25	0.25	0.1	CV≤7	3～6	2.2
SLHY0.6	0.6	0.25	CV≤7	3～6	5.5
SLHY1.0	1	0.5	CV≤7	3～6	11

（2）**立式混合机** 立式混合机又称为垂直螺旋式混合机，适于粉状配合饲料的混合（图 4-17），结构由料斗、垂直螺旋、螺旋外壳、机壳、卸料口、支架和电动机传动部分组成。特点是配套动力小，占地面积小，一次装料多，适合小型饲料加工机组使用。

图 4-17 立式混合机

（3）**双轴桨叶混合机** 双轴桨叶式高效混合机由机壳、转子、液体添加喷管、排料门和转动机构组成（图 4-18）。混合方式为集合式，即扩散对流和剪切混合。每批混合时间 1.5～2 分钟。

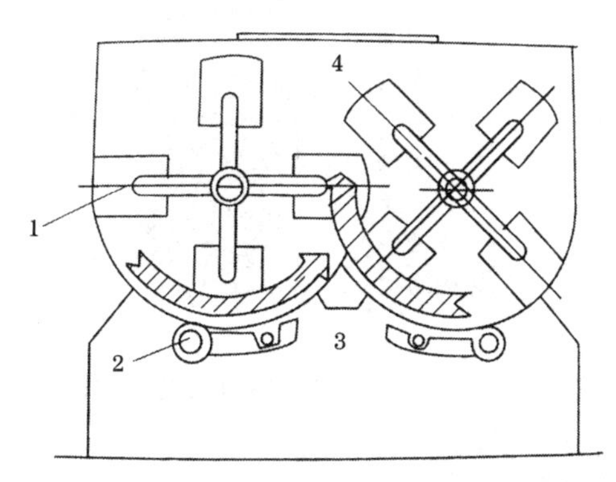

图 4-18 卧式双轴桨叶混合机

1. 桨叶 2. 排料门 3. 排料室 4. 混合室

4. 配合饲料机组 配合饲料机组具有体积小、结构紧凑、操作方便等特点；粉碎机安装在中间仓上面，粉碎室在中间仓内噪声小、粉尘少、耗电低、效率高、混合均匀度变异系数小于8%等特点，适于各种类型羊场使用（图4-19）。

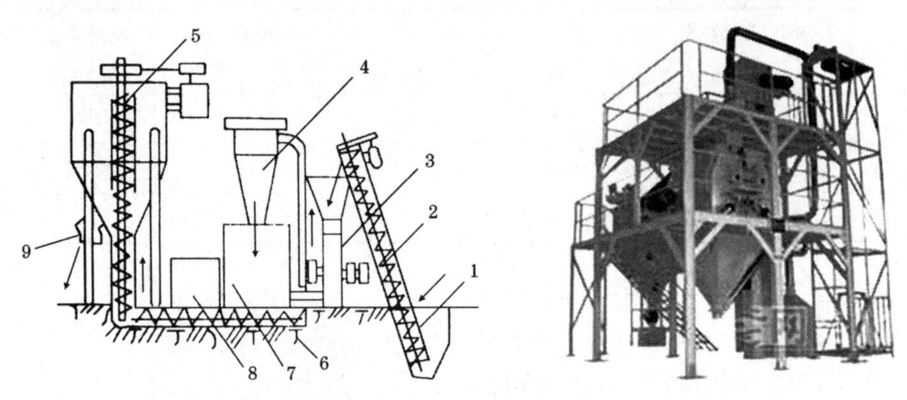

图4-19 9ST-1型机组

1. 地坑 2. 绞龙 3. 粉碎机 4. 旋风分离器 5. 立式混合机 6. 横向绞龙 7. 主料箱 8. 副料箱 9. 出料口

（1）小型配合饲料机组 9PS系列（图4-20）生产性能参数见表4-6，9PSJA系列（图4-21）生产性能参数见表4-7。

图4-20 9PS系列配合饲料机组

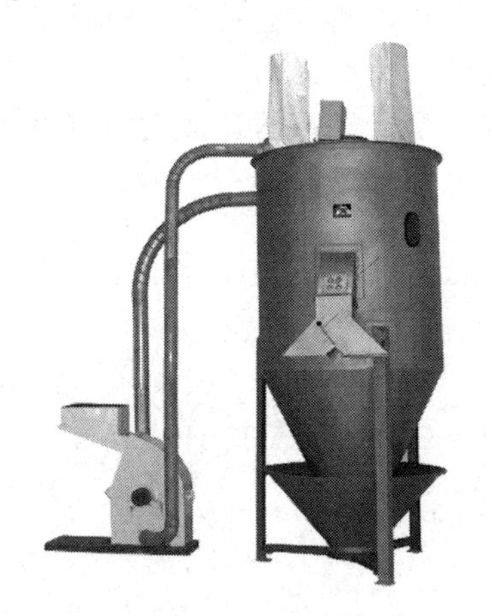

图4-21 9PSJA系列配合饲料加工成套设备

表4-6 9PS系列配合饲料机组型号及生产性能参数

设备型号	产量（吨/小时）	功率（千瓦）
9PS500C	0.5	9.7
9PS1000C	1.0	14.7
9PS1000H	1.0	12.65

表 4-7 9PSJA 系列配合饲料加工成套设备型号及技术参数

项　目	9PSJ-1500A	9PSJ-1000A	9PSJ-1000	9PSJ-750A	9PSJ-750	9PSJ-300
生产率（千克/小时）	1000～1500	850～1100	800～1000	600～800	600～800	280～320
吨耗电（度）	<8	<8	<6	<7	<5	<5
配用动力（千瓦）	14	12.5	9	7	5.5	4.8
配合均匀度	<10	<8	<8	<8	<8	<8
操作人数	2～3	2～3	2～3	2～3	2～3	2～3
机重（千克）	1200	1000	800	800	600	400

（2）中型配合饲料机组　产量、功率见表 4-8，结构如图 4-22。

表 4-8 SPKL350 型配合颗粒饲料机组产量

颗粒产量	功　率
3～5 吨/小时	180 千瓦

图 4-22 SPKL350 型配合颗粒饲料机组

5. TMR 饲料搅拌机　TMR 日粮是一种将粗料、精料、矿物质、维生素和其他添加剂充分混合均匀，并能满足舍饲肉羊营养的全混合日粮。TMR 饲料搅拌机类型，常用的有卧式、立式饲料搅拌机，有牵引式、固定式等多种形式（图 4-23，图 4-24）。

（1）卧式饲料搅拌机　卧式饲料搅拌机有卧式双绞龙、三绞龙、四绞龙和滚轮式等类型。卧式饲料搅拌机优点是能快速切割饲草，迅速搅拌饲料，另一个优点是其外形高度比立式机型低，在某些有高度限制的羊场可以选用。

（2）立式饲料搅拌机　立式饲料搅拌机有立式单绞龙、双绞龙和三绞龙等。

立式机型具有结构简单、可靠性高等特点，它不仅能处理大草捆，而且可以用于所有的饲料配方，容积最大可达 45 米^3。目前在市场销售的搅拌机中，有 70%～80%是立式机型。

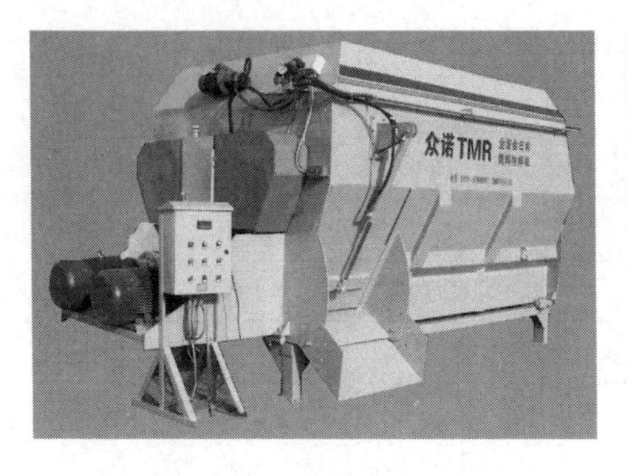

图 4-23　卧式固定式 TMR 饲料搅拌机

图 4-24　立式牵引式 14 立方 TMR 饲料搅拌机

6. 颗粒饲料机

(1) 环模式颗粒机　环模式颗粒饲料机（图 4-25）具有产量高、使用寿命长、可配套使用、自动化程度好，适用于连续作业、饲料质量均匀、维护成本低等特点，适用于大中型养羊场（户）。应用最多的是卧轴环模式颗粒机。

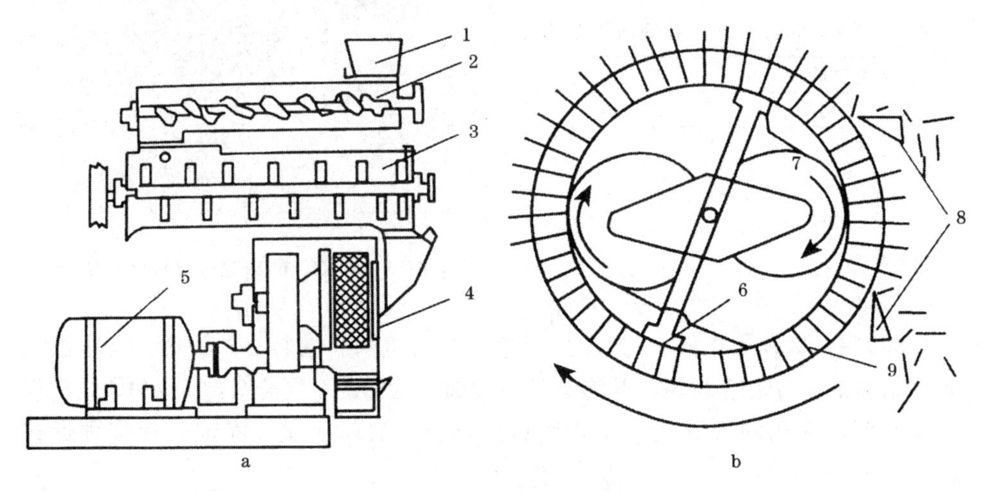

图 4-25　环模制粒机示意图

a. 环模制粒机　b. 压模圈及压辊

1. 料斗　2. 螺旋供料器　3. 搅拌调质器　4. 制粒机　5. 电动机　6. 分配器　7. 压辊　8. 切刀　9. 压模圈

(2) 平模式颗粒机　平模压粒机有动辊式、动模式和动辊动模式三种（图 4-26），结构简单、制造容易、造价低，使用方便、维护简单，特别适用于加工纤维性的物料，适用于中小型舍饲养羊场（户）。平模式颗粒机主要参数见表 4-9。

表 4-9　6ZLSP 系列平模颗粒机主要参数

型　号	动　力（千瓦）	饲料效率（千克/小时）	重　量（千克）
ZLSP120B	三相 3kW 电机，单相 2.2kW	75～100	80～100
ZLSP230B	三相 11kW 电机	300～400	290～320

图 4-26　ZLSP-200B 颗粒机

（三）卫生防疫设施设备

发展优质肉羊生产，要坚决贯彻“预防为主、防重于治”的原则，建立健全有效的消毒防疫设施及设备，确保羊场和羊群安全。

1. 兽医室　中型以上羊场应建设独立的兽医室，总建筑面积不低于 20 米^2。兽医室布局、内部设施和内部环境条件等应符合 BSL-1 实验室的要求，并配备常用兽医器械、药物。要求兽医室离羊舍不宜太远，便于兽医随时观察，治疗羊只。

2. 常用消毒设施设备

（1）消毒池　在羊场大门口和生产区通道口，修建供车辆和人员消毒的消毒池（图 4-27，图 4-28）。车辆消毒池长 4 米、宽 3 米、深 0.15 米。池底低于路面，坚固耐用，不透水；在池上设置棚盖，以防降水时稀释药液，并设排水孔以便换消毒液。

图 4-27　羊场大门口消毒池

图 4-28　产区入口紫外线消毒室及消毒池

人员用消毒池长2.5米、宽1.5米、深0.1米，采用踏脚垫浸湿药液放入池内进行消毒。消毒垫用20%新鲜石灰乳、2%～3%氢氧化钠或3%～5%来苏儿浸泡，对推车、人员的足底进行消毒。消毒液应维持有效浓度。

（2）喷雾机 适用于羊舍内外的消毒卫生防疫（图4-29）。

图4-29 推车式动力喷雾机

（3）喷雾器 常用的有气溶胶喷雾器、手动喷雾器等（图4-30，图4-31）。

图4-30 气溶胶喷雾器

图4-31 DFH-16A型手动喷雾器

（4）紫外线杀菌灯 紫外线消毒主要用于羊场办公室、生产区入口处消毒等，它能净化空气，消除霉味，产生一定量的负氧离子，可避免一些病菌经空气传播或经物体表面传播。

3. 常用药浴设施 我国近年来研究成功的药淋装备，通过喷雾机械对羊群进行药淋，可减少羊只伤亡，降低劳动强度，提高工作效率。

（1）9AL-8 型药淋装置　该药淋装置由机械和建筑两部分组成。机械部分包括上淋管道、下喷管道、喷头、过滤筛、搅拌器、螺旋式阀门、水泵和柴油机等；地面建筑包括淋场、待淋场、滴液栏、药液池和过滤系统等，可使药液回收、过滤后循环使用。圆形淋场直径为 8 米，可同时容纳 250～300 只羊淋药（图 4-32）。

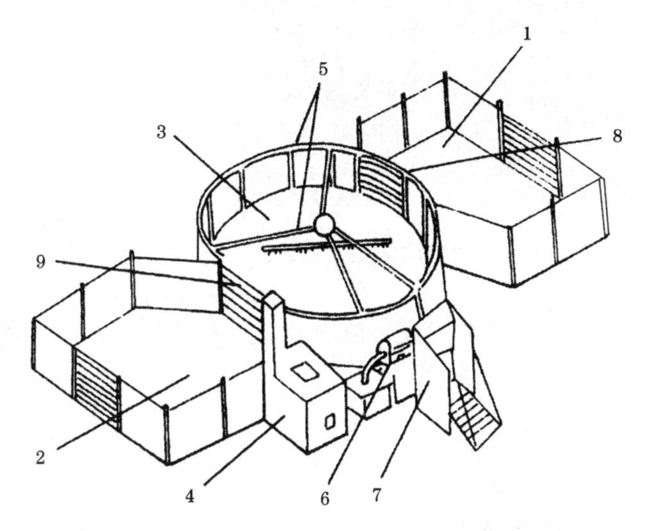

图 4-32　淋浴式药淋装置示意图

1. 未浴羊栏　2. 已浴羊栏　3. 药浴淋场　4. 炉灶及加热水箱　5. 喷头
6. 离心式水泵　7. 控制台　8. 药浴淋场入口　9. 药浴淋场出口

（2）流动药浴车　目前应用的主要型号有 9A-21 型新长征 1 号羊药浴车、9LYY-15 型移动式羊药淋机、9AL-2 型流动小型药淋机以及 9YY-16 型移动式羊只药浴车等。如 9YL-1 小型移动式畜用药淋机，以 2.9 千瓦汽油机为动力，驱动 2ZC-22 自吸泵，将药液泵入药浴走廊及手持式扁嘴喷头，对羊进行药淋，每小时药淋 300～400 只羊。

4. 隔离圈舍　养殖场应在下风处建专门的隔离羊舍，并与其他羊舍保持 100 米的距离。将病羊及时放入隔离舍观察治疗，待痊愈后再归群；新购进的羊，应先饲养在隔离舍内，通过一段时间的饲养观察，确定无疫病后再归群。隔离羊舍要在羊出入前、后进行消毒。

（四）饮水与饲喂设备

1. 饮水槽　可用镀锌铁皮制成，也可用砖、水泥制成。饮水槽上宽 25 厘米，下宽 20～22 厘米，垂直深 20 厘米，槽底距地面 20～30 厘米，槽内水深不超过 20 厘米（图 4-33）。每只羊占槽位 10 厘米。一侧下部设排水口，以便清洗水槽。

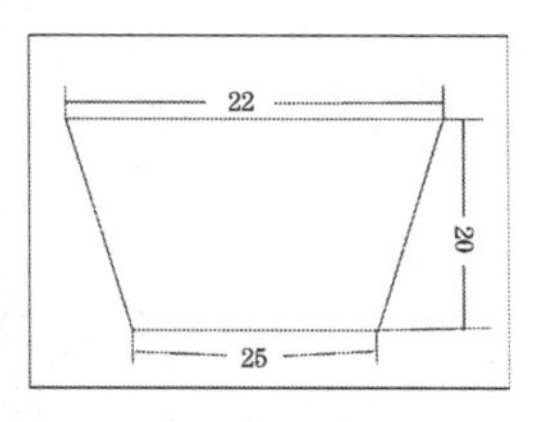

图 4-33　固定式水泥饮水槽　（单位：厘米）

2. 自动饮水器　安装高度以羊能抬头饮水且不能站在饮水器上蹭痒为最佳。如自动饮水碗（图 4-34）等。

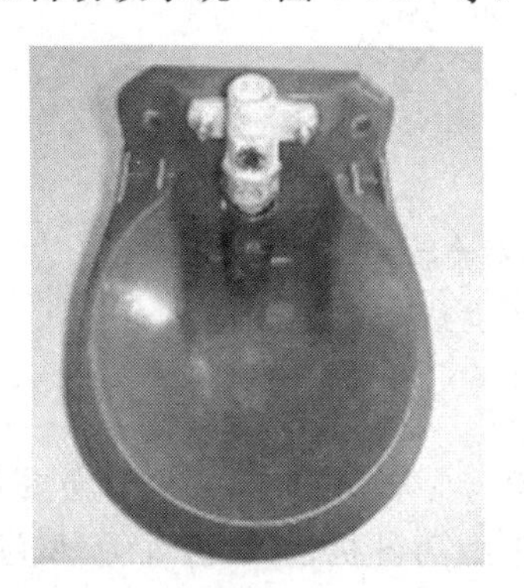

图 4-34　饮水碗

3. 饲喂设备

（1）饲槽　饲槽是舍饲养羊的必备设施，用它喂羊既减少饲料浪费，又干净卫生。饲槽有固定式长方形槽、移动式木槽、镀锌板制成的饲槽（图 4-35）。饲槽用砖石、水泥砌成，槽内径宽 26 厘米，槽深 16 厘米。为便于羊只采食和清扫，要求槽内面和边缘光滑，多采用圆底式。靠近羊的一侧设铁颈枷，便于固定羊位，颈枷的宽度根据羊只大小而定。

移动式料槽可用厚木板钉制或铁皮打制，上缘制成圆形。保证每只羊有足够槽位。

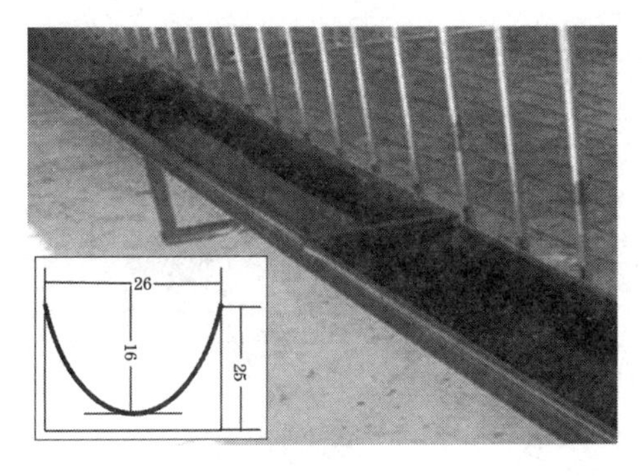

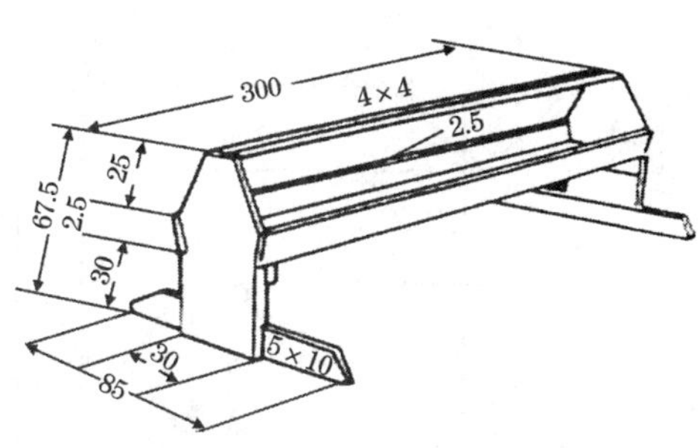

图 4-35 饲 槽 （单位：厘米）

（2）草架 草架是用来饲喂长草或草捆的用具。主要有移动式、悬挂式、固定式和结合式四种（图 4-36，图 4-37）。可以用木材、竹条、钢筋等制作。

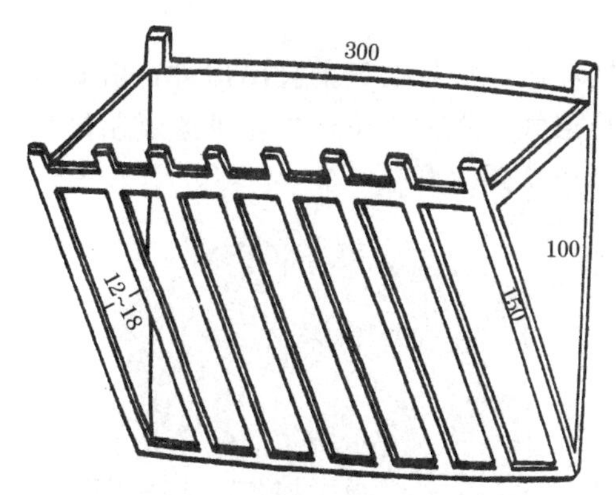

图 4-36 靠墙固定的单面草架
（单位：厘米）

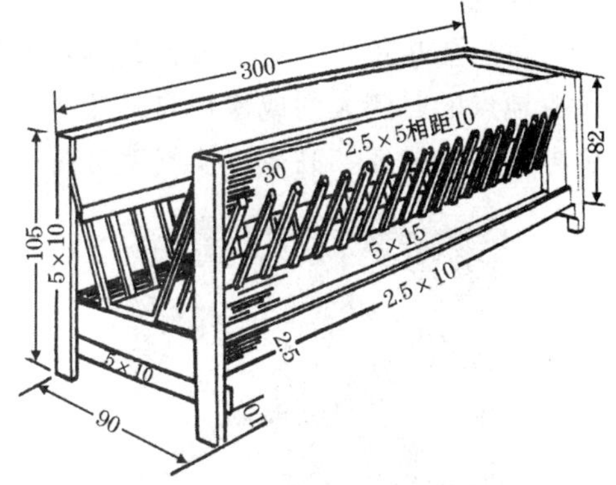

图 4-37 木制活动草架示意图
（单位：厘米）

（五）环境控制设施设备

1. 清粪设备

（1）输送器式清粪设备 有刮板式、螺旋式和传送带式 3 种，其中刮板式清粪设备最多（图 4-38）。常见的输送器式清粪设备有拖拉机悬挂式刮板清粪机、往复刮板式清粪机、输送带式清粪机和螺旋式清粪机。

（2）自落积存式清粪设备 包括漏缝地板，舍内粪坑和铲车。

舍内粪坑位于漏缝地板的下面，由混凝土砌成，坑的深度为 1.5～2.0 米。粪坑贮存一批粪便的时间为 4～6 个月。采用机械清粪，运输至农田或堆粪场。

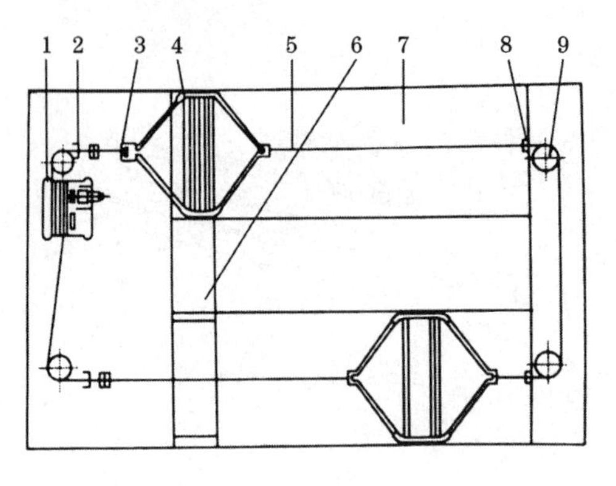

图 4-38　9FZQ-1800 型刮板式清粪机平面图

1. 牵引装置　2. 限位清洁器　3. 张紧器　4. 刮粪板　5. 牵引钢丝绳
6. 横向粪沟　7. 纵向粪沟　8. 清洁器　9. 转角轮

2. 通风设备

(1) 负压风机　负压风机是利用空气对流、负压换气的降温原理，由安装风机地点的对侧大门或窗户自然吸入新鲜空气，将舍内闷热气体迅速强制排出舍外，换气彻底、高效，换气率可高达 99%（图 4-39）。

图 4-39　负压风机

(2) 涡轮通风器　旋转式通风器是由涡轮叶壳、中心轴、切风片、泛水切口、轴承、支承座几部分组成（图 4-40）。它是利用风力达到通风换气效果，不需要使用电力，并且兼容了采光功能，安装维修方便。

3. 保温设备　除选用新型保温建筑材料（如泡沫夹芯板、无机玻璃钢保温板）建设羊舍外，严寒地区羊舍，尤其是冬季产羔舍、羔羊培育舍应建有供暖设施，配备相应供暖设备。如供暖锅炉、电热器、暖风机等。

图 4-40　涡轮通风器

(六) 其他设施设备

1. 剪毛机　剪毛机类型很多，按剪毛组织形式可分为移动式和固定式两种。移动式剪毛机组适用于广大牧区放牧场剪毛。固定式剪毛机组适用于大型农牧场等羊群比较集中的地方。其中以挠性轴式剪毛机应用最广（图 4-41)。

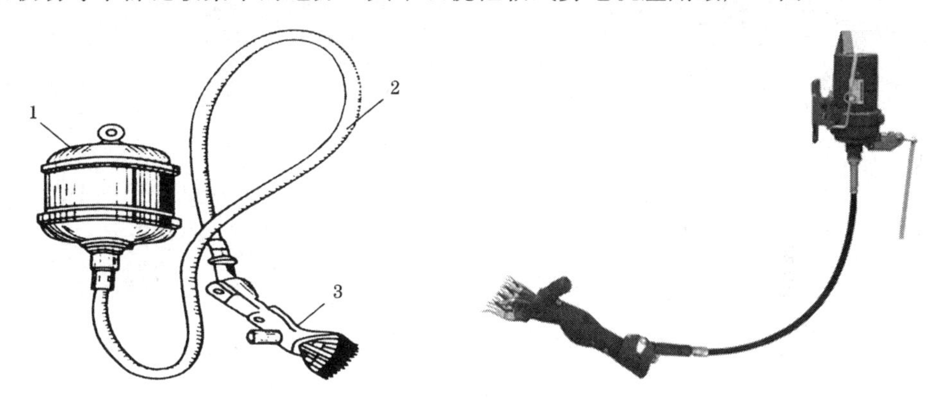

图 4-41　挠性轴式剪毛机

1. 电动机　2. 挠性轴　3. 羊毛剪头

2. 称测设备　为了解饲养管理情况，掌握羊只生长发育动态及对外销售，需要定期称测体重，以及饲料、饲草进出场等计重需要，羊场应设置小型地磅（≤100 吨)、普通台秤（≤1 000 千克）或电子秤。地坪的基本要求是平坦坚实，耐摩擦和冲击，表面光洁不起灰尘并有足够的强度以保证安全使用(图 4-42)。

3. 羊围栏　栏的高度视其用途而定，一般 1～1.5 米。围栏必须有足够的强度，坚固耐用，可用木栅栏、铁丝网、钢管、原竹等制作，分移动式和固定

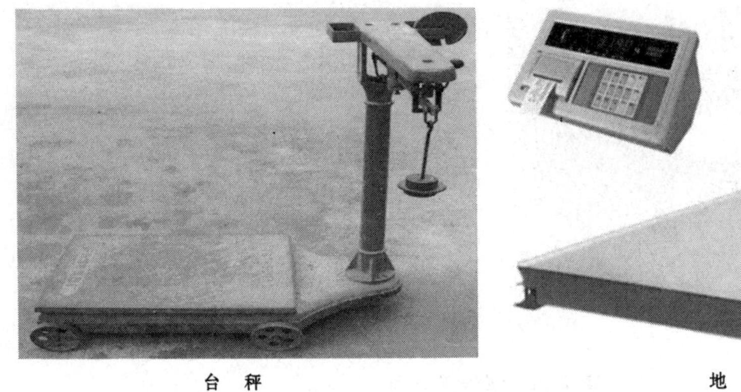

台　秤

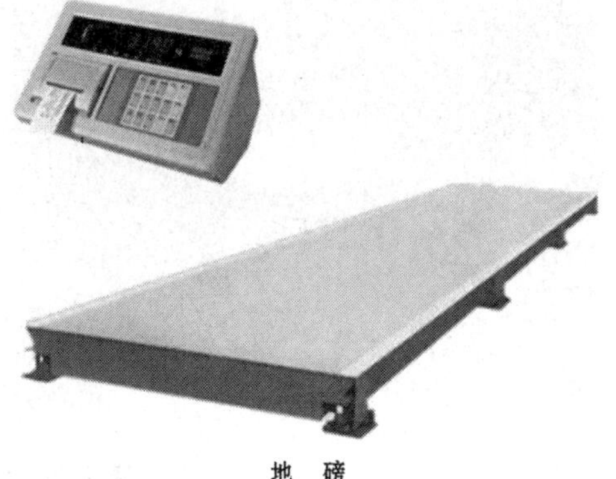

地　磅

图 4-42　称测设备

式（图 4-43，图 4-44）。根据羊栏结构不同，分为重叠围栏、折叠围栏和三脚架围栏等类型。按用途分为以下几种。

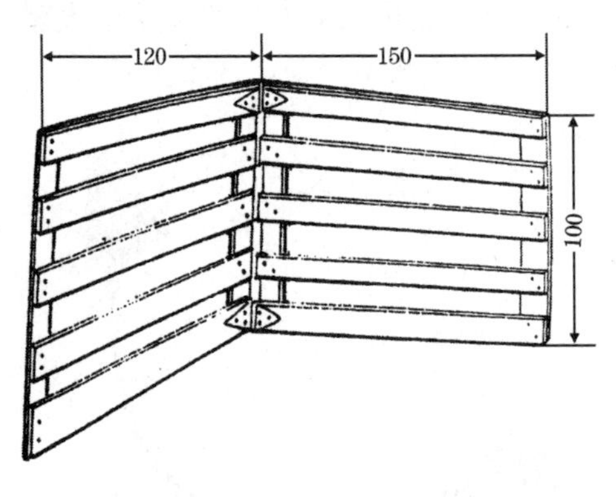

图 4-43　活动围栏

图 4-44　固定式钢管围栏　（单位：厘米）

（1）羔羊补饲栏　一般情况下，羔羊出生后 10～14 天应补饲草料。由于母羊和羔羊同圈饲养，必须设专门的羔羊补饲栏（图 4-45）。羔羊的补饲栏应设在母仔圈内靠近墙边的一侧，用木栅栏做围墙，用两根圆木做门柱，固定在木栅上，柱与柱间距为 20 厘米，羔羊可以自由出入，而母羊不能通过。

（2）母仔栏　将两块栅栏板用铰链连接，每块高 1 米，长 1.2～1.5 米，将此活动木栏在羊舍角隅成直角展开，并将其固定在羊舍墙壁上，可围成 1.2～1.5 米^2 的母仔间。目的是使产羔母羊及羔羊有一个安静又不受其他羊只干扰的环境，便于羔羊补料和哺乳，有利于产后母羊和羔羊的护理。

（3）分群栏　供羊分群、鉴定、防疫、驱虫、称重等日常管理使用，可提高分群工作的效率。分群栏由许多栅板连接或网围栏组成，可以是固定的也可

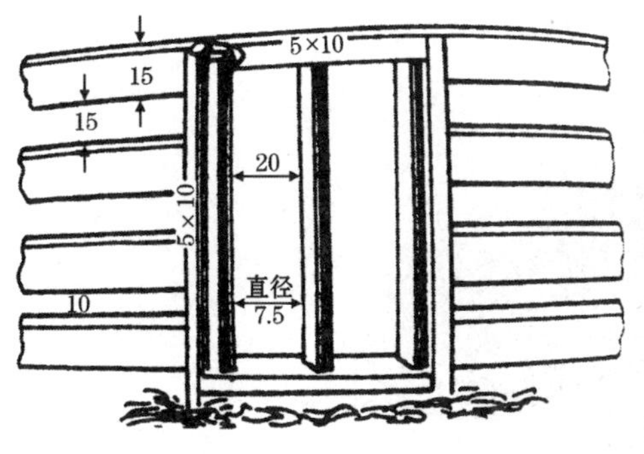

图 4-45 补饲栏 （单位：厘米）

临时搭建，其规模视羊群的大小而定。分群栏设有一窄而长的通道，通道的宽度比羊体稍宽，羊在通道内只能单独前进，在通道的两侧设若干个只能出不能入的活动门，门外围以若干贮羊圈，通过控制活动门的开关决定每只羊的去向（图 4-46）。

（4）羊床 羊床是羊躺卧和休息的地方，要求洁净、干燥、不残留粪便，便于清扫。羊床多由竹、木制成，也可钢筋水泥制成，缝宽 1.8～2.2 厘米，铺设高度 0.5～1 米，由长度和宽度 1～2 米的板子拼接而成。羊床大小可根据圈舍面积和羊的数量而定，以易于搬动、安放为宜（图 4-47）。

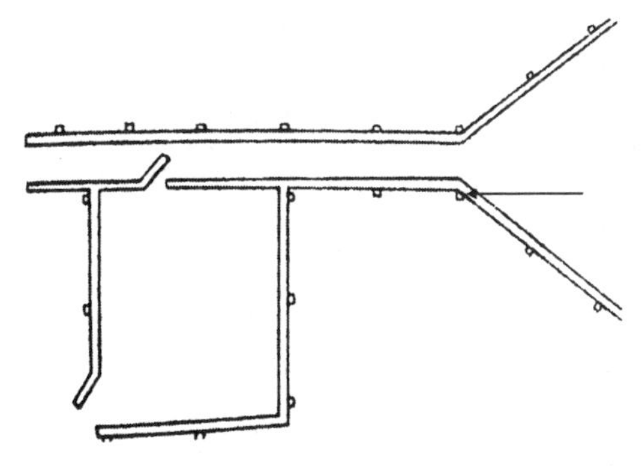

图 4-46 分 群 栏

图 4-47 羊舍内围栏及羊床

4. 装羊台 液压升降装羊台适用于各大养羊场、肉羊屠宰场等，连接货车与地面，坡度小于等于 30°，让羊缓慢自行上下车，避免摔伤。液压升降装羊台结构见图 4-48，其参数见表 4-10。

图 4-48 液压升降装羊台

表 4-10 液压升降装羊台参数

设备名称	型　号	升高（米）	台口高（米）	护栏高（米）	载　重（千克）	工作台面（毫米）
售羊台	SJYZ-2	2.7	0.40～0.6	0.5～0.6	2000	5000×2000

每个装羊台配备高压清洗机 1 台，便于清洗消毒。每次装羊完毕，都要求用高压清洗机进行彻底冲洗，冲洗后使用菌毒敌 1∶300 消毒液消毒。

[案例 4-1]　5 000 只基础母羊肉羊场建设

在暖温带季风型气候区设计建造基础繁殖母羊 5 000 只的肉羊场。

一、工艺设计

1. 性质和规模

规模为年存栏繁殖母羊 5 000 只的肉羊场，年出栏 10 000 只商品肉羊。

2. 羊群组成和周转

繁殖母羊 5 000 只。羊群由繁殖母羊群、育成母羊群、后备母羊群和羯羊群组成。种公羊从育种场选购，实行人工授精，公母比例 1∶500。各羊群数量按以下方法确定：

(1) 繁殖母羊存栏数　每年参加配种的母羊（包括初配的后备母羊）共 5 000 只，逐年将空怀、病弱、有残疾的羊淘汰，正常母羊按 6 岁龄全部淘汰，平均每年淘汰总数为 1 000 只，淘汰率为 20%。

(2) 后备母羊存栏　从育成母羊群选留补充当年淘汰母羊 1 000 只，按 1 100 只预留，占育成母羊的 44%。

（3）育成母羊数　计划育成2 500只，按当年淘汰率2%计算，为50只。

（4）羯羊存栏数　计划存栏2 500只，占28.7%，当年育肥出栏率33%，计833只。

（5）公羊总数　全场需公羊25只，后备公羊25只，试情公羊100只，合计150只。

以上共计8 750只，其中繁殖母羊占57.1%，后备母羊占12.6%，羯羊占28.6%，公羊占1.7%。

5 000只繁殖母羊参加当年配种，受胎率95%，分娩率98%，产羔率125%（双羔率25%），羔羊成活率90%，育成率98%，公、母羔比例1∶1。育成羊数为5 000×0.95×0.98×1.25×0.9×0.98=5 132只，补充各群淘汰羊后，其余全部育肥出售。

3. 饲养管理方式

以舍饲为主，舍内和运动场喂草喂料，定时定量饲喂，自由饮水，定时清粪。

4. 各类羊舍栋数和面积的确定

（1）繁殖母羊舍　繁殖母羊存栏5 000只，生产周期为空怀期3个月，妊娠期5个月，哺乳期4个月，全年均在同一母羊舍内。母羊分群饲养，每群120只，两群一栋羊舍，需21栋。冬季产羔时，每只母羊占地2米^2。设计羊舍为对头双列封闭舍，面积为480米^2（60米×8米）。羊舍坐北向南，南北两侧分设面积为羊舍面积2倍的运动场，运动场周边设置1.2米高围栏。

（2）后备母羊舍　后备母羊存栏数为1 100只，饲养期平均14个月，分6群饲养，每群184只，两群一栋羊舍，共需3栋，每只母羊占地1米^2。面积为368米^2（46米×8米），羊舍式样及设置同繁殖母羊舍。

（3）育成羊舍　饲养当年选留的后备种公、母羊，合计约2 500只。公母分群饲养，每群250只左右，两群一栋羊舍，共需10栋，每只羊占地0.8米^2。每幢面积为400米^2（50米×8米）。羊舍式样及设置同繁殖母羊舍。

（4）育肥羊舍　羯羊存栏数2 500只，每群250只左右，两群一栋羊舍，共需5栋，每只羊占地0.9米^2。每栋面积为456米^2（57米×8米）。羊舍式样及设置同繁殖母羊舍。

（5）剪毛、产羔两用羊舍　产羔季节作产房用，内设分娩栏，每栏面积1.8米^2，可建设1栋，面积为530米^2（53米×10米）。

（6）种公羊舍　种公羊50只（其中后备25只），试情公羊100只。可单建公羊舍1栋，每只羊占地2.77米^2。舍内设栏圈，分个体或小群饲养。种公羊与试情羊分开饲养。公羊舍面积为416米^2（52米×8米）。

(7) 配种羊舍　可用一栋育成羊舍经过消毒后作配种舍用，不需另建。

(8) 兽医室、人工授精室　人工授精室原则上靠近种母羊舍。兽医室位于生产区下风向，距最近羊舍50米以外，内部设施和环境符合BSL-1实验室的要求，应分别设置接样室、解剖室、样品保藏室、血清学检测室、洗涤消毒室、档案室等，总建筑面积不低于20米²（图4-49）。

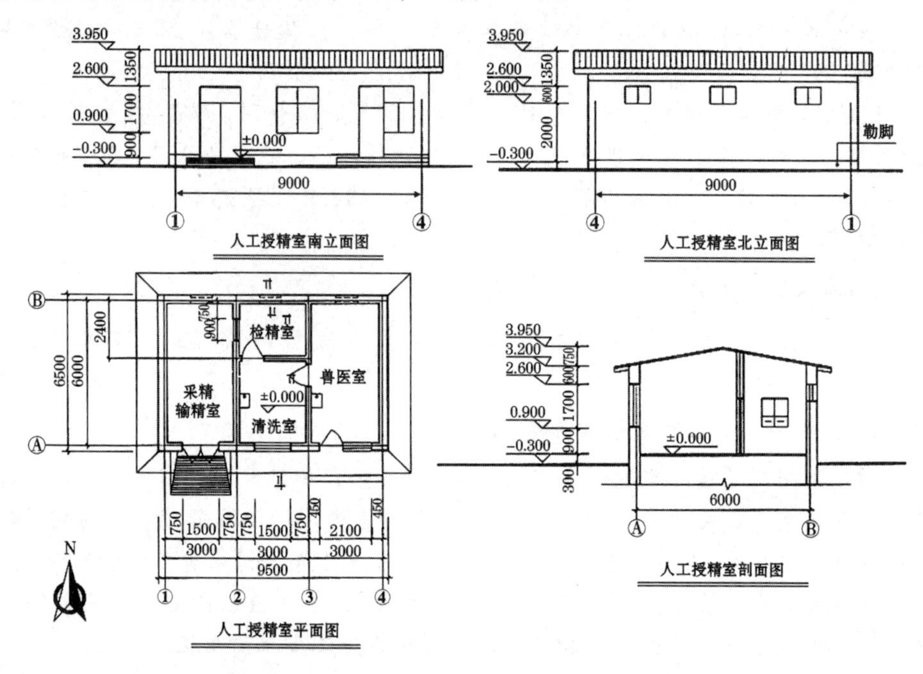

图4-49　人工授精室设计图　（单位：毫米）

(9) 粪污处理　在养殖场常年主导风向的下风向或侧风向处，距离主要生产设施100米以上，按NY/T 682的规定，设计建设长60米、宽20米、深或高2米粪便贮存池1个。

以上各种羊舍的要求和规格见表4-11。

表4-11　各种羊舍的建筑及规格

项　目	繁殖母羊舍	后备母羊舍	育成羊舍	育肥羊舍	产羔羊舍	公羊舍
存栏总数（只）	5000	1100	2500	2500		150
每栋数量（只）	240	366	500	500		150
羊舍类型	封闭式	封闭式	封闭式	封闭式	封闭式	封闭式
舍内羊栏排列	对头双列	对头双列	对头双列	对头双列	对头双列	对头双列

续表 4-11

项　目	繁殖母羊舍	后备母羊舍	育成羊舍	育肥羊舍	产羔羊舍	公羊舍
羊舍栋数	21	3	5	5	1	1
每舍羊群数	2	2	2	2		
羊栏面积（米^2）	60×4	46×4	50×4	57×4	50×5	52×4
饲喂道宽度（米）	1.8	1.8	1.8	1.8	1.8	1.8
值班室或饲料间（米^2）	3.0	3.0	3.0	3.0	3.0	3.0
南北墙轴线跨度（米）	9.8	9.8	9.8	9.8	11.8	9.8
南北墙跨度（米）	10.04	10.04	10.04	10.04	12.04	10.04
羊舍轴线总长度（米）	60.0	46.0	50.0	57.0	50.0	52.0
羊舍总长度（米）	60.5	46.5	50.5	57.5	50.5	52.5
每种羊舍总容量（只）	5040	1100	2500	2500	200	150
每种羊舍面积（米^2）	607.42	466.86	507.02	577.30	608.02	527.10
每种羊舍总面积（米^2）	12755.82	1400.58	2535.10	2886.5	608.02	527.1

二、羊舍设计

以繁殖母羊为例进行具体设计，育成羊舍、后备羊舍、公羊舍等方法基本相同。

1. 平面设计

依据工艺设计要求，羊舍朝向为坐北向南，有窗封闭舍，砖墙，机制瓦屋顶，运动场分设在羊舍南北两面，面积为羊舍面积的 2 倍。舍内羊栏布局为对头双列式，羊床与饲槽间设栅栏，两列饲槽间设宽度为 1.8 米的饲喂道，羊舍两端饲喂道端口山墙上各设大门 1 个。羊舍与运动场相连的墙上设宽 1.5 米的门，每间羊舍的南墙与北墙上分别设高 1.0 米×宽 1.2 米的中悬窗 2 个。每间间距为 12 米，中间隔栏用镀锌管制作，高度为 1.2 米，在隔栏上开宽 1.2 米的门。羊舍外墙和内隔墙厚 0.24 米，外端山墙厚 0.36 米。运动场围栏高 1.2 米，并在每间羊舍的运动场围栏上设 1 个宽度为 1.5 米的门。运动场上设自来水定点饮水。舍内不设粪尿沟。人工饲喂清粪（图 4-50）。

2. 剖面图设计

为防止舍外地面雨水流入羊舍，舍内地坪标高为＋0.10 米，舍外（运动

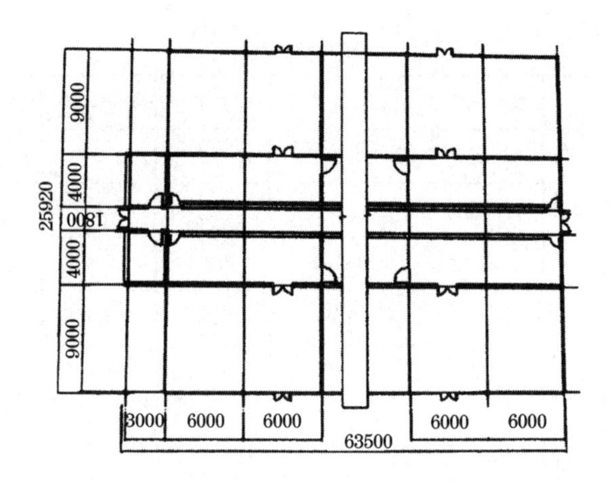

图 4-50　繁殖母羊舍平面设计图　（单位：毫米）

场）标高为一0.10 米。舍内通道地面用水泥做成麻面，羊栏内为夯实图地面。

3. 羊场总平面布局图

为便于羊群管理，确定全场布局分为 3 个相对独立的分场。总场为全场管理部门所在地，饲养 2 000 只繁殖母羊和全部种公羊；一分场饲养繁殖母羊 1 600 只；二分场饲养繁殖母羊 1 400 只，其他羊群和建筑物按比例分布。各场之间距离在 10～15 千米，两分场设有相应的附属建筑和设施（图 4-51）。

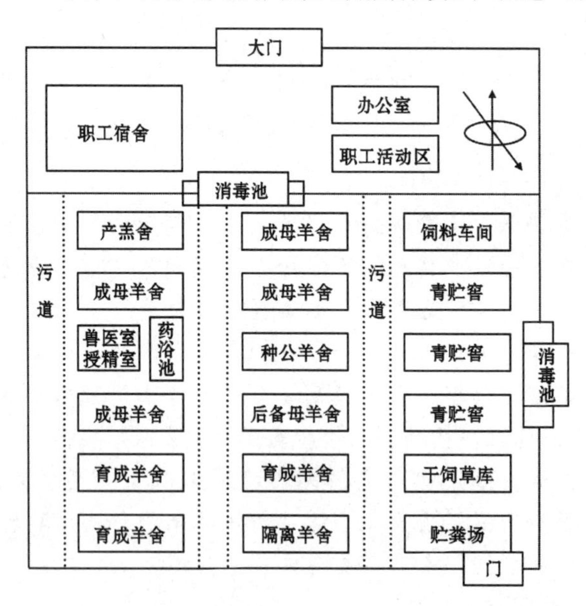

图 4-51　基础繁殖母羊 5 000 只的肉羊场平面设计图

第三节　肉羊的饲养管理

饲养管理是肉羊生产中的重要环节之一，其水平的高低决定了肉羊养殖的成败。进行肉羊养殖，需对肉羊养殖过程有整体的管理规划，熟悉羊的生活习性和生理功能特点，掌握肉羊不同生理阶段的营养需要，提供良好的饲养管理条件，实现养羊经济效益。下面对肉羊的饲养管理技术进行详细介绍。

一、羊群的管理规划

（一）羊群分组

羊群的构成：种公羊、成年母羊（妊娠母羊，哺乳母羊，空怀母羊）、育成羊、羔羊、育肥羊。

（二）羊群结构

种羊场，适繁母羊比例应占60%以上，其中公羊3%～4%，后备母羊25%～30%，老龄羊（6岁以上）比例要小，特殊优秀老龄羊除外。

商品肉羊场，母羊占70%～80%，种公羊本交时，公母比例为1∶30～50，人工授精时公母比例为1∶100。适繁母羊比例越高，对提高肉羊生产效益越有利。

（三）羊群的规模

根据饲草料条件、羊舍、资金、技术状况等进行确定。

目前，我国肉羊养殖规模普遍较小，主要表现为以家庭为饲养单元的养殖形式。规模小，不利于现代设备和技术的应用，效益较低；规模大，其规模效益比较高，也是畜牧业发展的理想模式，但受资金、技术、社会化服务体系建设、城镇化发展以及农民文化、管理水平及心理等因素和条件的限制。规模一旦超出自己的经营管理能力，就难以获取计划收益。

对广大农牧户而言，在从事肉羊饲养初期，不具备大规模养殖条件的，应当重视目前小规模家庭养殖模式，当各种支撑条件具备后，方可逐步扩大养殖规模，任何不切合实际的盲目上马、扩大养殖规模的做法都是不可取的。无论是肉羊种羊场，还是商品肉羊场，无论规模大小，都应采用现代化企业经营理念，对每一个生产环节都进行评估或预算，最后确定适宜的养殖规模。

（四）羊只生产计划和目标

生产计划包括配种分娩计划、羊群周转计划等。生产计划制定必须掌握以下资料：计划年初羊群各组羊的实有只数；去年交配今年分娩的母羊数；本场母羊受胎率、产羔率和羔羊繁殖成活率；计划年生产任务目标等。

（五）饲料生产、供应计划

饲料生产计划反映饲料供应的保证程度。饲料供应计划包括制定日粮标准、饲料定额、饲料粮的留用、青绿饲料及粗饲料的生产和供应的组织、饲料采购与贮存、饲料加工配合等。

（六）羊群发展计划

根据羊群发展计划可计算今后数年繁殖母羊发展数量、当年产羔羊数量、每年应有的育肥羊数量。此值与实际是否相符，要考虑本场的饲料、设施、技术水平等条件。

（七）羊群的疫病防治计划

主要包括疫苗预防注射计划、羊舍消毒计划、羊群定期检查计划、病羊隔离与防治计划等。

二、肉羊的分阶段饲养管理

（一）种公羊的饲养管理

种公羊是发展养羊生产的重要生产资料，对羊群的生产水平、产品品质都有重要的影响。在现代养羊业中，人工授精技术得到广泛的应用，需要饲养的种公羊不多，因而对其要求越来越高。养好种公羊是使其优良遗传特性得以充分发挥的关键。饲养种公羊应常年保持结实健壮的种用体质，达到中等以上膘情，并具有旺盛的性欲、优质的精液和耐久的配种能力。

种公羊的饲养管理要点：一是应保证饲料的多样性，精、粗饲料合理配搭，尽可能保证青绿多汁饲料全年较均衡地供给；同时，要注意矿物质、维生素的补充。二是根据种公羊营养需要配制日粮，保持较高的能量和粗蛋白质水平，即使在非配种期内，种公羊也不能单一饲喂粗饲料或青绿多汁饲料，必须补饲一定的混合精饲料。三是必须有适度的运动时间，这一点对配种期和非配种期种公羊都极为重要。

1. 非配种期的饲养管理 种公羊在非配种期的饲养以恢复和保持其良好的种用体况为目的。配种结束后，种公羊的体况都有不同程度的下降，为使体况尽快恢复，在配种刚结束的1～2个月，种公羊的日粮应与配种期基本一致，并增加优质青干草或青绿多汁饲料的比例，并根据体况恢复情况，逐渐转为饲喂非配种期日粮。

冬季，种公羊的饲养要保持较高的营养水平，既有利于体况恢复，又能保证其安全越冬度春。做到精、粗饲料合理搭配，补饲适量青绿多汁饲料或青贮饲料，在精饲料中补充一定数量的微量元素。在春、夏季节，有放牧场地的，种公羊以放牧为主，每日补饲少量的精料补充料和干草。

2. 配种期饲养管理 种公羊在配种期内要消耗大量的养分和体力，营养水平要求较高。对配种任务繁重的优秀种公羊，每天需在日粮中增加2个鸡蛋和500～800克胡萝卜，以保持其良好的精液品质。

配种前1.5～2个月，逐渐调整种公羊的日粮，增加精料补充料的比例，同时进行采精训练和精液品质检查。开始时每周采精检查1次，以后增至每周2次，并根据种公羊的体况和精液品质来调整日粮和运动量。对精液稀薄的种公羊，应提高日粮粗蛋白质水平，当精子活力差时，应增加种公羊的运动量。

种公羊的采精次数要根据羊的年龄、体况和种用价值来确定。每天采精以1～2次为宜，每次间隔3～4小时，不宜连续采集；采精较频繁时，应保证种公羊每周有1～2天的休息时间，以免因过度消耗体力而造成体况下降。

（二）母羊的饲养管理

母羊是羊群的主体，母羊的生产力决定了羊场的养殖效益。母羊数量多，个体差异大，饲养管理重点是提高母羊的配种率、产羔率和羔羊成活率。母羊的饲养不仅要从群体营养状况来合理调整日粮，对少数体况较差的母羊还应单独组群饲养。母羊按生理阶段划分为空怀期、妊娠期和哺乳期，妊娠期分为妊娠前期和妊娠后期，哺乳期分为哺乳前期和哺乳后期。

1. 空怀期和妊娠前期的饲养管理 空怀期是母羊体况恢复的时期，日粮营养水平要求不高，在生产中常被忽视。空怀期饲养应以粗饲料为主，配种前半个月加强补饲，恢复体况，可以提高发情率和受胎率。对体况较差的空怀母羊，经补饲恢复膘情后方可配种。

母羊的妊娠期为5个月，妊娠的前3个月称为妊娠前期。妊娠前期胎儿发育较慢，对能量、粗蛋白质的要求与空怀期相似，但应补饲一定的优质蛋白质饲料，以满足胎儿生长发育和组织器官分化对营养物质的需要。此期的工作重点是保胎，避免羊群吃霜草和霉烂饲料，避免惊群和剧烈运动等。

2. 妊娠后期的饲养管理 母羊妊娠后2个月为妊娠后期。妊娠后期胎儿的增重明显加快，母羊自身也需储备大量的养分为产后泌乳做准备。而妊娠后期母羊腹腔容积有限，对饲料干物质的采食量相对减小，因此日粮体积要小，营养水平要高，并且易消化。

妊娠后期母羊要避免拥挤或急驱猛赶，补饲、饮水时要防止拥挤和滑倒，避免流产。产前1周左右，应将母羊放于待产圈中饲养和护理。

3. 围产期的饲养管理 围产期指产前10天和产后10天。产前10天要让母羊适当运动，注意胎位变化，防止出现难产及产前、产后瘫痪。主要管理措施如下。

第一，按围产期营养需要配制日粮，提供充足的营养。

第二，预防流产。管理上要注意做到“三稳三防”，即出入羊舍要稳，防挤撞；放牧要稳，山区应避免在陡坡上放羊，防惊吓猛跑和爬沟坎，以防流产；饮水要稳，防跌倒，以免发生流产、死胎。冬季要给妊娠母羊饮温水，不可饮带冰碴的水。严禁将发霉变质的饲草料饲喂妊娠母羊。在放牧时，要做到慢赶，不打冷鞭，不惊吓，不跳沟，不走冰滑地；出入圈舍不拥挤，不无故惊扰羊群，及时阻止羊间角斗，以防造成流产。

第三，适当运动。产后1周要做好带羔母羊的运动，到比较平坦的地方吃草、晒太阳；母羊和羔羊放牧时，时间要由短到长，距离由近到远，如遇天气变化，以便及时赶回羊舍。

第四，抓好营养调控。对于产双羔或多羔的母羊要单独组群，适当增加精饲料，加强饲养管理。

第五，管理上要做到“六净”。所谓“六净”即料净、草净、水净、圈净、槽净、羊体净。同时，要供给充足的饮水。母仔圈舍，要勤换垫草，经常打扫，污物要及时清除，保持圈舍清洁、干燥、温暖。定期消毒，以减少疾病的发生。

第六，预防母羊产前、产后瘫痪。产前、产后瘫痪是常见的一种营养代谢病。对老龄羊、消瘦或产3羔及以上的母羊，极易发生产前或产后瘫痪。此病多发于产前1～2个月的高产母羊。预防和治疗措施如下：妊娠后期将可能出现瘫痪的母羊，单独组群饲养，提高日粮能量水平，同时补充磷酸氢钙。

第七，做好接产准备。母羊妊娠后期和分娩前管理要特别精心。准确掌握妊娠母羊的预产期，做好接产准备。若发现母羊肷窝下陷，腹部下垂，乳房胀大，阴门肿胀流黏液，独卧墙角，排尿频繁，时起时卧，不停回头望腹，发出哞叫时，都是母羊临产前的表现，应立即转入产羔舍。

4. 分娩与接羔

(1) 准备工作　产房要保持地面干燥、通风良好、光线充足、没有过堂风。在接羔舍附近，应安排一暖室，为初生弱羔急救之用。此外，在产羔前1周左右，必须对产羔舍、饲料架、饲槽、分娩栏等进行修理和清扫，并用2%或10%～20%石灰乳彻底消毒。

备足饲草料和垫草。准备助产用具及药品，如消毒药品（来苏儿、酒精、碘酊、高锰酸钾）；产科常用药品（强心剂、镇静剂、脑垂体后叶素、生理盐水、葡萄糖注射液等）；常用器械（手术刀、剪刀、注射器、温度计等）以及常用物品（消毒纱布、脱脂棉、秤、记录表格等）。

兽医人员的配备。接羔护羔是一项繁重而细致的工作，接羔人员必须分工明确，责任到人，对初次参加接羔的工作人员要进行培训上岗，兽医要经常巡视，做到及时发现及时防治。

(2) 接产　观察分娩征兆。母羊临产前，表现乳房肿大，乳头直立，外阴肿胀潮红，有时流出黏液，肷窝下陷，尤以临产前2～3小时最明显；行动困难，排尿次数增多；起卧不安，不时回头顾腹，喜卧墙角，四肢伸直努责。有时四肢刨地，表现不安，不时咩叫。

接产接羔。母羊正常分娩时，羊水破后10～30分钟，羔羊即可产出。正常胎位的羔羊出生时，一般两前肢和头部先露出。如后肢先出，最好立即助产，以防胎儿窒息死亡。产双羔时，一般间隔5～30分钟，但也有1小时以上的。当母羊产出第一只羔羊后，须检查是否还有未产羔羊，母羊产后仍表现不安、卧地不起或起立后重新躺下努责的情况，可用手掌在母羊腹部前方适当用力向上推举，如还有羔羊，则能触到一个硬而光滑的羔体。产双羔或多羔的母羊由于产程长容易疲乏无力，且羔羊的胎位往往不正，所以多需助产并加强产后护理。

羔羊产出后，首先把其口腔、鼻腔里的黏液擦净，以免因呼吸困难、吞咽羊水而引起窒息或异物性肺炎。让母羊舔净羔羊身上的黏液，如母羊不舔或天气寒冷时，须迅速把羔体擦干，以免受凉。羔羊出生2小时内，应进行称重及初生鉴定，并建立档案。

母羊产羔后排出胎衣的时间一般绵羊为3.5（2～6）小时，山羊为2.5（1～5）小时，如果在分娩后超过14小时胎衣仍不排出，即称为胎衣不下。胎衣不下的主要原因包括多胎、胎水过多、胎儿过大、妊娠后期运动不足、饲料营养不平衡等。胎衣不下容易引起子宫黏膜的严重发炎，导致暂时或永久性不孕，甚至引起败血症而死亡。发现胎衣不下时，应注射催产素或进行人工剥离，剥离后应用1%冷生理盐水冲洗子宫，排出盐水后给子宫注入抗生素。胎衣排出后应及时移除，防止母羊食入。

(3) 难产处理　在羊水破后20分钟左右，如母羊不努责，胎膜也未排出时，应立即助产。助产员剪短指甲，洗净手臂并消毒，戴上专用手套，涂润滑油，先帮助母羊将阴门撑大，把胎儿的两前肢拉出来再送进去，重复3～4次，然后一手拉前肢，一手扶头，随着母羊的努责，慢慢向后下方拉出，但不可以用力过猛，以防伤及产道。

(4) 羔羊的假死处理　母羊如分娩时间较长，初生羔羊往往出现假死情况。一般采用两种方法：一是提起羔羊两后肢，使羔羊悬空，同时拍其背胸部；另一种方法是使羔羊卧平，用两手有节律地推压羔羊胸部两侧。重复以上措施直至羔羊复苏。

5. 母羊泌乳期的饲养管理　母羊哺育羔羊时间为2～3个月，分为泌乳前期和泌乳后期。抓好哺乳母羊的饲养管理，使母羊产奶多，羔羊发育好，抗病力强，成活率高。对于放牧羊，母羊产羔1周内圈内饲养，1周后可到附近草场放牧，每日返回2～3次，给羔羊哺乳，晚间母仔合群自由哺乳。对于舍饲羊，可让母羊和羔羊在运动场自由活动。

(1) 泌乳前期的饲养管理　母羊产后2个月内即为泌乳前期。母羊产羔后泌乳量逐渐上升，在4～6周达到泌乳高峰，10周后逐渐下降；随着泌乳量的增加，母羊需要的养分也应增加。为调节母羊的消化功能，促进恶露排出，可喂少量轻泻性饲料，如在温水中加入少量麦麸。3日后逐渐增加精饲料的用量，同时给母羊饲喂一些优质青干草和青绿多汁饲料，可促进母羊的泌乳功能。

如果日粮所提供的养分不能满足其需要时，母羊会大量动用体内储备弥补，导致泌乳性能好的母羊体况瘦弱。在哺乳前期，母乳是羔羊获取营养的主要来源，应根据母羊体况及产羔数量，按营养需要配制泌乳期日粮。对体况较好的母羊，产后1～3天可减少精饲料的饲喂，以免造成消化不良或发生乳房炎。

(2) 泌乳后期的饲养管理　泌乳后期母羊的泌乳量下降，即使加强母羊的补饲，也不能继续维持其高的泌乳量，而此时单靠母乳已不能满足羔羊的营养需要。羔羊15日龄开始采食植物性饲料，2～3月龄时对母乳的依赖程度减小，已可以将其断奶。因此，在泌乳后期应逐渐降低母羊的营养水平，到羔羊断奶后母羊日粮可调整为空怀期日粮。但对体况下降明显的母羊需补饲恢复体况，以备进入下一个繁殖周期。

（三）哺乳羔羊的饲养管理

哺乳期羔羊是生长发育强度最大，发病率、死亡率最高的一个阶段。羔羊在哺乳前期主要依赖母乳获取营养和抵抗力。母乳可分为初乳和常乳，母羊产后7天内分泌的乳叫初乳，之后分泌的乳为常乳。初乳浓度大，养分含量高，尤其是含有大量的免疫球蛋白和丰富的矿物质元素，可增强羔羊的抗病力，促进胎粪排泄，因而应保证羔羊出生后15～30分钟内吃到初乳。

初生羔羊抵抗力弱，消化功能不完善，对外界适应能力较差。因此，必须高度重视羔羊的饲养管理，把好羔羊培育关。针对羔羊的生长特点，饲养管理上应把握以下几个环节。

1. 羔羊的护理 对新生羔羊，接产者要及时清除口、鼻、耳内的黏液，躯体上的黏液让母羊舔干净，及时让羔羊吃上初乳。舔羔一方面可促进羔羊体温调节、排出胎粪、及早建立母仔关系，另一方面可促使母羊胎衣排出。如果母羊不愿舔，可将麸皮撒在羔羊身上，这样母羊就会立即舔干。

初生羔羊毛短，调节体温能力差，对环境温度变化非常敏感，天冷时要注意保暖。尤其是我国北方产冬羔和早春羔时，需准备取暖设备，如火炉、火墙，羔羊舍温保持在10℃以上，同时地面铺垫柔软干草、麦秸，以御寒保温，防止羔羊受冻。

羔羊出生后15天左右，部分羔羊有吃土、吃毛的恶习，这一时期容易诱发胃肠疾病。因此，应保持圈舍干燥、卫生，在羔羊舍内（或产房内）放置饲槽和饮水槽，让羔羊自由采食。羔羊出生后3～5天的粪便，色黄而黏稠，常堵塞肛门，影响排便，饲养人员要及时清理干净。

2. 吃足初乳 母羊分娩完毕，用温消毒水洗净其乳房，擦干后，即可辅助羔羊吃初乳。初乳黄色浓稠，营养成分极为丰富，蛋白质、脂肪和氨基酸组成全面，维生素较为齐全和充足。与常乳相比较，干物质含量高1.5倍，脂肪高1倍，维生素A高10倍以上，而且容易消化吸收。初乳含有免疫球蛋白和多种抗体，是羔羊免疫力的来源。初乳含矿物质较多，特别是镁多，有轻泻作用，可促进胎粪排出。同时，对母羊生殖器官的恢复也有促进作用。

羔羊对初乳的吸收效率，随出生时间的延长而迅速降低，有试验证实18小时后，新生羔羊从肠道吸收抗体的能力开始减弱并逐渐消失。所以，羔羊出生后吃初乳的时间越早越好，最迟不要超过1小时。初乳吃不好，影响羔羊抵抗力的获得。出生后10～15小时吃不上初乳的羔羊，死亡率增高。

3. 人工辅助哺乳 在正常情况下，羔羊出生后就会吃奶，但初产母羊及哺育力差的母羊所生的羔羊，需要人工辅助哺乳，方法如下：把母羊固定，将羔羊放在母羊乳房前，让羔羊寻找乳头吃奶，经几天训练母羊就可认羔哺乳。或将母羊的乳汁涂在羔羊身上，使母羊从气味上接受羔羊。或将母仔放在同一栏内，经过几天彼此适应，母羊就可认羔哺乳。母羊认羔后可去除母仔栏，放入大群中舍饲喂养，以促进发育。

如果新生羔羊较弱，通过人工辅助仍不能吃到初乳，最好把初乳挤出，让有经验的兽医将细胃管（小动物专用）轻轻插入羔羊食管内灌服，直至羔羊可以自己吮乳。对一胎多羔的母羊需要用奶瓶人工辅助哺乳，防止强者吃得多，弱者吃得少。

4. 代乳粉哺乳 当母羊无奶或奶量不足时，需进行羔羊代乳粉哺乳。羔羊代乳粉是选用经浓缩处理的优质乳蛋白、植物蛋白和特殊处理的脂肪、乳糖等原料，并添加羔羊所需要的矿物质、维生素，经雾化、乳化等现代加工工艺制成的能满足羔羊营养需要的代乳产品。该产品营养丰富，能够满足羔羊生长发育所需要的全部营养物质。近几年羔羊代乳粉的研究与应用在生产中得到广泛的推广。

(1) *饲喂方法* 代乳品喂量为羔羊体重的1/5。在肉羊生产中，根据羔羊的日龄和体重，量取20～40克（15日龄前）或40～60克（15日龄后）羔羊代乳粉，倒入奶桶中，按照1∶5～7的比例，量取温开水5～7份（40℃～60℃）倒入奶桶中，搅拌均匀，温度调至38℃～40℃，灌入奶瓶饲喂。15日龄前，每日哺乳3～4次，15日龄后每日2～3次。

(2) *饲喂注意事项* 喂完代乳粉用毛巾将羔羊口部擦净；奶瓶、奶盆用后用开水或专用消毒液浸泡消毒，并用清水冲洗，阴干，备用；要做到定时、定量、定温；代乳粉应在羔羊吃足初乳后哺喂，喂量应逐渐增加，以免发生腹泻；饲喂代乳粉需即冲即喂。

5. 早期补饲 羔羊的早期诱食和补饲，是羔羊培育的一项重要工作。羔羊出生后7～10天，在跟随母羊时，会模仿母羊的行为，学会采食饲草、饲料。为了让羔羊提早适应和采食固体饲料，应尽可能提早补饲。补饲料组成应多样化、营养丰富且易消化；饲喂时做到少喂勤添，定时、定量、定点，保证饲槽和饮水的清洁、卫生。在肉羊生产实践中，常采用在母羊舍内设置羔羊补饲栏给羔羊补饲，一般在补饲栏内提供羔羊专用开食料和优质青干草（如苜蓿叶等），供羔羊自由舔食，并提供充足的饮水。

6. 适时断奶 羔羊断奶时间，应以其能独立生活并以采食固体饲料为主来满足其营养需要为准。常规断奶一般在羔羊2～3月龄时进行。由于母羊通常在分娩后2～3周达到最大产奶量，之后产奶量逐渐下降，母乳不能满足羔羊生长发育的需要。研究表明，羔羊21日龄瘤胃已开始发育，49日龄时瘤胃功能已达到成年羊状态，已可以利用植物饲料中的营养物质，60 日龄时瘤胃发育已接近成年羊的水平，羔羊营养需要通过采食饲草料来满足，即可进行断奶。对于不同品种的羔羊，也可根据其体重达到目标断奶体重之后进行断奶。对较瘦弱的羔羊，可适当延长哺乳期。对养殖技术水平较高的养殖场（户），也可以采用超早期断奶（7 日龄断奶），但超早期断奶对人力、物力要求较高，需要相应的配套技术措施。

羔羊断奶方法有一次性断奶法和逐渐断奶法。一次性断奶是将羔羊留在原圈，将母羊转到其他圈舍，不再对羔羊进行哺乳，此种方法对羔羊应激较大，但在生产中比较容易操作。逐渐断奶是开始断奶时，每天早晨和晚上各哺乳 1 次，以后逐渐减少哺乳，直至断奶，此种方法可减少断奶对羔羊的应激。这两种断奶方法在生产中应用较为普遍。断奶后需加强断奶羔羊的饲养管理，为其提供全价优质饲料，提高育成率。

7. 羔羊日常管理

（1）编号　为了便于肉羊育种和日常生产需要，羔羊出生后 7 天以内必须进行编号。打耳标是目前最常见的一种方法。用铝或塑料制成圆形或长方形的耳标，用特制的钢字钉（或专用笔）把所需要的号码打（写）在耳标上。安置前先用特制的打耳钳在羊耳朵上打一圆孔，再将耳标扣上。耳标应打在左耳中下部，要避免血管密集区，打孔部位用碘酊充分消毒。

（2）断尾　有些品种羊尾巴硕大，不但影响配种，还造成行动不便，可实施断尾。断尾一般在出生后 7～10 天进行，常用结扎法，即用细绳或橡皮筋在羔羊 3～4 尾椎间紧紧扎住，阻断血液循环，经 10～15 天尾巴自行脱落。此法经济简便，容易掌握，但结扎部位夏、秋季易遭蚊蝇骚扰，造成感染，尾巴脱落时间长。断尾后感染可用 5%碘酊或抗生素软膏涂擦。

（3）去角　山羊有角容易发生创伤，不便于管理，个别性情暴烈的种公羊还会攻击饲养员，造成人身伤害。羔羊一般在出生后 7～10 天去角，对羊的损伤较小。人工哺乳的羔羊，最好在学会吃奶后进行。有角的羔羊出生后，角蕾部呈漩涡状，触摸时有一较硬的凸起。去角时，先将角蕾部分的毛剪掉，剪的面积要稍大一些（直径约 3 厘米）。去角的方法主要有烧烙法和化学去角法。

①烧烙法　将烙铁于炭火中烧至暗红（也可用功率为 300 瓦左右的电烙铁）后，对保定好的羔羊的角基部进行烧烙，可多次烧烙，但每次烧烙的时间不超过 10 秒钟，当表层皮肤破坏并伤及角原组织后可结束，对术部应进行消毒。

②化学去角法　即用棒状苛性碱（氢氧化钠）在角基部摩擦，破坏其皮肤和角原组织。术前应在角基部周围涂抹一圈医用凡士林，防止碱液损伤其他部位的皮肤。操作时先重后轻，将表皮擦至有血液渗出即可。摩擦面积要稍大于

角基部。术后应将羔羊后肢适当捆住（松紧程度以羊能站立和缓慢行走即可）。由母羊哺乳的羔羊，应与母羊隔离半天；哺乳时，也应尽量避免羔羊将碱液污染到母羊的乳房上而造成灼伤。去角后，可给伤口撒上少量的消炎药。

（4）去势　与成年羊去势手术相比，羔羊去势操作简单，去势后羔羊恢复较快。凡不宜作种用的公羔要及时进行去势，去势时间一般为1～2月龄，多在天气凉爽、晴天时进行。去势会对羔羊产生一定的应激，对于断奶后直接进行强度育肥的羔羊，在生产中不建议去势。去势的方法有阉割法和结扎法。

①阉割法　将羊保定后，用碘酊和酒精对术部消毒，术者左手握紧阴囊的上端将睾丸压迫至阴囊的底部，右手用刀在阴囊下端与阴囊中隔平行的位置切开，切口大小以能挤出睾丸为宜；睾丸挤出后，将阴囊皮肤向上推，暴露精索，剪断或拧断精索。在精索断端涂以碘酊消毒，在阴囊皮肤切口处撒上少量消炎粉即可。

②结扎法　术者左手握紧阴囊基部，右手撑开橡皮圈将阴囊套入，反复扎紧，以阻断下部的血液流通。约经15天，阴囊连同睾丸自然脱落。此法较适合1月龄左右的羔羊。结扎后要注意检查，以防止橡皮圈断裂或结扎部位发炎、感染。

（5）运动　一般羔羊出生后5～7天，选择无风温暖的晴天，在中午将羔羊赶到运动场进行运动和日光浴，以增强体质，增进食欲，促进生长和减少疾病。随着羔羊日龄的增加，应逐渐延长在运动场的时间，加大羔羊的运动量。

[案例4-2]　羔羊早期断奶技术

目前，国内外对犊牛和仔猪的早期断奶及代乳料（Milk Replacer）和开食料（Calf Starter）的研究较多，相比之下，对羔羊的早期断奶及补饲效果研究还较少。肉羊的工厂化、集约化生产客观上要求母羊快速繁殖，在多胎的基础上达到一年两产或两年三产的目的，这就要求必须施行羔羊早期断奶并快速育肥出栏，除采取同期发情、诱导产羔外，早期断奶技术是现代高效养羊业的一项重要技术措施之一，这一点已得到世界各国的广泛重视。

一、实施羔羊早期断奶的必要性

当前，我国养羊业多采用常规断奶法，即羔羊随母哺乳，在2～3月龄时断奶，有的甚至更晚。该方法存在以下缺点：①羔羊随母羊同圈饲养，母羊需不断哺育羔羊，体力消耗多，体况恢复慢，延长了配种周期，降低了其繁殖利用率。②母羊产羔后3周内泌乳量相当于全期总泌乳量的75%，此后泌乳量明显下降，不能满足羔羊生长发育需要。③常规断奶，羔羊哺乳期长，培养成本高。

④常规法断奶，羔羊瘤胃和消化道发育迟缓，断奶过渡期长，影响断奶后的育肥。⑤常规断奶难以适应当前规模化、集约化经营的发展趋势，达不到全进全出的生产要求。

二、羔羊早期断奶技术要点

1. 早期断奶时间的选择

新西兰大多数羊场都将羔羊在4～6周龄进行断奶，然后转入育肥场，快速育肥以后，4月龄出栏，获得12～15千克的胴体。澳大利亚大多数地区推行6～10周龄断奶。在干旱时期牧草枯萎时，羔羊在4周龄时就断奶。保加利亚在羔羊生后25～30日龄断奶。

另外，国外有专家认为，不能把羔羊年龄作为断奶的唯一因素。因为羔羊年龄、胃容量与其体重密切相关，所以早期断奶还应考虑到羔羊的活重。法国认为羔羊活重比初生重大2倍时断奶为宜，英国认为只要羔羊活重达到11～12千克就可以断奶。英国则是在羔羊吃到初乳以后，将母仔分离，采用代乳粉饲喂羔羊，喂奶期约为3周，或至羔羊体重达到15千克时断奶，喂给含粗蛋白质18%的颗粒饲料，自由采食干草或青草。这种断奶方法在许多国家使用，尤其在喝绵羊奶的国家很受欢迎。在加拿大，推荐羔羊在60日龄或20千克活重时断奶，2项指标中达到1项即可。

确定断奶时间时，还要考虑羔羊体重。体重过小的羔羊断奶后，生长发育明显受阻。有专家建议，半细毛改良羊公羔体重达15千克以上，母羔达12千克以上，山羊羔体重达9千克以上时断奶比较适宜。

综合考虑以上因素，我国建议采用的早期断奶时间现有两种：出生后1周断奶和出生后40天断奶。

2. 早期断奶操作技术

(1) 1周龄断奶法　羔羊出生后1周进行断奶，之后用早期断奶配套技术产品——羔羊代乳品，进行人工育羔。方法是将代乳品加水5倍稀释，日喂4次，为期3周时断奶。断奶后饲喂羔羊颗粒饲料，干草或青草不限量。羔羊出生后1周断奶除用代乳品进行人工育羔外，必须有良好的舍饲条件，饲养管理要求条件高，羔羊死亡率也比较高。

(2) 40天断奶法　羔羊出生后40天时断奶，之后完全饲喂固体饲料。例如，澳大利亚、新西兰等国大多推行6～10周龄断奶，并在人工草地上放牧。新疆畜牧科学院采用此法育肥7.5周龄断奶羔羊，平均日增重280克，料重比为3∶1，取得了较好效果。

3. 早期断奶应注意的问题

(1) 吃足初乳　羔羊初生后尽早吃足初乳，这是降低羔羊发病率、提高其成活率的关键环节。

(2) 饲喂高质量的代乳粉和开食料　断奶羔羊体格较小，瘤胃体积有限，瘤胃乳头尚未发育，瘤胃收缩的肌肉组织也未发育，未建立起微生物种群，微生物的合成作用尚不完备。粗饲料过多，营养浓度跟不上；精饲料过多则缺乏饱腹感，因此开食料精粗比以 8：2 为宜。羔羊处于快速发育时期，对蛋白质、能量要求高，需要丰富的矿物质和维生素。因此，无论是代乳粉、开食料，都必须符合羔羊消化生理特点及正常生长发育对营养物质的要求。

(3) 精心饲喂，注意清洁卫生　哺乳器具、饲槽等务必保持清洁，使用后要及时洗净、杀菌，干燥存放，以避免羔羊通过消化道感染细菌，从而降低发病率。

(4) 推行全价颗粒饲料　颗粒饲料体积小，营养浓度大，非常适合饲喂羔羊。所以，在开展早期断奶强度育肥时都采用颗粒饲料。实践证明，颗粒饲料比粉料能提高饲料报酬 5%～10%，且适口性好，羊喜欢采食。

三、成　效

利用早期断奶技术，能够使羔羊提前断奶，及早进入快速育肥阶段，出栏上市时间提前。另外，缩短了母羊的哺乳时间，母羊能够快速进入下一个繁殖周期，提高了母羊繁殖利用率。

（四）育成羊的饲养管理

育成羊是指断奶后至第一次配种前阶段的幼龄羊。羔羊断奶后的前 3～4 个月生长发育快，增重强度大，对饲养条件要求较高。通常，公羔的生长比母羔快，因此育成羊应按性别、体重分别组群饲养。8 月龄后羊的生长发育强度逐渐下降，到 1.5 岁时生长基本结束，因此在生产中一般将羊的育成期分为两个阶段，即育成前期（4～8 月龄）和育成后期（8～18 月龄）。

育成前期，尤其是刚断奶不久的羔羊，生长发育快，瘤胃容积有限且功能不完善，对粗料的利用能力较弱。这一阶段饲养的好坏，是影响羊的体格大小、体型和成年后的生产性能的重要阶段，必须引起高度重视，否则会给整个羊群的品质带来不可弥补的损失。育成前期羊的日粮应以精饲料为主，结合放牧或补饲优质青干草和青绿多汁饲料，日粮的粗纤维含量以 15%～20%为宜。

育成后期羊的瘤胃消化功能基本完善，可以采食大量的粗饲料，饲喂上以优质粗饲料为主，适当补充精饲料即可。粗劣的秸秆不宜用来饲喂育成羊，即使要用，在日粮中的比例不可超过20%～25%，使用前还应进行合理的加工调制。对于舍饲育成羊，应加强运动，以促进其体格发育，增强抵抗力。

第四节 肉羊快速育肥技术

一、肉羊的异地育肥

异地育肥是一种高度专业化的肉羊育肥生产制度，是在自然和经济条件不同的地区分别进行肉羊的生产、培育和架子羊的专业化育肥方式。

（一）异地育肥的优点

1. 减轻牧区冬春草场压力 我国牧区由于过去盲目追求牲畜净增，载畜量过大，草场建设跟不上和利用不合理，退化严重；加之牧民惜售观念严重，造成冬、春季节羊只大批死亡。如果把这些过不了冬春的羊及时转到农区进行育肥，既可以减轻牧区冬春草场压力，使瘦弱羊只育肥后变成商品畜，减少死亡损失，又可以增加收入，合理利用草场，促进牧区畜牧业沿着良性循环、商品畜牧业的方向顺利发展。

2. 利用农区饲草料资源 农区有大片的荒山草坡，有大量的农作物秸秆，随着近些年大力推行种草、种树，饲草资源越来越多，同时农区还有大量玉米、豆类、大麦、青稞等饲料资源及食品加工的麸皮、糟渣、饼粕等下脚料可供育肥之用。随着畜产品购销的开放，畜产品价格的调整和社会对羊肉需求的增长，肉羊异地育肥已成为一项增加群众收入、适应市场需求的新兴事业。

3. 改善畜群结构 目前，供育肥的羊除一部分为适龄育肥羔羊，绝大部分是牧区的老龄羊。通过异地育肥，将多年压群的、不用于繁殖的羊只转售到有饲草料条件的农区经短期育肥后出栏，这对合理调整牧区畜群结构，增加适龄母畜比例，加快农牧区畜种改良，提高羊出栏率、产品率和商品率具有非常积极的意义。

4. 促使群众自觉地调整农村产业结构 肉羊异地育肥搞得好的地方，能够带来一些新变化：由种植业向养殖业转变，土种畜向良种畜转变，牲畜由役畜向商品肉畜转变，农村经济由单一经营向综合经营转换，使牧区、农区、城市经济由隔离状态转向有机联系，农牧民由贫困转向富裕。

（二）异地育肥前的准备

1. 羊舍的准备 羊舍的地点应该选择在通风、排水、背风、向阳和接近牧地及饲料仓库的地方。育肥羊不需很好的羊舍，只要能保证卫生、防寒、避风挡雨即可，并且要有充足的草架、补料槽和饮水槽。育肥前要对羊舍进行彻底的清扫和消毒。

2. 饲草饲料的准备 饲草饲料是羊育肥的基础。按育肥生产方案，储备充足的草料，避免由于草料准备不足，经常更换饲料，影响育肥效果。舍饲育肥，在整个育肥期每只每天要准备青干草 1 千克左右，或青贮饲料 2 千克左右，精饲料每只每天 0.5～1.0 千克。

3. 育肥羊的准备

（1）育肥羊的选择及运输　一般来说，用于异地育肥的羊应该选择断奶羔羊和青年羊，其次才是淘汰羊和老龄羊。羔羊断奶后离开母羊和原有的生活环境，转到新环境和饲料条件的改变，势必产生较大的应激反应。为减轻这种影响，在转群和运输时，应先集中起来，暂停供水供草，空腹一夜，第二天早晨运输。育肥羊进入育肥羊舍后，应减少对羊群的惊扰，让其充分休息，保证饮水。进入育肥后的第一、第二周是关键时期，伤亡损失最大。为防止应激，可在运输后 2 天适当添加抗应激药物，如氯丙嗪、维生素 C 等。

（2）做好防疫工作　育肥之前需做好驱虫、药浴、免疫等防疫工作，以确保羊只健康，确保育肥工作顺利进行。

（3）去势　去势后的公羊性情温驯、肉质好、增重速度快。但对于刚断奶的 2～3 月龄的羔羊可不去势直接育肥。

（4）分群　羊肉生产分羔羊肉生产和大羊肉生产两大类。育肥羊应按照品种、性别、体重、年龄合理分群，以便提供合理的饲养管理，提高生产效率。

4. 制定育肥方案 根据不同品种、不同生产目的、不同年龄的羊制定不同的育肥方案。羔羊育肥，一般细毛羊及其杂种羔羊在 8～8.5 月龄时出栏，半细毛羊及其杂种羔羊在 7～7.5 月龄出栏，肉用及其杂种羔羊在 6～7 月龄出栏；成年羊育肥应根据羊的体况和脂肪沉积状况而定，育肥时间一般不超过 3 个月。

5. 选择合适的饲养标准和育肥日粮 根据羊的品种、年龄、体重等，选择适宜的饲养标准配制日粮。育肥全期应保证不轻易变更饲料。

二、羔羊育肥技术

羔羊肉具有鲜嫩、多汁、精肉多、脂肪少、易消化、易加工、味道鲜美、膻味小等特点，特别适合老、弱人群和儿童食用，符合现代人们的饮食保健需求，深受广大消费者的欢迎。

（一）羔羊育肥特点

羔羊具有生长发育快、生理代谢功能旺盛、饲料转化率较高的特点，其育肥成本相对较低，经济效益高，符合现代高效养殖的生产要求。

羔羊在出生后的一段时间内生长发育的速度较快，在适宜的条件下，羔羊在1～5月龄期间活重的增长速度最高，在10月龄前仍然保持较高的增长速度，随后生长速度明显减慢，月增重速度趋于平稳，并保持在一个较低的水平。羔羊育肥正是利用羔羊前期生长速度快的发育特点，配合相应的育肥措施，满足生长发育的营养需求，最大限度地提高增重速度，在较短的时间内取得较高的日增重和经济效益。许多生产实践也证明，采用羔羊育肥法确实给生产带来很好的经济效益。

（二）羔羊育肥方式

羔羊的育肥方式要根据季节、饲养方式和饲养管理条件而定。我国存在牧区、农区、半农半牧区以及山区、平川、南北方气候等自然条件的不同，各地采取羔羊育肥方式不同。总体来看，育肥方式可以按照季节、规模大小、羊只年龄、饲养方法等来划分。

1. 按照季节划分 由于我国自然条件比较复杂，南北跨温、热两大气候带，极高山区为寒冷气候，东西占有从湿润到干旱的不同干、湿地区，再加上多种地形的不同影响，形成了海南岛长夏无冬、黑龙江北部全年无夏、淮海流域四季分明的气候特点。羔羊的育肥和季节有密切的关系，在我国的北方牧区每年因冬季掉膘和冻饿死的家畜是提供商品畜的3倍，有的灾区可达到7～8倍。牧区绵羊平均每只冬春掉膘减重约10千克。而季节性的羔羊肉生产，可以充分利用夏、秋季节牧草的生产优势育肥，在冬季来临之前羊只膘肥体壮时出栏，减少冬季羊的存栏数量。这样，不但可以提供高品质的羊肉，增加草地的载畜量和年羊肉的生产总量，而且可以减少因越冬消瘦、春季掉膘造成的羊肉损失，减轻冬季牧场的压力和降低饲养成本，提高养羊业的经济效益。以下是几个季节性羊肉生产的模式。

(1) 冬羔育肥模式　母羊7～9月份配种，12月份至翌年2月份产羔，羔羊进行冬春季舍饲，容易管理。4～6月份羔羊断奶后，牧草返青营养价值高，与羔羊的生长发育高峰相吻合，利用放牧即可以获得较好的日增重。8～10月份羔羊体重达到40千克左右即可以出栏，为中秋、国庆两大节日供应优质的羊肉。冬羔育肥生产需具备防寒保暖的产房和羔羊舍，否则影响羔羊成活率。

(2) 春羔育肥模式　母羊10～11月份配种，翌年3～4月份产羔，羔羊7～8月份断奶，断奶后放牧、跑茬加补饲，羔羊在11～12月份体重达到40千克左右，开始出栏上市，为元旦、春节提供优质羊肉。此模式的优点是，羊配种时适值秋末膘肥体壮，受胎率高；产羔时气候转暖，不需要特殊的保温条件和圈舍；在哺乳后期，牧草产量直线上升，可以满足羔羊生长发育的需要；可利用秋收后的跑茬放牧促进增膘。但是由于羔羊断奶后不久就进入深秋和初冬，牧草营养含量下降，影响羔羊的生长发育，所以要及时补料，才能满足生长和育肥的营养需求。

(3) 秋羔育肥模式　母羊在3～4月份配种，8～9月份产羔。在羔羊哺乳后期应加强对羔羊的补饲，使羔羊在断奶时或断奶后1～2个月体重达到35千克左右上市，正逢元旦、春节时出栏。对未达到上市体重的羔羊继续育肥供第二年屠宰上市。这种生产方式母羊在妊娠后期牧草的营养丰富，可满足母羊和胎儿发育的营养需求，胎儿初生体重大，母羊奶水足，羔羊的成活率高。但是春季配种时母羊的膘情差，排卵数少，产羔期影响母羊的放牧，哺乳后期牧草的品种变差，产奶量减少，使补饲量增加，加大了饲养成本。同时，羔羊断奶后牧草和饲养条件较差，羔羊正处在生长高峰期，造成羔羊生长发育受阻，甚至越冬困难。另一方面，冬季寒冷，补饲育肥的效果差，经济效益低。研究表明，在冬季12月份至翌年1月份的舍饲期，每天除饲喂粉碎玉米秸外，补饲0.5千克的精料补充料，体重不但不增加，反而每天减少8～10克。因此，秋羔育肥不经济。

2. 按饲养方法划分

(1) 放牧育肥　指在夏、秋季节，充分利用牧草的生长优势、营养优势，提高羊的生长育肥效果，是最廉价的育肥方式，适用于各类羊。放牧育肥的特点是，可以充分利用牧草资源，降低饲养成本，提高经济效益；可以增加羊的运动量，有利于羊的健康，减少疾病的发生。在农区和半农半牧区、山区等非牧区，利用秋季农茬地放牧育肥，抓膘速度较快。但为了合理利用植被，保护生态，应逐步由全年放牧过渡到夏、秋季节放牧和冬、春季节舍饲的饲养方式。

(2) 舍饲育肥　是我国肉羊育肥的主要形式之一，也是我国今后肉羊业生产的主要方向。其特点是育肥的时间较短，增重速度快，育肥效果好，在家庭小规模饲养的情况下不需要专门的劳动力。舍饲育肥需要有专门的圈舍，饲养成本较放牧育肥高。羔羊断奶后在舍饲条件下，育肥的方法是：根据羔羊营养需要，以玉米、豆粕、麸皮、草粉等原料为主，配制羔羊全价育肥日粮，每只羔羊每天 300～800 克，经过 50～60 天的育肥，羔羊体重达到 40～50 千克便可以出栏。这种育肥方式需要有较好的饲草、饲料生产基地和饲料加工手段以及较好的环境管理设施，国外大多采用舍饲方式进行羊的育肥生产。

舍饲育肥应注意以下几点：一是要有较充足的活动场地和圈舍。舍饲育肥相对于放牧育肥而言，羊的活动范围较小，能量消耗少，容易造成圈舍的潮湿和环境不良，往往会引起寄生虫病的发生，影响羊的正常生长发育和抓膘。二是要有充足的饲料和饲草，并提供充足的饮水。三是需按照强弱、大小、公母羊分群饲养，细心管理。四是保持羊舍环境干净、卫生、通风和防潮（图 4-52）。

图 4-52　农区舍饲简易羊栏

（3）混合育肥　是我国农区和半农半牧区常用的育肥方式。其特点是放牧与补饲结合。饲养规模不大，饲养成本介于舍饲和放牧育肥之间，育肥时间较放牧育肥短，比舍饲育肥长。混合育肥方式有羊在育肥前期采用夏季放牧，育肥后期采用放牧加补饲方式，这种育肥方式在国外较为普遍，我国多数地区
用这种育肥方式，效果较好。

（三）育肥羔羊的饲养管理

羔羊断奶后除小部分选留到后备群外，大部分进行育肥。
据市场、羔羊体况、饲草料条件而定。对体重小或体况差的
对体重大或体况好的进行强度育肥，均可进一步提高经济

多样，可视当地饲草状况和羔羊类型选择育肥方式，如强度育肥或一般育肥、放牧育肥或舍饲育肥等。羔羊育肥分预饲期和正式育肥期。

1. 预饲期的饲养管理 预饲期是指羔羊进入育肥舍后的适应性过渡期，是正式育肥前的准备时期。一般10～15天，若羔羊整齐、膘情中等，预饲期可缩短为7天。

（1）*羔羊入舍前后* 断奶羔羊运出之前应先集中，暂停给水、给料，空腹一夜后次日早晨称重运出。装车速度要快，装车时不能过挤，以羊只能够躺卧为宜，行车匀速，减少颠簸。刚入舍羊只应保持安静，供足饮水，并喂给易消化的青干草。及时驱虫和预防注射。按羔羊体格大小、强弱分群，采取不同的育肥方案，对体格大的大龄羔羊采取短期强度育肥，而对体格小的羔羊饲喂干草比例为60%～70%的日粮，待体况复原后再进入育肥期。

（2）*饲喂技术* 羔羊进育肥舍2～3天饲喂原用饲料，适应环境之后，开始饲喂预饲日粮，每天2次，每次投料量以30～45分钟内吃净为佳，不够再添。饲槽位置要充足，饮水不间断。根据羔羊增重和采食情况及时调整饲料种类和饲喂方案。

2. 正式育肥期的饲养管理 正式育肥期应根据育肥计划，贮备饲草料，确定所采用的日粮类型为精饲料型日粮、粗饲料型日粮还是青贮饲料型日粮，也可以根据当地的品种资源和饲料资源，确定肉羊育肥计划。现提供几种育肥日粮配方供参考。

（1）*精饲料型日粮育肥* 此法适用于体重35千克左右的绵羊和20千克左右的山羊羔羊育肥。通过全精料型日粮强度育肥，50天绵羊体重达到48～50千克，山羊体重达30～35千克体重，即可出栏上市。

全精料型日粮配方为：玉米60%，豆粕20%，麸皮18%，添加剂2%，矿物质、食盐舔砖自由采食。

饲养管理要点：提供充足的精饲料，保证羔羊每天每只额外食入粗饲料50～90克。羊只进圈后休息3～5天后注射羊快疫、羊猝殂和羊肠毒血症三联苗，隔14～15天再注射1次，重点预防羊肠毒血症。保证充足饮水。在使用自动饲槽时，应至少有10天的适应期，要保持槽内饲草不出现间断，每只羔羊应占有7～8厘米的槽位。

（2）*粗饲料型日粮育肥* 适用于干草加玉米的育肥日粮。玉米可用整粒子实，也可以用带穗全株玉米。干草用以豆科牧草为主的优质干草，粗蛋白质含量应不低于14%。玉米粒或全株玉米粉碎或压扁加工，与蛋白质补充料配制成[illegible]饲料，早、晚各投喂1次，干草自由采食。

[illegible]推荐配方：玉米0.91千克，干草0.61千克，黄豆饼23克。

饲养管理要点：严格按照“渐加慢换”原则，逐渐过渡到育肥期饲喂制度。根据实际采食量酌情调整干草的喂量，不能让槽内流空。

（3）全价颗粒饲料型日粮育肥　将粗饲料和精饲料按40∶60的比例配制日粮，加工成颗粒饲料，采用自动饲槽添料，羔羊24小时自由采食，自由饮水。全价颗粒饲料喂羊能实现肉羊饲养的标准化，使羔羊发挥最大的生长潜力，提高肉羊的饲料利用率，将是肥羔生产的主要饲料形式。

推荐配方：禾本科草粉20%，豆科草粉20%，秸秆19.5%，精饲料40%，磷酸氢钙0.5%。

（4）青贮饲料型日粮育肥　以玉米青贮（占日粮的67.5%～87.5%）为主，适用于育肥期较长、初始体重较小的羔羊育肥。例如，羔羊断奶体重只有15～20千克，经过120～150天育肥达到屠宰体重，日增重在200克左右。这种日粮育肥饲料成本低，可以长期稳定供应青贮饲料。

三、成年羊育肥

用于育肥的成年羊是指1～1.5岁以上的成年公羊、母羊和羯羊等。成年羊育肥主要目的是为了短期内增加羊的膘度，使其迅速达到上市的目的。成年羊体重较大，身体发育成熟，肉质不如羔羊肉细嫩。成年羊育肥的实质就是增加脂肪的沉积量和改善羊肉的品质，育肥时单位增重的营养需要比羔羊高，饲料转化率比羔羊和青年羊低，经济效益稍低。

（一）成年羊育肥原理

成年羊生理功能最旺盛、生产性能最高，能量代谢水平稳定，虽然绝对增重达到高峰，但在饲料丰富的条件下，仍能迅速沉积脂肪。特别利用成年母羊补偿生长的特点，采取相应的育肥措施，能使其在短期内达到正常体重。成年母羊因为繁殖过程营养供给不足动用体内储备或是因为季节性的冬瘦和春乏，导致消瘦。补偿生长现象是由于羊在某些时期或某一生长发育阶段营养不良或营养受限而导致的生长抑制，在后期补偿营养后其生长恢复正常的现象。

（二）成年羊育肥前的准备

1. 选羊　一般来说，凡不作种用的公、母羊和淘汰的老、弱、乏、瘦羊均可用来育肥，但为了提高育肥效益，应选择体型大、健康无病、年龄最好在1.5～2岁的羊。要使待育肥的成年羊处于非生产状态，即母羊应停止配种、妊娠或哺乳，公羊应停止配种、试情，并进行去势。各类羊在育肥前应剪毛，改善羊的皮肤代谢，促进羊的育肥。

2. 入圈前准备 给育肥羊只注射羊肠毒血症三联苗并驱虫。同时，在圈内设置足够的水槽和饲槽，并进行环境（羊舍及运动场）清洁与消毒。

3. 分群 育肥羊数量大时要按品种、性别、年龄、体质、强弱等分别组群，一般把相近情况的羊放在同一群育肥，避免因强弱争食造成较大的个体差异。可划分为1岁成年羊和淘汰公、母羊（多数是老龄羊）2类。

4. 优选配方科学配制日粮 选好日粮配方后要严格按比例称量，配制日粮。为提高育肥效益，降低饲料成本，应充分利用天然牧草、秸秆、树叶、农副产品及各种下脚料，扩大饲料来源。合理利用尿素及各种添加剂（如育肥素等）。成年羊日粮中，添加剂（矿物质和维生素）可占到3%。

5. 安排合理的饲喂制度 成年羊的日喂量依配方不同而有差异，一般为2.5～2.7千克，每天投料2次，日喂量的分配与调整以饲槽内基本不剩料为标准。喂颗粒饲料时，有条件的最好采用自动饲槽投料。雨天不宜在敞圈饲喂，午后应适当喂些青干草（每只0.25千克），以利于反刍。

（三）成年羊育肥方法

根据羊只来源和牧草生长季节，选择育肥方式，目前主要的育肥方式有3种，即放牧育肥、混合育肥和舍饲育肥。

1. 放牧育肥 放牧是降低成本和利用天然饲草饲料资源的有效方法，也适用于成年羊快速育肥。我国北方，育肥时期一般在8～9月份，牧草丰富，养分充足。羊吃了上膘快，放牧到11月份就能屠宰。

2. 混合育肥 夏季放牧补饲育肥可充分利用夏季牧草旺盛、营养丰富的特点进行放牧育肥，归牧后适当补饲精混料。这期间羊日采食青绿饲料可达5～6千克，精料0.4～0.5千克，育肥日增重一般在140克左右。秋季放牧补饲育肥主要对淘汰老龄母羊和瘦弱羊进行育肥，育肥期一般在60～80天，此时可采用两种方式缩短育肥期，一是使淘汰母羊配上种，妊娠育肥50～60天宰杀；二是将羊先转入秋场或农田茬地放牧，待膘情好转后，再转入舍饲育肥。

3. 舍饲育肥 舍饲育肥是目前推广的重点，舍饲育肥能保持较高的饲养水平，更主要是适应当前生态建设的需要。成年羊育肥周期一般以60～80天为宜。底膘好的成年羊育肥期可以为40天，即育肥前期10天、中期20天、后期10天；底膘中等的成年羊育肥期可以为60天，即育肥前、中、后期各20天；底膘差的成年羊育肥期可以为80天，即育肥前期20天，中、后期各30天。此法适用于有饲料加工条件的地区和饲养肉用成年羊或羯羊。根据成年羊育肥营养需要合理配制日粮。成年羊舍饲育肥时，最好饲喂颗粒饲料。颗粒饲料中秸秆和干草粉可占55%～60%，精饲料占35%～40%。

（四）育肥期的管理

成年羊育肥期分为预饲期、正式育肥期和出栏3个阶段。预饲期以粗饲料为主，适量搭配精饲料，并逐步把精饲料的比例提高到40%，进入育肥期精饲料比例提高到60%。补饲用混合精饲料参考配方为：玉米、大麦、燕麦等80%左右，蚕豆、豌豆、饼粕类蛋白质饲料占20%左右，食盐、矿物质和添加剂等占1%～2%。肉羊育肥是肉羊生产中的关键环节，要充分利用秸秆、天然饲料、农副产品等，制订合理的饲料配方和饲养管理规程，定时消毒，保证饮水，注意环境卫生，实现经济效益和社会效益的最大化。

[案例4-3]　肉羊早期断奶及直线育肥技术

我国牧区传统的肉羊养殖与季节变化密切相关，具有很大的气候依赖性。冬、春季节是牧区家畜的生存和生长困难季节，羔羊通常随母哺乳，哺乳时间在4个月左右，影响了羔羊消化系统发育和快速生长，也影响母羊的再发情和繁殖。羔羊一般在8～10月龄出栏上市，时间延长。

羔羊早期断奶及直线育肥技术，是利用现代营养与饲料配制技术，使羔羊早期断奶，采食羔羊专用代乳品并补饲羔羊开食料和优质饲草，断奶后直接进入快速育肥阶段，可达到提早出栏上市的目的。

国家肉羊产业技术体系营养与饲料功能研究室于2013年4～7月份在赤峰试验站开展了牧区羔羊早期断奶及直线育肥技术的试验示范推广，并取得了非常明显的成效。

一、操作技术要点

1. 羔羊早期断奶

羔羊出生后随母哺乳，在35日龄时断奶。断奶羔羊进行全舍饲饲养，羔羊按性别和体重大小分群。饲喂羔羊代乳粉和开食料及优质牧草。每天饲喂代乳粉3次，分别于早晨6时、中午12时和下午6时饲喂，自由采食羔羊开食料和牧草，并供给充足的饮水（图4-53）。羔羊在2月龄时，断代乳粉，进入育肥阶段。

2. 断奶后育肥

进入育肥阶段，根据羔羊营养需要，配制羔羊育肥阶段日粮，自由采食牧草，自由饮水。育肥3～4个月，即可出栏上市。

图 4-53 使用代乳品早期断奶羔羊群体整齐

二、育肥效果

羔羊 35 日龄断奶，体重为 10～12 千克，在 2 月龄时体重达 16～18 千克，经过 4 个月的育肥，体重达 45～50 千克，整个育肥期增重约 30 千克，每只羊平均日增重 250 克。

三、技术优势

利用羔羊早期断奶和直线育肥技术，缩短羊只从出生到出栏的时间，上市时间由原来的 8～10 月龄缩短至 6 月龄；母羊提前结束哺乳期，可提前 1～2 个月进入下一个繁殖周期，提高了母羊的利用率，加快了羊群的周转。羔羊早期断奶和直线育肥所产生的附加效益提高了牧区草场的利用率，降低了管理难度，提高了养殖效率，实现牧民增收并减少了牧场压力。该技术在很大程度上解决了我国母羊产羔率高但泌乳量难以满足羔羊营养需要的难题，产生了巨大的经济和社会价值，得到了用户广泛好评。

第五章

肉羊疾病防治与健康养殖

阅读提示：

本章阐述了我国羊场疫病流行现状及防控所面临的问题，全面讲述了羊场疫病综合防控及健康养殖的措施和原则，羊病的临床诊断、实验室确诊和病理剖检的常规方法。简要介绍了肉羊常见传染病、寄生虫病、营养代谢和中毒病以及普通病的病因、临床特征以及诊断和防治办法。

第一节 我国肉羊疫病流行与防控现状

一、国内羊病流行现状

据国内有关资料记载，在羊的54种主要疫病中，我国已明确发现49种，其中有9种属人兽共患病，对我国公共卫生安全和广大农牧民的身体健康形成严重威胁。近些年来，国内羊场疫病的流行态势呈现如下几个特点。

（一）新发疫病种类增多

一些新发疫病，如绵羊肺腺瘤病、山羊病毒性关节炎、脑炎、绵羊痒病、蓝舌病、梅迪-维斯纳病等，因引种、过境放牧等原因传入国内并逐渐流行开来，其中某些疫病呈现暴发性流行趋势，如小反刍兽疫。

（二）某些细菌性疫病的危害加大

饲养模式、环境条件的改变使某些病原菌的致病力增强，耐药性增大，临床用药的疗效已显著下降。在农区舍饲养殖模式下，羊支原体肺炎、链球菌病、梭菌病、羔羊痢疾和羊肠毒血症等疫病的危害进一步加大，经济损失严重。

（三）混合感染使疫病诊疗复杂化

在生产实践中，大多数情况是许多病例往往由2种或2种以上的病原引起，这种混合感染和继发感染，使诊断和防治变得更为困难。

（四）羊源人兽共患病发病率有增高的迹象

在我国与羊有关的人兽共患病主要有布鲁氏菌病、结核病、脑包虫病、弓形虫病、血吸虫病等。由于不良生活习惯和防疫意识差等问题，北方牧区布鲁氏菌病、脑包虫病流行严重，虽然只是区域性发生，但对农牧民的身体健康造成了严重影响。

随着国内养羊业集约化、规模化的发展，羊病防控的重点是群发性传染病、寄生虫病、营养代谢病以及由病原性因素所诱发的继发性普通病。

二、国内肉羊疫病防控现状

根据国家现代肉羊产业体系于2009—2010年间对全国17个省、自治区、直辖市共计60余县、市养羊业所做的调研报告发现，当前我国羊场疫病防控工作普遍存在以下问题。

（一）安全养殖技术不规范导致疾病复杂化、常态化

调研发现，羊场疫病防控工作除疫苗免疫之外，几乎没有采取任何其他的防控措施。通常采用的最主要措施是日常消毒，而牧区和散养农户甚至连日常消毒都没有。通过走访养殖场（户）发现，大多数养殖户均未严格实行人员出入消毒管理措施，日常环境消毒和“重在预防”的观念很淡薄或没有。

（二）免疫及效果评价技术体系尚未建立和健全

1. 疫苗制品缺乏和种类不全 部分羊用疫苗无法满足市场需求，出现一“苗”难求的局面。由于大多数兽用生物制品企业很少生产甚至停止生产较高成本的羊用疫苗，如对规模化养羊业危害十分严重的羊传染性胸膜肺炎、羊口疮疫苗等，造成市场供应严重不足。

2. 免疫程序不规范 调查发现，除了口蹄疫苗、羊四联苗常规必免项目外，其他羊病，如布鲁氏菌病、炭疽、羊痘、羊口疮和羊传染性胸膜肺炎等均为自主选择性免疫。对于羊传染性胸膜肺炎，散养户基本不免疫，而集约化、规模化羊场正逐步向必免的方向转变。针对目前众多的羊用疫苗，只有口蹄疫疫苗、羊四联苗的使用有国家推荐的免疫程序，而其他很多羊病疫苗尚无公认的规范化免疫程序可供参照，养殖场（户）全凭经验或感觉进行免疫，根本谈不上羊场综合免疫程序。

3. 免疫评价无法跟进 因经费和商品化检测试剂短缺等因素的限制，许多羊病疫苗的免疫效果评价无法实施，以致对疫苗的免疫效果常常不明。

（三）检测试剂严重匮乏

许多重要羊传染病均缺乏相应的抗原、抗体检测试剂盒。即使有些羊病已有相应的实验室诊断方法，但因技术水平停留在病原分离鉴定等传统检测手段，程序复杂而无法大面积临床推广应用。例如，目前我国使用的羊布鲁氏菌病检疫技术，主要为经典的平板凝集试验和试管凝集试验，该方法仍不能区分疫苗免疫抗体与野毒感染抗体，因此，在注射疫苗的地区，普查或监测布鲁氏菌病

变得十分困难，更谈不上疫病净化了。

（四）基层兽医技术力量薄弱

调研发现，多数基层肉羊养殖场（户）无专职驻场兽医。即使有些规模化羊场有专职兽医人员，但因业务素质不高，面对复杂的疾病显得力不从心。大多数被调查的养殖场兽医人员普遍缺乏基本的兽医常识和防病知识。

（五）防疫扑杀补贴力度不够，农户配合政府行动积极性差

按照相关法律法规的规定，口蹄疫、布鲁氏菌病及结核等疫病必须扑杀发病畜和带毒（菌）畜，由于政府补贴标准与市场价相差很远，大大挫伤了农户（企业）配合扑杀的积极性，致使许多养殖户为了减小损失常常隐匿疫情不上报，给疫病的下一次暴发和流行埋下了隐患。

第二节　肉羊疫病综合防控措施和原则

一、肉羊饲养管理原则

切实做好科学化的饲养管理是预防羊病的重要基础。在生产实践中，应根据不同生理阶段羊的营养需要和饲养制度，严格进行饲养管理，保证羊的正常生长发育和生产需要，增强抗病力。应依据羊的生活习性做好“吃、住、行”3个字：吃——喂饱草、补精料、配制日粮标准化；住——夏通风、冬保暖、清洁卫生栏干燥；行——舍饲羊群要运动。

二、加强引种检疫

坚持自繁自养，严禁随意引进羊入场。

严格执行引种申报审批制度，引种单位必须向当地县畜牧局提出书面申请，填写申报审批表，经逐级审批后方可引种；加强引进羊群的检疫，技术人员须认真查验引进的羊是否有畜禽标识和免疫档案；羊群选定后，要隔离观察15天，确认无疫病，畜牧兽医人员方可签署意见，同意调运；调运前对运输车辆进行清洗消毒，办理检疫合格证和消毒证；羊群在运输过程中不能接触其他偶蹄动物；羊群抵达目的地后，隔离观察30天，确定无疫病后，方

可混群或分户饲养。

三、人员和运载车辆的管理

（一）加强人员自身防护

场区工作人员应该勤洗手，常消毒，严格执行规定情况下必须使用防护服、口罩、手套等自我防护用品的措施，加强自身防护，避免人兽共患病原（如布鲁氏菌、结核菌、炭疽杆菌、羊传染性脓疱病毒等）的感染。

（二）严格执行出入场区制度

严禁外来人员随意进入，特别是从事动物饲养、贩卖及兽医诊疗和防疫人员。所有进入生产区的人员应换上经消毒的工作服和胶鞋，并遵守场区内防疫制度，按指定路线行走。

出场区前要做到手、脚及全身消毒，严禁将工作服穿出生产区。

（三）加强运载车辆的管理

对所有进入场区（包括生活区和饲料区）的运输车辆应严格执行强制性消毒措施，车辆内、外所有角落和缝隙都要用消毒液冲洗且不留死角。车辆上物品也要做好消毒工作。

四、保持环境卫生

羊场环境卫生的好坏与疫病的发生有密切关系。环境污秽，便于病原体的滋生和疫病的传播。因此，应当保持羊舍、羊圈、场地及用具清洁、干燥，每天清除圈舍、场地的粪便及污物；保持羊的饲草清洁、干燥，严禁饲喂发霉的饲草、腐烂的饲料，注意保持饮用水的清洁；清除羊舍周围的杂物、垃圾及乱草堆等，定期开展杀虫、灭鼠工作。

五、消　毒

生产区与羊舍入口处设消毒池，消毒池内的消毒液应定期更换，保证有效浓度。

羊场应建立切实可行的消毒制度，定期对羊舍（包括用具）、地面土壤、粪便、污水、皮毛等进行预防性消毒。一旦有疫情发生可临时采取紧急性消毒以清除病原并阻止疫病扩散，当疫情被扑灭疫区解除封锁之前，须进行全面彻底的大消毒，即终末消毒。

（一）羊舍消毒

在一般情况下，羊舍消毒每年可进行2次（春、秋各1次）。产房的消毒应在产羔前进行1次，产羔高峰时进行多次，产羔结束后再进行1次。在病羊舍、隔离舍的出入口处应放置浸有消毒液的麻袋片或草垫；消毒液可用2%～4%氢氧化钠、1%菌毒敌（对病毒性疾病），或用10%克辽林溶液（对其他疾病）。

（二）地面土壤消毒

土壤表面可用10%漂白粉混悬液、4%甲醛或10%氢氧化钠溶液喷洒消毒。

（三）粪便消毒

羊的粪便消毒方法有多种，最实用的方法是生物热消毒法，即在距羊场100～200米以外的地方设一堆粪场，将羊粪堆积起来，上面覆盖10厘米厚的沙土，堆放发酵30天左右，即可用作肥料。

（四）污水消毒

最常用的方法是将污水引入污水处理池，加入化学药品，如漂白粉或其他氯制剂进行消毒，用量视污水量而定，一般1升污水用2～5克漂白粉。

（五）皮毛消毒

目前，广泛利用环氧乙烷气体消毒法。消毒时必须在密闭的专用消毒室或密闭良好的容器（常用聚乙烯或聚氯乙烯薄膜制成的篷布）内进行。在室温15℃时，每立方米密闭空间使用环氧乙烷0.4～0.8千克，维持12～48小时，空气相对湿度在30%以上。此法对细菌、病毒、霉菌均有良好的消毒效果，对皮毛等产品中的炭疽芽孢也有较好的消毒作用。

六、有计划地免疫接种

根据当地羊病的流行情况，有针对性地进行预防注射。通过注射疫苗预防的疫病有口蹄疫、羊痘、梭菌病、布鲁氏菌病、大肠杆菌病、传染性胸膜肺炎等。对受特定疫病威胁的羊只，应进行相应的预防接种。

严格按照疫苗的使用方法、剂量、注意事项等开展免疫接种，确保羊只100%接受免疫，并佩戴免疫标识，逐一登记，建立免疫档案。

七、定期驱虫和杀虫

驱虫、杀虫可采用喷雾、口服、注射、药浴等方式，每年3月份和9月份各驱虫、杀虫1次。可选用双甲脒、丙硫咪唑、四咪唑、伊维菌素等药物。

八、扑杀和无害化处理

采取电击或药物注射的方法对患有我国规定的一类传染病的动物进行扑杀。将动物尸体用密闭车运往处理场地予以销毁。采取深埋或焚化的方法处理。疫区附近有大型焚尸炉的，可焚化处理。

九、疫情应急处置

发生传染病时，首先要隔离病羊，并根据严重程度采取封锁、隔离、消毒、免疫接种等紧急措施；病死羊要妥善处理，或深埋或焚烧；发生疑似重大疫情时，须及时上报，由县级动物防疫站按相关规定和要求报告和处置。

第三节　肉羊疫病诊断

羊病诊断就是查明病因，确定病情，为制定合理而有效的治疗提供依据。羊场常用的诊断方法有：群体排查、个体诊断、病理剖检、实验室诊断等。由于每种羊病的特点各有不同，所以常需要根据具体情况进行综合诊断，有时只需要用其中的一两种方法就可以及时做出确诊。

一、临床诊断

临床诊断时，若羊的数量较多，应先做运动、休息和采食饮水3种状态的大群检查（眼看、耳听、手摸、检温），从中挑出病羊或疑似病羊，再对其进行个体检查。

通过问诊、视诊、嗅诊、切诊（触、叩诊），综合起来加以分析，可以对疾病做出初步诊断。

（一）问　诊

通过询问畜主，了解羊发病的有关情况，包括发病时间、头数、病前病后的表现、病史、治疗情况、免疫情况、饲养管理及羊的年龄等情况，进行分析。

（二）视诊（望诊）

通过观察病羊的表现，包括羊的膘情、姿势、步态及羊的被毛、皮肤、采食饮水、呼吸、黏膜、粪尿等，进行分析。

（三）嗅　诊

通过嗅闻分泌物、排泄物、呼出气体及口腔气味等，进行分析。

（四）触　诊

用手感触被检查的部位，并加以压力，以便确定被检查的各器官组织是否正常。应注意体温、脉搏、体表淋巴结的情况。

（五）听　诊

利用听觉来判断羊体内正常的和有病的声音，进行分析。

（六）叩　诊

叩诊的音响有清音、浊音、半浊音、鼓音。清音为叩诊健康羊胸廓所发出的持续、高而清的声音；浊音是当羊胸腔积聚大量渗出液时，叩打胸壁出现水平浊音；半浊音是羊患支气管肺炎时，肺泡含气量减少，叩诊呈半浊音；鼓音，则是瘤胃臌气，呈鼓响音。

二、实验室诊断

羊的个体或群体发生疫病时，有时凭临床诊断和病理剖检仍不能做出确诊，常常需要采集病料进行实验室诊断。往往是在流行病学调查、临床诊断及病理剖检的基础上进行的，是确诊羊病的重要手段之一。

（一）细菌学检验

1. 涂片镜检　将病料涂于清洁的载玻片上，干燥后在酒精灯火焰上固定，选用单色染色法（如美蓝染色法）、革兰氏染色法、抗酸染色法或其他特殊染色法染色镜检，根据所观察到的细菌形态特征，做出初步诊断或确定下一步检验的步骤。

2. 分离培养 根据所怀疑的传染病病原菌的特点，将病料接种于适当的细菌培养基上，在一定温度（常为35℃）下进行培养，获得纯培养菌后，再用特殊的培养基培养，进行细菌的形态学、培养特性、生化特性、致病力和抗原性鉴定。

3. 动物实验 用灭菌生理盐水将病料做成1∶10悬液，或利用分离培养获得的细菌液感染实验动物，如小鼠、大鼠、豚鼠、家兔等。感染方法可用皮下、肌肉、腹腔、静脉或脑内注射。感染后按常规隔离饲养，注意观察，有时还需要对某种实验动物进行测量体温；如有死亡，应立即进行剖检及细菌学检查。

（二）病毒分离

以无菌手段采集的病料组织，用PBS（磷酸盐缓冲溶液）反复冲洗3次，然后将组织剪碎、研磨，加PBS液制成1∶10悬液（血液或渗出液可直接制成1∶10悬液），以每分钟2 000～3 000转的速度离心沉淀15分钟，每毫升加入青霉素和链霉素各100万单位，置冰箱中备用。

把样品接种到鸡胚或细胞培养物上进行培养。对分离到的病毒，用电子显微镜检查，并用血清学试验及动物试验等进行理化学和生物学特性的鉴定。或将分离培养得到的病毒液接种易感动物。

（三）寄生虫病检验

羊寄生虫病的种类很多，但其临床症状除少数羊只外都不够明显。诊断往往需要进行实验室检验。

1. 粪便检查 是寄生虫病生前诊断的一个重要手段。羊患蠕虫病后，其粪便中可以排出蠕虫的卵、幼虫、虫体及其断片，某些原虫的卵囊、包囊也可通过粪便排出。检查时，粪便应从羊的直肠挖取或刚刚排出的粪便。用粪便进行虫卵检查时，常用的方法有直接涂片法、漂浮法、沉淀法。

2. 虫体检查

（1）蠕虫虫体检查 将一定量的羊粪盛于盆内，加入约10倍量的生理盐水，搅拌均匀，静置沉淀10～20分钟后弃去上清液，再于沉淀物中重新加入生理盐水，如此反复2～3次，最后取沉淀物于黑色背景上，用放大镜寻找虫体。如粪中混有绦虫节片，可直接用肉眼观察到如米粒样的白色孕卵节片，有的还能蠕动。

（2）蠕虫幼虫检查　取被检样的新鲜粪球3～10粒，放在平皿内，加入适量40℃的温水，10～15分钟后取出粪球；将留下的液体放在低倍镜下检查。一般幼虫多附着于粪球表面，所以幼虫很快会移到温水中，而沉于水的底层。此方法常用于羊肺线虫病的检查。

（3）螨的检查方法　首先剪毛去掉干硬的痂皮，然后用锋利的刀片在患病部位与健康部位的交界处刮取病料（刮的深度以局部微微出血为宜），放在烧杯内，取适量10%氢氧化钾溶液，置室温下过夜或直接放在酒精灯上煮数分钟，待皮屑溶解后取沉渣涂片镜检。也可直接取少许病料于载玻片上，然后加50%甘油水2～3滴，盖好盖玻片镜检。后者的检虫率低，需要多取几次样品检查。

（四）生物学诊断技术

在羊传染病检验中，经常使用免疫学检验法。常用的有凝集反应、沉淀反应、补体结合反应、中和试验等血清学方法，以及用于某些传染病的生前诊断的变态反应等。近年来又研究出许多新方法，如免疫扩散试验、荧光抗体技术、酶标记技术、单克隆抗体技术和聚合酶链式反应（PCR）诊断技术等。

三、病理剖检

病理剖检，是对羊病进行现场诊断的一种方法。羊发生传染病、寄生虫病及中毒性疾病时，病羊的器官组织常呈现出特征性病理变化，通过剖检便可快速做出诊断。临床剖检时，除了肉眼观察外，在必要时还可采集病料进行病理组织学及微生物学检查。

（一）尸体剖检注意事项

剖检所用器械要预先高压灭菌消毒。剖检前应对病死羊或病变部位进行仔细检查。剖检时间愈早愈好，一般应不超过24小时，特别是夏季，尸体腐败后影响观察和诊断。剖检时应注意环境清洁，注意消毒，尽量减少对周围环境和衣物的污染，并注意做好个人防护。剖检后将尸体和污染物做深埋处理，在尸体上撒上生石灰或10%石灰乳、4%氢氧化钠溶液等消毒剂。污染的表层土壤铲除后投入坑内，埋好后对埋尸地面要再次消毒。

（二）剖检方法和程序

为了全面系统地观察尸体内各组织、器官所呈现的病理变化，尸体剖检必须按照一定的方法和程序进行，具体程序如下。

1. 外部检查 主要包括羊的品种、性别、年龄、毛色、营养状况、皮肤等一般情况的检查，死后变化，口、眼、鼻、耳、肛门及外生殖器等天然孔检查，并注意可视黏膜的变化。

2. 剥皮及皮下检查

（1）*剥皮方法* 尸体仰卧固定，由下颌间隙经过颈、胸、腹下（绕开阴茎或乳房、外阴）至肛门做一纵切口，再由四肢系部经内侧至上述切线做4条横切口，然后剥离全部皮肤。

（2）*皮下检查* 应注意检查皮下脂肪、血管、血液、肌肉、外生殖器、乳房、唾液腺、舌、眼、扁桃体、食管、喉、气管、甲状腺、淋巴结等的变化。

3. 腹腔的剖开与检查

（1）*腹腔的剖开与腹腔器官的取出* 剥皮后使尸体左侧卧位，从右侧肋窝部沿肋骨弓至剑状软骨切开腹壁，再从髋关节至耻骨联合切开腹壁。将这三角形的腹壁向腹侧翻转即可暴露腹腔。检查有无肠变位、腹膜炎、腹水、腹腔积血等异常。在横膈膜之后切断食管，用左手插入食管向后牵拉，右手持刀将胃、肝脏、脾脏背部的韧带和后腔静脉、肠系膜根部切断，即可取出腹腔脏器。

（2）*胃的检查* 从胃小弯处瓣、皱胃孔开始，沿瓣胃大弯、网瓣胃孔、网胃大弯、瘤胃背囊、食管、右侧沟线路切开，同时注意内容物的性质、数量、质地、颜色、气味、组成及黏膜的变化，特别注意皱胃的黏膜炎症和寄生虫，瓣胃的阻塞状况，网胃内的异物、刺伤或穿孔，瘤胃内容物的状态等。

（3）*肠道的检查* 检查肠外膜后，沿肠系膜附着缘对侧剪开肠管，重点检查内容物和肠系膜，注意肠内容物的质地、颜色、气味和黏膜的各种炎症变化。

（4）*其他器官的检查* 主要包括肝脏、胰脏、脾脏、肾脏、肾上腺等，重点注意这些器官的颜色、大小、质地、形状、表面、切面等有无异常变化。

4. 骨盆腔器官的检查 除输尿管、膀胱、尿道外，重点检查公畜的精索、输精管、腹股沟、精囊腺、前列腺、外生殖器官，母羊的卵巢、输卵管、子宫角、子宫体、子宫颈与阴道。重点检查这些器官的位置及表面和内部的异常变化。

5. 胸腔器官的检查 割断前腔静脉、后腔静脉、主动脉、纵膈和气管等与心脏、肺脏联系后，即可将心脏和肺脏一同取出。检查心脏时应注意心包液的数量、颜色，心脏的大小、形状、软硬度、心室和心房的充盈度，心内膜和心外膜的变化。检查肺脏时，重点注意肺脏的大小变化、表面有无出血点和出血斑、是否发生实变、气管和支气管内有无寄生虫等。

6. 脑的取出与检查 先沿两眼的后沿用锯横向锯断，再沿两角外缘与第一锯相连锯开，并于两角的中间纵锯一正中线，然后两手握住左右角用力向外分开，使颅顶骨分成左右两半，即可露出脑。应注意检查脑膜、脑脊液、脑回和脑沟的变化。

7. 关节的检查 尽量将关节弯曲，在弯曲的背面横切关节囊。注意囊壁的变化，确定关节液的数量、性质及关节面的状态。

（三）病料采集

1. 采样原则 病料采集要及时，病羊死后应立即采样，最好不超过 6 小时；取材要可靠，取材时应选择症状和病变典型、有代表性的病例，从处于不同发病阶段的病羊采集病料。取材动物最好未经抗菌药治疗，否则会影响微生物学或寄生虫学的检验结果；防止病原再次感染和扩散毒；注意病料采集顺序，应先采取微生物学检验材料，然后再采集病理组织学材料；取材要合理，不同的疾病要求采取的病料也不同。怀疑那种疾病，就应按照那种疾病的要求取材，要做到取样和送检目的一致。例如，传染病，可采取心、肝、脾、肺、肾、淋巴结等；肠毒血症，常采取回肠、结肠前段及内容物；羊布鲁氏菌病，常采取胎儿、胃内容物及羊水、胎膜、胎盘的坏死部分；有神经症状的传染病，如狂犬病、李氏杆菌病主要采集脑、脊髓液等；如果不能确定是何种疾病，就应全面取材，也可按照临床症状和病理剖检变化对取样有所侧重；剖检取材之前，应先对病情、病史加以了解和记录。

2. 病料的保存 病料采取后，如不能立即检验，应加入适量的保存剂，使其尽量保持新鲜状态。

（1）*细菌检验材料的保存* 将采取的脏器组织块，保存于饱和氯化钠溶液中或 30%甘油缓冲盐溶液中，容器加塞密封。

（2）*病毒检验材料的保存* 将采取的脏器组织块，保存于 50%PBS（pH 值 7.2）中或鸡蛋生理盐水中，容器加塞密封。

（3）*病理组织学检验材料的保存* 脏器组织块放入 10%甲醛溶液或 95%酒精中固定；固定液的用量应为病料量的 10 倍以上。

3. 病料的运送 装病料的容器要标记，详细记录，并附上病料送检单。病料包装要求安全稳妥，对危险材料、怕热或怕冻的材料，要分别采取措施。一般供病原学检测的病料怕热，供病理学检测的病料怕冻。前者在运送时要用加有冰块的保温瓶送检。包装好的病料要尽快运送。长途以空运为宜。

四、溯源分析

针对羊场出现的疑似重大疫情（如口蹄疫、小反刍兽疫），除了临床诊断、实验室检测确诊后，还须应用现代分子生物学方法（遗传系统发生树分析）进行疫源追踪。

第四节　肉羊常见疫病的预防与控制

一、传染性疾病

（一）病毒性传染病

1. 口蹄疫

【病因和流行特点】　由口蹄疫病毒引起羊、牛、猪等偶蹄类动物的一种急性、热性、高度接触传染性病。本病传播迅速，流行多发于春、秋季，动物调运在疫情扩散过程中扮演着重要角色。

【症状与诊断】　潜伏期一般1～7天，绵羊最长达14天，病羊体温升高至40℃～41℃，精神沉郁，食欲减退或废绝，口腔、蹄、乳房等部位出现水疱、溃疡和糜烂，患羊常表现跛行。根据临床表现可现场做出初步诊断，确诊必须借助实验室方法。在临床上需注意与传染性脓疱性皮炎、腐蹄病的区分。

【防制措施】　经济发达、无口蹄疫（FMD）疫情的国家通常采取不使用疫苗免疫的强制扑杀政策，而其余国家大多采用以疫苗计划免疫为主并与强制扑杀相结合的温和性政策。我国防控本病的主要措施有以下6项：①对易感动物实施免疫接种。②对病畜、同群畜及可能感染的动物强制扑杀。③限制动物、动物产品及其他染毒物的移动。④严格和强化动物卫生措施。⑤流行病学调查与监测。⑥进行疫情的测报和风险分析，感染动物须立即扑杀处理，严禁治疗。

2. 羊　痘

【病因和流行特点】　由绵羊痘病毒和（或）山羊痘病毒引起绵羊或山羊感染的一种急性、热性、接触性传染病。被感染的病羊、带毒羊是传染源。呼吸道是主要的感染途径，其次是消化道。一年四季均可发生，主要在冬末春初流行，新疫区往往呈暴发流行。

【症状与诊断】　绵羊痘潜伏期4～8天，山羊痘5～14天。病初发热，呼吸急速，眼睑肿胀，鼻孔中流出浆液浓性鼻液，1～2天后，皮肤水肿，并于无毛或少毛部位的皮肤上出现绿豆大的红色斑疹，重症常继发肺炎和肠炎，导致败血症或脓毒败血症而死亡。轻者痘中心常凹陷而呈脐状，最后结痂，并逐渐愈合而形成放射状瘢痕。根据该病的流行病学、临床症状、病理变化和组织学特征可做出初步诊断，确诊需实验室方法。

【防制措施】 针对羊痘无有效的治疗方法，给患羊施用抗生素和磺胺类药物仅可预防细菌继发感染，对该病的控制主要依靠疫苗预防。目前，使用的山羊痘疫苗有两种，一种是山羊痘氢氧化铝胶佐剂灭活苗，成年羊皮下注射 5 毫升、羔羊 3 毫升；另一种是山羊痘细胞弱毒苗，皮下注射 1 毫升或皮内注射 0.5 毫升，安全有效且免疫效果良好。前者可用于成年羊、妊娠母羊和羔羊，免疫期可达 8 个月；后者可用于不同年龄的羊，均接种 0.5 毫升，免疫期为 1～1.5 年。山羊痘疫苗可用于预防绵羊痘。

3. 传染性脓疱

【病因和流行特点】 俗称“羊口疮”，是由口疮病毒引起绵羊、山羊以口唇等皮肤和黏膜发生丘疹、水疱、脓疱和痂皮为特征的一种急性、高度接触性人兽共患传染病。山羊、绵羊最为易感。发病羊和隐性带毒羊是本病的主要传染源，发病牧场或羊舍如不及时彻底消毒处理，则可形成长久的疫源地。本病呈散发和地方性流行，多发生于春季和秋季。初次感染时羔羊和小羊发病率可高达 90%，死亡率有时可高达 50%。

【症状与诊断】 本病首先在口角、上唇或鼻镜部位发生散在的小红斑点，逐渐变为丘疹、结节，压力之下有脓汁排出，继而发生脓疱和烂斑。部分母羊在阴唇及附近皮肤发生溃疡，乳房和乳头皮肤出现脓疱、烂斑和污秽痂皮。公羊于阴鞘口出现脓疱和溃疡。有些绵羊的一肢或四肢蹄部可发病跛行，喜卧而不能站立。根据流行病学、临床症状、典型病例可初步诊断，但应与羊痘、溃疡性皮炎、坏死杆菌病、蓝舌病等进行鉴别诊断。确诊需借助病原的电镜观察、病原分离和病原基因检测等方法。

【防制措施】 减毒活疫苗接种是预防羔羊发生羊口疮的有效措施。通常的做法是首先给妊娠母羊于产前 30～45 天经口腔黏膜或后肢内侧皮肤划痕接种疫苗，新生羔羊于出生后的 15～30 天接种疫苗。羔羊患口疮后，首先使用 0.1%～0.2%高锰酸钾溶液清洗创面，再涂抹碘甘油、2%龙胆紫或抗生素软膏。防止继发感染，可肌内注射青霉素钾或钠盐 5 毫克/千克体重，吗啉胍或利巴韦林 0.1 克/千克体重，每日 1 次，3 日为 1 个疗程，2～3 个疗程即可痊愈。

4. 小反刍兽疫

【病因和流行特点】 由小反刍兽疫病毒引起山羊、绵羊及野生小反刍动物以发热、口炎、腹泻、肺炎为特征的急性、烈性、接触性传染病。传染源主要为患病动物和隐性感染动物，处于亚临床型的病羊尤其危险。本病一年四季均可发生，山羊比绵羊易感，症状类似牛瘟，在多雨季节和干燥寒冷季节多发。

【症状与诊断】 潜伏期4～5天，最长21天。急性病例体温可上升至41℃，并持续3～5天。患羊口鼻干燥，流黏液脓性鼻漏，呼出恶臭气体。严重病例可见坏死病灶波及齿龈、腭、颊部及其乳头、舌头等处。后期出现带血水样腹泻，严重脱水，消瘦，随之体温下降。出现咳嗽、呼吸异常。幼龄羊发病率、死亡均很高。根据该病的流行病学、临床症状可做出初步诊断，确诊须经实验室检测。

【防制措施】 该病属动物一类烈性疫病，对其的控制主要靠疫苗，一旦发现病羊应按照相关应急预案和防制规范要求进行处置，严禁病畜治疗。

5. 蓝 舌 病

【病因和流行特点】 又称绵羊卡他热，是由蓝舌病病毒引起主要感染绵羊的、经虫媒传播的疫病。患病动物和病毒携带者是主要的传染源，库蠓是蓝舌病的主要传播媒介。蓝舌病的发生具有明显的地区性和季节性，湿热的晚春、夏季和早秋多发，特别多见于池塘、河流多的低洼地区及多雨季节。

【症状与诊断】 潜伏期通常6～9天，根据病程快慢分为急性型和亚急性型。急性病羊体温升高，表现流涕，流涎，上唇水肿并可蔓延到整个面部和耳部，继发感染可引起呼吸困难。亚急性病羊显著消瘦，机体虚弱，头颈强直，康复不全，死亡率在10%以下。根据该病的流行病学、临床症状、病理变化和组织学特征可做出初步诊断。确诊需借助病毒分离、病原核酸分子以及血清抗体检测等实验室方法。

【防制措施】 控制传染源，加强检疫，严禁从有疫情的国家、地区引进羊只；控制和消灭媒介昆虫，切断传播途径；在流行地区每年发病季节前1个月接种相应血清型的疫苗。

6. 绵羊肺腺瘤病

【病因和流行特点】 又称绵羊肺癌，是绵羊的一种慢性、进行性、接触性肺脏肿瘤性疾病。不同品种、性别和年龄的绵羊均能发病，其中美利奴绵羊的易感性较高，山羊也可发病。本病主要经呼吸道传播，多呈散发。

【症状与诊断】 潜伏期较长，人工感染潜伏期为3～7个月。仅成年绵羊有临床表现。病羊起初精神不振，被毛粗乱，步态僵硬，逐渐消瘦，无明显体温反应，在剧烈运动或驱赶时呼吸加快。病程后期呼吸快而浅，吸气时常见头颈伸直，鼻孔扩张，张口呼吸。呼吸道积液是本病的特有症状。诊断主要依靠病史、临床症状、病理剖检和组织学变化进行，确诊需借助病原学诊断。

【防制措施】 目前尚无有效的疗法和疫苗。防制本病应首先注意引种，羊群一旦发现该病，很难清除，故须全群淘汰，以清除病原。

（二）细菌性传染病

1. 羊布鲁氏菌病

【流行特点】 主要由羊种布鲁氏菌引起，为人兽共患病。本病的传染源是患病动物及带菌者，患病动物的分泌物、排泄物、流产胎儿及乳汁等含有大量病菌。传播主要经消化道，即通过污染的饲料与饮水感染，也可经过皮肤感染。本病一年四季均可发生，但以产羔季节为多。牧区发病率明显高于农区。人患病与职业有密切关系，畜牧兽医人员、屠宰工人、皮毛工等明显高于普通人群。

【临床症状】 母羊通常发生流产、生殖道炎症等症状。公羊发病时多见睾丸炎及附睾炎，有时可见阴茎潮红肿胀、中度发热与食欲不振。部分病羊可能还伴有关节炎、滑液囊炎引起的跛行。

【诊断与防治】 可通过实验室血清抗体、细菌学检测进行确诊。对患病动物一般不予治疗，而是采取扑杀等措施。疫苗接种是控制本病的有效措施。在我国，主要使用减毒活苗 S_2 株、M_5 株。

2. 结核病

【流行特点】 是由结核分枝杆菌引起的人兽共患的慢性传染病，其主要特征是在多种组织器官形成肉芽肿和干酪样、钙化结节病变。病羊以及被病羊的排泄物和分泌物污染的饲料和饮水为主要传染源。病菌可通过呼吸道、消化道或损伤的皮肤侵入机体，引起多种组织器官的结核病灶，其中以通过呼吸道引起羊结核病为最多。

【临床症状】 山羊发病初期没有明显的临床症状，后期或病重时皮毛干燥，食欲减退，全身消瘦。湿性咳嗽，肺部听诊有明显的湿性啰音。绵羊结核多为慢性病，故生前只能发现病羊消瘦和衰弱，并无明显的咳嗽症状，后期体温上升达 40℃～41℃，最后消瘦衰竭而死亡，死前高声惨叫。

【诊断与防治】 在羊群中发现有进行性消瘦、咳嗽、慢性乳房炎、顽固性下痢以及体表淋巴结肿胀等临床症状，可作为初步诊断。如需确诊，尚需结合流行病学、病理变化、结核菌素试验以及血清学酶联免疫吸附（ELISA）试验，必要时做病原分离鉴定。

对于有较高利用价值的轻度病羊，可以使用药物治疗。但对于临床症状明显的病羊，应该坚决扑杀。利福平、乙胺丁醇、异烟肼、链霉素为临床常用药物。利福平与异烟肼合用可以减少耐药性的产生。对严重感染的病羊，可以吡嗪酰胺与利福平及异烟肼合用。

3. 羔羊大肠杆菌病

【流行特点】 带菌动物是本病的主要传染源，通过粪便排出病菌，散布于外界，污染水源、饲料以及母羊的乳头和皮肤。本病多发于初生至3月龄的绵羊和山羊，也可在3～8月龄的放牧羊群中流行。肠型多见于7日龄以内的出生羔羊。

【临床症状】 潜伏期为数小时至1～2天。根据症状不同可将其分为败血型和下痢型两种。

败血型：主要发生于2～6周龄的羔羊，病羔体温升高至41℃～42℃，精神沉郁、迅速虚脱、轻度腹泻，部分病羊有神经症状，共济失调、磨牙、视力障碍。

下痢型：又称大肠杆菌性羔羊痢疾，多发于2～8日龄的羔羊。病初体温升高至40℃～41℃，不久即下痢，体温降至正常或微热。粪便开始呈黄色或灰色半液状。

【诊断与防治】 本病呈急性经过，病羊往往来不及救治而死亡。通常，大部分菌株对庆大霉素、卡那霉素、利高霉素、强力霉素等敏感。我国用O_{78}：K_{80}菌株制成的灭活苗和减毒活疫苗，免疫注射绵羊或山羊，预防效果良好。

4. 炭　疽

【流行特点】 是由炭疽杆菌引起人兽共患的一种急性、热性、败血型传染病。各种家畜、野生动物和人类均可感染，易感动物主要为羊、牛、马、驴等草食动物。传播途径较多，主要通过消化道感染，也可经呼吸道或由吸血昆虫叮咬而感染。本病多为散发，有时呈地方流行，多发生于夏季。

【临床症状】 发病多呈急性经过。病势凶猛，突然发病倒地，患羊昏迷，摇摆，呼吸困难，结膜发绀，全身战栗，磨牙，口流出混有血液的泡沫，肛门、阴门等天然孔流出似酱油色的血流，且不凝固，羊只约数分钟至数小时死亡。

【诊断与防治】 本病严禁治疗，可通过疫苗接种预防。目前，应用的菌苗有两种，Ⅱ号炭疽芽孢苗适用于绵羊、山羊，免疫期1年；无毒炭疽芽孢苗仅适用于绵羊，免疫期1年。

5. 羊链球菌病

【流行特点】 是由C群兽疫链球菌引起的一种急性、热性、败血性传染病。病菌通常存在于病羊的各个脏器以及各种分泌物、排泄物中，而以鼻液、气管分泌物和肺脏含量为高，容易经呼吸道排出病原体，造成该病的传播。主要发生于绵羊，山羊次之。一般于冬、春季节气候寒冷、草质不良时多发，死亡率达80%以上。

【临床症状】 该病以咽喉部及下颌淋巴结肿胀、大叶性肺炎、呼吸异常困难、出血性败血症、胆囊肿大为特征。

【诊断与防治】 通过实验室病原学检测可对该病做出确诊。发病初期可用磺胺类药物或青霉素治疗，青霉素肌内注射80～160单位/次。每日2次，连用2～3天；内服磺胺嘧啶，5～6克/次，用药1～3次。重症羊可先肌内注射尼可刹米，以缓解呼吸困难，再用盐酸林可霉素注射液按0.1～0.2毫升/千克体重剂量肌内注射，每天1次，连用5～7天。同时，可用头孢唑林钠（特效先锋霉素）50万～150万单位，加地塞米松2～5毫克，0.5%盐水250～500毫升，维生素B_{12}和维生素C各5～10毫升，混合，一次缓慢静脉注射。每天2次，连用2天，症状减轻后每天1次，连用2天。患羊下颌、关节及脐部等处局部若有脓肿，可切开，清除脓汁，然后清洗消毒，涂抗生素软膏。被污染的围栏、场地、用具、圈舍等用20%石灰乳、3%来苏儿等彻底消毒，病死羊进行无害化处理，对同群未见症状羊用药物预防。

6. 羊快疫

【流行特点】　由腐败梭菌引起羊的一种急性传染病，以发病突然、急性死亡及真胃发生出血性炎症为特征。腐败梭菌常以芽孢形式存在于土壤、牧草、饲料和饮水中，并随羊只采食过程进入羊的消化道中存活，一旦宿主机体对病原的抵抗力下降，腐败梭菌大量繁殖，并产生外毒素，导致病羊急速发病死亡。患羊年龄多在6～18月龄，且营养较好。本病多发生于秋冬和初春季节。

【临床症状】　病羊常常突然停止采食和反刍，出现磨牙、腹痛、呻吟等临床症状。四肢分开，后躯摇摆，呼吸困难，口、鼻流出带泡沫液体。

【诊断与防治】　本病生前诊断较困难，死后剖检的真胃及十二指肠出血性、坏死性炎症具有诊断意义，确诊需实验室病原学检测。在本病常发地区，每年定期进行疫苗免疫注射。

7. 羊黑疫

【流行特点】　由B型诺维氏梭菌引起的一种急性、致死性传染病。以病羊尸体皮肤呈暗黑色外观和肝脏实质的坏死性病变为典型特征。带菌动物以及有发病历史地区存在的芽孢是引起感染流行的主要传染源。本病多见于肝片吸虫流行地区。

【临床症状】　临床上与羊快疫、羊肠毒血症类似，病羊主要呈急性反应，通常来不及表现临床症状即突然死亡。少数病例病程稍长，一般1～2天死亡。

【诊断与防治】　急性死亡，皮肤发黑，肝脏典型坏死，可做出初步诊断。确诊需通过病原鉴定和毒素检测。该病由于病程短促，往往来不及治疗。病程稍长者，可肌内注射青霉素或抗血清进行治疗。在该病多发地区定期使用羊厌气菌病五联苗进行预防接种。

8. 羊猝狙

【流行特点】　由C型魏氏梭菌引起的一种毒血症，以急性死亡、腹膜炎和溃疡性肠炎为特征。发病羊或带菌羊以及被本菌污染的牧草、饲料和饮水都是传染源。主要侵害绵羊，也感染山羊，但以 6 个月至 2 岁龄的羊发病率最高，营养较好的绵羊多发。

【临床症状】 病程短促，多未及见到症状即突然死亡。有时发现病羊掉群、卧地，表现不安、衰弱或痉挛，于数小时内死亡。死后骨骼肌肌肉出血，有气性裂孔。

【诊断与防治】 病程较短，通常来不及治疗病羊就已死亡。对病程稍缓的病例可用 C 型魏氏梭菌抗血清治疗，或用青霉素治疗，并给予强心药、肠道消炎药、磺胺类药物等，同时应及时补液。在本病常发地区，应定期使用羊厌气菌病五联苗预防注射。除坚持每年春、秋正常免疫外，在疫病存在的羊场，母羊产前 1 个月皮下注射 5 毫升，羔羊 15 月龄时注射五联苗或四联苗 3 毫升。在高发季节应对羊群给予土霉素、磺胺类药物进行预防。

9. 羊肠毒血症

【流行特点】 俗称“血肠子病”，由 D 型产气荚膜梭菌引起的一种严重危害羊群的急性败血性传染病。以发病急、病程短、肾软化为特征。本菌广泛存在于土壤、污水和人畜粪便中，羊饮食了污染的饲料或污水，经消化道感染，细菌即刻繁殖并产生大量毒素而发病。绵羊发生较多，山羊较少，以 6 月龄至 2 岁的绵羊易感，发病羊多膘情较好。

【临床症状】 病程和症状与进入血液的毒素量有着密切关系，常常因突然死亡而看不到症状，主要表现腹泻、惊厥、麻痹和突然死亡。

【诊断与防治】 根据典型流行特点、临床症状和病理变化可做出初步诊断，确诊需进一步做微生物学检查，以判断肠内容物中有无毒素存在。在本病常发地区，每年 4 月份注射疫苗。

10. 羊巴氏杆菌病

【流行特点】 由多杀性巴氏杆菌和溶血性巴氏杆菌引起的一种急性、烈性传染疾病。本病主要通过消化道、呼吸道和损伤的皮肤、黏膜感染。一般多发于羔羊和幼羊，山羊不易感染。本病的发生不分季节，但以气候剧变，湿热多雨的春、秋季节发病较频繁，呈散发或地方性流行。

【临床症状】 败血症和出血性炎症为主要特征，慢性型常表现为皮下结缔组织、关节及各脏器的化脓性病灶，并多与其他疾病混合感染或继发。急性型病羊多见呆立或卧地不起，体温升高到 40℃～42℃，呼吸急促，咳嗽，鼻孔常有带血的黏性分泌物排出，初期便秘，后期腹泻，颈、胸下部发生水肿。病羊常在严重腹泻后虚脱而死，病程一般 2～5 天。病死羊剖检一般皮下呈黄色胶样浸润和广泛性出血点，血液凝固不全。

【诊断与防治】 应注意与肺炎链球菌、炭疽以及羔羊双球菌病的区别。病原学诊断是确诊巴氏杆菌病最常用的方法。庆大霉素、四环素以及磺胺类药物均有良好的治疗效果，以上药物肌内注射，每日 2 次。也可选用复方新诺明或复方磺胺嘧啶，按每千克体重 10 毫克口服，每日 2 次。现多利用当地分离菌株，制备自家疫苗进行免疫预防。

11. 羊沙门氏菌病

【流行特点】 由鼠伤寒沙门氏菌、羊流产沙门氏菌、都柏林沙门氏菌引起羊的一种传染病。以羊发生下痢，妊娠母羊流产为特征，分为下痢型和流产型。病畜和带菌者是本病的主要传染源。被感染羊排出的病原菌或发病羊的乳汁、粪便、尿液、羊水或死胎污染饲草、牧地、水源、圈棚、用具等会引起传播流行。本病一年四季均可发生，但育成期羔羊常于夏季和早秋发病，妊娠母羊则主要在晚冬、早春季节发病。

【临床症状】

下痢型：多见于羔羊，体温升高达 40℃～41℃。食欲减少，腹泻，排黏性带血稀便，有恶臭。精神沉郁，虚弱，低头拱背，继而卧地。

流产型：绵羊多在妊娠的最后 2 个月发生流产或死产，病羊产出的活羔羊，多极度衰弱，并常有腹泻，一般 1～7 天死亡。

【诊断与防治】 通过病菌镜检、生化鉴定以及聚合酶链式反应（PCR）方法进行实验室确诊。疫苗接种可预防控制该病，每年免疫 2 次，间隔 2～3 周，皮下注射，每次 2 毫升。妊娠母羊分娩前 30～40 天免疫 1 次。一般于免疫后 14 天可产生免疫力。

（三）其他传染病

1. 羊传染性胸膜肺炎

【流行特点】 由羊支原体引起以高热、咳嗽，肺和胸膜发生浆液性、纤维素性炎症为特征，呈急性或慢性经过，病死率较高的一种高度接触性传染病。病羊是主要的传染源，其病肺组织和胸腔渗出液含有大量病原体，通过空气飞沫经呼吸道传染，山羊和绵羊易感，尤以 3 岁以下的最敏感。本病常呈地方性流行性，接触传染性很强，传播迅速，20 天左右可波及全群，新疫区的暴发几乎都是由于引进病羊而引起，冬季易发，流行期平均 5 天，夏季可维持 1 个月以上。

【临床症状】 潜伏期短则 5～6 天，长则 3～4 周。急性病例起初体温升高，可达 41℃～42℃，呼吸困难，咳嗽，鼻分泌液增多，随后出现肺炎症状，重者病羊卧地不起，头颈伸直，腰背拱起，黏膜高度充血，目光呆滞，不久窒息死亡。慢性病例多见于夏季，全身症状轻微，体温 40℃左右，病羊间有咳嗽和腹泻，如饲养管理不良，很容易出现并发症而迅速死亡。

【诊断与防治】 可根据流行特点、临床表现和病理变化等做出初步诊断，确诊需实验室病原学检测。疫苗接种是防控本病的有效措施，平时除做好常规措施预防外，关键是防止引入或迁入。早期治疗效果良好，可使用红霉素、支原净、新胂凡纳明、泰乐霉素等抗菌药物。

2. 羊衣原体病

【流行特点】 由鹦鹉热嗜性衣原体和流产嗜性衣原体引起绵羊、山羊以发热、流产、死产和产出弱羔为特征的人兽共患传染病。本病通过呼吸道、消化道、生殖道和皮肤伤口侵入易感动物，以冬季和春季发病率较高，多为散发或地方性流行。舍饲动物发病率比放牧的高。

【临床症状】 因衣原体血清型、动物种类、流行菌株毒力不同而表现不同的临床症状，如流产型、关节炎型、肺炎型、肠炎型以及脑脊髓炎型。

【诊断与防治】 通过实验室染色镜检或血清学试验进行确诊。在流行地区，使用羊流产衣原体灭活苗对母羊和种公羊进行免疫接种，可有效控制该病的流行。给病羊肌内注射四环素、土霉素、多西环素、金霉素、红霉素、泰乐霉素可取得一定疗效，治疗时需交替使用不同的药物，以防产生耐药性。

3. 羊钩端螺旋体病

【流行特点】 由钩端螺旋体引起绵羊和山羊以发热、黄疸、血红蛋白尿、出血性素质、流产、皮肤和黏膜坏死以及水肿为特征的一种人兽共患病。鼠类是最重要的储存宿主，带菌动物是重要的传染源。病原体主要由尿排出，污染水源、土壤、饲料、圈舍和用具等而使家畜和人感染本病。羊一年四季均可发病，以夏、秋放牧期间更为多见，呈散发性或地方性流行。本病发生于任何年龄的羊，但以羔羊发病率较高。

【临床症状】 潜伏期为 4～15 天。通常表现为隐性感染，有些羊体温升高，可视黏膜黄染，口鼻黏膜坏死，消瘦，腹泻，便血，甚至衰竭死亡。妊娠母羊多流产。

【诊断与防治】 本病早期诊断较困难，容易误诊，必须结合流行病学特点、早期临床特点及检验结果进行综合分析。常发地区应接种疫苗进行预防。土霉素、链霉素和四环素等抗生素对本病有一定疗效。

4. 羊附红细胞体病

【流行特点】 由附红细胞体引起多种动物共患的一种散发性、热性和溶血性传染病，经常成地方性流行，羊感染后会大批量死亡。

【临床症状】 典型症状是下颌肿大，手摸肩前淋巴结如乒乓球大小，硬而且有弹性。发病初期主要表现为高热，体温在39.5℃～42℃，精神沉郁，呼吸加快，食欲减少，采食呆慢，似吃非吃，离群呆立、掉队，眼结膜黄染，呈进行性消瘦，心力衰竭，休克而死。中期贫血、黄疸严重。后期眼窝下陷，结膜苍白，极度消瘦，精神萎靡，个别有神经症状，最后衰竭而死。

【诊断与防治】 根据临床症状、剖检变化、实验室检验可确诊。消灭吸血昆虫软蜱是预防该病的重要措施之一，每年春、秋两季分别用敌百虫（内服，80～100毫克/千克体重）、阿维菌素彻底驱虫1次，0.2毫克/千克体重皮下注射。具有较好疗效的药物有四环素、贝尼尔（血虫净）、环丙沙星、黄色素（盐酸吖啶黄）、多西环素等，而青链霉素、磺胺类药物等对附红细胞体无效，但可起对症治疗作用；在每年发病季节前，注射贝尼尔、黄色素、三氮脒等药物进行预防，10～15天重复1次；对妊娠母羊可用多西环素等肌内注射；治疗病羊可使用贝尼尔5～9毫克/千克体重，用生理盐水制成5%～7%注射液，臀部深层肌内注射，每2天用药1次，连用2～3次，同时使用抗生素和解热药对症治疗，控制继发感染。或使用黄色素注射液按羊3毫克/千克体重，兑入葡萄糖注射液静脉给药，每天用药1次至附红细胞体消失；治疗时可配合用樟脑、维生素B_{12}、维生素C、牲血素等。

5. Q热

【流行特点】 由贝氏立克次体引起绵羊、山羊流感样症状，急性或慢性经过为特征的一种人兽共患病。绵羊、山羊和牛是主要的天然宿主。本病多通过空气一飞沫经呼吸道传染，感染率高、接触传染性强，常呈地方流行性。

【临床症状】 潜伏期2～3周。表现为突发高热、全身乏力、食欲下降、干咳、盗汗、肌肉和关节肿痛以及胃肠道症状，可导致传染性非典型肺炎、急性呼吸道衰竭综合征、肝炎和黄疸等症状，甚至出现死亡。

【诊断与防治】 实验室诊断最常用的方法是血清抗体和病原核酸分子检测。发病早期使用广谱抗生素，如四环素、金霉素、土霉素、氯霉素等有一定疗效。

二、寄生虫病

（一）消化道寄生虫病

1. 线虫病

【病原和流行特点】 由一种或多种线虫寄生在羊的胃肠道内引起的一类寄生虫病。病原以捻转血矛线虫、羊仰口线虫、食管口线虫和毛首线虫分布最广，危害较大，常为多种线虫混合感染。寄生于羊消化道的线虫大多虫体繁殖力强，产卵量大，虫卵和幼虫对外界环境的抵抗力强，随粪排出的虫卵污染圈舍、牧场等环境，而且在外界环境中就能直接发育到对羊具有感染能力的阶段，所以该病流行极为普遍。主要发生于4～10月份，尤以5～6月份、8～10月份多发。

【临床症状】 羊消化道线虫多为吸血性线虫。病羊表现显著贫血，消瘦，颌下和腹下水肿，急、慢性胃肠炎，持续性腹泻，带有大量黏液，有时带血，或腹泻与便秘交替出现，严重者如捻转血矛线虫病可造成羊的急性大批死亡。慢性病例常表现渐进性贫血、消瘦，最后由于衰竭而导致死亡。毛首线虫可引起羊的盲肠、结肠炎症，食管口线虫的幼虫可致大肠壁形成直径2～10毫米不同大小的结节，内含长3～4毫米的幼虫和黄白色或灰绿色泥状物，有的发生坏死或钙化而变得很硬。

【诊断与防治】 生前查到粪便中的虫卵或死后剖检在胃肠道内查到虫体，结合流行病学资料、症状和剖检变化可确诊。坚持预防为主、防治结合的综合性防治措施。注意饲料和饮水清洁卫生，尽可能不在低洼潮湿地带放牧羊，以减少感染机会。春季放牧前对全群羊进行预防性驱虫，防止牧场污染。及时清除羊舍内的粪便，防止环境和牧场被污染。

治疗：①左旋咪唑（左咪唑、左噻咪唑）按每千克体重7～10毫克，一次口服，或按每千克体重5毫克，配成5%注射液一次肌内注射。②丙硫咪唑（阿苯哒唑、丙硫苯咪唑、抗蠕敏）按每千克体重10～15毫克，一次口服。妊娠早期的母羊应慎重。③苯硫咪唑（硫苯咪唑、芬苯哒唑、达克宁）按每千克体重10～15毫克，一次口服。④伊维菌素（害获灭、阿维菌素、虫克星、灭虫丁、畜卫佳）按每千克体重0.2毫克，一次口服或皮下注射、拌料喂服均可。⑤做好对症治疗。对重症病羊，应及时给予强心、补液，同时增加营养和护理。

2. 吸虫病

【病原和流行特点】 由一种或多种吸虫寄生在羊的胃肠道或肝胆管、胆囊、血液内引起的一类寄生虫病。病原以肝片形吸虫、日本血吸虫分布广泛，危害较大。各种品种、性别、年龄的羊均可感染和发生吸虫病。羊吸虫病常零星发生，严重者可成群发病和死亡。

【临床症状】 肝片形吸虫感染时常呈急性发作，叩诊肝区疼痛、躲闪，腹胀，重者多在几天内死亡甚至引起羔羊大批死亡。慢性病例病羊逐渐消瘦，胸腹部水肿，触诊呈面团样，严重贫血，可视黏膜苍白，顽固性腹泻或与便秘交替出现，最终病羊因衰竭而呈现零星死亡。感染日本血吸虫的病羊主要表现渐进性消瘦，腹泻，粪带黏液、血液或腥臭黏膜块，或顽固性腹泻，贫血，可视黏膜苍白，颌下及胸腹部水肿。若突然大量尾蚴感染则导致羊急性发病，体温升高，呼吸促迫，在山羊和羔羊可见急性成批死亡。

【诊断与防治】 应用沉淀法查到粪便中虫卵，或粪便毛蚴孵化法查到毛蚴即可确诊。

预防：①定期驱虫：至少应在每年春季和秋末冬初各进行1次预防性驱虫，也可根据当地具体情况及羊群状况确定驱虫次数和驱虫时间。最好采用水洗沉淀法或直接涂片法定期检查粪中虫卵，依据感染强度确定驱虫时机，尤其是放牧羊群应在放牧前对带虫羊进行驱虫并无害处理粪便，以防止环境污染及全群感染。②防止感染：避免在沼泽、低洼地放牧，以免感染。③消灭中间宿主：可结合水土改造，消除淡水螺滋生条件。本病流行地区可应用药物灭螺，也可饲养水禽以灭螺。

治疗：①防治肝片形吸虫病可选用下列药物：苯硫咪唑，按每千克体重50～60毫克，一次口服；肝蛭净（三氯苯唑），按每千克体重10毫克，一次口服；蛭得净（溴酚磷），按每千克体重12～16毫克，一次口服；5%氯氰碘柳胺钠注射液，按每次7.5毫克皮下或肌内注射，片剂、粉剂、混悬剂则用量加倍，一次口服；丙硫咪唑，按每千克体重20～30毫克，一次口服。②防治日本血吸虫病可选用下列药物之一：硝硫氰胺，每千克体重4毫克，配制成2%～3%无菌水悬液，颈部静脉注射，或按每千克体重40～60毫克，一次口服；吡喹酮，按每千克体重30～50毫克，一次灌服；敌百虫，按每千克体重按70～80毫克，一次灌服。

3. 绦虫病

【病原和流行特点】 由莫尼茨绦虫、曲子宫绦虫、无卵黄腺绦虫等寄生于羊小肠内引起的一种常见蠕虫病。本病主要发生在6月龄以内的羊，羔羊在采食牧草时吃入带有似囊尾蚴的土壤螨而感染和发病。本病在我国分布很广，常呈地方性流行。

【临床症状】 患羊常表现营养不良，发育受阻，消瘦，贫血，被毛干燥无光泽，颌下、胸前水肿；便秘与腹泻交替，食欲正常或降低，严重者可因恶病质而致死。虫体的分泌物、代谢物可致羊神经中毒，表现回旋运动，或抽搐、兴奋、冲撞、抑郁等。

【诊断与防治】 诊断：检查粪便表面有白色米粒大小、能蠕动的扁平孕卵节片或取孕节压破后镜检见有大量虫卵，或剖检在小肠内发现虫体，即可确诊。

预防：要根据既往羊绦虫病流行情况及羊群粪检情况确定预防措施。①定期驱虫，管好粪便：病羊粪便中含孕卵节片是主要污染源，对病羊尤其是驱虫后的病羊的粪便要及时清理，做好堆积发酵无害化处理。②杀灭土壤螨：有条件的地方可以深翻土地或者与单蹄兽轮牧，一般间隔2年，阳性土壤螨便可死亡。③不在清晨或傍晚放牧，不割喂露水草，减少羊吃入土壤螨的机会。④进入新的牧场前对曾经的患病羊群进行预防性驱虫。

治疗：选用下列药物之一即可。按每千克体重苯硫咪唑 8～10 毫克，丙硫咪唑 10～15 毫克，氯硝柳胺 80～100 毫克的剂量，一次性口服。

4. 包 虫 病

【病原和流行特点】 也称棘球蚴病，是由细粒棘球绦虫的中绦期——棘球蚴（包虫）寄生于羊等反刍兽及人的肺脏、肝脏及其他器官组织内引起的一种人兽共患绦虫蚴病。该病广泛分布于我国各地，尤其在牧区流行、严重危害。成虫寄生于犬等肉食动物小肠内，患犬常不表现明显症状，但成熟的孕卵节片经常不断地自动脱落并随粪便排到外界，污染羊的饲草、饲料和饮水，孕节或虫卵被羊吃入后，六钩蚴移行到寄生部位形成棘球蚴而引起发病。

【临床症状】 本病因虫体寄生部位不同而表现不同症状。寄生于肺则羊呼吸困难，咳嗽、气喘，甚至因窒息而死亡。寄生于肝则病羊消化功能障碍，腹水增多，腹部膨大，逐渐消瘦，终因恶病质而死亡。若虫体分泌的毒素及包囊破裂后囊液的毒素作用可致机体的严重过敏反应而突然死亡。

【诊断与防治】 生前可用 X 线检查诊断肺囊型包虫病，B 超探查诊断肝囊型包虫病，也可用皮肤变态反应、间接血细胞凝集试验（IHA）、酶联免疫吸附试验（ELISA）等免疫学方法进行诊断。

预防：①对犬定期驱虫。犬是该病病原的终末宿主和传染来源，应对犬进行定期检查和驱虫，常用药物为吡喹酮，按每千克体重 5～10 毫克；或氢溴酸槟榔碱按每千克体重 2 毫克，一次口服，均有良好驱成虫效果。驱虫后的犬粪应做无害化处理，防治病原散播。②禁用带棘球蚴的羊脏器喂犬。③防止犬粪污染羊的饲草、饲料和饮水及人的食物、饮水。

治疗：在早期诊断的基础上尽早用药，可取得较好的效果。吡喹酮，按每千克体重 30 毫克，一次口服；或丙硫咪唑，按每千克体重 25 毫克，一次口服；连用 3 天，间隔 7 天、15 天分别再用药 1 次。对老弱幼龄、体质差的羊只要适当补饲。

5. 脑包虫病

【病原和流行特点】 由多头绦虫的中绦期——脑多头蚴（脑包虫）寄生于绵羊、山羊等反刍兽及人的脑、脊髓内引起的一种人兽共患绦虫蚴病。在我国东北、西北牧区多发，多呈地方性流行；农区多呈散发，或某羊场、羊群小范围发生，多与养犬相关。本病无明显季节性，一年四季均可发生。2 岁以内的羊发生较多。

【临床症状】 患病初期体温升高，呼吸和心跳加快，病羊表现强烈兴奋、脑炎和脑膜炎等神经症状，甚至急性死亡。后期，病羊将头倾向脑多头蚴寄生侧，并向患侧做圆圈运动，故常将此病称为“回旋症”。虫体寄生于脑前部时，病羊头下垂，向前猛冲或抵物。寄生于脑后部时，则头高举或后仰，做后退运动或坐地不能站立。

【诊断与防治】 在本病流行区，根据羊的“回旋症”等特殊神经症状和病史可做出诊断，剖检病羊脑发现脑多头蚴可确诊。预防措施与包虫病相似。目前尚无特效药。在头部前脑表面寄生的脑多头蚴，可采用圆锯术摘除。吡喹酮和丙硫咪唑有一定疗效。有人用吡喹酮，按每千克体重100毫克，配制成10%注射液给羊皮下注射，但有一定的副作用；或按每千克体重50毫克内服，每天1次，连用5天。

（二）呼吸系统寄生虫病

1. 肺线虫病

【病原和流行特点】 是由网尾属的丝状网尾线虫和原圆科的多种线虫寄生于羊的支气管、细支气管、气管或肺实质引起的以支气管炎和肺炎为主要症状的疾病。绵羊和山羊均可发病，牧区常有流行，往往造成羊的大批死亡。丝状网尾线虫是寄生于羊体内的大型肺线虫，对羊危害较大。

【临床症状】 感染初期和感染较轻的患羊症状不明显。当感染大量虫体时，经过1～2个月即开始表现短而干的咳嗽。最初个别羊咳嗽，以后波及多数，咳嗽次数也逐渐增多。在运动后和夜间休息时咳嗽更为明显。在羊圈附近可以听到患病羊呼吸困难，如拉风箱。常见患羊鼻孔流出黏性液体，形成绳索状拖垂于鼻孔下或在鼻周形成结痂。

【诊断与防治】 依据临床症状特点，结合用贝尔曼幼虫分离法在粪便、唾液或鼻液中查到幼虫或在粪便中查到含幼虫的虫卵，或剖检时在支气管和气管内等寄生部位发现虫体和相应病变即可确诊。

预防：避免在低湿沼泽地区牧羊；有条件的地区，可实行轮牧；该病流行区内，每年至少在冬季由放牧转舍饲后及舍饲转放牧前对羊群各驱虫1次；及时清理粪便；定期检查，发现阳性病羊，应立即进行驱虫。

治疗：①左旋咪唑，按每千克体重8～10毫克，配制成5%注射液，肌内注射。②丙硫苯唑，按每千克体重35～40毫克，口服。③伊维菌素或阿维菌素按每千克体重0.2毫克，口服或皮下注射。

2. 羊鼻蝇蛆病

【病原和流行特点】 由羊鼻蝇幼虫寄生在羊的鼻腔及附近腔窦内所引起的一种慢性寄生虫病，主要侵害绵羊，常引起羊的慢性鼻炎和鼻窦、额窦炎。

【临床症状】 成蝇侵袭羊产出幼虫时，羊群骚动，惊慌不安，逃跑，频频摇头、喷鼻，将鼻孔抵于地面，或将头隐藏于其他羊的腹下或两腿间，或插入草丛中，或互相拥挤在一起以保护鼻孔；病羊呼吸困难，表现为喷鼻、甩头、摩擦鼻部。病羊有时表现共济失调、转圈、头弯向一侧或发生麻痹等神经症状。

【诊断与防治】 依据较典型的临床症状，结合用药液喷入鼻腔，收集用药后的鼻腔喷出物发现幼虫即可确诊。出现神经症状时，应与羊脑多头蚴病和莫尼茨绦虫病相区别。

防治：①夏季羊鼻蝇活跃季节，定期用杀虫药喷洒羊群和圈舍，防止成蝇产幼虫感染羊。②用2%～10%敌百虫或0.1%～0.2%辛硫磷等药物涂在羊鼻孔周围或喷射到羊鼻腔内，可驱避成蝇或杀死幼虫。③伊维菌素或阿维菌素按每千克体重0.2毫克，一次皮下注射，对各期羊鼻蝇幼虫均有良好杀灭效果。

（三）血液寄生虫病

1. 巴贝斯虫病

【病原和流行特点】 由莫氏巴贝斯虫、绵羊巴贝斯虫等寄生于绵羊、山羊红细胞内引起的一种血液原虫病，俗称巴贝斯焦虫病。该病主要发生于热带、亚热带和温带地区，常呈地方性流行，其发生和流行与传播媒介蜱的消长、活动密切相关。羔羊发病率高，但症状轻微，死亡率低；成年羊发病率低，但症状明显，死亡率高。

【临床症状】 高热、黄疸、溶血性贫血，体温升高至41℃～42℃。病初粪便干燥，后期腹泻，有的粪便混有血样黏液。病羊迅速消瘦，虚弱，卧地不起，最后衰竭而死。慢性感染羊通常不显症状，但生长缓慢，长期带虫。剖检病死羊可见皮下组织、全身各器官浆膜、黏膜苍白、黄染。

【诊断与防治】 采血涂片染色镜检，发现典型形态虫体即可确诊。因该病经蜱传播，灭蜱仍是重要预防措施。治疗：①贝尼尔按每千克体重3.5～3.8毫克，配成5%注射液深部肌内注射，1～2天1次，连用2～3次。②阿卡普啉(硫酸喹啉脲)，按每千克体重0.6～1毫克，配成5%水溶液，分2～3次间隔数小时皮下或肌内注射，连用2～3天。③咪唑苯脲，按每千克体重1～2毫克，配制成10%注射液，一次皮下注射或肌内注射，每天1次，连用2天。④黄色素按每千克体重3～4毫克，配制成0.5%～1%注射液，一次静脉注射，每天1次，连用2天。

2. 泰勒虫病

【病原和流行特点】 由泰勒虫寄生于山羊和绵羊网状内皮系统细胞和红细胞内引起的一种蜱传性血液原虫病，俗称泰勒焦虫病。临床以高热稽留、发病率和致死率高为特征。本病在我国广泛存在，常呈地方性流行。其发生和流行与硬蜱的出没季节及种类等密切相关，一般 3 月下旬开始发病，4～5 月份为发病高峰期，6 月中旬后逐渐停止。带虫羊是主要传染源，绵羊和山羊均易感，1～6 月龄的羔羊发病率高，病死率也高，2 岁以上的羊很少发病。

【临床症状】 潜伏期 4～12 天。病羊体温升高达 40℃～42℃，多呈稽留型热，一般持续 4～7 天。体表淋巴结，尤其是肩前淋巴结显著肿大。因红细胞生成障碍而表现呼吸加快且困难，心跳加快，心律失常。严重贫血，可视黏膜苍白但黄疸不明显。病程 6～12 天，急性病例 1～2 天死亡，病死率可高达 46%～100%。

【诊断与防治】 淋巴结穿刺液涂片或淋巴结、脾脏等脏器触片，染色镜检查到裂殖体，或采外周血涂片染色查到红细胞内的虫体即可确诊。

防治：与羊巴贝斯虫病相似。贝尼尔，按每千克体重 5～6 毫克，配制成 5%注射液深部肌内注射，每天 1 次，连用 3 天；或磷酸伯氨喹啉，按每千克体重 0.75～1.5 毫克，内服，每天 1 次，连用 3 天。

（四）体表寄生虫病

1. 硬蜱病

【病原和流行特点】 由于硬蜱寄生于羊体表引起的一种吸血性外寄生虫病，临床以羊的急性皮炎和贫血为主要特征；此外，蜱传疾病比硬蜱自身对羊造成的危害更大。硬蜱广泛分布于世界各地，但不同气候、地理、地貌区域，各种硬蜱的活动季节有所不同，一般 2 月末至 11 月中旬都有硬蜱活动。羊被硬蜱侵袭多发生在白天放牧过程中，全身各处均可寄生，主要寄生于羊的皮薄毛少部位，以耳郭、头面部、前后肢内侧等寄生较多。

【临床症状】 硬蜱以其前部的口器刺入羊皮肤吸血时可造成局部损伤，炎症，水肿，出血，皮肤肥厚；若继发细菌感染可引起化脓、肿胀和蜂窝组织炎等。硬蜱唾液的毒素作用，病羊可出现神经症状及麻痹，造成“蜱瘫痪”。硬蜱密集寄生的患羊严重贫血，消瘦；部分妊娠母羊流产，羔羊和分娩后的母羊死亡率很高。硬蜱叮咬羊吸血时，巴贝斯虫、泰勒虫及其他细菌、病毒可随唾液进入羊体内。

【诊断与防治】 根据在羊体表查到硬蜱及硬蜱数量与贫血等症状可做出诊断。蜱类活动季节，应及早确诊，及时用药杀灭羊体和环境中的硬蜱。杀灭羊体上的硬蜱可用 2.5%溴氰菊酯乳油 250～500 倍液，或 20%氰戊菊酯乳油 2 000～3 000 倍液，或 90%敌百虫晶体 100 倍液喷淋、药浴、涂擦羊体；或用伊维菌素或阿维菌素按每千克体重 0.2 毫克皮下注射，间隔 15 天左右再用药 1 次。对羊舍和周围环境中的硬蜱，可用上述药物或 1%～2%马拉硫磷或辛硫磷溶液喷洒羊舍、柱栏及墙壁和运动场以灭蜱。

2. 螨、虱病

【病原和流行特点】 是由疥螨、痒螨、虱等寄生于羊体而引起的慢性接触传播性皮肤病。临床常以皮肤发炎、瘙痒不安、脱毛、结痂、消瘦等为特征。该病广泛分布于全国各地，一年四季均可发生，但多发生在冬季、秋末和初春。圈舍卫生条件差、阴暗潮湿、饲养密度过大、营养缺乏、体质瘦弱等不良条件下易发生本病。

【临床症状】 羊疥螨病常开始发生于头面部如口周、鼻周、耳根及四肢弯曲面，严重者波及全身。病初皮肤发炎、发红，奇痒，病羊极其不安，抵物摩擦、搔蹭或啃咬患部；皮肤上出现结节、丘疹、水疱等，破溃后干涸、结痂、脱毛，患病部位皮肤增厚、变硬，失去弹性，严重者发生干裂甚至污染化脓。羊痒螨病发病过程和临床症状与疥螨病相似。绵羊痒螨病最常见且危害严重。山羊痒螨寄生在耳壳内侧面，先是耳壳内面发炎，出现黄白色痂皮，很快蔓延到外耳道。羊虱病病羊皮肤发痒，不安，常用嘴啃、蹄弹、角划解痒，或在木桩、墙壁等处蹭痒。局部皮肤损伤并伴有细菌感染时可引起化脓、肿胀等。

【诊断与防治】 在患病与健康皮肤结合处刮皮肤至微出血采取病料，显微镜下查到各发育阶段的羊螨虫体或虫卵均可确诊。在羊体表发现虱或虱卵即可确诊虱病。

预防：①注意环境卫生，保持圈舍干燥、通风良好，光照充足，防止密度过大。②环境、用具定期使用杀虫药物杀虫。

治疗：①伊维菌素的用法、用量及注意事项参照羊消化道线虫病所述。②2.5%溴氰菊酯乳油或20%氰戊菊酯乳油等，用法、用量及注意事项参照羊硬蜱病所述。③羊体用药的同时，用拟除虫菊酯类杀虫药等喷洒圈舍、运动场地面、墙壁及饲槽、饮水槽等，环境同步杀虫。④第一次用药后，间隔8～10天，再用药1次。

三、普通病

（一）营养代谢病

1. 酮　症

【病　因】 又称绵羊妊娠病或双羔病。是由于体内碳水化合物及挥发性脂肪酸代谢紊乱，而引起全身性功能失调的一种代谢性疾病。

【临床症状】 患羊食欲减退，前胃蠕动减弱，出现消化不良现象，便秘、腹泻交替进行。可视黏膜苍白或黄染。病初呈现兴奋不安，磨牙，颈肩部肌肉痉挛，随后出现站立不稳或站立不起，对外界刺激缺乏反应，呈半昏睡状。体温稍低于正常，脉搏、呼吸数减少，呼出的气体及排出的尿液和分泌的乳汁发出丙酮气味或烂苹果气味。

【诊断与防治】 应用亚硝基铁氰化钠法进行尿液检测，阳性则判定为酮病；血液检查表现为血糖浓度降低，从正常的3.33～4.99毫摩/升降到0.14毫摩/升，血清酮体浓度可从正常的5.85毫摩/升上升到547毫摩/升。

预防：加强饲养管理，特别是妊娠母羊后期的饲养管理，日粮搭配要合理，提供营养全面且富含维生素和微量元素的全价饲料。

治疗：50%葡萄糖100毫升静脉注射和丙酸钠20～60克，内服，2次/天，连用5～6天；肌内注射醋酸氢化泼尼松75毫克和地塞米松25毫克，并结合静脉补糖，其成活率可达85%以上。

2. 佝偻病

【病　因】 消化或内分泌腺功能紊乱、维生素D缺乏、饲料中钙磷缺乏和比例失调或幼畜生长速度过快所致。

【临床症状】 病羔食欲不振，消化不良，多出现异食癖，经常见啃食泥土，食沙石，食毛发，食粪便，机体消瘦，肋骨下端出现念珠状物。膨起部分在初期有明显疼痛。跛行，四肢可能呈罗圈腿或“八”字形外展状，运动时易发生骨折。病情严重的羔羊，口腔不能闭合，舌突出、流涎，不能正常采食。

【诊断与防治】 X线检查证明骨髓变宽和不规则。在诊断本病时应与下列疾病相区别：缺铜时可引起骺端炎症，而不是骺端软骨肥大和增宽。

防治：羔羊应有足够的户外活动，日粮内的钙、磷比例要适宜，并且要供给富含维生素D的饲料。维生素D制剂是治疗本病的主要药物。维丁胶性钙1～2毫升，肌内注射；维生素D_2注射液（40万单位/毫升）0.2～0.5毫升，内服或肌内注射。

3. 羔羊白肌病

【病　因】 饲料中硒和维生素E缺乏或不足，或饲料内钴、铜、锰等微量元素含量过高而影响动物对硒的吸收。当饲料、牧草硒含量低于0.03毫克/千克时，易发生硒缺乏症。

【临床症状】 精神萎靡，运动障碍，站立困难，卧地不起，站立时肌肉震颤。营养状况较差，尿呈淡红、红褐色，尿中含有蛋白质和糖。剖检可见骨骼肌、心肌、肝脏发生变性为主要特征，常见腰、背、臀部肌肉色淡，像煮过似的。

【诊断与防治】 加强饲养管理，特别是妊娠母畜的饲养管理，提供优质的豆科牧草，并在产羔前补充微量元素硒、维生素E等。0.2%亚硒酸钠注射液2

毫升，肌内注射，1次/月，连续应用2个月。同时，辅助应用氯化钴3毫克、硫酸铜8毫克、氯化锰4毫克、碘盐3克，水溶后口服。再结合肌内注射维生素E注射液300毫克，疗效更佳。

4. 食 毛 症

【病　因】　主要是由于饲料中矿物质和微量元素钠、铜、钴、钙、铁、硫等缺乏或钙、磷不足或比例失当。

【临床症状】　多见于羔羊啃食母羊的被毛，或羔羊之间互相啃咬股、腹、尾部的毛和被粪尿污染的毛并采食脱落在地的羊毛及舔墙、舔土等，同时逐渐出现其他异食现象。羔羊出现被毛粗乱，生长迟缓，消瘦，腹泻及贫血等临床症状。特别是幽门阻塞严重时，则表现出腹痛不安、弓腰、不食、排便停止、气喘等。

【诊断与防治】　腹部触诊可在胃及肠道摸到核桃大的硬块，可移动，指压不变形。防治：对母羊加强饲养管理，改善饲料质量，缺什么补什么。对羔羊要供给富含蛋白质，饲料中的钙、磷比要合理，食盐要补足。及时清理圈内羊毛，母羊乳房周围的毛。加强羔羊的卫生，防止羔羊互相啃咬食毛。主要是采取手术疗法，应用手术取出阻塞的毛球。

5. 尿 结 石

【病　因】　目前普遍认为尿结石是一种泌尿器官病理状态的全身矿物质代谢紊乱的结果，如下因素均可造成：①饲料中的营养不全和矿物质不平衡，饮用水质量不佳。②尿路发生感染时，引起尿潴留或尿闭时，碱化的尿液能析出大量的不易或不能溶解的盐类化合物。③长期饮水不足。④维生素A或胡萝卜素不足或缺乏。⑤肾和尿路的感染性疾病。⑥治疗病羊时大量使用磺胺类药物，也有形成尿结石的病例。

【临床症状】　尿结石常因发生的部位不同而表现出不同的症状，当泌尿系统存有少量细小结晶体时，一般病症不明显，一旦数量增多、体积变大，则呈现出明显临床症状。排尿发生部分或完全障碍时，就会出现典型症状：肾性疝痛和血尿。

【诊断与防治】　病羊死后剖检发现有结石；尿液镜检时，可见到脓细胞、肾盂上皮、沙粒或血细胞。尿道触诊（公羊尿道阻塞局部膨大、压迫有疼痛感）等诊断结果综合判断，有条件的可实施X线检查。

防治：加强饲养管理，特别是种公羊。增强运动，保证饮水的质量和充足，供给优质的牧草，饲料中钙、磷比例要合理。通过改善饲养，给予患羊以流体饲料和大量饮水；对于体积较大的结石主要是采取手术治疗（对种公羊而言）；据报道，对草酸盐形成的尿结石，应用硫酸阿托品或硫酸镁；对磷酸盐尿结石应用稀盐酸进行治疗可获得良好的效果。

6. 脱 毛 症

【病　因】　有如下几个方面：①营养代谢性脱毛症。②动物微量元素硫、锌等的缺乏可引起严重的地方性脱毛症。③寄生虫病性脱毛症。④传染病性脱毛症，比如皮肤真菌病、绵羊痘、山羊痘、羊传染性脓疱、溃疡性皮炎、坏死杆菌病等。⑤长期大量使用磺胺类药物也有造成羊脱毛症的报道。

【临床症状】　早期可见局部被毛蓬松突起，羊毛松动易拔起，继而发生脱落。脱毛多发生于腹下、胸前、后肢。一般从腹下开始，然后波及体侧向四周蔓延，直至全身脱光。脱毛后露出的皮肤柔软，呈淡粉红色，不肿胀，不发热。羊只无疼痛和瘙痒，病期较长的皮肤增厚，出现皮屑。寄生虫病性脱毛症，发生剧痒，患部皮肤出现丘疹、结节、水疱，严重的形成脓疱，破溃后形成痂皮和龟裂。在患病部位与健康被毛结合处可以找到螨虫。传染病引起的脱毛只是局部的掉毛不会引起大片脱毛。

【诊断与防治】　营养代谢性脱毛症的防治原则在于加强饲养管理，合理调整日粮，保证全价饲养，特别是对于高产动物。补饲矿物质复合营养舔砖对提高动物的营养水平、生产性能以及治疗与预防该病起到了显著的效果。矿物质缓释丸是通过控制释放速度逐步将矿物质元素释放到瘤胃或网胃中来发挥效应的。寄生虫性脱毛可按外寄生虫防治方法进行预防。

7. 青草抽搐

【病　因】　由于牧草、饲料中镁元素含量较低，多汁牧草含水分高，含镁量低。大量采食会造成羊只血镁浓度降低，发生青草抽搐。例如，消化功能紊乱、食入高钾牧草及牧草中钾含量升高等都有可能引起青草抽搐。

【临床症状】　羊在放牧时突然表现惊恐不安，感觉过敏。吼叫，乱跑，步态不稳，倒地并四肢强直，阵发性肌肉痉挛，牙关紧闭，口吐白沫，1～2 分钟后症状消失。体温升高，呼吸、脉搏数增加，不用听诊器可听到心跳声，治疗不及时，可在 1 小时内死亡；病羊食欲不好，四肢不灵活，头颈强直并高抬，痉挛性排尿和不断排粪。

【诊断与防治】　早春时节不可急于过早的放牧，青草幼小，营养不全，因而在北方牧区宜在 4 月初放牧为宜。由舍饲转为放牧时，饲料中添加氧化镁或碳酸镁 50～100 克，每 1～2 周 1 次；羊群在放牧前，先定量饲喂干草。在缺硒地区，还要适当补硒。

8. 维生素 A 缺乏症

【病　因】　是由于饲料中维生素 A 或其前体胡萝卜素缺乏或不足所致。

【临床症状】　羔羊的早期症状是夜盲症，早晨、傍晚或月夜朦胧时，病羊盲目前进，不时碰撞障碍物，行动迟缓；共济失调、后躯瘫痪，眼分泌一种浆液性分泌物，随后角膜角化，形成云雾状，有时呈现溃疡和畏光。繁殖障碍，受胎率下降，胎儿发育不全，先天性缺陷，幼畜体弱生命力低下。易患支气管炎、肺炎、胃肠炎等。

【诊断与防治】 血液检查血浆中的维生素A和胡萝卜素含量下降。加强饲养管理，对饲料的加工、贮存方法要得当，防止维生素A被破坏。日粮中加入青绿饲料及鱼肝油，口服剂量为20～50毫升/次；皮下或肌内注射鱼肝油，用量为5～10毫升/次，分为数点注射，每隔1～2天1次；也可用维生素A注射液进行肌内注射，用量为2.5万～5万单位/次。

（二）中毒性疾病

1. 瘤胃酸中毒

【病　因】 饲养管理差是发生本病的根本原因。当羊采食大量的玉米、大麦、小麦等富含碳水化合物的饲料或日粮中精饲料比例过大，长期饲喂酸度高的青贮饲料，导致瘤胃内容物乳酸产生过剩，酸度增高，造成瘤胃内的细菌、微生物群落数量减少和纤毛虫活力降低，引起严重的消化功能紊乱，使胃内容物异常发酵，导致酸中毒。

【临床症状】 病羊站立不稳、喜卧、心跳加快、每分钟100次以上，呼吸急促，气喘，每分钟达40～60次，常于发病后1～3小时死亡。

【诊断与防治】 加强饲养管理是防止本病发生的关键，可适当对饲料进行碱化处理后再饲喂，母羊产前产后精料添加的比例较高。手术疗法，对发病急、病情严重的可实行瘤胃切开术，排出胃内容物，并用3%碳酸氢钠溶液或温水反复冲洗胃壁，以除去残留的乳酸；中和胃酸，用5%碳酸氢钠溶液灌入胃部反复冲洗；强心补液，5%葡萄糖盐水100～200毫升，10%樟脑磺酸钠注射液2毫升，混合静脉注射。

2. 有机磷中毒

【病　因】 主要原因有：①羊误食喷洒过有机磷制剂的牧草或农作物、青菜等，误饮被有机磷制剂污染的水源。②违反农药的保存和安全操作规程，乱用盛装农药的容器和包装袋存放饲料和饮水。③运输过程中有机磷制剂与饲料混杂装运。在饲料库存放有机磷制剂，特别是在饲料库内配制或搅拌有机磷制剂。④用有机磷杀虫剂对动物进行驱虫、药浴时剂量过大，或使用方法不得当等也可引起羊的中毒。

【临床症状】 ①毒蕈碱样症状：病羊食欲减退或不食，流涎，口吐白沫，瞳孔缩小，可视黏膜发绀，呼吸困难，重者可引起肺水肿。②烟碱样症状：运动神经过度兴奋，主要表现为肌纤维震颤至肌肉痉挛。③中枢神经症状：病初兴奋不安，奔跑，转圈，恐惧，然后出现精神萎靡，意识模糊，甚至陷于昏迷状态，最后因呼吸肌挛缩而引起死亡。

【诊断与防治】 有机磷制剂的中毒发生情况极其复杂，对任何一种中毒病例必须通过全面的综合分析（比如接触史、典型的临床症状、血液胆碱酯酶活性降低等），才能正确判断。

预防：严格管理农药的存放和使用。应用喷洒过农药的植物饲料时，一定要停药 10 天以后并用水冲洗干净或药残达标方可饲喂，用敌百虫驱虫时，要严控剂量和使用方法，避免与碱性药物同时使用。

治疗：可用 2%碳酸氢钠（敌百虫中毒除外）溶液反复洗胃以分解毒物；或口服碳酸氢钠 20～30 克及木炭末 20～30 克，可延缓毒物的吸收；或用盐类泻剂如硫酸镁或硫酸钠 30～40 克，加水适量，一次内服。使用特效解毒药：1%硫酸阿托品注射液，0.5～1 毫克/千克体重，皮下或肌内注射，如效果不明显，可在 1 小时后重复使用，直到见效为止。解磷定注射液，20 毫克/千克体重，用 5%葡萄糖注射液稀释成 2.5%注射液，缓慢静脉注射，每 2～3 小时重复给药 1 次，直至症状消除为止。

3. 氢氰酸中毒

【病　因】 是由于采食或误食富含氰苷和能够产生氰苷的饲料所致。研究证明，许多植物含有含氰苷：木薯、高粱和玉米的新鲜幼苗、亚麻籽及桃、李、梅、杏等蔷薇科植物的叶和种子都含有氰苷。

【临床症状】 一般情况下主要为兴奋不安，腹痛明显，流涎，呼吸急促，脉搏增数，可视黏膜鲜红色，呼出带有苦杏仁味的气体，随后病羊转入沉郁状态，全身极度虚弱无力，站立不稳，倒地，体温下降，反射功能减弱或消失，呼吸浅表，脉细弱，出现昏迷至死亡。

【诊断与防治】 可采集可疑植物和瘤胃内容物做氢氰酸测定（苦味酸试纸法）。

预防：加强饲养管理，不要在含有氰苷植物的地方放牧；饲喂高粱、玉米等青苗前要用水浸 24 小时后再用，并限量。

治疗：静脉注射 0.5%～1%亚硝酸钠液注射液 1 毫升/千克，使部分血红蛋白变为高铁血红蛋白，并随即静脉注射 10%硫代硫酸钠注射液 10～20 毫升，使其与氰化高铁血红蛋白作用，成为无毒的硫氰酸盐，并激活细胞色素酶。

4. 亚硝酸盐中毒

【病　因】 由于羊采食了含有大量硝酸盐或亚硝酸盐的饲草料，引起高铁血红蛋白贫血症。许多多汁饲料（如甜菜、萝卜、马铃薯、油菜、小白菜、菠菜、青菜等)，成堆放置过久，特别是经过雨淋或烈日暴晒，发生腐烂变质或发酵，使硝酸盐还原成亚硝酸盐，羊采食后引起中毒。羊过多采食富含硝酸盐的饲草，经瘤胃微生物作用也可产生亚硝酸盐而引起中毒。

【临床症状】 早期主要表现尿频，呼吸急促，随后发生呼吸困难，分泌增强而大量流涎，腹部疼痛，腹泻。可视黏膜发绀，精神萎靡不振，脉搏加速细弱，体温正常或偏低。机体末梢血管中血液量少而凝滞，呈黑红褐色。肌肉震颤，步态踉跄，后期倒地出现强直性痉挛。

【诊断与防治】 通过调查饲料种类、质量、调制过程、保存时间、地点及发病过程、临床症状，病理变化、治疗效果，可做出初步诊断；如需确诊，则需将可疑饲料、饮水、呕吐物、胃肠内容物进行实验室诊断。

预防：加强饲草料的存放和管理，接近收割的青绿饲草料严格禁止施硝酸盐类化肥和农药；收割后的青绿饲草料最好摊开敞放，干燥后再贮存；禁止饲喂腐烂变质和发热、发酵的青绿饲草料；对疑似亚硝酸盐含量过高的饲草料、饮水，要先进行检验，合格后方可饲喂。

治疗：①应用亚甲蓝（美蓝）注射液，配比为1%，即亚甲蓝1克，无水酒精10毫升，生理盐水90毫升，按0.1～0.2毫升（5～20毫克/千克体重），肌内注射，还可用5%葡萄糖注射液稀释后静脉注射。见效慢时，可在1～2小时后重复使用1次。②5%甲苯胺蓝溶液，按0.1～0.2毫升/千克体重，静脉注射或肌内注射。③配合应用5%维生素C注射液10～20毫升，50%葡萄糖注射液30～50毫升，静脉注射。④胃内注入抗生素和大量饮水，以阻止硝酸盐的还原，达到解毒目的。

5. 尿素中毒

【病　因】 使用尿素作为反刍动物的蛋白质补充饲料，补饲时没有按照逐渐增加的原则，初次就按规定量饲喂，非常容易引起中毒。不按规定量添加，喂法不当（补饲尿素后立即饮水等)，或大量误食也可引起中毒。在补饲尿素的同时饲喂富含脲酶的豆饼等可增加羊只中毒的危险性。

【临床症状】 病初表现不安，呻吟，流涎，肌肉震颤，体躯摇晃，步样不稳。继而反复痉挛，呼吸困难，脉搏增数，从鼻腔和口腔流出泡沫样液体。末期全身痉挛出汗，眼球震颤，肛门松弛，急性中毒病例1～2小时即可因窒息死亡。如果延长1天左右，则可能发生后躯不完全麻痹。

【诊断与防治】 通过了解发病史及临床表现一般可以确诊。

预防：严格化肥保管使用制度，防止羊误食尿素。用尿素作饲料添加剂时，应严格掌握用量，体重50千克的成年羊，用量不超过25克/日。尿素以拌在饲料中喂给为宜，不得化水饮服或单喂，喂后2小时内不能饮水。如日粮蛋白质已足够，不宜加喂尿素。

治疗：发现羊中毒后，立即停止补饲尿素并灌服食醋或醋酸等弱酸溶液，如1%醋酸1升，糖250～500克，水1升分5次灌服，中和尿素的分解产物——氨，减少氨的吸收。或静脉注射10%葡萄糖酸钙注射液100～200毫升，或静脉注射10%硫代硫酸钠注射液100～200毫升，同时应用强心剂、利尿剂、高渗葡萄糖等疗法。

（三）内科病

1. 口　炎

【病　因】　又名口疮，是口腔黏膜炎症的总称。常见病因：①机械损伤，比如采食粗硬有芒刺的饲草、各种尖锐外物、误食了高浓度的刺激性药物、有毒植物或者是维生素缺乏和不足而引起。②病原性口炎，如口蹄疫、羊口疮、羊痘、蓝舌病等传染病也是引发本病的主要因素之一。③营养代谢或中毒性因素，如维生素A缺乏症以及铜、汞、氯中毒等。

【临床症状】　口腔黏膜弥漫性或斑块状潮红，硬腭肿胀；局部黏膜的黏液腺阻塞时，则出现散在的小结节和烂斑，舌苔厚，呈黄色或灰白色。水疱性口炎则表现口腔黏膜散在或密集的粟粒或蚕豆大的透明水疱，内含透明或黄色液体，2～4天后水疱破溃形成红色烂斑，5～6天后上皮新生，愈合。

【诊断与防治】　对羔羊的饲养要特别注意饲料质量，多喂柔软青嫩的牧草，适当补充多种维生素（特别是瘤胃消化功能尚未健全时应注意补充B族维生素和维生素C）。对饲槽用具、圈舍环境等处定期进行消毒，控制病原菌的繁殖，防止疫病的发生和流行。炎症初期，用0.1%雷佛奴尔或0.1%高锰酸钾溶液冲洗口腔，也可用20%盐水冲洗；发生糜烂及溃疡时，用2%或5%碘甘油涂擦。

2. 食管阻塞

【病　因】　是羊食管因草料团或异物阻塞而引起吞咽障碍的一种急性疾病，俗称“草噎”。本病常发于舍饲育肥羊。

【临床症状】　采食中突然发病，停止采食，惊恐不安，头颈伸展，空嚼吞咽，大量流涎，呼吸急促，当异物进入气管时还引起咳嗽、流泪。全阻塞时，吞咽的饲料残渣、唾液等有时从鼻孔逆出，颈左侧食管沟阻塞上部呈圆筒状膨隆，触压有波动感；若阻塞发生在颈部食管，可触到很硬的阻塞物，并易发瘤胃臌气。

【诊断与防治】　食管阻塞与咽炎、瘤胃臌胀和一些口腔疾病的临床症状有相似之处，需要鉴别诊断。

预防：加强管理，防止羊偷吃未加工的块根饲料，补充维生素和微量元素添加剂，经常清理羊舍周围的废弃物，以消除隐患。

治疗：原则上是以解除阻塞、消除炎症、预防并发症的发生为目标。该病一般情况下，排除阻塞物症状立即消失，但羊常伴发急性瘤胃臌气，或引起窒息死亡。因而要尽早确诊，及时处理，降低死亡率。阻塞物如果是草料团，可将羊固定好，插胃管后用橡皮球吸水注入胃管，在阻塞物上部或前部软化，反复冲洗，边注入边吸出，反复操作，直到食管畅通。当发生瘤胃臌气时，要及时放气，以免发生羊死亡。

3. 前胃弛缓

【病　因】　饲养管理不当是主要诱因，例如精饲料饲喂过多，食入过多不易消化的粗饲料，饲喂发霉、变质、冰冻的饲草料，饲料突然发生改变，维生素及微量元素、矿物质缺乏以及在感染某些疾病等情况。

【临床症状】　食欲降低、反刍减少或消失，胃肠蠕动减慢，排出带有暗红色黏液的干燥粪便，精神沉郁，瘤胃内容物腐败发酵，气体大量增加，左腹膨隆，触诊有柔软感，体温、脉搏基本正常。瘤胃液酸度增高，pH 值降至 5.5 以下。

本病还应与创伤性网胃腹膜炎、瘤胃积食加以区别：创伤性网胃腹膜炎有姿势异常、体温升高现象，触诊网胃区出现疼痛反应。瘤胃积食时有瘤胃内容物充满、坚硬的表现。

【诊断与防治】　加强饲养管理是关键预防措施。不饲喂腐败、变质、冰冻的饲料。

治疗的原则为缓泻、止酵、促进瘤胃蠕动。疾病初期先禁食 1～2 天，每天按摩瘤胃数次，每次 8～15 分钟，并少量饲喂易消化的多汁饲料。瘤胃内容物过多时，投服缓泻剂，如液状石蜡、硫酸钠或硫酸镁。皮下注射氨甲酰胆碱 0.2～0.4 毫克或毛果芸香碱 5～10 毫克。当发生酸中毒时，静脉注射 25%葡萄糖注射液 200～500 毫升、5%碳酸氢钠注射液 200 毫升。

4. 瘤胃积食

【病　因】　主要是过食所致。由于采食过多难消化的粗纤维饲料或易膨胀的干饲料而引发本病。运动过量或缺乏、饮水不足、突然变换饲料等都是引起本病发生的诱因。

【临床症状】　患羊表现腹痛不安，努责，拱背，后蹄踏地或踢腹，腹部膨大。触诊瘤胃饱满、坚实有痛感。

【诊断与防治】　加强饲养管理，防止过量采食，合理放牧。病情较轻的可禁食 1～2 天，勤喝水，经常按摩瘤胃，每次 10～15 分钟，可自愈。如能结合按摩并灌服大量温水则效果更好。消导下泻可用盐类和油类泻剂混合后灌服，通常使用的有硫酸镁或硫酸钠、液状石蜡，加水溶解后一次内服。止酵防腐，可用3%来苏儿3毫升或鱼石脂1～3克，加水适量内服。

5. 瘤胃臌气

【病　因】 由于羊采食了大量易发酵的饲草料，在瘤胃细菌的参与下过度发酵，迅速产生大量气体来不及排出，导致瘤胃容积急剧增大，胃壁发生急剧扩张并引起反刍、嗳气障碍及消化系统功能紊乱的一种常见疾病。

【临床症状】 发病迅速，常于采食易发酵饲草料后15～30分钟出现臌气，很快伴有精神萎靡，食欲废绝，反刍、嗳气停止，左腹部急剧臌胀。有时表现张口流涎，常有泡沫状唾液从口腔中溢出或喷出，臌胀发展非常迅速，病症严重，发病几小时就可引起窒息死亡。

【诊断与防治】 加强饲养管理，牧草茂盛时，严格控制饲草饲喂量，特别是优质牧草。平时不喂腐败、变质的青贮饲料，控制发酵饲料的采食量，更换饲料时要渐次进行。本病的治疗原则就是排气减压，消除病因，恢复前胃功能。

6. 创伤性网胃—腹膜炎

【病　因】 主要是羊误食了混在饲料中的尖锐金属异物导致网胃壁的损伤而致。

【临床症状】 初期临床症状表现不明显，随着病程的加长，病羊开始表现出食欲不振，精神萎靡，反刍减少，瘤胃蠕动减弱或停止，持续性臌气，排粪减少，粪便干燥，常覆盖一层黏稠的黏液，有时可发现潜血。用手冲击网胃区及心区，或用拳头顶压剑状软骨区时，病羊表现疼痛、呻吟、躲闪。

【诊断与防治】 根据临床症状和病史，结合进行金属探测仪及X线透视检查确诊。

治疗：尽量减少活动或放牧，减少草料饲喂量，以降低腹腔脏器对网胃的压力，必要时采取消炎措施如青、链霉素肌内注射，剂量为青霉素80万单位，链霉素0.5克，1次/日，疗程1周。病情严重时，可行瘤胃切开术。

7. 皱胃阻塞

【病　因】 由于饲养管理不当造成的。在北方各省每年的冬、春季节，青绿饲草缺乏，长期饲喂谷草、麦秸、玉米秸再加谷物精料，同时饮水不足，极易引起本病的发生。前胃弛缓、创伤性网胃炎、皱胃炎、皱胃溃疡、小肠秘结等疾病容易引起继发性皱胃阻塞。

【临床症状】 初期主要表现出前胃弛缓的症状，具体为食欲减退或不食，反刍减少，部分病羊喜饮水；瘤胃蠕动音减弱，腹围变化不明显，尿量减少，粪便干燥；皱胃变位，可以听到由皱胃发出的潺潺流水音。

【诊断与防治】 加强饲养管理是预防本病的关键。羊群要定时定量饲喂饲草料，提供优质牧草，保证充足清洁的饮水，并供给全价饲料。本病治疗原则为消积化滞，促进皱胃内容物排除，防止脱水和酸中毒。治疗：可用25%硫酸镁注射液50毫升、甘油30毫升、生理盐水100毫升，注入皱胃中，注射部位在皱胃区，右腹下肋骨弓处胃体突起的部位。注射8～10小时后，用氯化氨甲酰甲胆碱（比赛可灵）注射液2毫升，皮下注射，效果明显。为了防止脱水和自体中毒，可用5%葡萄糖盐水500毫升，20%安钠咖注射液3毫升，40%乌洛托品注射液3毫升，静脉滴注。

（四）外科病

1. 脐　疝

【病　因】 由于脐孔发育不全没有闭锁，脐部化脓或腹壁发育缺陷等造成。

【临床症状】 脐部呈局限性球形肿胀，质度柔软，也有的紧张，但缺乏红、热、痛等炎症反应。病初多数能在改变体位时将疝的内容物回纳到腹腔，并可摸出疝轮。羔羊脐疝一般由拳头大小可发展至小儿头大，甚至更大。由于结缔组织增生及腹压大，往往摸不清疝轮。

【诊断与防治】 保守疗法：适用于疝轮较小、年龄较小的羊。用95%酒精（碘液或10%～15%氯化钠液代替酒精），在疝轮四周分点注射，每点3～5毫升，可取得一定效果。手术疗法：比较可靠。若无粘连即可将疝内容物直接回纳到腹腔，并做袋形缝合以封闭疝轮。

2. 腐蹄病

【病　因】 此病主要由于圈舍泥泞不洁，在低洼沼泽牧场放牧，坚硬物如铁钉刺破趾间，造成蹄间外伤，或由于饲料中蛋白质、维生素、微量元素不足等引起蹄间抵抗力降低，而被各种腐败菌感染所致。

【临床症状】 主要表现为跛行症状。轻型患畜只在蹄底部、球部、轴侧沟有很小的深棕色坑。严重时病变小坑融合在一起，形成长沟状，沟内呈黑色，引起腐烂。最后在糜烂的深部暴露出真皮。糜烂可形成潜道，球部偶尔也可发展成深度糜烂，并长出恶性肉芽组织，引起剧烈疼痛而出现跛行。还有的病例可发展到深部组织，引起指（趾）间蜂窝组织炎，患蹄恶臭，严重时蹄匣脱落。

【诊断与防治】 预防：蹄部要避免过度潮湿，不要在潮湿沼泽地长期放牧，经常进行蹄部的检查、修理，防止蹄部刺伤和角质软化。治疗：应先用蹄刀完全除去分离的角质，对过长的蹄壁应加以修整，然后剖开所有的潜道。局部用0.1%高锰酸钾溶液或2%来苏儿冲洗，然后涂擦碘酊或涂10%氯霉素酒精溶液，疗效很好。为了防止病原的传播，可用10%硫酸铜溶液对病羊进行蹄浴。

（五）产科病

1. 乳房炎

【病　因】　细菌感染、机械性损伤、环境卫生或挤奶方法不当，均可引发乳房炎。

【临床症状】　患病乳区极度肿大、红肿、热痛症状明显。乳房上淋巴结肿大，乳汁排出不畅或困难，泌乳量急剧减少或停止，乳汁稀薄，混有絮状或颗粒状物，还有的混有血液和浓汁。有时患羊不表现任何临床症状，乳汁没有肉眼可见变化，但是一旦条件成熟很容易由这种隐性状态转变成临床型乳房炎。

【诊断与防治】　可通过乳汁的凝结程度来判定乳房炎的轻重。防治：①加强饲养管理。②放牧羊群在枯草季节要适当补饲草料，避免严寒和烈日暴晒，减少应激。③乳用羊挤奶要定时。④妊娠后期对羊要逐渐停乳，停乳时将抗生素注入每个乳头管内。⑤分娩时如乳房过度肿胀，应适当减少精饲料及多汁饲料；分娩后，乳房过度肿胀，应控制饮水，并增加运动和挤乳次数。⑥乳房内注入药液、封闭疗法、冷敷、热敷及涂擦刺激剂、全身疗法、减食疗法及中草药疗法。

2. 子宫内膜炎

【病　因】　是子宫黏膜的炎症，常因分娩、助产、子宫脱出、阴道脱出、胎衣不下、腹膜炎、胎儿死于腹中等，继发细菌感染而引起。大多发生于母羊分娩过程或产后。

【临床症状】　一般发生于分娩过程或流产后或继发于胎衣不下，病羊表现体温升高，精神萎靡，食欲降低，反刍减少或废绝。

【诊断与防治】　预防：①注意保持圈舍和产羔舍的清洁卫生。②分娩后1周内，对母羊要经常检查，尤其要注意对阴道排出物的检查。③定期对种公羊进行检查，看是否存在传染性生殖器官疾病，防止借配种进行传播或感染。④人工配种时，工作人员的手臂和使用的器械，以及难产时助产人员的手臂及使用器械都要严格消毒，操作时注意用力程度，以免消毒不严或操作不慎而致本病发生。治疗：包括冲洗净化子宫、子宫内灌注抗生素进行消炎、缓解自体中毒、中药治疗。

3. 产后瘫痪

【病　因】　又称乳热病或低钙血症。是母羊分娩前后发生的一种严重的营养代谢性疾病。临床上以突然发病，低血钙，全身肌肉无力而站立不起为典型特征。绵羊和山羊均可发生，但以山羊多见，尤其是高产奶山羊。该病主要在产前或产后1～3天发生，偶尔可见于妊娠其他时期。

【临床症状】 发病初期主要表现食欲不振或废绝，反刍减少至停止，瘤胃蠕动减慢或消失，步态不稳，呼吸常见加快，随后出现瘫痪症状，后肢不能站立，头向前冲，采食、排泄完全停止，针刺反射降低，全身出汗，肌肉震颤，心音减弱、速率增加，有些羊出现典型的麻痹症状，体温下降，进入濒死期，治疗不及时而引起死亡。

【诊断与防治】 加强妊娠后期的饲养管理可预防本病的发生。治疗：①补钙，10%葡萄糖酸钙注射液50～100毫升，静脉注射，或5%氯化钙注射液40～60毫升、10%葡萄糖注射液120～140毫升、10%安钠咖注射液5毫升，混合后一次静脉注射。②乳房送风，将空气送入乳房使乳腺受压，引起泌乳减少或暂停，使得血钙不再流失。送风一次效果不明显时，可重复进行1次。③补钙后要及时补磷、补糖，20%磷酸二氢钠注射液50～100毫升，一次静脉注射。

4. 流　产

【病　因】 是指胚胎或胎儿在妊娠过程中受不良因素影响，破坏了与母体的正常生理关系，从而导致母羊妊娠终止。流产可发生在妊娠的各个阶段，但以妊娠早期发生居多。其临床表现为产出死胎或不足月的胎儿，或胚胎在子宫中被吸收。本病有传染性和非传染性之分。

【临床症状】 隐性流产的表现主要是妊娠后一段时间腹围不再增大反而缩小，妊娠6～10周时母羊再次发情而被发现。早产排出不足月的活胎。小产排出的是没有发生变化的死胎。延期流产也叫死胎停滞，死胎长期滞留子宫。

【诊断与防治】 出现群发性流产时要考虑传染病或营养代谢性疾病的可能性，特别是布鲁氏菌和衣原体等病原微生物引起的流产，可以通过血清学、病原学等手段进行鉴别诊断。

防治：加强妊娠期管理，提供优质牧草、饲料并适当添加多种维生素。改善圈舍卫生环境，严禁挤压、碰撞等损害情况的发生；严禁饲喂冰冻、发霉饲草料，运动要合理、适当；发现流产征兆时，及时采取有效保胎措施。①对出现流产征兆的母羊要及时进行保胎、安胎。黄体酮注射液15～25毫克，肌内注射，2天1次，连用3次；同时，辅助应用维生素E注射液5～10毫克，肌内注射。②当流产发生时，要采取措施确保胎儿完全流出体外，流产不完全时，要进行人工辅助生产，待胎儿及胎膜等完全排出无异常时，无须特殊处理。③对流产后的母羊要加强饲养管理，提供优质饲草料和清洁饮水，加强对体能的恢复，加强护理，使之能尽快进入下一个妊娠周期。④对于布鲁氏菌等病原微生物引起的流产，按照传染病的相关规定进行处理。

5. 胎衣不下

【病　因】　也称胎衣滞留，是指母羊分娩后，胎衣超过了正常时间仍不排出，并已经超过14小时。

【临床症状】　部分胎衣不下，即一部分从叶上脱下并断离，其余部分停滞在子宫腔和阴道内，一般不易察觉，有时发现拱背、举尾和努责现象。全部胎衣不下即全部胎衣停滞在子宫和阴道内，仅少量胎膜垂挂于阴门外，其上有脐带血管断端和大小不同的子叶。胎衣不下，初期一般没有全身症状，经1～2天后，停滞的胎衣开始腐败分解，从阴道内排出污红色混有胎衣碎片的恶臭液体，腐败分解产物若被子宫吸收，可出现败血型子宫炎和毒血症，患羊表现体温升高、精神沉郁、食欲减退、泌乳减少等。

【诊断与防治】　促进子宫收缩，加速胎衣排出：皮下或肌内注射垂体后叶素50～100单位。最好在分娩后8～12小时注射，如分娩超过24～48小时，则效果不佳。也可注射催产素100单位，麦角新碱6～10毫克。手术剥离：先用温水灌肠，排除直肠中积粪，或用手掏尽。

第五节　废弃物处理

改善农村人居环境质量，美化社会主义新农村，环境卫生的治理极其重要。目前，养殖污染已成为制约我国现代畜牧业发展的瓶颈之一，规模养殖场废弃物的无害化处理及综合利用是保障肉食品公共卫生安全，建设资源节约型、环境友好型社会生态的前提之一，是促进我国农村经济可持续发展和社会文明和谐的重要举措。

羊场废弃物包括：①病死或被扑杀的羊尸、动物内脏、血液和皮毛等。②粪、尿排泄物。③被污染或可能被污染的垫料、饲料、污水等。④使用过的一次性注射器、残余疫苗、过期兽药、一次性防护衣物等。

废弃物处理设施：主要包括焚化炉、焚烧坑、粪污贮存池、堆肥场、沉淀池和沼气池等。

废弃物处理的原则：所有的处理操作都应符合环保要求，并达到无病原微生物存活、无毒性物质残留之目的；涉及的运输、装卸等所有环节要避免洒漏，运输装卸工具要彻底消毒后清洗。病死羊处理选择深埋、焚化的方法，按《畜禽病害肉尸及其产品无害化处理规程》要求进行；饲料、粪便可堆积发酵或焚烧处理；污水要排放到污水池，经过消毒和沉淀处理方可向外排放。

肉羊生产中不同废弃物的处理方法如下。

一是粪尿的处理。可采用生物腐熟堆肥法，将粪便和污秽垫草、饲料等固形废弃物按一定比例堆积成一定形状的肥堆进行发酵腐变，在此过程中，肥堆内温度较高，可杀灭其中的各种病原菌、寄生虫卵等。有条件的养殖场可建造封闭式堆积房，通常选择向阳、干燥、平坦的地面，将混合均匀的粪污堆成下宽上窄的梯形状，用塑料薄膜覆盖或稀泥封闭，并在肥堆表面留一定气孔，以促使粪堆充分腐化发酵的气体交换。当堆肥体积缩小，有机质充分腐烂、质地松软、无粪臭味时就可用作肥料了。

二是畜尸的处理。方法有焚烧、深埋、化制等方法。

焚烧：有条件的养殖场可将羊尸体放入焚化炉或焚尸坑中焚烧处理。

深埋：掩埋地点应远离畜舍、放牧地、水源和居民点，地势高燥，掩埋深度不少于 2 米，填土前在坑底及羊尸体的四周应撒上生石灰，掩埋完成后要做好警戒标志。

化制：非烈性疫病引起死亡的羊尸可运送到动物饲料加工厂进行高温高压处理。

三是污水处理。方法有土壤自然净化法和厌氧发酵法。

土壤自然净化：畜尿及污水经一段时间存放后，以慢速灌溉、快速渗滤和地面慢流等方式施于农田、果园、经济林地而得到无害化处理。

厌氧发酵：首先进行厌氧发酵生产沼气，然后将沼液经沉淀池沉淀后，流入生物氧化塘，经生物氧化处理后再用于灌溉或养鱼。

四是被污染的垫料、饲料的处理，可用于生产沼气而达到无害化处理及资源利用的目的。利用厌氧菌（主要为甲烷细菌）对粪尿、杂草、秸秆、垫料等进行厌氧发酵而产生沼气。

五是其他废弃物的处理，包括使用过的一次性注射器、残余疫苗、过期兽药、一次性防护衣物等废弃物可采用定点焚烧的办法进行无害化处理。

第六节　肉羊健康养殖策略

健康养殖是指通过为养殖对象营造一个舒适的、有利于快速生长的生态环境，并提供充足、科学的全价营养饲料，使其在生长肥育期间最大限度地减少疾病的发生，保障出栏畜禽个体健康和动物性产品无污染、品质优良的一种科学养殖模式。其主要特征就是养殖环境可控、生产资源可循环利用。随着我国畜牧业的不断壮大，树立和坚持规模场健康养殖的理念和思路，已成为适应畜牧业发展与时俱进的新要求，是保障食品安全和养殖业可持续稳定发展的前提。

一、规模化羊场开展健康养殖的必要性

当前，我国肉羊规模养殖发展迅速，但也出现了许多问题，如养殖场粪污对环境的污染日益严重，病死畜尸无害化处理不到位直接危害社会公共卫生安全，肉羊疫病日趋复杂使防控难度不断增加，羊源性人兽共患病发生及药物残留超标等食品安全事件时有发生，这些都直接影响着市场冷暖和消费者的信心，进而阻碍了肉羊养殖业的可持续发展。

二、健康养殖策略

（一）培养从业人员的健康养殖意识

要不断对规模场管理人员和一线生产人员进行法律法规及养殖技术的培训，依法增强科学养殖观念，改变过去传统的饲养模式，逐步树立健康养殖意识。加大对畜产品质量安全宣传力度，提高从业人员的畜产品质量安全意识。

（二）强化养殖场基础设施建设

养殖设施是开展养殖的重要物质基础。养殖场建设标准应适当提高，既要着眼于长远发展，又要满足生产需求；既要达到防疫卫生条件要求，又要符合无公害生产基地建设标准。因此对场地面积、场址选择、建筑布局、圈舍面积、采食宽度、饲养设备、饮水设备、通风设备、清粪设备、供暖和降温设备等基础设施高标准要求，保障养殖动物的健康生长。

（三）科学饲养，标准化生产

营养全价日粮是肉羊生产和生活的物质基础，也是充分发挥其生产性能最重要的营养条件。另外养殖场要有相关的技术和设备能够对饲料进行检测，确保无任何的不安全添加剂。所用的饲料，饮水、兽药、添加剂等投入品同样也应符合国家规定的相关标准，严禁使用有毒、有害等禁止的药物。

（四）搞好饲养管理，加强疫病监测

搞好饲养管理和保健工作，防止新生羔羊或育肥羊发生营养代谢病、普通传染病（如梭菌病、羔羊大肠杆菌病）。控制养殖规模和饲养密度。实施免疫效

果抽检，加强重要疫病的监测。

（五）搞好养殖场环境卫生，落实羊场疫病综合防控措施

积极探索低耗、高产的多元化生态养殖模式，在生产过程中尽量将污染降到最小，同时搞好环境卫生。认真落实羊场疫病综合防控措施，加强规模场羊病防控体系的建设，提高羊场防病能力。

（六）推行废弃物无害化处理和循环利用，与其他行业协调发展

养殖场的废弃物（包括由粪尿、垫料、病畜尸体等组成的废渣、废水及其代谢产物）既是严重的环境污染物，同时又是一种优质的有机生物质资源，只要适当无害化处理，就可变废为宝加以利用。这种资源循环利用可促进化肥制造业、种植业和化工行业的协调发展。

第七节　育肥羔羊的疾病防控

在羔羊集中育肥过程中，常常会出现营养失衡或突发一些常见疾病，造成许多不必要的损失。在此简要介绍常见问题和原因，并提出应对措施。

一、羔羊消化功能障碍

羔羊由于提前断奶致使前胃发育迟缓，影响其胃内正常微生态菌群的建立，进而导致其消化功能不健全；食入的饲草无法通过微生物转化成蛋白质、各种有机酸和多种维生素，供给自身生长发育、长肉、长毛等需要；同时薄弱的胃肠内正常微生态菌群不能有效防御外界条件性致病菌的侵袭。其结果是羔羊营养不良、消瘦，各种营养缺乏症、代谢病易于发生。

为此，育肥羔羊组群后，必须建有适当大的运动场，配备足够数量的饲槽，槽内要保持少量多种类、营养丰富的饲草让其自由采食，使羔羊渐渐适应环境和饲喂方式后再增加密度和饲喂量，同时促进前胃充分发育，建立正常前胃微生态系统。

二、羔羊肺炎

常见于羔羊夏秋季舍饲肥育的初期，受不同应激刺激（运输、拥挤、尘土、

昼夜温差大、天气反常等）所致。病羔表现抑郁、拒食、离群、咳嗽、流涕，体温 41℃～42℃，眼黏液浑浊。病愈后精神欠佳，恢复慢，影响增重。

对病羔加强护理，饲养在温暖、明亮、宽敞、干燥的圈舍内，多铺和勤换垫草。羔羊发病初期，可用青霉素、链霉素或卡那霉素肌内注射，每天 2 次。青霉素 1 万～1.5 万单位/千克体重，链霉素 10 毫克/千克体重，卡那霉素 5～15 毫克/千克体重。

三、羔羊营养代谢和中毒病

尿结石：因钙、磷比例失衡，又缺少维生素 A 等多种因素引起的羔羊群发性尿结石病。为此，在羔羊育肥中，饲草必须多样化，如麦草、玉米秸秆、棉籽壳或棉叶以及其他杂草要搭配饲喂。玉米、麸皮和棉籽饼粕等精饲料要按比例配制，最好通过“三贮”后饲喂。同时必须添加含矿物质和维生素的羊用添加剂。治疗方法：停食 24 小时，口服氯化铵，30 千克活重的羔羊每只每天 7～10 毫克，连服 7 天，必要时适当延长。日常饲养管理注意事项：①配合日粮遵循 2∶1 的钙磷比。②食盐用量占精补料 1%～4%，刺激羔羊多饮水，减少结石的生成。③饮用足够的温水。④补给占精补料 2%的氯化铵，可以预防尿结石的生成，但有咳嗽多的副作用，有时可引发直肠脱出。⑤日粮中加入足量的维生素 A。

脑软化和神经症状：当羔羊集中育肥时，羔羊前胃没有完全发育，其内微生态失衡，常常引起维生素 B_1 缺乏，发生脑软化，出现神经症状。因此羔羊在集中育肥初期要补充维生素 B_1 等 B 族维生素和一些脂溶性维生素。

白肌病：主要发生在硒缺乏地区和草料中硒含量不足的情况。尽管在羔羊育肥过程中绝大多数精补料中都加入了含硒添加剂，但却忽视了草、料总量中硒的含量，同样存在硒含量的相对不足，容易引起白肌病的发生，因此一定根据当地草料情况适量补充维生素 E 和硒。

棉酚中毒：多发生在产棉区，多因过量食用棉花副产品引起。

酸中毒：多见大量长时间食用过酸的青贮饲料使羔羊体内碱储物质过量消耗，大量酸吸收进入血液后引起。另外，羔羊育肥过程中以玉米粉为主要精饲料，过量饲喂玉米精粉在瘤胃内发酵产生大量有机酸，吸收后也会引起羔羊瘤胃酸中毒。发现早期症状（抑郁、腹部不适）时，及时灌服制酸剂（碳酸氢钠、碳酸镁等）。取 450 克制酸剂（最好再加等量活性炭）加 4 升温水，胃管灌服 0.5 升，再加 10 毫升青霉素一同灌服，可以减少产酸细菌。

四、羔羊传染性疾病

梭菌病：饲喂精饲料过多，羔羊运动不足时，大量精饲料在胃肠道内为魏氏梭菌繁殖产生外毒素创造了条件，常突发肠毒血症和猝狙。

引入性疫病：羔羊集中育肥是将各场断奶羔羊集中到育肥场育肥，其中如果有未经隔离观察或未进行免疫注射的羔羊，常常会将正在发生或隐性感染的病羔带入羊群而引起疫病暴发。如小反刍兽疫、绵羊痘、口蹄疫等急性烈性疫病最易发生。因此，在羔羊集中育肥前必须对每一只羔羊进行临床检查、隔离观察、注射有关疫苗，确认健康后才能送入育肥场。

羊口疮：由传染性脓疱病毒引起，主要感染新生羔羊。预防方法是给产前1个月的妊娠母羊注射疫苗，新生羔羊通过吃母乳获得母源抗体而得以保护；羔羊1月龄时可注射羊口疮疫苗。一旦发病，须尽早处理病变部位，以免继发细菌感染。

霉菌污染和李氏杆菌病：饲草料在“三贮”制作过程中受到污染，饲喂羔羊后引起霉菌毒素中毒。如果“三贮”过程中单核细胞增多性李氏杆菌大量繁殖，则使羔羊患李氏杆菌病，往往死亡率达20%以上。

五、羔羊寄生虫病

羔羊多头蚴病：如果育肥场内养犬，犬常带有高强度感染率的细粒棘球绦虫和多头绦虫以及泡状带绦虫，通过粪便传染给羔羊，引起羔羊多头蚴移行期脑炎，造成羔羊死亡。因此，在育肥羔羊群中防止野犬侵入。如在育肥场内养犬，必须多次驱虫，检查粪便，确保不带绦虫，同时禁止犬进入育肥圈、饲料库和饲草堆等地。

羔羊球虫病：球虫病是影响羔羊肥育效益的常见病，全群发病率可高达50%，死亡率10%，患羔增重慢，饲料利用率低。一般在肥育开始的2～3周内扩散到全群。患羔排出软粪，有时出现脱肛现象。发现病羔，及时隔离。治疗用磺胺类药物并补充电解质，抗球虫药应遵医嘱使用。

第六章
肉羊屠宰与加工

阅读提示：

本章针对我国肉羊标准化屠宰与加工技术缺乏的现状，重点介绍了肉羊标准化装载、卸载、运输、禁食、检疫等宰前管理技术，致昏、放血、剥皮、开膛、冷却排酸、冷藏等标准化屠宰技术；详细阐述了羊肉传统腌制、酱卤、风干、烤制技术，滚揉腌制、真空腌制、脉动腌制、定量卤制、人工智能风干、红外风干、超声波干燥、微波干燥、远红外烤制、微波光波组合烤制、气体射流冲击烤制等新型加工技术，以及羊肉加工过程中杂环胺、多环芳烃等危害物控制技术，为肉羊屠宰与加工企业开展传统加工工艺标准化改造提供技术选择，为肉羊屠宰与加工从业者提供参考。

第一节　肉羊标准化屠宰技术

一、肉羊宰前管理技术

宰前管理是指肉羊屠宰放血前的装卸、运输、禁食、宰前检疫等步骤。宰前管理不当会给肉羊造成不良影响，如因饥饿、颠簸、拥挤、重新混群和陌生环境而产生惊恐、紧张等应激反应。大量研究表明，宰前管理对羊肉品质有直接影响，也符合动物福利的要求，是控制和提高羊肉品质的重要环节。

生产者已经意识到不当的宰前管理对羊肉品质的损害及其带来的巨大经济损失。但由于肉羊品种、性别、年龄及宰前管理环节和体内糖原水平等诸多因素的差异，目前有关宰前管理最佳条件尚未达成广泛共识。我国对于肉羊宰前管理的相关研究较少，尤其缺乏宰前管理操作规范，导致企业大多根据自身经验进行生产。我国国家标准化管理委员会 2009 年 2 月 1 日实施了《生猪人道屠宰技术规范》(GB/T 22569)，但目前我国尚未有牛、羊等宰前管理相关法律法规。

随着羊肉消费量的快速增长，消费者对羊肉品质的要求也越来越高，找到并控制影响羊肉食用品质的各种因素，有效避免不当宰前管理对羊肉品质造成消极影响，为我国优质羊肉的生产提供保障。宰前管理包括羊只的装卸、运输、静养、禁食及宰前致晕等，在此过程中，羊只会面对饥饿、颠簸、拥挤、混群等外界应激。良好的宰前管理能减少羊只宰前应激，从而既能改善羊肉肉质，又符合动物福利的要求。

（一）装载和卸载

1. 运输前准备、混群　大多数羊只在运输前可以进食和饮水，这将起到镇静作用，从而减少运输损伤和应激。羊只混群造成的应激反应要比其他饲养动物更轻微，绵羊、山羊和不满 6 个月的牛犊可以混合装运，但生病、受伤、瘦弱或妊娠的羊只不适合运输。

2. 驱赶方法　动物装卸的首要原则是要避免其兴奋，这就要求装载、卸载时，装运工动作要轻，不要快速移动，避免喊叫。如果离群羊只表现激动，应当将其放回原群。驱赶羊只时，不要使用电刺棒，可选用塑料卷、报纸卷、带旗子的长杆等，确保羊只能有效移动而不受到强烈应激。对于停滞不前的羊只，可以用一只温驯的羊领头，使其先进入围栏或车辆，其他羊只会尾随进入，不允许用棍棒打击或抓住羊毛将其提起，这样会造成羊只局部组织损伤和疼痛。

3. 装载过道设计 将羊只装卸车或将其赶入围栏、屠宰设施时，应当设置过道使羊只顺利通过。为了避免羊只转身或两两平行，过道应宽窄适当。设计时，过道的宽度应根据羊只品种和大小而定，有条件的地方，过道应做成曲线形以便于羊只移动。

4. 斜坡和平台 将羊只装载上运输车辆或运到屠宰厂卸载时，应设置装载、卸载的斜坡或平台。斜坡要有交叉的板条或台阶（高 10 厘米、宽 30 厘米），以防止羊只滑倒。斜坡坡度应低于 20°，同时为了避免羊只从斜坡边缘跳下，斜坡台两侧应设置不低于 90 厘米的护栏。另外，斜坡和车辆间的缝隙不应使羊蹄露出，以免蹄部受伤。

（二）运输条件

运输应激条件下，肉羊往往表现为呼吸急促、心跳加速、恐惧不安、性情急躁，体内的营养、水分大量消耗，并最终影响羊肉品质。合理的运输时间和运输方式对于羊的屠宰加工和羊肉品质保证是十分重要的。

1. 运输车辆要求 运输羊只的车辆应该通风充分、地板防滑、配有排水和防日晒雨淋设备，两侧围栏要光滑，不能有突出物，且不能全封闭。

（1）通风 因为缺少通风会造成羊只的不良应激甚至窒息，所以运输车辆不能全部封闭，尤其是炎热的夏天，通风不畅会使运输中的羊只因有害气体（氨气等）蓄积而产生中毒现象。

（2）地板 为防止羊只滑到，所有运输车辆必须安装防滑地板。可以选用交叉的木条或铁条制成的栅格，栅格可以拆装，以便清洗和重新组装。稻草或木屑等也可以起到防滑作用，但由于其不便清洗和处理，所以不推荐使用。车辆的地板要与装卸台平齐，否则羊只在下坡、爬坡或人为推动时易受到伤害。

（3）车辆围栏 车辆外围围栏可防止羊跳出车外，车辆内部围栏可将羊分隔成小群，避免过分晃动。运输绵羊或山羊时，围栏长度不能超过 3.1 米，且运输车辆应设有减少围栏长度的设备，如需要时可以分成大小合适的区域运输。围栏不能有较大的间距，以防羊将腿伸出造成损伤。火车运输的围栏要加一些弹簧衬垫，以防急刹车。

（4）顶棚、照明 只要不是长久暴露于炎热的太阳下，对于绵羊、山羊等小反刍动物的运输可以不用顶棚。使用厢式运输车，如果内部阴暗会使羊感到恐惧，不愿意进入，因此应在车厢内设有照明系统。

2. 运输空间 空间要求主要指两个方面：一是指羊只站立和躺下时所需的地板面积，即运输密度；二是指羊只所在车厢的高度。

运输过程中羊只需要充足的空间。装载过于拥挤会加重羊只的应激反应，严重者会造成身体伤害甚至死亡；但装载过于松散，颠簸加大同样会造成应激反应；装载相对紧凑可以减少羊只在运输过程中摇晃或滑倒的概率。

运输过程中，应考虑运输路程、路况、驾驶技术及车辆缓冲系统等因素，长途运输时应保证足够的空间以便羊只能够卧倒。如果地板面积太大，应对地板进行隔离以免羊只来回活动。运输空间的设定需考虑羊只的状态、地板厚度、四周有无棱角、环境温度及运输中羊只的行为。英国动物福利委员会提出适用于各种类型动物的面积最低标准公式 $A=0.021W^{0.67}$（A 为最低地面面积，W 为羊只体重）。由此，欧盟动物卫生和动物福利委员会推荐羊只的运输密度为 0.25 米^2（30 千克体重）。绵羊或山羊装载时所需要的空间面积为 0.2～0.5 米^2，具体可参照表 6-1 和表 6-2。在运输中应确保羊只的头部能够自然抬起，使其保持舒适的站立姿势。如果头部空间不够大，高温高湿会对羊只造成影响。在电力通风系统下，头部以上的空间至少要 15 厘米；没有电力通风系统时，至少要保持 30 厘米的高度。

表 6-1　羊只（绵羊/山羊）的公路运输空间要求参考值

类　别	大约重量（千克）	每只羊占用面积（米^2）
25 千克及其以上的剪毛绵羊和羔羊	＜55	0.20～0.30
	＞55	＞0.30
未剪毛的绵羊	＜55	0.30～0.40
	＞55	＞0.40
体重较大的妊娠母绵羊	＜55	0.40～0.50
	＞55	＞0.50

数据来源：《畜禽公路运输控制点与符合性规范》（GB/T 20014.11）。

表 6-2　推荐羊只运输时最低地面面积

品　种	种　类	体重（千克）	运输时间（小时）	地板面积（米^2）
绵　羊	剪　毛	40	≤4	0.24
			4～12	0.31
			＞12	0.38
	未剪毛	40	≤4	0.29
			4～12	0.37
			＞12	0.44

数据来源：欧盟动物卫生和动物福利委员会。

3. 运输过程 为使羊只在运输过程中免受痛苦、受伤或死亡，在运输过程中需要考虑运输方式、运输时间、路况及天气状况等。

（1）运输方式 无论采取何种运输途径，都必须给羊只一个舒适卫生的环境，以防掉膘、生病和死亡，防止疫病扩散。温暖季节，运输不超过一昼夜者，可选用高帮敞车；天气较热时，应搭凉棚；寒冷季节，应使用棚车，并根据气温情况及时开关车窗。羊只可以进行成群驱赶转移，但赶运过程中需考虑驱赶距离、饲喂、饮水和休息等因素。在一天中较冷的时间段进行成群驱赶转移，如果要赶运较长一段路程，则需要在赶到后、装车前进行长时间的休息及饮水。赶运的最大距离取决于天气、羊只的身体条件及年龄等，羊只赶运第一天的行程不应超过 24 千米，若需赶运多天，则在第一天赶运约 24 千米，以后每天赶运不超过 16 千米。车辆应当平稳驾驶，不能有颠簸或急刹车，拐弯时要放慢速度，需要有押运人员负责观察是否有羊倒下，以便及时停车，使其站起。

（2）运输时间 运输路程最好短且直达，中间不能有停留。羊只的运输总时间不能超过 36 小时，超过 24 小时后则要卸车并饲喂、饮水。一些发达国家将羊只的运输时间缩短到 8 小时或更短。除了运输路程外，还应考虑环境温度。在温度不超过 20℃时运输 24 小时不会使羊只出现脱水现象，但若超过 20℃羊只会出现明显的脱水现象。

（三）宰前禁食管理

宰前禁食通常包括被动禁食和主动禁食两种。被动禁食主要由装载、运输中不可避免的断料、断水所产生；主动禁食为宰前羊只静养时人为控制的断料、断水。通常认为禁食可以有效缓解羊只在运输过程中产生的紧张和应激反应，有利于保持羊肉安全和提高肉质。宰前禁食可以减少羊只屠宰时胃中的残留食物量，降低屠宰时肠胃破裂的发生率，避免肠胃破裂时食料和粪便对胴体造成污染，从而改善肉质（Pointon，2012）；同时宰前禁食可以减少饲料消耗，在节约成本的同时提高动物福利。短暂的饥饿可以促进羊只糖原代谢，加速宰后肌肉成熟，提高肉质。羊只的应激可在禁食阶段逐渐恢复，但是持续长时间禁食会消耗羊只体内的能量储备，使肝糖原含量下降，最终导致肉中肌糖原的大量损失，使宰后肌肉乳酸含量不足，导致 pH 值升高，进而使肌肉熟化所需的酶类活性不足，无法对肌肉蛋白质进行必要的分解，导致肉质过硬。考虑到禁食的益处和弊端，一般推荐羊只宰前禁食 12～24 小时。

结合运输时间、运输条件及饲养场和屠宰场生产现状，综合衡量宰前静养和禁食时间是十分必要的。若羊只经长途运输，卸载后则需提供饲料、饮水及充足的静养时间使其从应激中恢复过来，确保动物福利。若羊只在运输前已经进行了充足的饲喂，且只经过短途运输（如1小时），那么可以直接进入禁食阶段。禁食期间需提供充足的饮水，直至宰前3小时。

（四）宰前检疫

宰前检疫是保证羊肉卫生质量的重要环节，通过宰前检疫可以及时发现病羊，做到病、健分离，病、健分宰，对于减少羊肉污染，提高羊肉卫生质量，防止疫病传播很有意义。在收购肉羊前，卫生检疫人员应深入收购站（点），向当地动物检疫和防疫部门、兽医和饲养员等了解预防接种、兽医检疫、饲养管理以及有无疫情等情况，确定为非疫区时方可收购。收购站（点）应按照卫生要求和精简节约的原则，备有存放健羊和隔离病羊的圈舍，以及必要的饲养管理用具，使肉羊能得到妥善安置和合理的饲养管理。在兽医的指导下，对收购检疫工作进行明确分工，从收购到羊只运至目的地的整个过程都有专人负责。

1. 收购时检疫管理 为了避免误购病羊而造成疫病传播，要采取严格的检疫措施。收购肉羊时应逐头检疫，观察动物的反应是否灵敏，被毛有无光泽；呼吸、脉搏是否正常；可视黏膜颜色是否正常；眼睛是否有神，有无脓性、黏性分泌物；鼻镜及鼻唇镜是否湿润，鼻端有无水疱或溃疡，鼻腔有无分泌物；两耳及颈部动作是否灵活；体表有无创伤、溃疡、红斑等；体表淋巴结有无肿胀；下颌骨是否肿胀；蹄冠周围及蹄叉间有无水疱、溃疡；口腔黏膜有无水疱、溃疡。必要时，待羊休息20分钟后逐头测温。

如果在收购检疫中发现患病羊，应就地按有关规定妥善处理，不允许将病羊调运至其他地方。如发现恶性传染病，应立即向有关部门报告疫情，同时制定并实施控制传染源扩散的措施。

2. 运输前的兽医卫生监督 运输前要做好兽医卫生监督，根据肉羊年龄、肥瘦程度和产地进行编群，按照《商品装卸运输暂行办法》的有关规定，对押运人员进行明确分工，规定途中的饲养管理制度和兽医卫生要求。备齐途中所需的各种用具，如篷布、苇席、水桶、饲槽、扫帚、铁锹、照明用具、消毒用具和药品。开具所需证明，如检疫证、非疫区证、准运证等。

3. 运输中的兽医卫生监督 及时检查羊群，妥善处理死羊。运输途中，兽医人员和押运人员应认真观察肉羊情况，发现病羊、死羊和可疑病羊时，立即隔离到车、船的一角，进行治疗和消毒，并将发病情况报告车船负责人，以便与有兽医机构的车站、码头联系，及时卸下病死羊，在当地兽医的指导下按相关规定妥善处理，禁止随意急宰或途中乱抛尸体，也不得任意出售或带回原地。必要时，兽医人员有权要求装运肉羊的车、船开到指定地点进行检查，监督车、船进行清扫、消毒等卫生处理。

做好防疫工作，如发现恶性传染病及当地已经扑灭或从未流行过的传染病，应遵照有关防疫规程采取措施，防止扩散，并将疫情及时报告当地或临近农业、贸易、卫生部门以及上级机关，妥善处理尸体以及污染场所，运输工具、同群羊应隔离检疫，注射相应疫苗或血清，待确定正常无扩散危险时，方可准予运输或屠宰。

加强饲养管理。运输途中，押运员对肉羊要精心管理，按时饮喂；经常观察肉羊状况，防止挤压。天气炎热时，车厢内应保持通风，设法降低温度；天气寒冷时，采取防寒挡风措施。

4. 到达目的地的兽医卫生监督 到达目的地后，押运人员首先呈交检疫证明文件。

检疫证件必须在有效期内，一般为 3 天，抽查附件即可。

查验羊群：如无检疫证明文件，或羊数目、日期与检疫证明记载不符而又未注明原因，或来自疫区，或到站后发现有疑似传染病及死亡，则必须仔细查验，查明疑点，妥善处理。

装运肉羊的车、船，卸完后立即清除粪便和污垢，用热水洗刷干净。在运输过程中发现一般传染病或疑似传染病的，必须在洗刷后消毒。发现恶性传染病的，要进行 2 次以上消毒，每次消毒后，再用热水清洗。处理程序是：清扫粪便污物，用热水将车厢彻底清洗干净后，用 10%漂白粉或 20%石灰乳、5%来苏儿、3%烧碱等消毒，同时消毒各种用具，消毒 2～4 小时后再用热水洗刷 1 遍，才可使用。清除的粪便经堆肥发酵后回田，发生过恶性传染病的车船内的粪便应集中烧毁。

5. 宰前检疫的组织

(1) 入场验收 为防止病羊误入宰前饲养管理场，需进行入场验收，主要包括以下几项工作。

①验讫证件，了解疫情 兽医检验人员应先向押运人员索取肉羊产地动物检疫部门签发的检疫证明书，查验入场肉羊的《动物检疫合格证明》和佩戴的标识。了解肉羊产地有无疫情，并亲临车、船，仔细查看羊群，核对肉羊的种类和头数。如发现数目不符或有途病、途亡情况，必须查明原因，发现疫情或疫情可疑时，立即将该批羊转入隔离圈，进行详细的临床检查和必要的实验室诊断，确诊后按规定妥善处理。

②视检肉羊，病健分群 经过初步查验认为合格的羊群，准予卸载并赶入预检圈，此时，检验人员要认真逐头视检肉羊，如发现异常，立即剔除隔离。赶入预检圈的羊只，要按产地、批次分圈饲养，不可混养。给予充足饮水，待休息 2 小时后，再进行详细的临床检查，逐头降温。经检查确认健康的羊只，

赶入饲养圈；病羊或可疑病羊则移入隔离圈。

③个别诊断，按章处理　隔离出来的病羊或可疑病羊，经适当休息后，施行仔细的临床检查，必要时辅以实验室检查，确认病情后按章处理。

（2）住场查圈　入场验收合格的羊只，在宰前饲养管理期间，检验人员应经常深入圈舍进行观察。

（3）送宰检验　进入饲养圈的健康羊只，经过2天以上的饲养管理之后，即可送去屠宰。在送宰之前要进行详细的外观检查，最大限度地避免病羊进入屠宰线，避免污染屠宰加工车间。

6. 宰前检疫的方法　肉羊的宰前检疫分为群体检查和个体检查。

（1）群体检查　将同一地区、同批或同圈作为一组进行静态观察、动态观察和饮食状态观察。

①静态观察　羊群可在舍内休息时进行静态观察。健羊常于饱食后合群卧地休息、反刍，呼吸平稳，无异常声音，被毛整洁，口及肛门周围干净，人接近时立即站起走开。病羊常独卧一隅，不见反刍，鼻镜干燥，呼吸促迫、咳嗽、喷鼻、磨牙、流泪，口及肛门周围污秽，精神萎靡不振、颤抖，人接近时不起不走。

②动态观察　对羊群在卸车、驱赶及其他运动过程中进行动态观察。健羊精神活泼，走路平稳，合群不掉队。病羊精神沉郁或兴奋不安，步态不稳，行走摇摆、跛行，前肢跪地、后肢麻痹，离群掉队等情况，有异常羊只应标记。

③饮食状态观察　观察羊只采食、饮水状态。注意有无少食、停食、少饮和吞咽困难的现象，有异常羊只应标记。

（2）个体检查　将群体检验中被剔出的可疑病羊和病羊集中进行详细临床检查。

7. 宰前检疫后的处理　屠宰前2个小时内，官方兽医应按照《反刍动物产地检疫规程》中“临床部分”实施检查。经宰前检疫后的肉羊，可根据检验结果做如下处理。

（1）准宰　检查认为健康合格的羊只准予屠宰。

（2）禁宰　发现有口蹄疫、痒病、小反刍兽疫、绵羊痘和山羊痘、炭疽等疫病症状的，限制移动，并按照《动物防疫法》《重大动物疫情应急条例》《动物疫情报告管理办法》和《病害动物和病害动物产品生物安全处理规程》（GB 16548）等有关规定处理。凡确诊为炭疽、狂犬病、羊快疫、羊肠毒血症等恶性传染病的羊只，一律不准屠宰，必须严格控制处理。须采用不放血的方法扑杀后销毁。在羊群中发现炭疽病羊时，除对患畜采用不放血的方法扑杀并销毁外，其同群羊只应逐头检测体温，体温正常者急宰，体温不正常者予以隔离，并注射有效药物观察3天，无高温及临床症状者，准予屠宰。如无治疗条件，则隔离观察14天，待无高温及临床症状时准宰。注射过炭疽疫苗的羊只需经过14天后才能屠宰。被狂犬病或疑似狂犬病患畜咬伤的羊只，在咬伤后未超8天，且未发现狂犬病症状的准予屠宰，其胴体和内脏高温处理后出厂；超过8天者不准屠宰，采用不放血的方法扑杀后销毁。确诊为口蹄疫的羊只，不放血扑杀后销毁处理。同群羊只应逐头测温，体温正常者急宰，体温不正常者应隔离注射有效药物观察，无高温及临床症状者准宰。发现有布鲁氏菌病症状的，病羊按布鲁氏菌病防治技术规范处理，隔离观察，确认无异常的，准予屠宰。疫病同群羊只或疑似疫病羊只隔离期间出现异常的，按《病害动物和病害动物产品生物安全处理规程》（GB 16548）等有关规定处理。

（3）*急宰* 对无碍羊肉卫生的普通病羊，及患一般性传染病而有死亡危险的肉羊应急宰。患布鲁氏菌病、结核病、肠道传染病及其他传染病和普通病的羊只均需急宰。实施急宰须有兽医开具的急宰证明，并在急宰间或指定的场所进行，须有兽医在场监督，并采取严格的防护和消毒措施，同时要加强操作者的个人防护措施。如无急宰车间，可在兽医监督下在正常屠宰间进行屠宰，宰后，车间和设备必须彻底消毒。凡患有《中华人民共和国动物防疫法》规定为二类、三类疫病及非恶性传染病的羊只，均应在急宰车间屠宰。

（4）*缓宰* 患一般性传染病或普通病，且有治愈希望者，或有疑似传染病而未确诊的羊只应准予缓宰。但必须考虑有无隔离条件和消毒设备，以及短期内有无治愈希望，经济成本划算与否等。有饲养肥育价值的羔羊、孕羊应予缓宰。宰前检疫的结果及处理情况须记录留档。发现新的传染病，特别是恶性传染病时，必须及时向当地和产地的兽医防疫机构报告疫情，以便及时采取预防控制措施。

（5）*物理性因素致死羊只的处理方法* 在收购或运输期间，羊只因挤压、触电、摔跤、斗殴等物理原因致死时，应谨慎处理。确认为物理因素致死，在死后2小时取出内脏，肉质检验结果良好，胴体经无害化处理后可出厂食用。

二、肉羊屠宰技术

（一）宰前要求

待宰羊只来自非疫区，并有《动物产地检疫合格证明》《动物检疫合格证明》《动物疫区合格证明》，进厂的活羊必须通过车辆消毒池或1.5米宽的生石灰带，经入厂检验确认为健康肉羊后送待宰圈。

待宰羊只进厂（场）后停食休息6～12小时，充分饮水，直至宰前3小时断水。

待宰羊只由兽医人员根据检疫的有关规定签发《准宰证》后方可屠宰。

待宰羊只充分淋浴，体表无污垢。

待宰羊只通过赶羊通道时，应按顺序赶送，不得用硬器击打羊只，不准脚踢、踹等野蛮行为对待羊只。

加工车间负责人接到兽检人员的《准宰通知单》后，赶羊人员要在进待宰圈之前按《准宰通知单》上的只数进行核对，核对无误后方可在《准宰通知单》上签字。

肉羊要以每批次羊为一单位，进入车间后在轨道上挂牌以做标识。

（二）屠宰流程

致昏→挂羊→放血→剥皮（褪毛）→开膛→内脏检验→胴体检验→胴体修整→胴体清洗→称重分级→胴体冷却排酸→胴体冷藏

1. 致昏 采用电麻将羊只击晕，以防羊只因恐怖和痛苦而造成血液剧烈流通而积存在肌肉内，导致放血不完全影响羊肉品质。羊只的麻电器前端形如镰刀状，为鼻电极，后端为脑电极。麻电时，手持麻电器将前端扣在羊的鼻唇部，后端按在耳眼之间的延脑区即可。手工或宗教屠宰不进行击晕过程，而是提升吊挂后直接刺杀。

2. 挂羊 用扣脚链扣紧羊的右后小腿，匀速提升，使羊后腿部接近输送机轨道，然后挂至轨道链钩上。挂羊要迅速，从击昏到放血间隔不超过1.5分钟。

3. 放血 清真屠宰厂（场）可根据要求不致昏而从羊喉部下刀，横切断食管、气管和血管，即采用伊斯兰“断三管”的屠宰方法，由阿訇主刀。羊只晕倒后挂羊人员把羊平躺在操作台上，将其头部朝西靠在屠宰台的竖直杆上，适当用力使羊脖呈伸直状态。持刀阿訇按照伊斯兰教的屠宰方法进行屠宰。宰后清洗刀具和双手（35℃温水）并把刀具插入消毒器中进行消毒（82℃热水，2秒），以备屠宰下一只羊。必须做到一羊一刀一消毒。放血完全，放血时间不少于5分钟。

4. 褪毛 生产带皮羊肉的褪毛工序应采用浸烫拔毛法褪毛，严禁用火碱烧或其他会导致羊肉污染的方法褪毛。褪毛时的水温应随季节调整，夏季水湿为64℃±1℃，冬季水温为68℃±1℃。机器褪毛后应再人工修刮胴体的残毛。

5. 剥皮 目前国内主要存在两种剥皮方式，水平预剥和垂直吊剥。

（1）水平预剥的操作方法及要求

①冲胸腹线　握住羊胸部中间位置皮毛，用刀划至剑状软骨处，再沿着腹

部中间线位置划至裆部。在后腿跗关节外侧 2～3 厘米处把皮割开，沿大腿内侧一直剥到吊挂的后蹄关节处。

②取羊宝　将羊宝摘除，放入指定容器中。

③转挂前腿　将羊只两条前腿分别挂在滑道的挂钩上，使胴体的 4 条腿处于水平吊挂状态，后蹄和前蹄吊挂在相同的高度上，使胃里的食物不能通过食管流出来。

④一次预剥　颈部预剥—手握刀，从剑状软骨向脖头冲开羊皮，将食管暴露出来，用手抓住前肋羊皮，剥开羊脖根至脖头内侧羊皮，使皮肉分开。前腿预剥—沿着羊前腿趾关节中线处将皮挑开，然后分左右将前腿外侧皮剥至肩胛骨位置，刀不能伤及胴体。结扎食管—划开食管和颈部肌肉相连部分，将食管和气管分开，将胸腔前口作通气管、出腔时的通路，在食管外露部分的前端，用刀切食管外层肌肉但不能将食管内壁切通，将食管内的粪便推上或挤出，然后在刀划处打结防止出腔时胃内容物外溢。预剥羊尾—尾脂较大的羊，将羊尾里面皮在中心线处划开，并左右方向剥离羊尾脂肪和羊尾皮，并修掉尾端碎毛皮；尾脂较小的羊，从羊尾的侧上端下刀划开，沿尾部下方剥离羊尾脂肪和羊尾皮，并修掉尾端碎毛皮。切肛、封肛（缩扎肛门）—手持刀，将肛门及外阴部皮肤肌肉分离，左手抓住肛门并提起，右手持刀将肛门沿四周割开并剥离，随割随提升，提高至 10 厘米左右，将塑料袋翻转套住肛门用橡皮盘扎住塑料袋，将结扎好的肛门送回深处，以防出腔时粪便挤出。

⑤切后蹄　用切蹄器将羊后蹄从跗骨关节处切下，挂在指定的同步挂钩上。

⑥割头　操作人员从枕骨七孔将羊头割下，并将羊头挂到同步挂钩上。

⑦二次预剥　接住一次预剥的位置将前腿肌肉与皮张完全剥离。将腹部两侧皮张进行预剥至与背部、后腿呈三角形状，肩胛部位通开。

⑧机械剥皮　前腿部位的皮剥完后，遂将吊挂的羊体顺着轨道滑到拉皮机前，将两条剥好的前腿皮交叠固定在拉皮机的辊子上，随着机器的转动羊皮受到向下的拉力，就被慢慢拉下。拉皮时，操作人员应相辅，做到皮张完整，无破裂，皮上不带膘肉及胴体不带碎皮，胴体肌膜完整。随着拉皮机的连续旋转，辊子上的羊皮最后由捡皮人员取下，通过传送带转到皮张存放间。

⑨二次转挂　操作人员将羊的两条后腿跗骨关节吊挂在指定的吊钩上，然后由工作人员用切蹄器在腕骨与掌骨之间骨缝处切下两个前蹄，挂在挂头、前蹄的挂钩上。

⑩修羊鞭　手抓住羊鞭外露部分，握刀在盆骨外侧至鞭根部切断羊鞭，放到指定的容器内。

(2) 直吊剥的操作方法及要求

①结扎肛门 冲洗肛门周围，将橡皮盘套在左臂上，将塑料袋反套在左臂上，用左手抓住肛门并提起，右手持刀将肛门沿四周割开并剥离，随割随提升，提高至10厘米左右，将塑料袋翻转套住肛门，用橡皮盘扎住塑料袋，将结扎好的肛门送回深处。

②割羊头 用刀在羊脖一侧开一个手掌宽的孔，将左手伸进孔中抓住羊头，沿放血刀口处割下羊头，并挂在同步检验轨道上。

③剥皮 从跗关节下刀，刀刃沿后腿内侧中线向上挑开羊皮。沿后腿内侧线向左右两侧剥离，剥去从跗关节上方至尾根部羊皮。

④去后蹄 从跗关节下刀，割断连接关节的结缔组织、韧带及皮肉，割下后蹄，放入指定容器。

⑤剥胸、腹部皮 用刀将羊胸腹部皮沿胸腹中线从胸部挑到裆部，沿腹中线向左右两侧剥开胸腹部羊皮至肋窝。

⑥剥颈部及前腿皮 从腕关节下刀，沿前腿内侧中线挑开羊皮至胸中线，沿颈中线自下而上挑开羊皮，从胸颈中线向两侧进刀，剥开胸颈部皮及前腿皮至两肩。

⑦去前蹄 从腕关节下刀，割断连接关节的结缔组织、韧带及皮肉，割下前蹄放入指定容器。

⑧剥尾部皮 腹侧面羊皮基本剥离后，从尾根部向下扯拉羊皮，直到彻底分离，防止污物、毛皮等玷污胴体，剥下的羊皮从专门通道口送至羊皮暂存间。

⑨剥皮 人工剥皮时，从背部将羊皮彻底扯掉。采用扯皮机扯皮时，用锁链锁紧羊后腿皮，启动扯皮机由上到下运动，将羊皮卷撕。要求皮上不带膘，不带肉，皮张不破。扯到尾部时，减慢速度，用刀将牛尾的根部剥开。扯皮机均匀向下运动，不易剥开的地方则边扯边用刀剥开皮与脂肪、皮与肉的连接处。扯完皮后将扯皮机复位。

剥皮后的胴体用热水冲淋10～15秒，剥下的皮张应刮除血污、皮肌和脂肪，及时送往加工处，不得积压、日晒。

6. 开腔 开腔取白内脏和红内脏。

取白内脏：持刀沿腹中线划开腹壁膜至剑状软骨处，将白内脏取出放到滚槽内使其自动倒入下货车间。要求出腔做到干净利落，内脏完好，胴体内无内脏残留。

取红内脏：持刀紧贴胸腔内壁切开膈肌，拉出气管，同时将心、肝、肺从胸腔中取出放到指定的滚槽中，由工人将其倒入通向红内脏车间的滑槽内。滑槽保持湿润，以便红内脏滑入红内脏车间。取内脏要求做到干净利落，内脏完好，胴体内无内脏残留。

7. 内脏检验 检验员按照检验规程要求对内脏进行严格的检验，发现可疑脏器及时隔离，详细记录检验结果，按规定处理。

8. 胴体检验 检验员按照检验规程要求对内脏进行严格的检验，认真填写《宰后检验记录》。胴体必须肉质新鲜，放血充分，色泽正常，无异味，无病变组织。

9. 胴体修整 修整淤血及病变部位，修净胸腺、羊肾及周围脂肪、奶渣、脖头淋巴及裆油，将修整的碎肉、脂肪、淋巴结等放入指定容器。

10. 胴体清洗 待胴体清洗机清洗完胴体后再由工人用高压水枪或水管二次冲洗表面的浮毛、粪污、泥污、腔内淤血及其他杂质，做到冲洗干净，无粪便、浮毛、泥污、血污及其他杂质。生产用水应符合国家生活饮用水标准GB 5749。

11. 称重分级 将羊胴体分别通过电子吊轨秤进行称重，并做记录。按照《羊胴体等级规格评定规范》（NY/T 2781）进行分级。

12. 胴体冷却排酸 包括冷却排酸方法、条件以及冻藏等。冷却排酸是指将冲洗干净、分级后的胴体分别推入排酸间内指定的轨道进行冷却排酸。排酸间操作人员按规定的频次填写《排酸间检测记录》。

冷却介质可以是空气、盐水、水等，但目前一般采用空气冷却法。羊肉冷却过程的速度，取决于肉体的厚度和热传导性能。

（1）*冷却方法* 空气冷却法：即在冷却室内装有各种类型的氨液蒸发管，借空气媒介，将羊肉的热量散发到空气，再传至蒸发管，使室内温度保持在0℃～4℃。根据冷却过程中冷却条件的变化可分为一段冷却和二段冷却。

一段冷却法是在一个冷却时间内完成全部冷却过程，冷却空气温度控制在0℃左右，风速为0.5～1.5米/秒。为了减少干耗，风速不宜超过2米/秒，相对湿度为90%～98%；冷却结束后，胴体后腿中心温度应达到4℃以下，整个冷却过程可在24小时内完成。

二段冷却法的整个过程在同一冷却间里分两段来进行。第一阶段，冷却间空气温度2℃～3℃，空气流速1～2米/秒，冷却时间2～4小时；第二阶段，冷却间空气温度－2℃～1℃，流速0.1米/秒，冷却18小时左右，在缓慢冷却中使肉表面与中心温度趋于一致。冷却间在未进料前，应先降在－4℃左右，进料结束后，库内温度维持在0℃左右，整个冷却过程中，维持在－1℃～0℃。

冷却初期阶段（前1/4阶段），维持相对湿度95%以上为宜，不但可以减少水分的蒸发，而且由于时间较短，微生物也不会大量繁殖；在后3/4时间内，维持相对湿度90%～95%为宜，临近结束时在90%左右（表6-3）。

冷却过程中风速不超过2米/秒，一般采用0.5米/秒。

表6-3 羊肉冷却温度和湿度的要求

	冷却过程	羊 肉
温度（℃）	进货前	≤-3
	进货时	≤2
	进货后	≤-1
相对湿度（%）	进货后	95～98
	10小时后	90～92

冷水冷却法：以冷水为介质，采用浸泡或喷洒的方式冷却。与空气冷却法相比，冷水冷却法冷却速度快，可大大缩短冷却时间，不会产生干耗，但容易造成羊肉中心的可溶性物质损失。冷水冷却法的冷却终温一般在0℃～4℃，然后移到0℃～1℃冷藏室内，使肉温逐渐下降。

盐水冷却法：以冷盐水为介质时，盐水不宜和肉品直接接触，因为微量盐分渗入肉品内就会带来咸味和苦味。冷盐水冷却法的冷却终温一般在0℃～4℃，然后移到0℃～1℃冷藏室内，使肉温逐渐下降。

（2）*冷却注意事项* 羊肉经屠宰、修整、检验和分级后，应立即由单轨吊车送入冷却间。羊肉在冷却间的装载情况，应注意下列各点：

①在吊车轨道上的胴体，保持间距5～10厘米。轨道负荷每米定额以半胴体计，羊为10片（双排150～200千克）。

②凡不同等级肥度种类的羊胴体，均应分室冷却，使全库胴体能在相近时间内冷却完毕。如同一等级而体重有显著差别者，则应将体重大的挂在靠近排风口，使其易于形成干燥膜。

③半胴体的肉表面应迎排风口，使其易于形成干燥膜。在平行轨道上，按“品”字形排列，以保证空气的均匀流通。

④装载应一次进行，愈快愈好，进货前保持清洁，并无其他正在冷却的货物，以免彼此影响。

⑤在整个冷却过程中，尽量少开门，减少人员进出，以维持稳定的冷却温度和减少微生物的污染。

⑥冷却间宜装紫外线灯，其功率为每平方米平均1瓦，每昼夜连续或间隔照射5小时，这样可使空气达到99%的灭菌效率。

⑦副产品冷却过程中，尽量减少水滴、污血等物，并尽量缩短进入冷却库前的停留时间，整个冷却过程不要超过24小时。

⑧羊肉冷却终点以胴体后腿中心肉温达0℃～4℃为标准。

13. 胴体冻藏 胴体冻结时，冻结室空气温度应低于－23℃。冻肉的中心应达到－18℃，空气相对湿度以90％、风速1.5～2米/秒为宜。经过冻结的胴体，应贮藏在－15℃以下，温差波动不得高于±3℃。

第二节 羊肉标准化加工技术

一、羊肉腌制技术

腌制技术广泛应用于羊肉加工，是加工羊肉制品不可或缺的前提。羊肉腌制过程中，需要使用不同种类的腌制剂，如食盐、硝酸盐、亚硝酸盐、糖、酱油、香辛料等。腌制剂在腌制前通常配制成溶液，通过扩散和渗透作用进入羊肉组织内，从而降低羊肉中的水分活度，提高渗透压，抑制微生物和酶的活动，从而达到防止腐败的目的；腌制的同时也具有提高保水性和改善羊肉质构等作用。总之，腌制对羊肉制品起到盐渍、防腐、发色、保水等作用。传统的腌制技术包括干腌、湿腌和混合腌制法，随着现代工业的发展，盐水注射、真空腌制、脉动腌制、滚揉腌制等新型腌制技术在羊肉加工中得到了广泛的应用。

（一）传统腌制技术

1. 干腌 干腌是利用食盐或混合盐，涂擦在羊肉的表面，然后一层层堆在腌制架上或一层层装在腌制容器内，依靠羊肉外渗汁液形成盐液进行腌制的方法（图6-1）。在食盐的渗透压和吸湿性作用下，羊肉组织液渗出水分，在表面形成食盐溶液即卤水。腌制剂在渗出液的作用下通过扩散作用向内部渗透。

图6-1 干腌工艺流程图

干腌法的操作工艺简单，腌制羊肉水分含量少，易于保存，蛋白质等营养成分流失少，普遍应用于腊羊肉、咸羊肉的生产。但腌制的均匀度不容易控制，产品之间的差异程度较大，而且在干腌过程中还存在水分损失大，产品出品率低，腌制食盐不能重复利用，不加硝酸盐的情况下色泽较差，腌制时间较长，肉的内部变质等问题，不利于产品的工业化生产。

2. 湿腌 湿腌法就是将羊肉浸泡在预先配置好的食盐溶液中，并通过扩散和水分转移，让腌制剂渗入羊肉内部并均匀分布的过程，常用于腌制分割肉、肋部肉等。湿腌时羊肉中的盐分含量大小取决于腌制的盐溶液浓度和腌制时间。湿腌过程中，羊肉直接与腌制液接触，不需要羊肉组织渗出液对腌制剂进行溶解。根据渗透和扩散原理可知在食盐向羊肉内部渗入的同时，肉中可溶性物质也逐渐向腌制液中扩散，其中包括盐溶性蛋白质、水溶性蛋白质和一些无机盐等。由于湿腌时肉品的一部分营养物质会溶于腌制液中，为减少营养物质的损失，多采用老卤腌制。湿法腌制的速度取决于腌制液浓度、腌制温度以及物料厚度。其优点是较干腌法分布均匀、渗入速度快、盐水可重复使用、肉品柔软度好；缺点是羊肉在腌制过程中一部分营养物质溶于腌制液中，降低了肉品的营养价值。

3. 混合腌制 混合腌制法是为了尽量减少传统干腌法和湿腌法的缺点，利用干腌和湿腌互补性的一种腌制方法。其方式有两种：一是先湿腌，再干腌；二是先干腌后湿腌。干腌与湿腌相结合可以避免干腌与湿腌的缺点，使羊肉制品既不像干腌失水过多，也可避免湿腌过程的营养流失，可以增加制品贮藏时的稳定性，提高肉品品质。

（二）现代腌制技术

1. 盐水注射 盐水注射技术是随着现代食品机械的发展而产生的一种新型腌制方法。注射法是用专门的注射机把已配好的腌制液，通过针头注射到羊肉中而进行腌制的方法。盐水注射机的使用更是加快了腌制技术发展的工业化进程。盐水注射法将腌制液注入羊肉内部，使腌制剂由羊肉内部向外扩散，从而提高腌制速率，避免腌制过程中由于内部盐分含量过低而导致腌制产品提前腐败变质现象的发生（图 6-2）。盐水注射作为腌制方法的一种，常与其他腌制方法混合使用，达到提高腌制速度、腌制均匀度的目的，例如先将羊肉进行盐水注射，然后对羊肉进行滚揉处理。也可先将羊肉进行盐水注射，再加入腌制液腌制。羊肉块较小时，一般采用湿腌的方法，羊肉块较大时可采用盐水注射法。

盐水的配制：盐水要求在注射前 24 小时内配制以便于充分溶解。配制好的盐水应保存在 7℃以下的冷却间内，以防止温度上升。

注射腌制虽然可以大幅度的提高腌制速度与均匀度，但也存在着一定的缺陷，如在应用注射法时，虽然现代技术已经将注射针孔细化，但仍然会在羊肉品表面留下针孔；在企业中通常为连续注射，容易造成针头污染，在连续使用过程中也易造成交叉污染。

2. 滚揉腌制 滚揉腌制指经过盐水注射的羊肉或预腌过的羊肉块放在滚揉

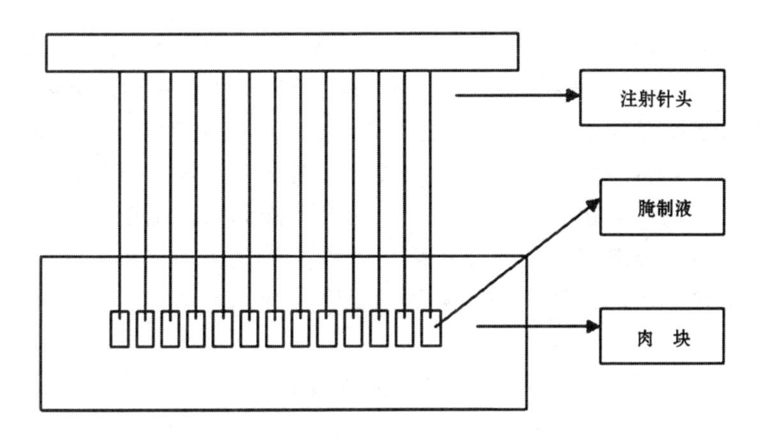

图 6-2　注射腌制图

机中，通过转动的圆桶进行动态腌制的过程。滚揉是加快腌制速度的一种现代新技术，它是羊肉块中能量转化的一个物理过程。滚揉主要是在机械作用力下对羊肉进行翻滚、碰撞、跌落等处理，这样使羊肌孔隙疏松同时肌纤维强度不断减弱、结缔组织胶原纤维也遭到破坏，使原料肉组织疏松、柔软。在滚揉腌制过程中由于机械作用和羊肌的水分吸收使得蒸煮后的产品不仅风味上得到改善，而且嫩度和蒸煮得率也得到了很大的提高。通过滚揉对肉块进行机械处理，促进了腌制剂向羊肉块表面移动的速率，促进溶剂的均匀分布，从而提高腌制剂在肉中的均匀度。滚揉过程赋予了羊肉质构、色泽、风味等多方面的品质特性。

3. 真空腌制　利用由压差引起的流体动力学（Hydrodynamic Mechanism，HDM）机理和变形松弛现象（Deformation Relaxation Phenomena，DRP）来提高腌制效率。HDM 机理是指在真空、低温环境下，羊肉组织细胞内的液体易于蒸发，从而在羊肉内部形成许多压力较低的泡孔，在细胞内外压力差和毛细管效应的共同作用下，外部液体更容易渗入物料结构内部。另外，在真空条件下，物料整体会产生一定的膨胀，导致细胞间的间距增大，形成变形松弛现象，这种现象也有利于浸渍溶液更快地渗入到固体间质（Solid Matrix）中。在 HDM 和 DRP 的共同作用下，腌制液的扩散性和渗透性增强，腌制效率得以提高。

（1）*真空腌制的特点*　真空腌制最显著的特点在于它可以提高羊肉制品的质量。在真空条件下，羊肉中的氧气也被排出，达到不添加抗氧化剂有效防止褐变的作用。真空腌制时处理温度较低，可保护羊肉的颜色、风味、香味和热敏营养组分，大大提高了羊肉制品的质量。真空腌制有利于减少羊肉组织的塌陷和细胞破裂，降低后续干燥、罐装或冻结过程中的汁液损失，提高羊肉制品的品质。真空腌制工艺可以有选择地将其他功能性成分渗入羊肉的泡孔结构中，从而提高羊肉制品的品质并延长货架期。真空腌制还有抑制和杀灭细菌的作用，真空腌制时能够创造一个抑制细菌生长的低氧环境，保障羊肉制品的卫生性和安全性。另外，真空腌制有利于节约能源。首先，无需对产品加热即可去除部分液态水；其次，由于去除了部分水分，可降低后续加工过程中所需加热量；再次，真空腌制工艺的应用，除生产各类腌制羊肉之外，还可用于如干燥、冻结、罐头制品及油炸加工等的预处理，或用来对物料改性，开发各类新产品。

表 6-4 列出了真空腌制、常压腌制及糖煮或盐腌制工艺的特点。在真空腌制中，外部液体的渗透是由毛细管作用和压差共同引起的，HDM 机理在整个操作及真空处理过程中起了重要的作用，此外，由于促进了泡孔的扩散机制，真空腌制维持了羊肉组织的质构。

表 6-4　不同腌制方法下羊肉腌制机理和效果

加工方式	时　间	驱动力	控制机理	水分损失率	固定得到量
真空腌制	数分钟	压力差和 毛细管作用	水动力学机理 变性松弛现象	高	低
常压腌制	数小时	毛细管作用及 组分化学势能	压差和细胞 间质变形	中等	中等
糖煮或盐 腌制工艺	数　天	机械力和 压力差	气体释放和 泡孔填充	低	

（2）*影响真空腌制效率的主要因素*　溶液的性质、物料的组织结构（孔和尺寸分布）、固体间质松弛时间（材料机制属性的函数）、HDM 的运输率（羊肉组织结构和溶液黏度的函数）、羊肉的规格和形状等。另外，加工条件也会影响腌制效率，如羊肉预处理、腌制温度、腌制液浓度、真空压力、腌制时间、溶液羊肉比等。目前研究较多的是腌制液形式、真空压力和时间、腌制温度等。

（3）*常用的腌制液有三种形式*　等渗透溶液、低渗透溶液、高渗透溶液。将羊肉放在不同形式的溶液中，组织细胞的反应也不同。在等渗透溶液中，细胞既不收缩也不膨胀；在低渗透溶液中，由于水进入细胞，细胞膨胀；在高渗透溶液中，细胞因水分离开而收缩或干枯。因此应根据腌制处理的目的（成品的形式）来选择真空腌制溶液。真空腌制溶液的选择还应该考虑下列因素：无毒、良好的敏感特性、溶质的可溶性高还应廉价。使用两种或多种溶质的混合溶液，可充分利用每种溶液的特性。经研究发现，在葡萄糖与蔗糖的混合溶液中，增加葡萄糖的浓度，可使水的扩散率达到最高值。

真空压力对羊肉制品的影响很大，不仅去除了羊肉块中的气泡和针孔，而且使羊肉块膨胀从而提高羊肉块的嫩度。生产羊肉制品的真空度一般要求在60.8～81.0千帕（kPa）。腌制时间主要由羊肉特性、真空度等因素决定。

腌制温度的升高可加速腌制过程，但较高的温度必然会使产品含菌量增高，从而影响产品的货架期。因此必须在整个腌制过程中维持适宜温度。

4. 脉动腌制 脉动主要是在渗透传质时，使渗透膜两边存在压力梯度，从而加速渗透传质。真空脉动腌制技术是指压力在真空和大气压交替变化的状态下进行传质过程，也叫脉动真空腌制。这种腌制方式由于压力梯度使内部气体或液体通过气孔向羊肉外部渗出，同时为腌制剂渗入留有足够空间，当在常压状态时，溶液中的液体将及时填充空位，这样可以加速腌制液的流动，促进羊肉组织中水分向溶液中渗出，加快腌制剂向羊肉组织中渗入。

脉动真空腌制技术可以应用于羊肉制品的加工（图6-3）。脉动真空腌制提高腌制效果的主要原因是由于在压力变换的过程中，流体动力学机制（HDM）促进腌制液由羊肉的孔隙进入，由于压力的周期性变换而提高腌制效果。脉动真空腌制的一个周期指由常压到真空压力，并在真空压力下维持一定时间后恢复常压并维持一定时间的过程（图6-4），即由 t_0 开始到 t_3 结束为一个周期循环。腌制过程中，当腌制压力由大气压强降低到所需真空压力的时间为脉动真空腌制第一阶段（t_0）；腌制系统达到真空压力后，将在固定真空压力下维持一段时间，即脉动真空腌制的第二阶段（t_1）；在经过 t_1 后，腌制系统内压力由真空压力恢复至常压的过程为腌制第三阶段（t_2）；腌制系统恢复常压后，并在常压维持的时间为 t_3 即脉动真空腌制第四阶段。

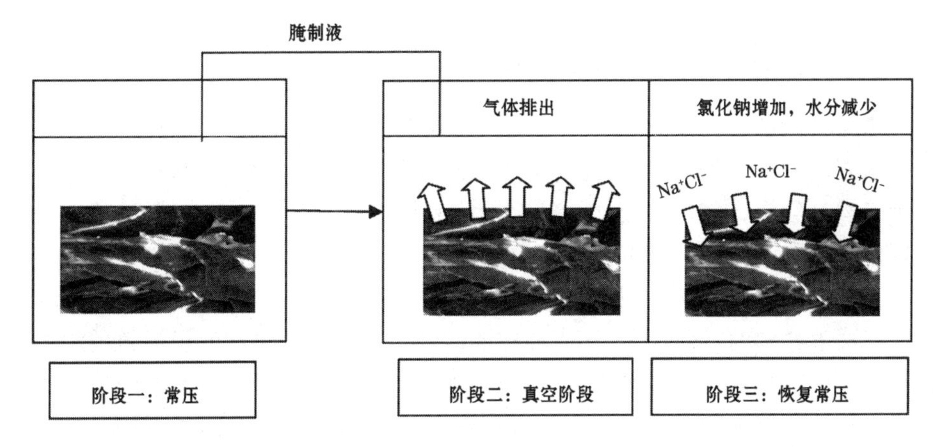

图6-3 羊肉脉动真空腌制阶段示意图

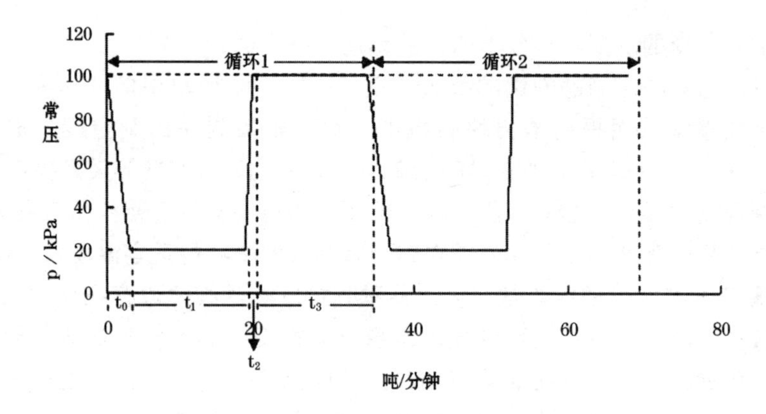

图 6-4　羊肉脉动真空腌制压力循环示意图

在脉动真空腌制的真空阶段（t_0），原本存在羊肉内部孔隙中的气体，受压力作用膨胀并部分从肉中释放，使其在真空维持阶段（t_1）产生更强烈的毛细作用力使腌制液渗入。在腌制的第三阶段，由于压力的恢复促进了剩余气体压缩以及流体动力学机制引起的外部腌制液的渗透，脉动压力由真空压力恢复至常压的过程中（t_2）。除此以外，由于 HDM 引起的腌制液在羊肉组织内的流动是一种物理作用力，这种作用力起到了按摩的作用，这也是脉动真空腌制促进传质的原因之一。脉冲真空腌制可以加速食盐的渗透，保证腌制的均匀性，提高羊肉的保水性，改善羊肉的质构特性，是一种新型腌制技术。

二、羊肉酱卤技术

（一）酱卤羊肉传统加工技术

酱卤羊肉制品是羊肉及可食羊副产品加食盐或酱油等调味料和香辛料，一起煮制而成的一类熟羊肉制品。酱卤羊肉制品可按照加入调料的种类、数量，分为五香、红烧、酱汁、蜜汁、糖醋、咸卤等制品。酱卤羊肉的主要特点是色泽鲜艳、味美、肉嫩，具有独特的风味。

酱和卤实际属于两类制品，因酱和卤的烹调方法有许多相似之处，故人们往往将两者并称为“酱卤”。二者的主要区别是在煮制方法和使用辅料的种类和数量上，产品色泽、风味也不相同。煮制时，卤羊肉制品是将各种调味料煮成清汤，再将羊肉加入煮熟即可；酱羊肉制品是将羊肉与辅料同时下锅，产品基本熟化后，降低加热程度，在 95℃左右的条件下，使汤汁逐渐浓缩，最后附着在肉表面。在配料上，卤羊肉制品所用辅料少，添加量小，主要使用盐水，突出原料肉的色、香、味；酱羊肉制所用的酱汁，过去必用豆酱、面酱等，现多用酱油或加糖色，所用香辛料和调味料的种类和添加量均高于卤羊肉制品，其风味浓郁，酱香味突出。在色泽上，酱羊肉制品多为酱红色或红褐色；卤羊肉制品色泽较浅。

在酱卤羊肉制品中食盐的用量一般为2%～3%，在加工中具有调味、防腐保鲜作用。此外食盐还具有增加制品的黏合作用，由于食盐可提取肉中盐溶性蛋白质，促进其对水和脂肪的结合能力，减少肉在加热处理过程中游离水的流失。

酱卤羊肉加工中宜采用酿造酱油，它主要含有食盐、蛋白质、氨基酸等。酱油的作用主要是增鲜增色，改良风味，在中式肉制品中广泛使用，使制品呈美观的酱红色并改善其口味。

调味是酱卤羊肉制品获得稳定而良好风味的关键。调味的方法根据加入调料的时间和作用，大致可分为基本调味、定性调味和辅助调味三种。基本调味是原料经整理后，在加热前经过加盐、酱油或其他配料腌制，奠定产品咸味的过程。定性调味是在煮制或红烧时，与原料肉同时加入各种香辛料和调味料，如酱油、盐、酒、香辛料等，赋予产品基本香味和滋味的过程。辅助调味是在原料肉熟制后或出锅前，加入糖、味精、香油等，以增进产品的色泽、鲜味的过程。我国的酱卤羊肉制品在相当一段时间内沿袭了传统的制作工艺，有些产品用较长时间在腌制过程中进行发色入味，受产品工期长，劳效低，占用场地、资金等的限制。

（二）传统酱卤羊肉加工技术弊端

传统酱卤羊肉加工技术的优点是适合手工生产，对设备的要求不高；缺点是物料和能源消耗严重，产品质量批次差异大，质量不稳定，不能实现规模化连续生产。直至20世纪90年代末，我国的酱卤羊肉加工企业一直沿用传统加工工艺，采用“小锅变大锅”的模式。传统的酱卤肉制品加工的关键是使用老汤，即将盐、酱油、糖与花椒、桂皮、大料、辣椒等香辛料按比例调制成老汤。酱卤羊肉制品中的老汤从原始汤开始使用形成固定的口味，固定的香气与色泽是酱卤制品的重要保证，老汤中含有丰富的氨基酸，香气浓郁，还是做低温肉制品的重要香料，一般使用4～5次以后就基本定型，以后的使用可以在加入原料肉前取出少部分老汤加入到羊肉制品中使产品的香气浓、醇厚。但是，由于原料羊肉对香辛料的非等比例吸附效应、卤汤蒸煮氧化以及高温长时间蒸煮导致植物源性香辛料中苦味成分的析出，卤汤的成分越来越不稳定，导致产品风味不稳定，工艺参数不稳定，不利于产品的推广。生产时必须由有丰富经验的生产技师操作，才能保证风味的基本一致。同时，由于老汤反复使用，有可能导致有害物质地不断富集，老汤的安全性受到诸多质疑。近年来，随着人们对食品安全问题的重视，传统卤煮工艺对酱卤羊肉制品的安全性的影响引起广泛关注，其中主要有害物质包括杂环胺、亚硝酸盐等。郭海涛等（2013，2014）研究显示，传统羊肉制品制作方法中酱卤过程生成的杂环胺含量最多，卤制时间对酱卤羊肉制品中杂环胺含量产生显著影响，酱卤时间由 1 小时延长至 6 小时，杂环胺总含量由 51.07 纳克/克升高至 120.32 纳克/克。

（三）酱卤羊肉定量卤制加工技术

为了满足人们对酱卤羊肉口感以及安全性的双重要求，中国农业科学院农产品加工研究所研发了定量卤制加工技术。定量卤制加工技术是针对传统煮制汤卤工艺缺陷，通过羊肉与复合液态调味料（卤制液）的精确配比，实现无“老汤”卤制。该方法根据酱卤羊肉制品风味、口感、色泽等品质要求，在真空低温条件下，通过物料对复合液态调味料的吸收能力确定料液比及复合液体调味料的浓度，将调制的复合液态调味料定量滚揉浸渍到物料中，使物料对液态复合调味料完全吸收，从而实现定量风味调制。经浸渍滚揉完毕的物料通过干燥、蒸汽蒸煮、烘烤后高温灭菌，实现定量卤制。

定量卤制技术具有工艺简单、加工条件容易控制、产品质量均一稳定、无蒸煮损失，原辅材料利用率高、能源消耗低、无环境污染以及便于实现标准化、连续化、工业化生产等优点。酱羊肉定量卤制工艺流程如图 6-5 所示。

三、羊肉风干技术

风干羊肉加工历史悠久，是蒙古族等古代北方少数民族居民每日餐桌的必备食物之一。风干羊肉经脱水干制后，水分含量低，产品耐藏性高，体积小，质量轻便于运输和携带；同时蛋白质含量是新鲜羊肉的 2 倍，磷、钙和铁等人体需要的营养素被浓缩，营养价值高；另外，产品风味浓郁，回味悠长，深受消费者喜爱。但是，风干羊肉传统风干工序历时数天甚至数月，存在生产工艺落后、能耗高、出品率低和产品品质差等问题，因此研究新型风干技术，缩短产品的风干时间，提高风干羊肉的品质并减少加工能耗势在必行。

（一）风干羊肉脱水规律及影响因素

1. 风干的推动力和阻力

（1）推动力　当羊肉进行受热风干时，羊肉表面水分蒸发，逐渐形成了从里到外的水分含量梯度，越靠外的羊肉中水分含量越少，内部的水分就依靠此

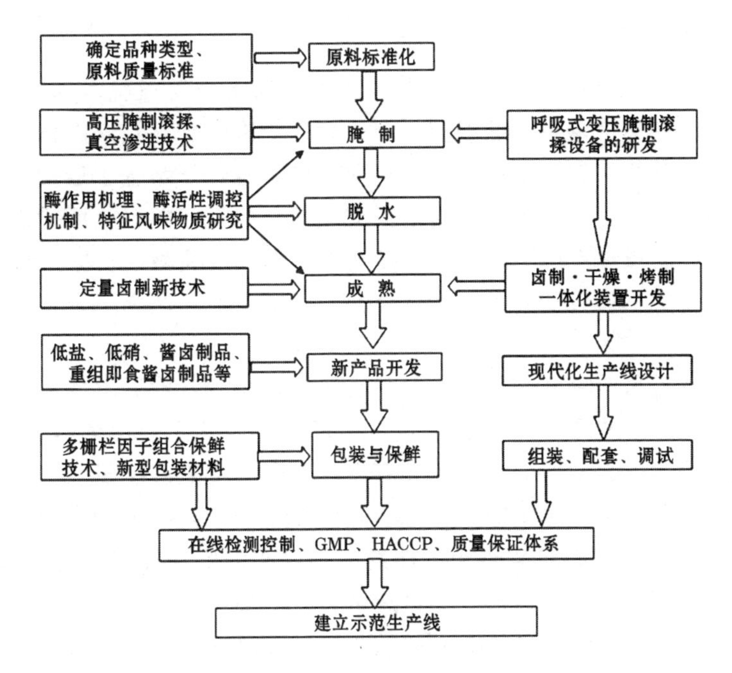

图 6-5 酱羊肉定量卤制工艺流程图

梯度动力迁移到表面。但羊肉内部水分梯度不是唯一的风干推动力，温度梯度也可以使羊肉中水分发生迁移。温度高处的水分向温度低处迁移，在热风风干开始，羊肉外边温度最高，逐步向内延伸，因此在温度梯度的影响下，水分是向内移动的。在微波或红外干燥时，羊肉内部和外部的温度相同，温度梯度方向和湿度梯度方向相同。

热风风干过程中，由于湿度梯度起到的作用较大，使羊肉中水分迁移至空气中而不断减轻水分质量。羊肉内部水分分布不断变化，在风干初期，羊肉内部水分分布基本均匀，随着风干过程的进行，表面水分蒸发，内部水分向外迁移，导致从内到外形成水分梯度，水分梯度反过来又作为内部水分向外迁移的推动力，保证风干连续进行。在风干末期，羊肉水分含量较低，内部水分又趋于均匀分布。

(2) 阻力 羊肉风干过程中，内部水分的扩散率比表面的扩散率小，内部水分不能及时到达表面，成了风干中的阻力，如何改善内部干燥速率，是风干羊肉风干工艺的关键。风干过程中，羊肉表面往往会发生硬化，这是由于羊肉内水分因受热汽化而以蒸汽分子方式向外扩散，羊肉中水分也可经过微孔、裂缝或毛细管上升，其中有不少能上升到肉表面蒸发，以至于它的溶质残留在表面上。这些物质和羊肉表面的物质相互结合，封闭肉表面的微孔。

2. 风干过程的影响因素

（1）温度对风干脱水的影响　热风温度对风干中羊肉脱水速率影响显著，温度越高，干燥速度越快，经相同时间干燥后羊肉中含水量就越低，干燥速率明显加快，这是由于温度越高，空气相对湿度就越低，水分子运动加快，传热和传质加快，达到一定含水量所需时间就越短。但是，随着热风干燥温度的升高，产品的感官质量有所下降。当温度为70℃时，产品颜色较深，而采用60℃热风干燥所得的品质较佳，外形均匀完整，呈棕黄色，色泽一致，有浓厚的肉香味。

（2）湿度对风干脱水的影响　羊肉在风干过程中，常以空气为介质，羊肉中水分下降的多少也是由空气的湿度决定的。羊肉的水分慢慢蒸发到空气中，增加空气的湿度，湿度差变小，蒸发变慢。风干中空气湿度越大，风干速度越慢。羊肉中水分含量在风干中越来越小，其蒸汽压越来越小，水分排出越快。

（3）风速对风干脱水的影响　在其他条件相同的情况下，空气流量越大，经相同时间处理后风干羊肉的含水量越低，其原因是空气流量越大，空气循环量越多，空气达到干球温度所需时间就越短，热风的温度能保持干球温度的时间较长，空气与羊肉之间的传质推动力湿度差就越大，干燥速度也就越大。但是研究报告表明，超过临界风速值后，增加空气流速对干燥速率没有影响，这也说明表面扩散阻力相对于内部传质阻力可以忽略不计，符合牛顿第二定律的假设条件。因此，在一定风速范围内提高空气流量对干燥过程有利，但应以不影响物料性质为宜，且空气流量越大，对干燥室的损害也越大。但空气流量变大时，动能损耗较大，且对设备的要求较高，故应选择适当空气流量为干燥条件较好。

（二）羊肉节能风干新技术

1. 人工智能风干技术　根据羊肉的水分含量和干燥曲线，通过人工可编程控制程序自动调控风干室的温度、湿度和风速，精准判别和智能调控风干参数，达到自动化、智能化风干的要求。图6-6是人工智能风干工艺示范图。使用时，先将风干羊肉条（9）通过风干羊肉吊钩（8）相连，最后悬挂于连续化循环导轨（18）上，关闭风干室的进料门。在人机交互控制柜（19）设置风干参数为55℃、70％～80％相对湿度、1.5米/秒风速下风干8小时，之后35℃、55％～60％相对湿度、1.0米/秒风速风干4小时。参数设置完成后，启动可视化可编程逻辑控制器和风干室内的循环吊轨（18），循环吊轨带着羊肉干缓慢循环移动。温度感知系统（17）、湿度感知系统（15）和风速感知系统（16）根据可编程控制器上设定的参数，感知风干室内和室外的温度、湿度和风速。如果风干室内的温度低于风干室外的温度，干热空气输入动力系统（4）和输入空气滤过系统（6）启动，过滤掉室外空气中的水分和杂质后，经过干热空气输入管（3）进入到风干室内，直至达到设定温度为止；如果通过风干室外气候热量无法达到设定温度，或是风干室内温度高于风干室外温度时，蒸汽减压系统（1）启动，通过蒸汽中的热量提升风干室的温度。如果风干室外的风速高于风干室内的风速时，干热空气输入动力系统（4）的伺服电机关闭，与外界相连的阀门打开，借助外力把干热空气输送到风干室内。如果大气中的湿度高于室内设定湿度，那么输入空气滤过系统（6）的除湿装置启动，脱出空气中的水分。

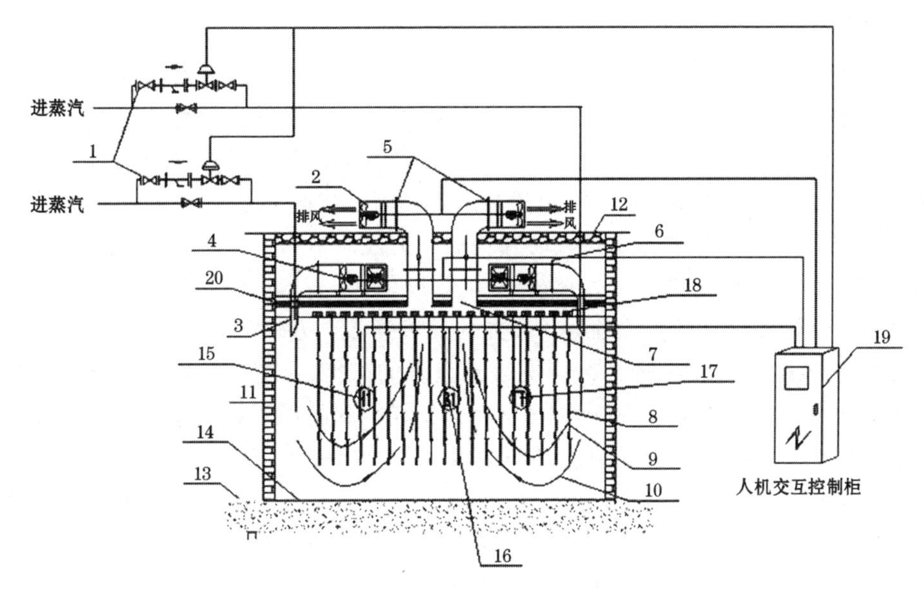

图 6-6　人工智能风干设备

注：1. 蒸汽减压系统　2. 排风动力系统　3. 干热空气输入管　4. 干热空气输入动力系统　5. 输出空气滤过系统　6. 输入空气滤过系统　7. 湿热空气输出管　8. 风干肉吊钩　9. 风干肉　10. 室内空气循环方式　11. 墙壁　12. 风干室外屋顶　13. 地基　14. 地面　15. 湿度感知系统　16. 风速感知系统　17. 温度感知系统　18. 循环导轨　19. 人机交互控制柜　20. 风干室内屋顶　21. 室内空气输出管

风干室内的温度和湿度高于设定的温度和湿度时，输出空气滤过系统（5）和排风动力系统（2）启动，经过室内空气输出管（21）和湿热空气输出管（7）把风干室内的湿热空气排放到大气中。如果风干室内的温度低于设定温度时，输出空气滤过系统（5）中的空气热量回收系统启动，保证风干室内的热量不逸散到室外空气中。

2. 红外风干技术　红外线是介于可见光和微波之间的电磁波，波长范围为

0.76～1 000 纳米，根据波长把红外分为短波（近）红外（0.76～2 纳米）、中波红外（2～4 纳米）和长波（远）红外（4～1 000 纳米）3 个区域，它具有高效、节能、环保、改善品质的特点。红外加热技术是基于匹配吸收理论，当羊肉分子（或原子）的振动频率与接收的红外线频率相同时，会与红外辐射能量产生共振吸收，促使分子内能增加，羊肉内部温度升高，加快内部水分往表面扩散，且加热惯性小，容易实现智能控制；红外辐射提供的热流密度比对流加热高几十倍，而且红外辐射热量传递不需要中间介质，直接投入羊肉内部，且羊肉形状的不规则对加热均匀性影响很小，从而能够加快水分的传热过程，提高干燥速率。

红外与热风组合加热技术因其良好的协同作用，比红外或者热风单独干燥具有更好的干燥效果。谢小雷等（2013）报道，红外干燥风干能够降低能耗提高肉干品质，中红外-热风组合干燥，由于红外线不需要传播介质可以直接对物体加热，增加产品中心温度，并由于热风及时带走表面水分，热效率较大提升，中红外-热风组合干燥技术干燥耗时和耗能分别仅为热风干燥耗时、耗能的 40% 和 22%，为中红外干燥耗时、耗能的 70% 和 90%。与热风干燥相比，中红外-热风组合干燥和中红外干燥耗时、耗能均显著降低；另外，与中红外干燥相比，中红外-热风组合干燥耗时、耗能也得到显著的降低。中红外-热风组合干燥对肉干品质有一定的影响，中红外-热风组合干燥得到的风干肉黏聚性和咀嚼性均高于中红外干燥和热风干燥组产品的黏聚性值和咀嚼性值；剪切力值显著低于中红外干燥组和热风干燥组产品的剪切力值；弹性值显著高于热风干燥组弹性值，但与中红外干燥组无显著差异；另外，中红外-热风组合干燥的硬度值和中红外干燥、热风干燥组产品硬度值无显著差异。

3. 超声波干燥技术 超声波是在媒质中传播的一种机械振动，是一种人耳听不见，频率大于 20 千赫兹（kHz）的声波。超声波可分为两种：一种是用于诊断的高频低能超声波，另一种是低频高能超声波。高频低能超声波发展于 20 世纪，主要用于质量检测、过程控制、无损检测，广泛应用于医疗卫生及化工制造，特别是在食品工业中得到快速应用和发展。超声波不仅可以单独用于羊肉干燥，还可以和其他形式的能量联合使用，可以将超声波与热风耦合用于羊肉干燥，这种干燥方法简单，也是超声波干燥用于羊肉干燥的发展方向。由于超声波在空气中传播衰减很快，并且空气与干燥物料中的声阻不匹配，使声能不能顺利转化，所以超声波干燥还不能实现大规模应用。

4. 微波干燥技术 微波干燥是指利用频率介于 300MHz～3 000GHz 之间的电磁波，对羊肉进行加热干燥的一种方法。当羊肉被置于微波电场中时，原本进行无规则热运动的电极性分子随着高频交变电磁场同步振荡而摩擦生热，使得羊肉中水分迅速吸热后蒸发。微波干燥可以改善肉内部的水分扩散率，微波的穿透力强，可以使肉内、外部同时受热，使温度梯度和水分梯度的方向一致，从而达到很高的干燥速率。冯云等（2014）结果表明，微波间歇干燥过程主要为恒速干燥过程，提高了干燥速率，含水率及干燥速率的变化受微波处理条件影响显著。微波间歇处理可降低样品纵向收缩率、提高外观的完整性；在相同功率密度下，间歇处理所得剪切力值均低于连续处理。

微波干燥的优点在于加热效率高、易控制、能源利用率高和设备反应灵敏等，但也存在设备费用高、技术复杂和容易出现食品部分焦化等干燥过度现象。微波联合其他干燥技术，比如微波真空干燥，真空降低了羊肉中水分的沸点，使水分更易蒸发，在较低的温度下即可完成快速干燥。结合微波后，内部温度和表面温度相同，使温度梯度和湿度梯度相同，使水分更易蒸发，因此微波真空干燥的干燥时间大大缩短，生产效率得到提高，耗能明显降低。

四、羊肉烤制技术

烤制是一种历史悠久的食物加工方法，最初的目的只是让食物变熟以及赋予其独特的滋味。后来随着时间的推移，人们发现这种加工方法可以延长食物的保存时间。烤肉是烤制食物中的一大类，各种肉类都可以进行烧烤加工。烤羊肉是我国历史悠久的传统风味肉食品，它外表金黄油亮诱人，内部鲜嫩，具有独特的烧烤风味和多种香气，深受大众喜爱。烤羊肉主要有烤羊肉串、烤全羊与烤羊腿等，它们大都具有地域特色和民族特色。烤羊肉风味独特，羊肉本身的风味与炭烤的风味很好地融合在一起，形成了诱人的美味。

目前我国对羊肉进行烤制加工的并不多，仅有的几种烤制产品如烤全羊、烤羊腿，虽然味道鲜美，深受人们喜爱，但仅限于一些高级饭店，且目前仍处于作坊式生产，生产规模小，保质期短，产品价格昂贵，未能实现工业化生产与综合利用，产品重新加热后风味逸散严重，质地变软。传统烤羊肉还存在诸如工艺落后、产品食盐量高、口感内外不一、脂肪氧化严重、杂环胺等危害物含量增加等问题，这也限制了烤羊肉的发展。

（一）传统羊肉烤制技术

传统的烤羊肉生产方式是将整只羊胴体或是羊肉串挂放置于馕坑等装置内进行烤制（图 6-7），利用煤炭或树枝作为燃料进行加热。馕坑由砖土制成，制作成本低，保温效果好。烘烤时，羊肉翻转为手工操作，主要依靠烘烤师傅经验和技巧，烤制温度过高，难以控制，烘烤出来的羊肉制品质量不稳定，很难达到统一的质量标准，不便于实现工业化生产。

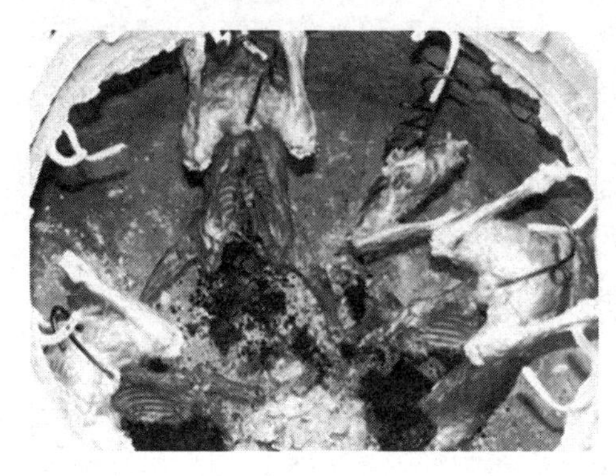

图 6-7　传统羊肉馕坑烤制

随着人们经济生活水平的日益提高，传统烤制加工方式与产品特性所显现的缺陷也越来越明显，例如设备设施简陋，技术含量低，配料难以实现标准化和产业规模化，难以有效控制产品质量和安全。

（二）现代烤制技术

随着现代加工技术的发展，出现了远红外辐射烧烤技术、微波光波组合烧烤技术和气体射流冲击烧烤技术等一系列新型的羊肉烤制技术，该类技术的进一步研发和推广将改变我国传统的作坊式烤制工艺，极大地提高羊肉的烤制水平。

远红外电烤炉辐射技术也是近年来出现的一种烤羊肉加工方法。辐射加热羊肉的最大特点是热辐射率高、热损失小和热吸收率高。远红外线的辐射强度与被加热羊肉距离的平方成反比，羊肉升温快，对于个体差异和自身形状不规则的羊胴体来说，易造成辐射传热热流密度不均，近热源点的局部温度过高，胴体外焦内生和烤制不均等问题。目前，远红外电烤炉已被广泛应用在羊肉串的烤制加工生产中。

微波光波组合法也是一种常用的烤制方式。采用微波烘烤机进行烤制，有利于提高生产效率和食品安全，提高增香效果；充分利用光波加热快、加热均匀等优点，两者组合能发挥最大的加热烤制功效，迅速赋予产品特有的羊肉烤制风味。因此，在微波烘烤机基础上，配置专门的光波管，实现微波光波组合的烤制。微波烤制技术没有额外的热能损耗，加热系统本身又不被加热，因此与其他常规技术相比，可节约电能。微波加热是对整个羊肉同时加热，干燥过程在羊肉内、外部同时进行，加热速度快、受热均匀，同时也不会产生表面过热或内生外焦现象，提高了产品的质量与等级。微波烤制技术还改变了传统加热的单一加热效果，微波电磁场能使羊肉中的细菌死亡或使酶活性钝化，由此便产生了灭菌、杀虫的作用，可实现低温杀菌，安全卫生，能保持食品中的营养成分和风味。微波加热具有良好的选择性，不会产生过热现象；微波本身不产生粉尘和余热，可大大改善工作环境。此外，微波技术的设备结构紧凑，比传统工艺节省空间，而且其工艺流程易于控制，便于实现自动化生产。

气体射流冲击烤制技术是采用具有一定压力的热气体直接冲击羊肉的一种烤制新方法。此项技术是将具有一定压力的加热气体，经一定形状的喷嘴喷出，直接冲击物料表面的一种新的加热烤制方法。对不规则形体的羊肉，可扩大其加热面，从理论上避免了普通加热方法能量传递不均和局部过热的问题。加热时，气流与物料表面产生非常薄的气体边界层，具有较高的传热系数，降低了羊肉加热所需的温度。由于气体属于低质量的流体，可适应多种形状的被加工羊肉。该技术可使羊肉在极短的时间内完成烤制过程，同时使羊肉内部的水分损失最少，最终达到外焦内嫩的优良品质。气体射流冲击烤制技术的高效性，可使烤羊肉加工时间缩短。

（三）烤羊肉中危害物控制技术

羊肉烤制过程产生有益物质的同时，也会产生杂环胺、多环芳烃等对人类和环境有害的物质，增加人类罹患癌症的风险。烤羊肉要获得长远的发展，应用杂环胺、多环芳烃等危害物控制技术至关重要。

1. 杂环胺的抑制措施 低温短时间烹调是降低烤羊肉中杂环胺和突变源等致癌物质最有效的办法。此外，添加腌制料和抗氧化剂也是抑制烤羊肉中杂环胺的重要措施。

在羊肉烤制加工前进行腌制可以有效抑制杂环胺的形成。在烧烤前将原料肉以冰糖、棕榈油、大蒜等进行腌制 4 小时可减少 92%～99%的极性杂环胺 PhIP[1] 含量。郭海涛（2013）研究了生姜、大蒜、洋葱和柠檬对烤羊肉饼中杂环胺的抑制作用，表明不同添加物对烤羊肉饼中杂环胺均有抑制作用，四种添加物对极性杂环胺 PhIP 的抑制作用最强，其次是 MeIQx[2]，生姜和柠檬对 Harman[3] 无明显抑制作用；随着添加物含量的增大，其对杂环胺的抑制作用也越明显。

近年来，越来越多的研究集中在具有抗氧化性的香辛料等植物天然提取物对杂环胺的抑制作用上。廖国周（2011）等研究了食物中酚类物质对模型和肉

1 PhIP 2-氨基-1-甲基-6-苯基-咪唑并[4,5-b]吡啶
2 MeIQx 2-氨基-3,8-二甲基咪唑并[4,5-f]喹喔啉
3 Harman 1-甲基-9H-吡啶并[3,4-b]吲哚

饼中杂环胺的抑制作用，结果表明，茶黄素 3,3′-双没食子酸酯、表儿茶素、迷迭香、槲皮素都能显著减少 PhIP、MeIQx、4,8-DiMeIQx[1] 的含量。姚瑶等(2012) 研究良姜和红花椒能降低杂环胺总量，能显著抑制 7,8-DiMeIQx 的同时又不产生新的杂环胺。Vitaglione 等 (2004) 认为无论是从植物中提取的抗氧化剂还是离析的化合物，对模型体系和肉中的杂环胺都有一定程度的抑制作用。Alldrick 等 (1986) 在模拟杂环胺形成的模型体系中发现，黄酮可以减少 30%的 MeIQx 和 7,8-DiMeIQx。Balogh (2000) 研究了维生素 E 对肉饼中杂环胺平均减少量为 45%到 75%。

2. 多环芳烃的抑制措施 羊肉烤制过程中的苯并芘多是在烤制过程产生的，因此，对烤制温度、时间、方式等的控制或改变对减少有害物质的生成有着显著的效果。虽然原料种类、原料肉中脂肪含量及油脂类型等也对苯并芘的产生有影响，但从人们对食品的丰富性、加工的简便性来考虑，烤制时间、温度及方式是最容易控制的，可以考虑从这几个方面来抑制苯并芘[B(a)P]的形成。

羊肉烤制过程中温度非常高，时间也较长。通常温度至少在 100℃以上，在这种温度下产生苯并芘是不可避免的。但高温才能产生烤羊肉制品应有的风味，各种风味物质才能生成。因此，需要对烤制过程进行进一步的研究，弄清各种风味物质的产生温度及 B(a)P 产生的最低温度，在什么温度阶段各种风味物质及 B(a)P 大量产生，在满足最佳风味时寻求 B(a)P 最小生成温度，依据相关食品安全标准及毒理学评价数据，建立风味物质及 B(a)P 生成动力学模式，得到最佳的温度与时间搭配。

脂肪蛋白质等有机物在高温下分解环化和聚合产生多环芳烃，但不同的烤制温度和时间所产生的多环芳烃 (PHAs) 的量是不同的，温度越高，产生越多，故应控制烤制温度。研究表明，影响 PHAs 产生的一个非常重要的因素是温度，温度控制在 300℃～400℃，同时设有烟雾过滤器，PHAs 大约可以降低 10 倍。此外要控制时间，随时间的推移，烟气成分渗透到制品内部，时间越长，渗透量越多。

羊肉与燃料直接接触产生较多的多环芳烃，避免炭火与羊肉接触可以有效降低烤制羊肉中 PHAs 的含量。采用传统烤制方法烤制后的羊肉表面含有大量的 PHAs，而羊肉中心则含量较低。可采用电热远红外线为热源等新的加工方法控制烤制温度与时间。此外，可以对传统烤制工艺进行优化，在尽可能保持传统风味特色的同时，不断研究新技术新设备，优化烤制程序，控制烤制工艺，减少烤制羊肉中的多环芳烃。

1　4,8-DiMeIQx　2-氨基-3,4,8-三甲基-咪唑并[4,5-f]喹喔啉

第七章 肉羊生产经济组织与规模经营

阅读提示：

肉羊产业发展的关键在于经济组织，而肉羊产业自身的特点决定了家庭经营是基础，现代肉羊家庭经营呈现出商品化、企业化、规模化、标准化和社会化等特点。肉羊专业合作社是不可或缺的经济组织形式，它有助于促进社会分工与生产专业化，有助于抵御自然风险与市场风险，有助于寻求规模经济，有助于完善畜牧业市场经济。肉羊产业化经营是其重要的发展方向，其基本特征表现为产业一体化、养殖专业化、产品商品化、管理企业化、服务社会化。肉羊生产无论采取什么样的经济组织形式，都应该在生态环境可承载的条件下努力做到适度规模经营。

第一节　肉羊生产经济组织

一、肉羊家庭经营

（一）肉羊家庭经营的涵义、分类与演变

1. 肉羊家庭经营的涵义　所谓肉羊家庭经营，是指以农牧民家庭为相对独立的生产经营单位、以家庭劳动力为主要劳动参与者从事以肉羊养殖为主的生产经营活动的一种组织经营形式。

肉羊家庭经营主要突出了其经营对象为畜牧业中一个重要品种即肉羊，经营主体为农牧民家庭，劳动参与者主要是家庭内部劳动力。家庭经营作为一种弹性较大的经营方式，其存在形式具有较强的灵活性。它可与不同的所有制、不同的科学技术条件和不同的生产力水平相适应。

2. 肉羊家庭经营的分类　对于肉羊家庭经营的分类参照畜牧业家庭经营的分类模式，按照肉羊养殖在家庭经营中所占的比重由低到高来划分，大致可分为肉羊副业养殖户、肉羊兼业养殖户和肉羊专业养殖户。

肉羊副业养殖户是指在农牧民家庭经营条件下，除了从事其他主要的生产经营活动以外，还饲养少量肉羊的农牧户。这种肉羊副业养殖户的存在有多方面原因，其中主要表现为我国自给自足且相对封闭的农村经济组成、历史长期形成的农牧民生产经营习惯与农牧业商品生产发展相对滞后的现实。

肉羊兼业养殖户是指在农牧民家庭经营条件下，在饲养较多肉羊的同时，又有其他畜禽品种的饲养或经营种植业、从事农产品加工业等其他生产活动的农牧户。此类养殖户突出表现为其家庭收入中来自肉羊饲养的比重较大。这些养殖户大多正处于由肉羊副业养殖户向较大规模肉羊专业养殖户过渡阶段。与肉羊副业养殖户相比，其劳动生产率和肉羊的商品率显著提高，所生产的肉羊商品量已占有较大比重。

肉羊专业养殖户是指在农牧民家庭经营条件下，专门或主要从事肉羊饲养的农牧户。由于养殖习惯与实际条件的差异，肉羊专业养殖户在农区与牧区有所不同。牧区的肉羊专业养殖户在以肉羊为主的饲养过程中还可能有牛、马等其他牲畜品种，而农区则表现为更为单一的肉羊养殖。作为家庭的主要收入来源，肉羊专业养殖户通常饲养规模较大，采用较为先进的科学技术和经营管理

理念，具有较高的劳动生产率和商品率，其规模经济效益相对较好。

3. 肉羊家庭经营的演变 随着人类社会的发展，农业家庭经营在不同的历史发展阶段多次改变其发展条件和经营内容，表现出不同的特点。种植业与畜牧业是农业的传统结构模式，肉羊作为畜牧业中一个重要的品种，因而其家庭经营也必然与农业家庭经营的发展演变有着密切关联。在原始社会末期，随着私有财产的增多，小规模的家庭经营活动开始逐渐增加，家庭开始成为相对独立的经营单位。进入奴隶社会后，尽管奴隶主大规模占有并使用奴隶进行生产成为占统治地位的组织形式，但包括肉羊等畜牧业家庭经营普遍存在并得以发展。在封建社会，以个体家庭为单位成为社会范围内普遍存在的生产经营形式，自给自足的小农经济是其主要的特点，此时肉羊等畜牧业家庭经营主要表现为自给自足的副业养殖形式。

进入资本主义社会以后，随着生产力水平的发展和分工协作的科学合理化，家庭畜牧场出现并快速发展。家庭畜牧场是以家庭为单位经营，是一种农牧民拥有生产资料的所有权或使用权，能自行决策、人身不依附他人的独立经营农场的经济组织。肉羊等单一品种的家庭畜牧养殖场也得到长足发展，同时肉羊生产的商品率大大提高。

在社会主义制度诞生后的苏联，单一模式的合作化导致农牧民家庭经营发展严重受阻，同时畜牧产品供给难以满足社会需求。20 世纪 70 年代末在中国开始实行以家庭联产承包为基础、统分结合的双层经营体制，集体统一经营与农牧民家庭分散经营相结合的经营方式事实上恢复了农牧民家庭经营，使其在中国农村取得了长足发展，肉羊家庭经营也随之而兴起发展。

（二）肉羊家庭经营大量存在的原因

1. 畜牧业生产是自然再生产与经济再生产相交织 这一特性决定畜牧业生产必须与家庭经营密切结合，肉羊作为一种重要且具有代表性的畜禽品种，必然要与畜牧业生产特点相适应，以家庭经营作为主要生产经营组织方式。就劳动对象肉羊本身而言，其自身生长发育规律，决定了肉羊生产的季节性、周期性、有序性，决定了肉羊生产只能按自然的生长过程依次进行作业。在农区，肉羊生产一般与种植业密切结合，以植物秸秆作为主要的粗饲料来源；在牧区，肉羊生产则主要依托草原。这样，肉羊生产将大大受制于草地与耕地数量，难以像工业生产那样进行有效分工协作，将大量作业协同并进。这就决定了在肉羊生产过程中，同一时期的作业相对比较单一，不同时期的不同作业多数时间可由同一劳动者完成，即肉羊生产过程中的协作多是简单协作。简单协作在多人共同完成同一不可分割的操作时优于独立劳动，但在管理水平不高的情况下，往往还不如单个劳动者的机械总和。因为它不仅增加了监督、协调成本，还可能产生偷懒等机会主义行为。因而，肉羊家庭经营是一种较为合适的生产组织形式。

2. 肉羊生产所面对自然环境的复杂多变性和不可控制性以及其最终劳动成果的最终决定性，决定了家庭经营是更为合适的经营组织形式 作为生物特征明显的肉羊，其生长所需的自然环境具有显著的复杂多变性与不可控性，这就要求肉羊生产的经营管理具有灵活性、及时性和具体性。饲养时机及方式决策、饲料选取及不同时期的配比、市场价格把控等都要做到因时、因地、因条件制宜，要准、快、活。只有生产者直接掌握最终经营决策权的肉羊家庭经营组织模式，才能比较好地满足以上要求。与此同时，肉羊生产不同于现代工业生产，其劳动的中间产品很少，劳动成果大都表现在最终的羊肉产品上，劳动者在生产过程中，各个环节的劳动支出状况只能在最终产品上综合表现出来。这就决定了各个劳动者在肉羊生产过程不同环节劳动支出的有效作用程度难以准确计量。家庭经营则较好地解决了这一矛盾，以家庭劳动作为总的投入，以最终羊肉产品作为总的产出，有力地调动了家庭各成员的劳动积极性，使得在肉羊生产中既做到了适度合理的分工协作，又解决了激励不足的问题。综合以上分析，肉羊家庭经营是一种较为合适的组织形式。

3. 家庭成员具有利益目标的认同感，使得肉羊家庭经营的组织管理协调成本最小，劳动激励多样 家庭作为具有血缘、情感、心理、伦理和文化传统等人类最基本、最重要的一种制度和群体形式，它不仅仅以经济利益为纽带，这决定了家庭成员可以从许多方面来对组织的整体目标和利益认同，容易形成一致的利益目标与价值取向。这种机制的存在使得大多数家庭无须靠纯经济利益的激励就能保持对其自身的目标和利益的基本一致性。同时，由于家庭组织的传承与延续性，使得家庭经营模式能够具有较强的稳定性。肉羊家庭经营依托家庭，在肉羊饲养的各个环节不仅能够自发地形成有效的激励措施，还能降低监督管理成本，达到最优的组织效益。

4. 家庭成员在性别、年龄、体质、技能上的差别也可以使肉羊家庭经营在其内部实行较为合理的分工协作，达到劳动力资源的最优配置 肉羊家庭经营大大提高了家庭内部劳动力的劳动参与度，合理适当的劳动分工使得劳动效率大大提高、劳动成果人人共享。肉羊养殖中不同生产环节的劳动数量与强度差异较大，而家庭成员各方面的差异使得劳动对象差异与劳动参与者特点相结合，有效调动了家庭成员的劳动积极性，较好地完成了肉羊养殖这一过程。高效合理的家庭自然分工协作是肉羊家庭经营优于其他养殖模式的又一原因。

（三）现代肉羊家庭经营的特点

1. 肉羊家庭经营的商品化 畜牧业家庭经营起源于早期人类的打鱼狩猎活动，随后逐渐发展成为自给自足的自然经济形式。随着社会分工的发展和生产力水平的进一步提高，在商品经济发展的带动下畜牧业生产逐步分化发展成为更为细化的畜牧品种，并且呈现出商品化特征。肉羊等单一品种的畜牧业养殖专业户也随之发展形成，并且农牧户由开始为满足自我需求而生产转向为社会生产、满足大众需求。肉羊家庭经营的商品化就是从事肉羊养殖农牧户的经济活动由自给自足的自然、半自然经济向肉羊商品生产、交换的转化过程。农牧户只有实现肉羊生产的商品化，才能打破传统意义上“小而全”的自我封闭的生产经营模式，获取最新的科学养殖技术和市场信息，从而提高实际养殖效率，节约养殖成本，切实提高农牧民的肉羊养殖收益，激发养殖兴趣，保障羊肉供给，稳定羊肉市场价格。

2. 肉羊家庭经营的企业化 肉羊家庭经营起源于农牧户家庭满足自身对羊肉产品需求的自然经济，在现代畜牧业发展趋势下，农牧户作为一个生产单位而不进行精确成本收益核算的经营方式已不能适应市场经济的发展需要。肉羊家庭经营的企业化，就是从事肉羊生产的农牧户由自给自足、不进行经济核算的生产单位，向提供羊肉商品、追求利润最大化、实行自主经营和独立明晰经济核算的基本经济单位的转变过程。关于农业新型经营主体中家庭农牧场与专业大户不同于一般家庭经营的一个重要特征在于，是否进行比较健全的成本收益核算。通过较为全面严格的经济核算，优化组合家庭的各种生产要素，提高肉羊养殖的经济效益，最终实现家庭范围内的利润最大化目标，使肉羊家庭经营在市场经济中得以生存发展。

3. 肉羊家庭经营的专业化 现代农业的一个重要特点就是从事生产项目与劳动的专业化，肉羊家庭经营的专业化实现了养殖品种的专业化，基本摆脱了传统畜牧业追求“小而全”的生产经营模式，以专门从事肉羊生产而使其他畜禽品种降为次要养殖品种甚至完全消失。肉羊家庭经营的专业化有利于充分发挥农牧户自然经济条件的优势，可以最大限度地利用这些优势，集中从事肉羊生产，进而提高其饲养技能；有利于家庭劳动力熟练掌握肉羊的生产生活习性，增强应急处理能力；有利于相关机械与肉羊养殖技术的及时高效利用；有利于农牧户把握市场行情，改善羊肉贮藏、加工、包装、运输和销售条件，切实提高农牧民收入；有利于羊肉产品的有效供给，保证羊肉产品的品种齐全和质量安全，为建立肉羊产业全产业链的可追溯体系奠定基础。

4. 肉羊家庭经营的规模化 现代农业的另一个重要特点是生产经营规模

化。肉羊家庭经营的规模化，是从事肉羊养殖的农牧民家庭在家庭劳动力与自有资源可承受的前提条件下，运用现代化的生产养殖技术，增加肉羊饲养数量，进而获得更高经济收益的饲养模式。肉羊家庭规模经营，自然资源特别是环境可承受是现代畜牧业可持续发展的前提条件；技术进步有助于扩大生产可能性边界；各种生产要素的充分利用，特别是丰裕要素的充分利用是关键；扩大养殖规模的根本目标是要获得更多的经济收益。

5. 肉羊家庭经营的标准化 农业领域的标准化研究来源于工业标准化原理，畜牧业标准化可以参照相关的概念内涵进行延伸。具体到肉羊家庭经营的标准化，则主要是为更好地实现其商品化、企业化、专业化与规模化而进行的未来发展方向变革，它主要是指从事肉羊生产的农牧户按照统一、简化、协调、优选等原则，在肉羊饲养过程中在品种、营养、防疫、羊舍与设施、粪污处理等方面按照国家或企业及市场的要求，逐渐形成稳定的肉羊生产标准流程。

6. 肉羊家庭经营的社会化 肉羊家庭经营的社会化是指从事肉羊养殖的农牧户由孤立、封闭的自给性生产，转变为分工密切、协作广泛、开放的社会化肉羊生产过程。其主要特点是各个农牧户都建立在社会分工和商品、服务交换的基础之上，其再生产过程只有依靠在市场上的商品、服务交换和其他农牧户或企业之间的密切协作才能完成。这个转变过程主要是通过肉羊养殖企业专业化、肉羊养殖作业过程专业化、肉羊养殖区域化、肉羊养殖商品化以及肉羊养殖社会化服务体系的建立与完善来实现。在种植业里形成的耕种收靠社会化服务体系，田间管理靠家庭经营的经营模式，在一定程度上是值得从事肉羊家庭经营的农牧户学习与借鉴。根据地区、饲养习惯、气候条件等方面的差异，肉羊家庭经营的社会化程度会有所差异，但毋庸置疑的是社会化发展是未来的重要指向。它有利于充分发挥分工协作的优势，使各个农牧户、各个地区可以根据各自生产力要素的特点，发挥自己的优势，获取更大的经济效益；有利于打破肉羊养殖户和产业本身的限制，从产业外部输入更多的物质和能量；有利于打破农牧户自给、半自给的传统畜牧业经营模式所难以克服的狭隘、保守、缺乏进取精神和经济效益差的短板，使肉羊产业发展走向稳定与成熟。

7. 肉羊家庭经营的可持续化 可持续化是在可持续农业的内涵基础之上扩展延伸的一个概念，肉羊家庭经营的可持续化是指从事肉羊养殖的农牧户在生产过程中既满足当代人的需要，又不损害后代满足其需要，采用不会耗尽资源或危害环境的生产方式，实行技术变革和机制性改革，减少肉羊养殖对生态环境的破坏，维护土地、水、肉羊品种、环境不退化、技术运用适当、经济上可行且社会可接受的一种肉羊养殖模式。其主要特征是实现经济、社会与生态的可持续，将农牧户生产发展、生计维持与生态保护相协调，实现肉羊家庭养殖模式平衡综合长久发展。

（四）我国肉羊家庭经营存在的主要问题与未来发展方向

1. 肉羊家庭经营存在的主要问题 目前我国肉羊家庭经营还存在着许多问题，主要表现为：一是肉羊家庭经营规模化、标准化和产业化经营程度低，难以满足现代市场发展的需要；二是从事肉羊养殖的农牧民出现老龄化趋势，且文化程度较低，缺乏接受现代养殖技术的能力；三是在农区肉羊养殖户更多的是被动地利用种植业的秸秆，缺乏为养而种的科学理念，即缺乏农牧业的有机结合；四是在牧区肉羊养殖户缺乏草畜平衡的理念，超载过牧较为严重，收入增长速度下降，劳动力的转移较为困难。

2. 肉羊家庭经营的未来发展方向 从国内外的历史经验来看，家庭经营仍然是我国未来肉羊产业最主要和最基本的组织形式，但需要通过如下途径加以进一步发展和完善。一是在农业劳动力转移的情况下，扩大肉羊养殖的规模化程度，提高肉羊养殖的规模经营效应；二是在技术进步的情况下，提高肉羊养殖的标准化程度，提高肉羊养殖效率和产品质量；三是在坚持家庭经营为基础的情况下，通过合作社、龙头企业以及协会等形式，提高肉羊生产、加工、运销的组织化、产业化、品牌化程度；四是在国家的扶持下，通过教育培训和先进适用技术的推广，使肉羊养殖者掌握养殖技术与经营管理理念，实现农牧结合与草畜平衡，并走向企业化经营。

二、肉羊合作社

（一）肉羊合作社的含义与特征

1. 肉羊合作社的含义 肉羊合作社是指从事肉羊家庭经营的农牧民为了维护和改善其生产与生活条件，在自愿互助和平等互利的基础上，联合从事特定经济活动所组成的企业化组织形式。它的本质特征是从事肉羊饲养的农牧民在经济上的联合。

2. 肉羊合作社的一般特征 肉羊合作社与其他农业合作社具有相同的一般性特征，主要包括：①合作社成员是具有独立财产的劳动者，并按照自愿的原则组织起来，对合作社盈亏负有限责任。②合作社成员之间是平等与互利的关系，组织内部实行民主管理，合作社内的工作人员可以在其成员中聘任，也可以聘请非成员担任。③合作社是独立财产的经济实体，并实行合作占有，其独立的财产包括成员入股和经营积累的财产。④实行合作积累制，即有资产积累职能，将经营收入的一部分留作不可分配的属全体成员共有的积累资金，用于扩大和改善合作事业，不断增加全体成员的利益。⑤合作社的盈利分配以成员与合作社的交易额为主。

（二）肉羊合作社的作用

1. 肉羊合作社有助于促进社会分工与生产专业化 肉羊生产在走向商品化、专业化与规模化的同时，要求各种形式的合作与联合为产业进一步发展创造有利条件。同时，只有在从事肉羊养殖的农牧户之间形成了相当的社会分工和专业化生产趋势，在肉羊生产实际中各个环节、阶段由不同的生产组织去完成时，肉羊生产者之间的合作才会进一步发展完善。

2. 肉羊合作社有助于抵御自然风险与市场风险，减少交易的不确定性 肉羊产业作为畜牧业的重要组成，受自然灾害的影响较大，对某些重大自然灾害靠单家独户的生产经营模式难以有效抵御；同时，随着市场经济的发展，众多小规模、分散经营的肉羊养殖户在面对变化莫测的市场时，风险陡增。肉羊合作社作为某种程度上市场的替代，指导农牧民按照市场规律进行生产养殖决策，减少因信息不畅、失准而带来的肉羊存栏与出栏决策失误，为农牧民提供及时准确的市场信息，依靠合作制来提高自身抵御各种风险的能力。

3. 肉羊合作社有助于在激烈的市场竞争中节约交易成本、普及应用最新养殖技术、寻求规模经济 组建肉羊合作社可以避免因单家独户购买生产资料而难以获得价格与运输成本的优惠，因经营规模小而难以把活羊卖高价钱，以及单独引进或使用最新机械设备、技术、种羊而可能造成的规模不经济。肉羊养殖户为了在激烈的市场竞争中降低其饲养成本、提高肉羊养殖收益，需要借助建立肉羊合作社来加大养殖规模，提高在市场竞争中的谈判地位，进而实现肉羊产业的规模经济。

4. 肉羊合作社有助于减少与肉羊饲养有关的专用资产可能造成的损失和退出成本 在肉羊养殖过程中农牧户必然会购买或投资一些肉羊养殖专用性资产，如标准化圈舍、青贮饲料池、饲料加工等相关设备设施等。一旦农牧户放弃肉羊养殖，则相关资产的价值就会大打折扣。而建立肉羊合作社则可以在一定程度上通过建立合作或租赁等长期关系，来减轻农牧户因退出养殖而造成的前期投资损失和退出成本。

5. 肉羊合作社有助于完善畜牧业市场经济，提高农牧民整体素质 肉羊合作社作为连接农牧民家庭与市场的中介，对于推动市场经济发展，维持羊肉市场和肉羊产业要素市场的稳定与均衡，改善农牧民的社会经济地位起到了极为重要的作用。同时，合作社的民主管理机制也有助于倡导农牧民的团结互助精神，通过相互学习提高经营管理的能力。

（三）肉羊合作社运行的基本原则与特征

1. 国际合作社运行的基本原则 合作社的产生与发展至今已有180年的历史。尽管世界各国合作社产生的背景、发展环境与类型有所不同，但总结多数合作社与合作社学者所信奉的基本原则总体上与1966年国际合作社联盟提出的合作社“入社自由、民主管理、资本报酬适度、盈余返回、合作社教育及合作社之间的合作”6项原则相一致。1995年，国际合作社联盟在之前的基础上进一步细化明确了如下合作社运行的7项原则。

（1）*自愿与开放的社员* 合作社是自愿的组织，对所有能利用合作社服务和愿意承担社员义务的人开放，无性别、社会、种族、政治和宗教信仰的限制。

（2）*社员民主管理* 合作社是由社员管理的民主组织，合作社的方针和重大事项由社员积极参与决定。选举产生的代表，无论男女，都要对社员负责。在基层合作社，社员有平等的选举权（一人一票），其他层次的合作社也要实行民主管理。

（3）*社员经济参与* 社员要公平地入股并民主管理合作社的资金。但是入股只是作为社员身份的一个条件，若分红要受到限制。合作社盈余按以下某项或各项进行分配：用于不可分割的公积金，以进一步发展合作社；按社员与合作社的交易量分红；用于社员（代表）大会通过的其他活动。

（4）*自主和自立* 合作社是由社员管理的自主、自助的组织，合作社若与其他组织包括政府达成协议，或从其他渠道募集资金时，必须保证社员的民主管理，并保证合作社的自主性。

（5）*教育、培训和信息* 合作社要为社员、获选的代表、管理者和雇员提供教育和培训，以更好地推动合作社的发展。合作社要向公众特别是青年人和舆论名流宣传有关合作社的性质和益处。

（6）*合作社之间的合作* 合作社通过地方的、全国的、区域的和世界的合作社间的合作，为社员提供最有效的服务，并促进合作社的发展。

（7）*关注社会* 合作社在满足社员需求的同时，有责任保护和促进其所在地区经济、社会、文化教育、环境等方面的可持续发展。

2. 肉羊专业合作社运行原则 依据2007年7月1日正式实施的《中华人民共和国农民专业合作社法》对农民专业合作社应当遵循原则的相关规定，对于肉羊专业合作社运行应该遵循如下原则：

①成员以农牧民为主体。

②以服务成员为宗旨，谋求全体成员的共同利益。

③入社自愿、退社自由。

④成员地位平等，实行民主管理。

⑤盈余主要按照成员与肉羊专业合作社的交易量（额）比例返还。

3. 肉羊专业合作社运行特征 根据相关国内与国际农民专业合作社建立运行的原则和实际经验，肉羊专业合作社运行的特征可以总结为以下3个方面：

①根据合作社经营目标的双重性，表现为服务性与盈利性的统一。

②根据合作社经营结构的双层次性，表现为统一经营与分散经营相结合的经营模式。

③根据合作社管理的民主性，表现为自主与自愿有效结合的组织管理模式。

（四）肉羊专业合作社的建立

肉羊专业合作社作为农民专业合作社的一种具体组织形式，应当按照《中华人民共和国农民专业合作社法》（以下简称《农民专业合作社法》）登记并取得法人资格。肉羊专业合作社成员以其账户内记载的出资额和公积金份额为限对肉羊专业合作社承担责任，国家通过一系列政策扶持、税收优惠、金融、科技与人才支持和肉羊产业政策等措施，促进肉羊专业合作社发展。同时鼓励和支持社会各方面力量为肉羊专业合作社提供服务。

1. 肉羊专业合作社的设立应具备的条件 有5名以上符合《农民专业合作社法》规定的成员；有符合《农民专业合作社法》的章程与组织机构；有符合法律、行政法规的名称和章程确定的住所；有符合章程规定的成员出资。

有5名以上符合《农民专业合作社法》规定的成员。包括以下几个方面：①具有民事行为能力的公民，以及从事与肉羊专业合作社业务直接有关的生产经营活动的企业、事业单位或者社会团体，能够利用肉羊专业合作社提供的服务，承认并遵守肉羊专业合作社章程，履行章程规定的入社手续的，可以成为肉羊专业合作社的成员。但是，具有管理公共事务职能的单位不得加入肉羊专业合作社。②肉羊专业合作社的成员中，农牧民至少应当占成员总数的80%。成员总数20人以下的，可以有一个企业、事业单位或者社会团体成员；成员总数超过20人的，企业、事业单位和社会团体成员不得超过成员总数的5%。此外，肉羊专业合作社应当置备成员名册，并报登记机关。

肉羊专业合作社章程应载明的事项：①名称和住所。②业务范围。③成员资格及入社、退社和除名。④成员的权利和义务。⑤组织机构及其产生办法、职权、任期、议事规则。⑥成员的出资方式、出资额。⑦财务管理和盈余分配、亏损处理。⑧章程修改程序。⑨解散事由和清算办法。⑩公告事项和发布方式以及需要规定的其他相关事项。

肉羊专业合作社的组织机构。肉羊专业合作社成员大会由全体成员组成，是合作社的权力机构。召开社员大会，出席人数应当达到成员总数的2/3以上，成员大会选举或者作出决议，应当由合作社成员表决权总数过半数通过；做出修改章程或者合并、分立、解散的决议应当由合作社成员表决权总数的2/3以上通过。成员大会每年至少召开1次；当出现以下情况之一：30%以上的成员提议；执行监事或者监事会提议；合作社章程规定的其他情形应当在20日内召开临时成员大会。

肉羊专业合作社设理事长1名，可以设理事会。理事长为本社的法定代表人。同时，还可以设执行监事或者监事会。理事长、理事、经理和财务会计人员不得兼任监事。理事长、理事、执行监事或者监事会成员，由成员大会从本社成员中选举产生，依照《农民专业合作社法》的规定行使职权，对成员大会负责。理事会会议、监事会会议的表决，实行一人一票。此外，本合作社的理事长、理事、经理不得兼任业务性质相同的其他专业合作社的理事长、理事、监事、经理；执行与肉羊专业合作社业务有关公务的人员，不得担任合作社的理事长、理事、监事、经理或者财务会计人员。

2. 肉羊专业合作社向工商行政管理部门申请登记所需文件 ①登记申请书。②全体设立人签名、盖章的设立大会纪要。③全体设立人签名、盖章的章程。④法定代表人、理事的任职文件及身份证明。⑤出资成员签名、盖章的出资清单。⑥住所使用证明。⑦法律、行政法规规定的其他文件。

登记机关应当自受理登记申请之日起20日内办理完毕，向符合登记条件的申请者颁发营业执照。同时，肉羊专业合作社法定登记事项变更的，应当申请变更登记。此外，肉羊专业合作社办理登记不得收取费用。

三、肉羊产业化经营

（一）肉羊产业化经营的内涵、特征与作用

1. 肉羊产业化经营的内涵 肉羊产业化经营可以概括为以国内外肉羊市场为导向，以肉羊养殖农牧户经营为基础，以提高各方经济效益为中心，依托龙头组织带动和科技进步，对肉羊养殖实行区域化布局、专业化生产、企业化管理、社会化服务、一体化经营，将肉羊养殖过程的产前、产中、产后诸环节联结为一个完整的产业系统，变分散、独立、小规模的肉羊养殖模式为社会化的大生产模式。

2. 肉羊产业化经营的基本特征 根据现代畜牧业未来的发展要求与肉羊产

业发展所面临的挑战，结合肉羊产业化经营的具体内涵，肉羊产业化经营的基本特征表现为：产业一体化、养殖专业化、产品商品化、管理企业化和服务社会化。

3. 肉羊产业化经营的作用 在现代畜牧业发展过程中，畜牧业生产采取合同制和一体化经营的方式，使畜牧业的专业化、商品化、企业化、规模化和社会化水平不断提高，形成了畜牧业产业化经营。肉羊产业化经营作为其重要的组成部分，它的产生与发展是肉羊产业由传统养殖模式向现代科学化饲养模式转变的一种机制创新。它有助于缓解肉羊季节集中出栏与消费常年化、全国化的供需矛盾；有助于扩大养殖规模，降低肉羊饲养的经营风险与市场交易费用，增加养殖者的经济效益；有助于提高肉羊产业的比较收益，使其在市场竞争中获得本产业的增值部分；有助于解决羊肉产品质量信息不对称问题，实现肉羊养殖过程监督和控制的内部化，推进肉羊全产业链可追溯系统的建立与完善。

（二）肉羊产业化经营组织的类型

我国肉羊生产可以在地域类型与主要饲养方式上大致分为农区与牧区，不同地区因历史传统、自然、社会条件差异和生产力发展水平的不同，其肉羊产业化经营的组织形式也有所差异。按照肉羊产业化组织之间联系的紧密程度和带动肉羊产业链发展的主要动力可以做如下划分。

1. 按肉羊产业化组织之间联系的紧密程度划分

（1）*松散型* 即在肉羊产业链中企业与农牧户的联系较为松散，二者通过简单的肉羊销售合同建立联系。在松散型的肉羊产业化组织模式中，肉羊屠宰、加工企业与农牧户的生产经营仍是各自独立的，只是可能在肉羊养殖的某一时期或某一环节实行联合；且其联合形式、期限、内容、经济结算与双方的权利与义务都通过合同做出明确规定。例如，肉羊屠宰企业与农牧民订立肉羊购销合同，企业由此获得稳定且符合其生产要求的肉羊，农牧民则可以按照企业要求进行饲养，在可能的条件下还能获取一定的技术与资金支持，在一定程度上减少了双方生产经营过程中的不确定性。但在此种组织模式里，企业按照市场价来收购肉羊，生产双方仍需各自承担经营风险。

（2）*半紧密型* 即在肉羊产业链中公司、合作社等龙头组织与农牧户之间建立了一定的合作关系。在半紧密型的肉羊产业化组织模式中，由龙头组织与农牧民共同建立肉羊生产基地，组织负责种羊、养殖技术、屠宰、加工、运输、销售，农牧民则负责日常养殖管理。龙头组织按照高于生产成本的保护价格收购肉羊，主要承担肉羊养殖的市场风险，农牧户则承担肉羊养殖的生产风险。此种组织模式，大大分散了双方的肉羊养殖风险，提高了肉羊产业的整合程度。

（3）紧密型　即在肉羊产业链中参加联合的各主体缔结形成了一个经济利益共同体。在紧密型的肉羊产业化组织模式中，肉羊产业链的各参与方在各自经营范围内仍是自负盈亏，但在自愿前提下组成了一个利益共同体。在这种组织模式中，要求有完整的组织机构与严格的规章制度，明确各主体在共同体内的分工、职责、权利与义务，必须有一个完善的利益分配机制，能够使各个参与方发挥各自作用，共同推动组织发展。

2. 按带动肉羊产业链发展的主要动力划分

（1）龙头企业带动型　即以实力较强的企业为龙头，与肉羊生产基地和农牧户结成紧密的生产、加工、销售等一体化生产体系。

（2）市场带动型　即以肉羊市场或活羊交易中心为依托，拓宽肉羊相关产品的流通销售渠道，带动区域羊肉产品专业化生产，实行生产、加工、销售一体化经营。

（3）中介组织带动型　中介组织包括肉羊养殖专业合作社、供销社、肉羊技术协会、畜牧兽医站等。他们在充分发挥其自身信息、资金、技术等方面优势的前提下，不仅为农牧户提供产、供、销等肉羊养殖产前、产中、产后各个环节相关服务，还为肉羊屠宰、加工、销售企业提供信息，促进各方信息交流，减少因信息不畅而造成的不必要损失，实现各类生产要素的优化组合和资源的合理利用。

（4）企业集团养殖带动型　即以肉羊养殖为基地，以屠宰、加工、销售企业为主体，以综合技术服务为保障，把肉羊养殖、屠宰、加工、销售、科研和相关生产资料供应等环节统一纳入一个经营主体，使其按照现代企业制度发展运行，形成肉羊全产业链的集团化经营。

（三）肉羊产业化经营组织良好运行的关键问题

要实现肉羊产业化经营组织的良好发展，必须要充分调动肉羊养殖农牧户、肉羊专业合作社、肉羊相关龙头企业等组织的积极性，密切其在养殖、屠宰加工、销售等各个环节的联系，形成一种“风险共担、利益均沾”的自我运行机制，进而有力地推动肉羊产业现代化进程。在具体实践中，应注意以下几个方面：

1. 肉羊产业化经营组织的发展要尊重农牧民的意愿　肉羊产业化经营不是对家庭经营的否定，而是对家庭经营的完善，是建立在家庭经营充分发展基础上的。因此，肉羊产业化经营组织的发展必须尊重农牧民的意愿，不能搞强迫命令。要在肉羊产业市场经济得到一定发展的基础上，农牧民产生了合作的需求，再通过引导帮助走向产业化经营。

2. 以市场需求为导向，加强龙头企业的建设，是保证肉羊产业化经营组织健康发展的重要措施 产业化经营本身就是在基于一定的资源优势条件下，随市场经济发展的一种组织经营模式。因而肉羊产业化经营必须充分考虑市场需求。同时，龙头企业作为产业化经营组织中的核心，其发展关系到整条产业链各利益方的收益。肉羊产业龙头企业产品的标准化、品牌化、生态化、优质化是肉羊产业化经营组织健康发展的重要措施，所以必须加强肉羊产业龙头企业的建设，保证其发挥应有的作用。

3. 肉羊产业化经营的稳定、健康、持续运转，必须依靠经济效益的实现和内部利益分配机制的健全 肉羊产业化经营组织经济效益的实现是其存在的前提，而经济效益的提高则是其发展的动力，也是检验其组合设计是否合理、经营活动是否正确有效的客观标准。在提高整体经济效益的同时，还须根据“风险共担、利益均沾”的原则，建立健全组织内各相关利益方的利益分配机制，充分调动各方积极性，从而使肉羊产业化经营组织具有足够的吸引力和活力，实现自身持续与稳定发展。

4. 应该允许不同的农业产化经营组织模式共同发展 由于各地肉羊产业发展水平不同、龙头企业的带动能力不同，因而出现了不同的肉羊产业化经营组织模式，他们在市场化和一体化等方面偏重有所不同，因而在生产效率、产品质量等方面会存在差异，这是肉羊产业经济发展的正常反应，不能强求一致。

［案例 7-1］ 种草涵养水土 养羊致富农民——关于贵州省晴隆县“晴隆模式”的调研

晴隆县地处贵州省西南部，是一个少数民族聚居的山区农业县，全县辖区面积 1 331 千米^2，辖 14 个乡镇、91 个村，居住着汉、布依、苗、仡佬等 13 个民族，总人口 30.6 万，其中农业人口占 92.48%，少数民族人口占 54.9%。这里人民生产生活条件恶劣，属于国家级贫困县。自 2001 年以来，在国务院扶贫办和贵州省等有关部门的大力支持下，晴隆县历届领导立足实际、因地制宜，充分认识到晴隆县石漠化问题严重、人均耕地面积少，从事种植业的基本条件差，但全县草地资源丰富，宜牧草地达 100 多万亩，具有发展草食性畜牧业的优势。他们积极探索、克服困难、总结经验，将种草涵养水土、养羊致富农民的草地生态畜牧业作为农业的主导产业，较好地破解了生态脆弱地区农村贫困与生态退化恶性循环的怪圈，充分体现了生态治理与扶贫开发、产业发展、农民增收的有机结合，被大家称为“晴隆模式”，并在贵州省得到了大范围推广。

一、“晴隆模式”的由来、基本内涵与绩效

1.“晴隆模式”的由来

晴隆县地处贵州西南部云贵高原中段，山高、坡陡、谷深，岩溶发育强烈，石漠化面积93.1万亩，75%的耕地呈条状形小块坡地。2000年，农民人均粮食335千克，人均收入1 156元，是当时贵州省最为贫困的县之一。在地表破碎、水土流失严重状态下，如何实现脱贫致富，成为历届县委、县政府思索最多的问题。晴隆县委、县政府通过深入调研论证得出结论：晴隆属雨热同步、温凉湿润的高原热带季风气候，适宜多种优质牧草生长，具有发展草食性畜牧业的优势。县委、县政府一方面迅速制定规划，并组建县草地畜牧发展中心；另一方面积极争取上级相关部门支持。2001年，经国务院扶贫办批准，贵州省扶贫办把晴隆县作为“扶贫开发与石漠化治理有机结合”的试点，开始以典型示范的模式实施草地生态畜牧业产业化扶贫项目，大力发展种草养羊。

10多年来，国务院扶贫办高度重视、大力支持，国务院扶贫办党组把晴隆作为联系点。贵州省扶贫办始终坚持把治理石漠化地区恶劣的生态环境与扶贫开发、种草养羊、科技扶贫有机地结合起来，以科技为支撑，项目为载体，扶贫开发为目的，农业产业化为方向，公司建基地带农户的做法，累计投入财政扶贫资金10 600万元，整合省直有关部门资金5 700多万元。贵州省黔西南州委、州政府，晴隆县委、县政府成立了晴隆县草地生态畜牧业领导小组，组建县草地畜牧业发展中心，组织发动群众，在25°坡耕地和石漠化严重的乡村种草养羊，使种草养羊走上了产业化发展的道路。

2.“晴隆模式”的基本内涵与绩效

“晴隆模式”是科学发展观的产物。中央和各级地方政府针对晴隆县的实际情况，通过国家和地方政府的项目支持，在石漠化山区水土流失严重的陡坡耕地退耕还草，在治理石漠化的同时发展草地生态畜牧业，使农户在石漠化治理中增加了收益，使当地的农业经济、生态环境和社会走上了可持续发展的道路。“晴隆模式”的基本内涵是石漠化治理与发展草地生态畜牧业相结合。

项目实施以来，晴隆县水土流失面积逐年减少，石漠化问题得到了一定程度的解决，生态治理效果显著。项目实行退耕还草，通过选择适宜优质牧草、多种牧草混播，科学管理、合理载畜，从而实现了保水、保土、保肥，人工草地四季常绿。全县种植人工牧草45万亩，改良草地21万亩。每年治理水土流失面积20千米^{2}左右，减少水土流失面积10千米^{2}左右。25°以上坡耕地每年每亩减少泥沙流失1 260千克，10°～25°坡耕地每年每亩减少泥沙流失686千克。人工草地土壤有机质含量每年增加2%，改良草地土壤有机质含量每年增加

1%。实施草地生态畜牧业产业化科技扶贫项目以来，经济社会效益明显，促进了农业产业合理化，全县畜牧业占农业总产值的比重由2001年的31%提高到2011年的63%。试点从2001年的1个村发展到2012年的96个村，14 800户，96 500人。羊存栏由2000年的2 600只增加到2012年的45万只，累计销售商品羊60万只，项目区农民人均年现金收入从2000年的630元增加到2012年的3 450元。此外，农户的劳动强度大幅度减轻，原来由3个强劳力干的农活，现在1个弱劳动力就可完成，在同一块土地上，现在的经济效益是原来的5倍左右。农民通过种草养羊不但增加了收入，而且掌握了牧草种植、饲养管理、市场营销等技术和知识，提高了自身的素质。

二、“晴隆模式”的发展模式

贵州省要求实施草地生态畜牧业产业化扶贫项目的各县组建事业与企业功能相结合的草地生态畜牧中心，作为为农户提供草畜生产产前、产中、产后服务的主体。晴隆县草地畜牧发展中心实行严格的事业单位企业管理考核制。中心的主要工作职责包括：一是草畜生产技术的引进试验及推广应用；二是向农户提供全面的生产服务，包括种畜供应、建舍规划等产前服务，种草、饲喂、防疫等产中配套技术服务和产品交易、屠宰、营销等产后服务，农户不出本金，只需拿出土地，进行种草、放牧、守牧等日常管理；三是建立示范基地，培育科技示范户和专业大户；四是培育基层经营管理人才和专业技术人才，农户必须接受3次以上的技术培训才能参加建设项目，保证发展一户、成功一户、见效一户，每家农户都与技术人员签订服务协议，指导和解决发展中存在的问题。在此基础上形成了5种模式。

1. 基地带动模式

晴隆县草地畜牧业发展中心作为良种繁育和示范学习基地，需要有一定规模的草场和荒山作支撑，需要占用部分农民承包的坡耕地及荒山。为了解决这个问题，中心采取了两种方式：一种是按国家政策规定，对农民的土地评定等级估价，农民以土地入股，参与草地的生产经营，按股分成；另一种是对农户的土地评定等级后，按面积一次性给予补偿。其中，对土地被占用60%以上的农户，优先培训和安排到基地管理草场和羊群，并根据管理效益兑现工资和奖励：每户管理50～70只母羊，羊羔成活率达到70%以上，每户每月领取300～500元的基础工资。在此基础上，每增加1只羊羔奖励100元，减少1只扣50元工资，农民得到了租金、工资、奖金3项收入。对占用土地不到60%的农户，通过农户间土地转让或在基地从事季节性劳务获得收入。有的农民经过中心培训掌握种草养畜技术后，还被派到其他基地作为技术员，月工资均在2 000

元以上。

2. 滚动发展模式

即“中心+养羊专业合作社+农户”模式。贵州省扶贫办以种草养羊科技扶贫波尔山羊项目资金支持晴隆。晴隆县草地畜牧业发展中心实施项目，扶贫部门牵头协调。中心用扶贫资金购买基础羊群，采取以羊投放形式，无偿向农户提供种公羊、基础母羊、草种，修建圈舍，并负责技术服务、销售；农民出土地、出劳力，自己建草场，在中心的指导下进行放牧、守牧和草地管理。增加的羊群按2∶8的比例分成（中心占2成，农户占8成），每年结算1次。当年不分成，第二、第三、第四年分成，待第五年农户自有羊达到50只或存栏年达90只时，中心根据农户脱贫情况，按原发放数量收回基础母羊群后，仍继续向农户提供种公羊和技术服务。中心把收回的20%的基础羊群发放给另外的贫困户饲养；通过这样滚动发展，一方面扩大了项目对贫困户的扶持面，农户不出资金就能获得基础羊群发展生产，收入稳定增长；另一方面中心也在没有增加其他投入的情况下，规模逐步扩大。同时，中心帮助实施项目的片区建立养羊专业合作社，养羊合作社设社长、副社长、片区负责人、会计、出纳7～9人，社长和副社长由农户选举产生。农民专业合作社上联中心，下联农户，主要负责协调解决农户之间的矛盾，协调搞好草场以及羊群的日常管理，并参与中心的销售，每销售1只羊，由中心提取4元，作为农民专业合作社的日常管理费。

3. 集体转产模式

即整村推进，彻底改变原有产业结构的形式。主要选择比较边远、贫困程度较深、基础设施薄弱，但土地面积较大、荒山较多的地区，引导农民由种植业转向养殖业，由农民向牧民转变。具体做法为：发动农民将土地全部拿出来，统一规划、统一种草、分片区管理、分户饲养、分户核算，进行规模化程度较高的养殖。中心长期派技术人员蹲点，负责提供草种、种羊、配套技术服务和商品羊的销售；农户负责种草、放牧、守牧，按中心的标准管理草地。在利益分配上，中心第一年不分成，收入全部归农户；第二年以后利润按2∶8的比例与农户分成；中心所得分成，又用于扶持其他农户。联合期根据农户的发展情况一般为3～5年。如江满村就是这种模式。2001年前，该村187户，有80%的农户靠卖血为生，农民人均纯收入不到600元。2002年实施种草养羊科技扶贫项目后，到2007年末，农民人均纯收入达到3 300元。

4. 小额信贷发展模式

主要是对具有一定生产经营能力和经济基础较好的农户，由中心向银行担保，为每户农户贷款1万～2万元发展种草养羊。中心负责技术培训、技术服务、商品羊销售等，防疫治病只收成本费，无偿提供种公羊，帮助农户选购基础母羊，协调解决发展中出现的问题，利润按1∶9的比例分成（中心占1成，农户占9成）。中心所得分成仍用于扶持其他农户。

5. 自我发展模式

以土地入股或被中心吸收的农户，再不断得到中心的培训和指导，经过3～5年的发展，对羊的饲养管理、疫病防治、草地管理都能熟练掌握，并有一定数量的自有羊群后，凡不想隶属于中心、要求自己饲养的农户，中心每年无偿负责春秋两季防疫疫苗注射，8个月更换1次种公羊，并负责商品羊的销售，提取农户利润的1成作为技术服务费，其余9成归农户。

三、“晴隆模式”的运行机制

1. 中心与农户利益联动机制

即中心将技术人员的工资、奖金、职称与工作目标完成情况及农户的经济效益情况挂钩，要求每个技术人员负责的示范基地及养殖农户要达到一定的标准，特别是承包片区内种草养羊农户每年的现金收入要在5000元以上，并建立了相应的奖惩制度，规范技术干部的服务目标和标准。

2. 扶贫资金效益扩大机制

即由政府和扶贫部门牵头协调有关部门整合资源。扶贫资金作为引导资金，作为一个黏合剂，引导更多的资金投入扶贫，整合各部门资金，本着统一规划、集中使用、渠道不乱、任务不变、各尽其职、各记其功的原则，使扶贫资金的效益发挥得更好；用扶贫资金购买基础羊群给贫困农民，增加羊群按比例分成。经过几年发展，再把基础羊群收回来循环利用，这不是一个简单的周转，它在周转过程中实现了扶贫资金使用的良性循环。

3. 为农民服务目标责任激励机制

晴隆草地畜牧发展中心作为事业单位，实行企业管理考核制。县政府对中心制订了量化考核办法，对中心技术干部实行目标量化考核，政府与中心负责人、中心负责人与技术干部、技术干部与农户分别签订了责任目标，并将技术干部工资与承包农户羊群增长数量、成活率、死亡率等指标挂钩，充分调动了技术人员、管理人员的积极性，使其尽力去为农民服务，给农户发展提供了保障。

4. 瞄准贫困群体机制

在产业扶贫工作中，扶贫资金垒大户的现象时有发生，而晴隆县在发展种草养羊中做到了统筹兼顾、机制灵活、区别对待，形成了一种瞄准贫困群体机制。例如，对贫困农民无偿提供基础羊群，无偿提供培训服务，降低收入分成比例，延长羊群的收回时间等，对经济条件较好的农户中心实行担保，发放小额贷款，使贫困户与非贫困户扶持标准有所区别，做到客观公正。

四、“晴隆模式”的深化与拓展

经过晴隆县干部和农民10余年的艰辛摸索与实践，“晴隆模式”较好地破解了生态脆弱地区农村贫困与生态退化恶性循环的怪圈，拉开了岩溶地区石漠化综合治理的序幕，充分体现了生态修复与扶贫开发、产业发展、农民增收的有机结合，引起社会各界的广泛关注，得到了中央政府、地方政府和社会各界的充分肯定。2007年1月，时任中央政治局常委、国家副主席的曾庆红在黔西南州视察期间，对“晴隆模式”给予了高度评价，称赞其“以种草来涵养水土、以养畜来增加农民收入的做法，既做到了合理开发，又实现了科学保护”。2008年5月全国人大常委会原委员长吴邦国考察晴隆草地畜牧业时说：“这是一个当代人挣钱、子孙后代享福的项目，对国家来说保护了生态，对农户来说脱贫，有一定的科技含量”。国务院扶贫办原主任范小建指出，“以晴隆县为代表的种草养畜产业化扶贫，坚持种草养羊与生态相结合，以科技扶贫为载体，形成政府主导，多方配合，龙头带动，合作社组织，公司建基地带农户的产业化扶贫模式，不仅大幅度增加了农民收入，并且较好地保护了生态，探索了双赢路子。”如今的晴隆，当你走进发展草地生态畜牧业的乡村，青青的牧草和成群的羊群就会映入你的眼帘，让你真切感受到调整农业产业结构、发展草地生态畜牧业让山区农民致富路子越走越宽阔，石漠化治理效果越来越明显。

但晴隆县人民并没有止步于已取得的成就，县委、县政府按照“政府推动，农户主动，市场拉动，科技带动”的思路和做法，不断深化和拓展“晴隆模式”，实现了养殖方式由单一散养转变为散养和舍饲养殖相结合，肉羊产权由农户部分拥有转变为全部拥有，管理方式由粗放式管理向规范化管理的3个转变。

1. 政府推动

2011年在“建设生态文明县”总体目标前提下，晴隆县委、县政府紧紧围绕抓好生态建设和促进农民增收的发展思路，拓展创新“晴隆模式”，结合晴隆县退耕还草、石漠化治理和坡耕地治理等项目的实施，大力推进种草养畜工作进程，搞好草畜配套，达到优化养殖结构、扩大养殖规模建设目标，推进全县生态畜牧业发展，真正把晴隆县建成贵州省草地畜牧业大县。县委、县政府提出了“1238”工程，即计划到2015年全县肉羊饲养量达到100万只，在全县发展2万户基本养羊户，每户发放30只基础母羊，并保证农户户均年收入在

8 000 元以上。一是组织推动。晴隆县成立了以县长为组长的草地畜牧业工作领导小组，乡镇、村也成立了相应机构。并在产业发展时间较长、基础较好的乡镇成立了养羊协会和产业支部。二是政策推动。对养羊农户按照标准修建羊舍并通过验收合格的，补助羊舍修建费用 4 000 元；协助养羊农户向信用联社贷款 3 万元用于购买基础母羊，政府贴息 2 年；对 2012 年实施退耕还草的农户，给予每亩 239 元的补助。并整合集团帮扶、“一事一议”财政奖补、水（电、路）配套等项目资源，大力发展水、电、路等基础配套设施。三是制度推动。建立草地畜牧业层层包保制度、发展风险金奖惩制度等，县级领导包保乡镇，县直部门包保村（社区），逐级签订责任状，实行同奖同罚，层层传递压力，层层激发动力。

2. 农户主动

农民种草养羊的积极性之所以大大提高，主要是以下几个方面原因：一是产权明晰。由县草地畜牧业发展中心与农户的“产权共享，利润分成”转变成由政府帮助农户贷款购羊、资助建舍和种草，实现农民拥有全部产权，让养羊户从原来为草地畜牧业发展中心养羊转变为自己养羊。二是效益明显。据测算，种草养羊与传统农作物种植相比具有较高的经济效益，与普通外出务工相比具有明显的社会效益，不仅便于照顾家庭，还能实现就近创业就业。三是风险降低。通过人才引进、技术培训和县、乡、村三级技术服务，养殖和防疫技术明显提高，加之目前市场稳定，需求量大，进一步坚定了农户的养殖决心。四是示范引导。通过示范户引导、大户带动，周边农户种草有目标、养羊有方向、发展有信心、效益有保障，许多农民，尤其是外出务工农民积极返乡参与到种草养羊的行列中来。例如，马场乡马场村主任黄东良家，在自己成功发展种草养羊的基础上，通过资金协助、技术指导、物资支持带动周边农户相继开展种草养羊，并取得了较好成效。

3. 市场拉动

晴隆县瞄准肉羊终端产品的生产来拉长产业链条，瞄准高端市场来提升种植养殖的标准化水平。一是建工厂，依托海权肉羊加工厂，为农户提供稳定市场，实现“种、养、加”一体化发展和“产、供、销”一条龙服务，使农户饲养的肉羊就地加工转化。二是建市场，积极筹建以活羊交易为主的大型牲畜市场，以大市场带动种草养羊的进一步发展。三是找市场，通过农户自主组建肉羊专业合作社、协会等，提高组织化水平，主动寻找市场信息、开拓市场、占有市场。全县现有岚雨、兴方等 15 个标准化农民专业养羊合作社。四是稳市场，通过延长产业链、增加产品的附加值，减少中间环节，以质量和价格占有市场、掌控市场，提高市场交易的主动权、定价权，增强抗御和防范市场风险能力。

4. 科技带动

一是强化培训指导。通过村（社区）远程教育平台、实地培训、专家讲座、实地参观等多种方式，在学校、田间、羊舍开设课堂，发放技术资料、实用光盘、挂历等，加强对农户种草养羊技术的培训。二是加强科技转化。在品种改良方面，为防止优良羊品种的退化，投资700多万元建立种羊胚胎移植中心，每年可以培育优质羊4 000只以上；在草种提升方面，探索引进并改良了皇竹草、紫花苜蓿等适合晴隆生长的优质牧草，加强对秸秆、沼气的综合利用，既提升了草地载畜量，也较好地改善了生态；在结构调整方面，改变单一散养和种羊权属不统一的做法，实现了多样化养殖、多种化经营。三是强化人才支撑。县里以草地畜牧发展中心和农业局的技术人员为主，乡镇以草畜方面的技术人员为主，村以示范户和技术农民为主，组建了500余人的三级技术服务队伍，并从高校引进3名硕士研究生到县草地畜牧业发展中心工作，确保随时做好技术服务指导，为草地生态畜牧业的发展提供更强有力的技术保障。

晴隆县喀斯特地区种草养羊效益显著，体现出了4个方面的生命力：一是科技含量高，经济效益好。为了提高畜牧业发展的科技含量和综合生产力，2001年以来，晴隆县把着力点主要放在引进消化吸收国内外优良牧草种植技术和先进繁育技术、饲养管理技术上，对人工草地实行统一草种、科学种植、规范管理，产草量高，四季常青。二是促进了农村就业结构和生产结构的有效调整。项目实施采取由公司向农户提供草种、肥料、基础羊群、种羊，配套技术服务和产品销售。农户出土地、放牧、守牧和日常管理，农民不出本金，无后顾之忧，参与积极性高。还安置了1.5万多农村劳动力就业。同时，农民通过种草养羊不仅增加了收入，还掌握了牧草种植、饲养管理、防病治病、市场营销等方面科技知识，培养了一批农民技术员、农村经纪人，造就了一批具有时代气息的新型农民。据不完全统计，该县仅自发和受聘到外地作为养羊技术员的农民就有138人，月薪在2 000元以上。三是促进了农民的稳定增收，加快了脱贫致富的步伐。全县农民人均纯收入11年来连续稳定增长，项目区的农民人均年现金收入3 300以上，很多外出打工人员回乡从事草地生态畜牧业的发展，项目的建设还帮助政府解决了很多移民问题，让他们能安居乐业。实践证明，草地生态畜牧业是构建和谐社会和新农村建设的基础。

第二节　肉羊规模经营

一、肉羊规模经营的含义与效应

（一）肉羊规模经营的含义

肉羊规模经营是指在一定的技术水平、固定资产、生产要素、环境承载力的限制条件下，适度扩大肉羊生产经营规模，使土地（草地）、资本、劳动力、饲草料等生产要素配置趋向合理，以实现一定时期内的最佳经济效益。简单来说，肉羊规模经营就是肉羊饲养规模扩大，使得生产要素配置更加合理，从而降低生产成本，提高经营效益。

（二）肉羊规模经营效应

1. 生产经营效应　肉羊规模经营在生产方面的效应表现在：①提高固定资产利用效率。适度扩大规模有助于提高自有固定资产利用效率。②有助于采用优良品种。规模较大的养羊场（户）通过采用优良肉羊品种，可以提高肉羊生长速度，缩短饲养周期，提高肉羊品质，并提高售卖价格。③有助于采用先进适用技术。经营规模较大的养羊场（户）更有动力采用先进适用的饲草种植与饲草料加工、混合日粮配制技术以及人工授精、同期发情等技术，从而提高肉羊养殖的经济效率。

肉羊规模经营在经营方面的效应表现在：①有助于降低生产资料采购成本。规模扩大时饲料需求增加，与饲料企业谈判的能力增强，有利于降低饲料价格，或者通过送货上门等服务，降低运输成本。②有助于批量出栏卖上更好的价钱。规模较大的养羊场（户）一次出栏的肉羊数量较大，并且在品种、品质、年龄等方面基本一致，是经销商或屠宰加工企业愿意采购的羊源，因此可以获得更高的价格支付。③有助于提高农副产品附加值。适度扩大肉羊规模，可以增加自有饲料资源利用率或者增加外购饲料，使得这些农副产品增值，同时肉羊生产的副产品，如羊粪也可以将其加工成产品出售或自用，使其增值。④有助于创新组织制度。经营规模扩大后，养羊场户开始注重内部的经营管理和外部与前向饲料企业、后向屠宰加工企业以及其他养羊场户的经济联系与合作。

肉羊规模经营在风险方面的效应表现在：①肉羊规模经营可能遭遇自然风

险。自然风险主要来自降水等气候因素、地质灾害、疫病等。自然风险主要体现在疫病防控和饲料供给变化带来的风险。一方面规模化养羊有利于疾病的群防群治，稳定的羊源供给有利于减少羊源大流动所产生的传染病隐患；另一方面饲养密度的增加使疾病防控面临巨大挑战，主要原因在于，一是舍饲的羊走动少、运动量小，抵抗疾病的能力变弱。二是羊场内（尤其是过于密闭的羊场）有害气体可能达到很高的浓度，使得通过呼吸道传播的疾病增加。三是传染性疾病传播速度加快。②肉羊规模经营还可能遭遇市场风险。主要是由于种羊、羔羊、饲草料等投入品和活羊价格波动所带来的风险增加。

2. 社会经济效应 肉羊规模经营在产品供给方面的社会经济效应表现在：①稳定供给效应。扩大规模带来专用性资产投资增加，抗风险能力增强，规模较大养羊户短期内难以转向其他行业，有助于克服小户饲养数量微小变化放大为总供应的大幅变化。②提升肉羊品质效应。基于利益刺激，规模较大的养羊场（户）有更高的积极性采用优良品种以提升产品价格，合理配制饲料以控制成本，有利于社会肉羊品质的提升。

肉羊规模经营在分工和专业化方面的社会效应表现在：①素质提高效应。肉羊适度规模经营有助于肉羊产业的社会化分工和专业化生产，进而提高生产经营者的劳动熟练程度和经营管理水平。②增加就业效应。肉羊经营规模扩大以后有助于提高农业劳动力的利用率，并且可以通过肉羊产业链的前后向延伸增加就业机会。

3. 生态环境效应 根据肉羊适度规模经营的定义，肉羊适度规模经营发展暗含着要在生态环境的承载力之上，或者不对环境造成破坏，也就是应该做到肉羊产业的经济、生态环境与社会的可持续发展。但许多较大规模养殖场做不到这一点，因而会造成生态环境的破坏。如牧区肉羊养殖规模过大，超载过牧，造成草原退化；较大规模的人、畜混居对人、畜都带来危害；规模较大养殖场堆积的粪尿不能及时处理，氮、磷等有机物大量集中流入局部环境，破坏了局部微生物群的平衡和生态环境。肉羊适度规模经营必须把生态环境作为一个重要的约束条件，做不到这一点就不叫适度规模经营。

二、影响肉羊规模经营的宏观与微观因素

（一）影响肉羊规模经营的宏观环境因素

肉羊规模经营不是孤立的生产过程，肉羊适度规模经营能否实现，与其所处的社会经济条件有着十分重要的关系。这主要表现在以下几个方面。

1. 相关生产要素的数量与质量 对于肉羊产业来说，生产要素可以分为传统生产要素（基本要素）和现代生产要素（高级要素）两大类。传统生产要素主要包括气候条件、地理位置、劳动力和土地、水利等自然资源。气候等自然因素可以通过以下几种方式影响肉羊生产：温度、降雨通过影响饲草料资源影响肉羊生产；自然灾害对肉羊生产直接或间接的影响；温度等影响肉羊生长性能和疫病发生等。在自给自足的自然经济条件下，肉羊生产的区域分布主要取决于饲养环境、饲料资源和养殖习惯等传统因素的影响。在市场经济条件下，肉羊生产更多体现的是自然再生产与经济再生产的有机结合，现代生产要素在肉羊生产中的作用越来越大。现代生产要素主要包括生产技术、人力资本、现代化农业基础设施及生产经营管理等。

要实现肉羊的规模经营一般选择以下条件。

（1）*选择饲草料资源丰富的地区* 肉羊是草食动物，散养肉羊平均每个羊单位需要消耗精饲料 59.62 千克，耗粮 42.01 千克，平均饲养 187.93 天，耗费牧草、农作物秸秆等青粗饲料 201.9 千克。育肥羊通常每天每只需干草约 1 千克或青贮饲料 3 千克。一个存栏 3 000 只育肥羊的羊场，每天需 3 吨干草或 9 吨青贮饲料。适度扩大规模以实现规模经营需要数量更大的饲草料资源，因此丰富的饲草料资源是肉羊产业发展的基础，更是肉羊规模经营的基础，而由于饲草料体积大、质量轻、价值低、单位运输成本高，因此要实行大规模肉羊饲养，应选择饲草料丰富的地区。

（2）*选择养羊劳动力丰富的地区* 养羊业是劳动密集型产业，在肉羊生产过程中需要投入大量的劳动力。劳动力的数量和质量对于肉羊生产来说都很重要，规模较大的肉羊饲养场对养羊劳动力的质量要求更高。每个饲养员技术水平高，承担的工作量大，工作做得好，就有利于经营规模的扩大；否则，就不利于扩大规模。由于肉羊饲养不仅需要饲养员按时按量给肉羊喂料，还需要饲养员观察肉羊的表现，以确定是否有羊生病等，羊生病发现得越早带来的损失越小，尤其是饲养繁育母羊时，需要给母羊接生和护理羔羊，这些都需要养羊经验。因此，选择有养羊传统的地区，就可以雇佣当地具有丰富养羊经验的劳动力，这有助于提高劳动生产效率，降低肉羊病死率，提高羔羊成活率，这些对肉羊规模经营都非常重要。

（3）*选择养羊基础设施比较好的地区* 养羊基础设施包括水、电、道路、土地等硬件设施，也包括信贷等软设施。良好的硬件设施可以降低个人或企业养羊的初期固定资产投资，也可以降低企业运营中运输成本和租地成本。肉羊生产规模扩大时，需要购买羔羊、种羊、饲草料、饲料收割加工运输机械和建设羊舍以及雇佣工人等，这些都需要资金。肉羊规模经营必须有一定的资金保证，信贷条件好能获得充足的资金来源，有利于促进规模扩大；信贷条件差，则不利于规模扩大，因此应充分了解信贷相关信息，信贷的额度、期限、条件、种类等，是否有针对肉羊养殖专门的信贷支持等都是肉羊养殖投资者需要考虑的问题。

2. 技术进步水平 农业技术进步是指在农业经济发展中，不断用生产效率更高的先进农业技术来代替生产效率低下的落后农业技术。农业技术进步包括农业生产技术措施的进步、农业生产条件的技术进步、农业管理技术的进步和农业生产劳动者与管理者的技术进步几个方面的内容。肉羊技术进步包括繁育、饲养、饲草料生产加工、育肥、羊舍建设和羊病防治以及经营管理与组织制度等方面的内容。技术进步可以通过不断为肉羊生产提供大量先进的各类饲料机械、运输工具、建筑设施等，来改善和提高现有生产技术装备水平，提高劳动生产率，降低生产经营成本，提高投入产出比率；技术进步也可以通过提高种羊的质量并降低市场价格，改进饲料配制技术，提高肉羊生长速度并改善羊肉品质，有效防控疫病等措施，使肉羊规模经营产生更高的效益。合作社和产业化经营等组织制度的创新，提高了养羊户的组织化程度，便于养羊户与相关龙头企业通过订单、合作以及一体化等方式，实现经济利益共享、风险共担。

3. 相关产业发展水平 肉羊生产是处在一个大的社会经济系统中，因而肉羊生产者要实现规模经营不是一个生产者可以单独完成的，还需要前向饲料产业和后向屠宰加工企业以及品种繁育、卫生防疫等相关服务支持部门都有一定的发展，这些相关辅助产业的发展水平对于肉羊规模经营具有决定性作用。如果一个地区拥有专门的肉羊工业饲料供给，那就有助于肉羊饲养经营规模的扩大；如果一个地区有较大规模和较高水平的肉羊屠宰加工企业，就有利于养羊场（户）就近销售，降低销售费用，并可以卖上好价钱；如果一个地区拥有培育的新品种和优选的杂交组合，在规模化的基础上就有利于实现标准化生产，生产出更高品质的羊肉，实现更高的规模经济效益；如果一个地区拥有很好的疫病防控、卫生检疫等公共服务，那就有利于降低规模经营的风险，并保障羊肉及其制品的质量安全。

4. 政府规制与支持力度 政府投资于育种、繁育、饲料、圈舍设计、育肥、防疫等相关技术的研发及其基础设施建设，提供这些在市场中供给不足的公共物品，对于肉羊规模经营发展具有积极影响。政府是否支持肉羊规模经营，如何支持肉羊规模经营，影响着资源的重新配置，会对养羊场（户）成本和收益产生重要影响。当地政府对肉羊养殖提供的公共物品越多、服务的质量越好、扶持力度越大，越有利于肉羊规模经营。同时，政府为了社会的整体利益，为了保护环境，会对区域布局和土地利用方式等做出整体规划，会对肉羊规模经营产生有利或不利的影响。

（二）影响肉羊规模经营的微观因素

1. 树立科学的生产经营观念 生产经营观念往往决定着养羊场（户）对生产经营活动的态度和出发点，对生产经营活动起着决定性作用。在市场经济体制下，肉羊规模经营在生产经营中应树立以下科学生产经营观念。

（1）*市场观念* 在现代市场经济条件下，养羊场（户）的生产经营活动主要是为买而卖，而不再是自给自足，因此其肉羊养殖应以市场需求为导向。在饲养之前就要弄清楚市场上需要什么、需要多少，以此决定饲养什么品种的羊、饲养到多大的羊、采取什么方式饲养以及饲养多少羊，这样才能够实现最佳规模经济效益。市场观念的核心，一是以市场需要为依据，即根据市场需要的品种、质量组织生产；二是以经济效益为根本，而不是以产量为出发点。这要求养羊场（户）不但要关注自己的成本与收益等，而且要关注上下游产业的发展，包括饲料、兽药、种羊、屠宰加工等环节，甚至包括消费者对羊肉消费的偏好等，这样才能适时调整肉羊饲养的品种、数量、生产周期等，通过内部的精准管理和外部的精明经营决策，来扩大规模经营效益。

（2）*竞争观念* 竞争是市场经济最典型的特征之一。封闭的生产经营思想必然会受到市场竞争的冲击，肉羊生产经营者只有提供质优的羊肉产品和完善的服务，在羊肉产品品种、质量、服务、价格等方面不断取得竞争优势，才能牢牢占领市场。如果生产经营者不适应竞争的要求，就必然要遭到市场的淘汰。肉羊生产经营者要适应市场竞争，并在市场上生存下来，就要不断地降低生产成本，提高产品质量，提供差异化的肉羊产品，以提高其市场竞争力。

（3）*信息观念* 在现代的网络经济中，物质流、能量流和信息流三流合一，并且信息流调整着物质流和能量流的方向、速度、效率，在现代肉羊产业发展中起到越来越重要的作用。对于肉羊规模经营来说，肉羊生产经营者要特别关注相关的经济信息和技术信息。经济信息包括价格信息、政策信息等，这些信息决定着肉羊生产经营的发展方向；技术信息包括育种繁殖、营养配制、养殖环境、疫病防控，这些信息决定着生产效率，是实现规模经营的基础性条件。但由于市场信息瞬息万变，因此肉羊生产经营者要特别注意市场信息的准确性。

（4）*法制观念* 市场经济是法制经济。肉羊规模经营应该树立良好的法治观念，即在饲草料生产配制中要合法，绝不添加违禁药品；在重大疫病防控中要守法，按规定程序防疫，对病死羊进行无害化处理；废弃物处理要合法，一定要进行无害化处理，努力做到不污染环境。树立法治观念，一是要善于利用法律来维护自己的合法权益不受侵害；二是要自觉遵守法律，在法律允许的范围内开展生产经营活动。

（5）信用观念　信用是市场经济的基石，是一种社会资本，是一笔无形的财富。但信用的维护却要付出成本，并且需要大家共同努力，才能够形成一个良好的信用社会。在肉羊规模经营中，大家不要因为短期利益或暂时困难而欺骗生产者或消费者，坚持以诚信取得用户的信任，注重与上下游企业形成长期稳定的合作关系，以获得规模经营的长期效益最大化。

2. 正确认识肉羊规模经营　实践中由于很多人对规模经营缺乏正确的认识，认为所谓的规模经营就是规模的无限扩大，从而导致政策误导，盲目扩大饲养规模，致使饲养规模过大带来雇工偷懒、农牧脱节、超出合理放牧半径和环境承载力等问题产生规模不经济。理解上的偏差不但没有提高生产效率和经营效益，而且造成了资源使用效率低下甚至浪费。因此，在肉羊规模经营的实践中，肉羊养殖者需要正确认识肉羊规模经营的科学内涵，重视肉羊规模扩大过程中生产要素优化配置、生产效率提高和经营效益的提升。发展在当时当地技术水平、固定资产、生产要素和环境承载力条件下的适度肉羊规模经营，使土地（草地）、资本、劳动力、饲草料等生产要素配置趋向合理，实现最佳经济效益。

3. 适度扩大规模

（1）饲草料投入　肉羊规模养殖必须考虑饲草料的供给问题。解决饲草料供给的途径有：①将原有的农作物秸秆和农副产品充分利用起来，并通过种植结构调整，增加饲草种植面积，提高饲草产量。②通过青贮技术提高饲草料利用率。③通过购买一些精饲料与自家的粗饲料搭配。④通过租种其他农牧户的耕地和草地。⑤根据肉羊的营养需要，科学制定与配制日粮。⑥购买饲草料，特别是全价饲料。

一般情况下，肉羊规模养殖都应该有农牧结合的思想，因为养殖规模受到种植业和草场的限制。在牧区，肉羊养殖规模受到自有草场数量和质量的限制，尤其不能超过草场的承载能力，否则会影响到可持续发展，而购买饲草养羊的成本将远高于天然放牧的成本；在农区，无论是承包草场、耕地来获得饲料，还是通过从农户手里购买饲草料，都会受到周边饲草料供给的限制，因为饲草料体积大、质量轻、价值低，如果远距离运输的话，单位运费过高，不划算，因此肉羊大规模养殖必须考虑饲草料供给的半径。

（2）资金投入　肉羊规模养殖的资金主要来源于以下几个方面：①养羊场（户）的自有资金。②政府的财政投入或补助。③银行、农村信用社等金融机构的贷款。④民间亲朋好友间借贷。

肉羊规模养殖往往会遇到自有资金不足的问题，需要通过借贷来满足资金需要。首先是积极争取政府的财政支持，其次是通过抵押或信用担保向金融机构借贷，再次是容易获得但利息很高的民间借贷，最后在购买饲草料时还可以考虑赊欠等办法。

（3）*劳动力投入* 肉羊规模养殖的劳动力主要来源于两个方面：①养羊户家庭中自有的劳动力，包括整劳动力、半劳动力和辅助劳动力。②雇佣劳动力，包括长期雇佣的劳动力和季节性短期雇佣的劳动力。

肉羊规模养殖使用劳动力的基本原则是：首先要充分使用自有劳动力，因为自有劳动力责任心最强、积极性最高、不需要监督和劳动计量，并且在家庭经营中总是存在着机会成本很低或机会成本为零的半劳动力或辅助劳动力。如果自有劳动力不足，可以考虑雇工，雇工首先要考虑饲养经验。其次要制定饲养责任制。

（4）*技术投入* 肉羊规模养殖的经验主要来源于以下几个方面：①祖辈们的经验传授与自己的经验积累。②从亲朋好友、周边养羊场户学到的经验和实用技术。③参加政府组织的养羊技术培训。④参加合作社，享受合作社提供的技术服务。⑤购买饲料企业的饲料、向屠宰加工企业销售活羊，并接受这些企业提供的技术服务与示范。⑥雇请专业技术人员提供专门的服务。总的原则是，肉羊规模养殖要特别注意自我经验的积累和从周边养羊户学习；积极参加政府组织的相关技术培训，通过看书、看报、上网、看电视主动学习相关知识；有条件的可以组建或参加养羊专业合作社，获得合作社的技术服务；通过先进生产要素的购买提高先进技术的运用水平；如果养殖规模足够大，就要聘用专门的畜牧师和兽医师，甚至与高等院校、科研院所就某些关键问题开展合作研究。

4. 强化经营管理 肉羊规模化养殖一定要实行企业化经营，要学会记账，并实行严格的成本收益核算。只有这样，才能够知道是否实现了规模经营。要学会对投入和产出进行技术经济分析，要懂得对各种生产要素的合理搭配，要学会对雇佣劳动力的科学管理，特别是要注重根据产品行情的变化来把握市场。没有科学的经营管理，就没有肉羊的规模经营。

5. 降低经营风险 肉羊规模经营不仅可以给肉羊生产者带来生产成本下降、收益提高的好处，同时也会带来经营风险的增大。首先是肉羊生产规模扩大所带来的以疫病为代表的自然风险增大。对此养羊场（户）要做好养殖场地规划、生产隔离，严格生产管理，严格疫病防控制度，在生产中密切关注肉羊的健康状况，及时发现病羊，并进行隔离处理。此外，也可以通过农业保险的办法降低疫病和自然灾害带来的损失。其次是肉羊养殖规模扩大也可能带来市场风险增大。羊肉等产品价格的剧烈波动、生产成本的上涨、重大疫病的暴发，都可能带来市场风险。对此应关注市场走向，特别是通过订单、产业组织等方式来降低可能出现的市场风险。

6. 保护环境 扩大肉羊养殖规模后，粪尿数量增加，生态环境负担加重。实行肉羊规模养殖，首先需要将养殖场与生活区域分开来，减少臭气、粪尿、滋生蚊蝇等对养羊户及周边农牧户健康的危害。养羊户可以将羊粪作为自家种植农作物的肥料，这样可以在减少环境污染的同时，提高农作物的产量。对于大型的养羊场和养羊企业可以考虑用羊粪发酵制成沼气，或者将羊粪生产加工成有机肥，这样在减少粪污污染的同时，还可以通过出售有机肥获得收益。

[案例 7-2]　产业联盟合作　规模经营共赢——关于内蒙古草原金峰畜牧集团有限公司的调查

内蒙古草原金峰畜牧集团有限公司位于赤峰市克什克腾旗，是一家以种羊培育、生产、推广、销售为核心业务，经营肉羊、羊毛、饲料生产，有机羊肉开发、屠宰、产品深加工及营销的大型羊业集团，是内蒙古自治区农牧业产业化重点龙头企业、国家扶贫龙头企业、内蒙古自治区重点种畜场、国家肉储备活畜储备基地与国家现代肉羊产业技术体系试验站。

一、公司发展历程与概况

内蒙古草原金峰畜牧集团有限公司（以下简称金峰公司）成立于 2005 年，其前身是 1993 年组建的中澳合资内蒙古畜牧有限公司，而中澳合资公司原是由 1958 年建立的国营赤峰市好鲁库种羊场转制而来的。

金峰公司属国有控股企业，注册资本 5 150 万元。其中，经济贸易局（代表克什克腾旗政府）以 52 万亩草场作价出资 2 630 万元，占总股本的 51.07%；其余 48.93%由集团公司董事长李瑞、总经理李学杰等自然人出资组成。公司下辖金峰种羊场和克什克腾旗胚胎移植中心两个自治区级重点种羊场。拥有草牧场 60 万亩，其中天然打草场 12 万亩，饲草料地 5 000 亩。种羊主要品种有德国肉用美利奴和澳洲美利奴羊、萨福克羊、陶赛特羊、乌珠穆沁羊以及新培育成功的新中国成立以来第一个草原肉羊新品种——昭乌达肉羊等。核心群种羊 10 000 只，育种协作户饲养纯种羊 4 万只，年可生产种羊 5 000 只、肥羔 2 万只、优质细毛 200 吨、优质饲草 1.5 万吨。另外，以金峰公司为龙头、以个体养羊户和养殖企业为基础联合组建了“金峰公司养羊联合体”（简称“羊联体”），发展会员 7 600 个，养殖草原型肉羊 35 万只。截至 2011 年末，企业总资产 6 612.34 万元，其中存货 1 587.24 万元，固定资产净值 1 846.89 万元，土地、草场价值 2 217.64 万元；企业总负债 849.73 万元，其中短期借款 780 万元，应付账款 66 万元；2012 年主营业务收入 2 615 万元，净利润 472 万元

（表 7-1）。

表 7-1　2010—2012 年金峰公司羊产业收入一览表　（只、万元）

年度	种公羊		种母羊		肉羊		羊毛		草牧场		收入合计	利润
	数量	金额	数量	金额	数量	金额	数量	金额	数量	金额		
2010 年	2200	440	4800	576	2200	154	80	224	—	220	1614	290
2011 年	2670	587	5110	767	2660	213	100	300	—	270	2137	396
2012 年	3100	682	6500	975	3100	248	110	330	—	380	2615	472

公司实行董事会领导下的总经理负责制，下设财务部、生产部、技术部、草原管理部、销售部、人事后勤部。现有职工 68 人，其中本科学历 5 人，大专学历 15 人，高中或中专以上 48 人，员工平均年龄 35 周岁。

公司董事长、法人代表李瑞，50 岁出头，本科毕业，高级畜牧兽医师。1983 年 8 月从赤峰市农牧学校毕业，分配到好鲁库种羊场工作。1993 年，被派驻中澳合资内蒙古金峰畜牧有限公司，作为中方高级管理人员之一，先后任分场经理、总场副场长、场长。1997 年好鲁库种羊场与克什克腾旗浩来呼热乡合并、转制撤销后，2002 年被选为公司所在地浩来呼热乡人大副主席，2006 年兼任浩来呼热办事处副主任。2005 年，旗政府主持对中澳合资内蒙古金峰畜牧有限公司改组，李瑞等原种羊场管理人员响应鼓励副科级以上领导干部兴办企业的号召，主动转任非领导职务或者离岗，组建了内蒙古草原金峰畜牧集团有限公司，由李瑞出任董事长。他曾先后获得赤峰市政府二等奖、赤峰科委成果奖、内蒙古科技成果奖、内蒙古农牧业丰收一等奖、辽宁省科技进步一等奖、农业部农牧业丰收一等奖等奖项。

二、公司经营创新的主要做法

1. 推行草畜双承包，夯实微观产业组织基础，促进可持续发展

由于草原畜牧业的特性，畜牧生产组织内部劳动质量难以计量、劳动监督困难，决定了纵向一体化的企业规模不可能很大。1993 年，在中澳合资内蒙古畜牧有限公司组建初期，外方聘请的经理实行的是工厂化的管理，员工按月发工资，工作量由经理统一安排，工资与工作绩效不挂钩，缺乏有效的激励机制，形成一个“大锅饭”。而当时公司以外已经普遍实行牲畜承包到户制度，所以合资公司连年亏损，到 1998 年实际已经资不抵债。1999 年，李瑞出任总经理之后对企业内部管理进行了改革。其中重要的一项是实行大包干，把种羊承包到户，饲养成本和收益都归牧户，公司回收羊羔，激发了员工的生产积极性，从

而确保了羔羊的体重和质量。公司与员工关系的市场化，以及实行以销定产，使得公司2年就扭亏为盈。到2004年，当时公司所在乡的广大草场还没有分到户使用，为了防止养牧大户挤占公司草场，公司又进一步把所有草场有偿承包到户，企业与员工牧户的关系进一步市场化。草原划分到户，不仅降低了监管成本，草场承包费还能弥补企业生产种羊的饲草料费用。公司实际上在当地率先探索并实践了草畜双承包制度，到2008年，当地草场才普遍分到户使用。推行草畜双承包降低了原来企业内部的管理成本，由于家庭承包经营所提供的隐形激励机制，以及在决策和行动上的灵活性，极大地调动了牧民的生产积极性，夯实了产业发展的微观组织基础。产业的发展也为企业的发展壮大提供了条件。公司草原承包到户，以及伴随草地流转所带来的土地整合效应，使得公司范围内牧户的经营规模普遍比附近牧户大。根据对63户牧户的问卷调查，当地人均草原面积205亩，而公司育种协作户人均草原面积达920亩，户均少则几千亩，多则上万亩，不仅形成了规模经营，增加了养牧收入，还减轻了人均草原面积小导致的草原超载过牧，促进了经济、社会、生态可持续发展。

2. 创办养羊联合体，建立利益联结带动牧民，规模经营共赢

金峰公司与牧户建立利益联结，创办了“金峰公司养羊联合体”，形成了公司加农户的产业化发展模式。具体运作方式是养殖户采购金峰种羊后即与公司签订相关技术服务合同和产品回收合同，公司为养殖户建立档案，实行跟踪管理，在一个生产周期结束时，金峰公司组织技术人员深入养殖户进行产品鉴定、回收。金峰公司把完全使用公司提供的种公羊和种母羊的牧户定为A级会员户，把使用公司种公羊对自家母羊进行改良的牧户定为B级会员户，目前已发展A级会员户1060户，B级会员户6100户。羊联体联结企业和农牧户的作用体现在：企业为广大农牧民提供质优价廉、适销对路的良种，带动牧民接入市场，并提供品种、饲料、资金、技术等全方位的保障和服务，牧民养羊不犯愁。公司以种羊价格回购牧民养的羊，每千克比以肉羊出售的价格高出0.5元钱，既带动增收，也促进牧民多养精养，推动了规模化养殖和科学管理。2011年，金峰公司提供特级配种公羊、人工授精母羊2万只，带动克什克腾旗改良绵羊近30万只。根据对63户牧户的问卷调查，牧民把羊卖给公司，羔羊平均每只811元，比卖给羊贩子或自己到市场出售平均每只高46元，大羊平均每只1002元，高出183元。而牧户与公司合作养羊，一方面为金峰公司开辟了种羊、饲料销售市场，另一方面相比公司自己生产，牧户为公司垫付了生产资金，公司不仅节约了成本，还可以根据市场情况灵活扩大或收缩经营规模，把市场风险降到最低，并且在市场形势好的情况下，草原金峰这种公司加农户的模式是多赢的。2012年，金峰公司在政府的支持下投资建设了区域性活畜及农畜产品交

易市场，设计肉羊年交易量40万只，肉羊市场将进一步打开。

3. 领办养羊合作社，引导牧民组织化与企业稳定合作、良性竞争

家庭承包经营生产分散、产业化组织程度低，企业与众多分散的农牧户打交道交易成本高，而且易出现产业链利益分配不均、农民利益受损等问题。为了进一步稳定与牧民的合作关系，降低交易成本，金峰公司在羊联体之下领办了昭乌达肉羊合作社。合作社2007年10月成立，注册资本1352.4万元，在册社员160个，金峰公司与另一家羊企是其单位社员。在养殖过程中，企业、合作社为农牧户提供技术服务，并以种羊租赁、饲草料供应等形式为有需要的牧户垫付一部分生产资金，产品则由合作社统一回收。2012年，仅从合作社销售的种羊就达5000余只，相比牧民销售肉羊，育成羊每只增值100元，羔羊每只增值80元，合计带动牧民养羊增值42万余元。由于合作社与企业在种羊销售上分享订单，互济余缺，企业单独销售种羊带动牧民增收的部分还没有计入。合作社将回收的羔羊，大部分又转包给短期难以扩大畜群的牧户育成，增加的重量给予每千克4元的报酬，从而帮助牧民快速积累生产资本。牧民通过合作社饲养、销售种羊，养得越多赚得越多，刺激了社员及非社员扩大养殖规模、发展规模经营，目前共带动农牧民1000多户。此外，昭乌达肉羊合作社还发挥了部分股份制的作用。社员在合作社都有从几千到数万不等的股份，合作社扣除公积金之后的利润按股分红，社员每年能得到股本20%左右的分红。根据我们的问卷调查，社员对合作社满意及非常满意的占78%，不满意及很不满意的仅占6%。两个成员企业除了与合作社分享订单，还把一部分自有贷款无偿借给合作社使用，解决了合作社发展中的流动资金困难以及融资瓶颈问题。合作社与企业在种羊销售上也存在竞争，适度的竞争保证了羊联体在供种价格上的竞争力，促进了生产效率的提高，从而有利于合作共赢的持续。

4. 组织产业创新联盟，合作推动技术创新，扩大效益空间

技术创新是草原畜牧业发展的内生动力，也是企业效益的来源。向现代草原畜牧业转型须从畜牧良种化、饲养科学化、生产组织化和经营产业化几个方面发展。金峰公司参与了新中国成立以来内蒙古自治区第一个草原型肉羊品种——昭乌达肉羊的选育，该品种于2012年通过农业部审定验收。公司借助羊联体模式进行推广，带动牧民养殖良种肉羊35万余只，并注册了专有的昭乌达有机羊肉品牌，2012年生产销售有机羊肉110吨，市场价格85元/千克，实现销售收入逾1000万元。目前公司已在克什克腾旗设有专门店，在呼和浩特市、通辽市、大连市建有直营店，并与农夫网合作开辟网店，引入电子商务模式进行营销。公司还研发了多项技术专利，比如“机械化剪毛、羊毛分级配套技术”，是国内最早完全实行机械剪毛的企业，羊毛当期拍卖价格比当地市场价

格高 2 000～3 000 元/吨，2012 年销售羊毛 300 吨，销售收入逾 1 000 万元。2010 年，金峰公司牵头联合华中农业大学等国内高校、中国农业科学院饲料研究所等科研院所和部分企业共 20 家单位，成立了“肉羊产业技术创新战略联盟”。联盟以龙头企业为基础，以市场为导向，以科研机构为支撑，有效整合资金、技术、智力和社会资源，着力构建肉羊产业技术创新链。拟继续在羊的高频繁殖、分子育种、生殖保健、超早期断奶和强化育肥、羊产品精深加工、冷鲜储运、质量安全控制、主要传染病综合防控、粪便无害化处理利用、饲草料加工配比、标准化羊舍建造与环境调控以及有机羊规范化生产模式等核心技术环节取得突破，扩大企业效益空间，进而促进肉羊产业科技贡献率和综合生产能力提升。

5. 争取政策支持，积极融入并引领产业转型升级

金峰公司的发展离不开政府产业及相关政策的支持。自公司成立以来，一直积极参与融入政府引导的产业规划和转型升级进程，包括国家现代肉羊产业技术体系、农业部农业综合开发种源基地建设、科技部星火计划和科技推广示范财政专项等，2010—2012 年共争取项目资金 950 万元。在享受政府扶持政策带来好处的同时，公司也主动承担起企业的社会责任。1997 年原国营好鲁库种羊场与浩来呼热乡合并、转制撤销之后，作为中方在中澳合资企业的高层管理人员，李瑞一度在该乡重要岗位任职，肩负起对口的产业化、种畜改良和扶贫等工作任务，并得到了政府和社会的广泛认可。2008 年他当选为旗人大代表并被选为常委会委员。公司成为内蒙古自治区农牧业产业化重点龙头企业、内蒙古自治区重点种畜场、国家肉储备活畜储备基地、国家扶贫龙头企业、国家现代肉羊产业技术体系试验站等。公司另几位管理层人员曾有在基层政府任职的类似经历，为企业积累了宝贵的社会资本，对企业处理好与当地政府的关系、有效动员农牧民合作起到了重要作用。

三、公司未来展望

我国草原畜牧业正处在向现代畜牧业转型的关键时期，草原肉羊生产日益受资源环境约束，依靠天然草场放牧养畜已经基本饱和。随着工业化、城镇化的发展，草原资源和环境承受的压力会更大。为了实现草原牧区可持续发展，国家确定了草原保护建设工作“生产生态有机结合、生态优先”的基本方针，牧区各地积极推行禁牧草畜平衡制度。在这种背景下，草原肉羊产业要发展必须转变生产方式，走生产、生活、生态和谐的质量效益型发展道路。金峰公司也有针对性地已经进行或者正在筹划转型布局。

1. 加强科技自主创新，走有机、安全、特色羊肉品牌道路

在公司现有的4个专门化肉羊品种中，生产基础最强的是昭乌达肉羊。昭乌达肉羊具有体大、生长发育快、屠宰率高、适应性强等优点，但繁殖率不够高是该品种的缺点。近2～3年，公司借助肉羊产业技术体系及肉羊产业创新战略联盟的科技创新平台，在昭乌达肉羊的高频繁殖、羔羊早期断奶、母羊两年三产等关键技术方面进行攻关，使该品种更具产业化、商业化的特点，进一步扩大其养殖效益空间。并在营销过程中突出昭乌达肉羊草原放牧质量安全属性，主打有机羊肉品牌，抢占国内高端羊肉市场，以实现产品增值。如果这条质量效益型发展道路走通，既能增加企业利润，还能带动牧民养羊增收，也会减轻草原超载过牧压力，最终实现草原肉羊产业以及牧区社会、生态的可持续发展。

2. 培育联合新型经营主体，建立标准化规模养殖模式，推进适度规模经营和标准化生产

加快培育家庭牧场、合作社等新型经营主体，是提升产业经营管理水平、推广先进适用技术、改善饲养条件，从而促进天然放牧向舍饲、半舍饲转变的可能路径。通过复制扩张“羊联体”，公司力争在未来5年内发展会员1万户，总户数达到1.7万户，把辐射范围从克什克腾旗扩展到赤峰市、锡林郭勒盟等肉羊主产区，引导带动农牧民转变生产方式。并投资建设10个标准化规模养殖场，创建草原肉羊标准化生态养殖新模式，建立肉羊产业技术标准和质量管理体系，示范推进标准化生产和适度规模经营。规划达产后，企业将增加出栏公羊5 000只，达到1.1万只，增加出栏母羊2万只，达到4万只，增加有机羊出栏2.5万只，达到3.5万只。

3. 建设万吨饲料加工厂，改造有机羊屠宰生产线，实现全产业链增值

公司将投资1 500万元建设万吨级饲料加工厂。除此以外，还将把公司业务从产业链的前端延伸到中后端，投资1 500万元改造有机羊屠宰生产线，进行产品精深加工，研发时尚健康的高端产品，从而实现全产业链增值。

第八章

肉羊养殖经济核算与项目投资评估

阅读提示：

肉羊生产实行经济核算是市场经济发展的根本要求，企业和养羊户只有对生产经营过程中所发生的一切活劳动消耗和物化劳动消耗以及一切经营成果进行记载、计算、考查和对比分析，才能够优化配置各种生产要素，提高肉羊生产的经济效益，最终实现利润最大化。肉羊养殖在经营规模扩大过程中会遇到项目投资评估问题，肉羊项目投资评估要建立在科学化的基础上，通过对所投资的肉羊项目进行技术、经济和社会等全方位的分析，采用科学的方法对肉羊项目进行综合评价，判断肉羊项目投资在现实中的可行性、技术上的科学性、经济上的可盈利性、社会效益的综合性以及生态意义上的可持续性。

第一节　肉羊养殖经济核算

一、肉羊养殖经济核算的含义与作用

（一）肉羊养殖经济核算的含义

肉羊养殖经济核算是对企业和养羊户在肉羊生产经营过程中所发生的一切活劳动消耗和物化劳动消耗以及一切经营成果进行记载、计算、考查和对比分析的一种经济管理方法。

（二）肉羊养殖经济核算的作用

经济核算是商品生产的客观要求。肉羊生产者只有根据市场的需求，生产适销对路的肉羊产品，并通过严格的经济核算，优化配置各种生产要素，提高肉羊生产的经济效益，最终才能实现利润最大化，才能推动肉羊产业的发展。因此，加强肉羊养殖经济核算具有十分重要的作用。

第一，实行经济核算有利于养羊场（户）提高管理水平，它能使养羊场（户）自觉地认识和运用价格、成本、利润等经济手段进行企业管理，调动人们的生产积极性，使生产经营者从切身的物质利益上关心企业经营状况，努力降低生产消耗，从而使养羊场（户）改善经营管理，提高经济效益。

第二，实行经济核算有利于养羊场户运用和学习科学技术，通过经济核算可以不断发现养羊场户在生产经营中的薄弱环节，分析消耗高、产出低、质量差的关键问题，学习和运用先进的科学技术，把科学技术直接转变为生产力，从而达到低耗、高产、优质、高效的目的。

二、经济核算方法

常用的经济核算方法有统计核算、业务核算和会计核算，每种核算方法各有其特点和范围，并在核算中互相补充构成一个统一的核算体系。

（一）统计核算

统计核算就是通过对企业的生产经营活动所产生的数据资料，进行整理归纳，运用综合统计指标，从质和量的联系中研究、分析、揭示事物发展变化的数量表现及规律。通过统计核算可以监测肉羊生产经营活动运行状况、计划完成程度及存在问题，起到预警与监督作用。统计核算的特点是：运用不同的调查方式（统计报表、普查、抽样调查、重点调查和典型调查等），获得重要的数量和质量指标（产品产量与质量、设备利用情况、企业发展速度与增长速度等）。

（二）业务核算

业务核算也叫业务技术核算。指运用个别业务资料发生的情况，从技术角度来观察和反映肉羊养殖企业经济活动的一种核算方法。主要包括供应阶段业务核算、生产阶段业务核算和销售阶段业务核算。

供应阶段，企业的主要业务是用货币资金购买饲料等材料，支付饲料等材料的买价和采购费用，并验收饲料等材料入库等。与此相关的业务还包括材料的分类与计价及制定材料储备定额等。

生产阶段，劳动者要借助于劳动资料对劳动对象进行加工，创造出适合社会需要的产品。因此，在生产阶段业务核算的主要内容是有关劳动投入、劳动对象，如饲料的消耗和产品产出的记录和核算。与此相关的业务还包括材料消耗与工时定额的核算等。

销售阶段，一方面要向购货单位发出活羊或提供劳务，另一方面要按照销售价格与购货单位办理款项结算，以实现其销售收入。

（三）会计核算

会计核算指将企业日常大量的经济业务加以记录、分类、汇总，形成反映其经营成果与财务状况报表的过程。通过会计核算，可以反映资金来源和运用、资金消耗、费用与成本、收入、盈亏等水平，全面分析生产经营活动及其成果。会计核算在3种核算方法中居于首位。

会计核算的主要内容包括设置与运用账户、复制记账、填制和审核凭证、登记账簿、成本计算、财产清查、编制会计报表等。

目前，农业企业执行的会计相关的法律法规主要包括《中华人民共和国会计法》《企业财务会计报告条例》《企业会计制度》和2004年财政部针对农业企业实际情况制定和印发的《农业企业会计核算办法——生物资产和农产品》和《农业企业会计核算办法——社会性收支》等。1993年颁布的《农业企业会计制度》已不再执行。适用于合作社会计核算的是2008年开始施行的《农民专业合作社财务会计制度（试行）》。

三、企业经济核算

企业的经济核算，包括基本建设中的经济核算和经营活动中的经济核算。这里主要介绍经济活动中的经济核算。具体包括：资产的核算、成本和费用的核算以及营业收入、利润及其分配的核算等内容。

（一）资产核算

资产，是指过去的交易、事项形成并由企业拥有或者控制的资源，该资源预期会给企业带来经济利益。企业的资产一般分为固定资产、流动资产、无形资产和生物资产等。

1. 固定资产 固定资产是指企业使用期限超过 1 年的房屋、建筑物、机器、机械、运输工具以及其他与生产、经营有关的设备、器具、工具等。不属于生产经营主要设备的物品，单位价值在 2 000 元以上，并且使用年限超过 2 年的，也应当作为固定资产。

企业应当根据固定资产定义，结合本企业的具体情况，制定适合于本企业的固定资产目录、分类方法、每类或每项固定资产的折旧年限、折旧方法，作为进行固定资产核算的依据。

（1）固定资产折旧 虽然企业的固定资产长时间地参与生产活动，且不改变其实物形态，但却会不断地发生损耗，功能减退直至消逝。折旧即是固定资产在生产经营过程中由于损耗而减少的价值。按照权责发生制原则将这部分价值以计提折旧费的形式，计入相应的产品成本或期间费用中。由此，一方面可以使固定资产在报废时有能力重置，以维持简单再生产；另一方面可以使企业各期收入与费用正确配比，以算出正确的成本收益比率。

固定资产折旧可以理解为在固定资产使用过程中，由于损耗而逐渐转移到产品中去的那部分价值。其损耗可以分为有形损耗和无形损耗两种，有形损耗指固定资产在使用过程中由于使用和自然力的作用而引起使用价值和价值的损耗，无形损耗指由于科学技术进步和劳动生产率的提高而引起固定资产在价值上的贬值。

固定资产折旧的范围：应当计提折旧的固定资产包括房屋和建筑物；在用的机器设备、仪器仪表、运输工具、工具器具；季节性停用、大修理停用的固定资产；融资租入和以经营方式租出的固定资产。不计提折旧的固定资产包括：房屋、建筑物以外的未使用、不需用固定资产；以经营租赁方式租入的固定资产；已提足折旧继续使用的固定资产；按规定单独估价作为固定资产入账的土地。

企业应当根据固定资产的性质和消耗方式，合理地确定固定资产的预计使用年限和预计净残值，并根据科技发展、环境及其他因素，选择合理的固定资产折旧方法。固定资产折旧方法可以采用年限平均法、工作量法、年数总和法、双倍余额递减法等。企业一般应按月提取折旧，当月增加的固定资产，当月不提折旧，从下月起计提折旧；当月减少的固定资产，当月照提折旧，从下月起不提折旧。固定资产提足折旧后，无论是否继续使用，均不再提取折旧；提前报废的固定资产，也不补提折旧。常用的折旧方法的折旧率和折旧额计算方法如下：

年限平均法：指按照固定资产的使用年限平均计算固定资产折旧。

$$年折旧率=\frac{(1-预计净残值率)}{预计折旧年限}\times 100\%$$

$$月折旧率=\frac{年折旧率}{12}$$

$$月折旧额=固定资产原值\times 月折旧率$$

工作量法：是以固定资产折旧年限之内可能提供的工作数量为标准来计算折旧的方法。适用于一些价值很大，而又不经常使用的大型设备，以及汽车等运输设备。这里的工作量指机车或机器设备的行驶里程和工作小时等。

$$单位工作量折旧额=\frac{固定资产原值\times(1-预计净残值率)}{预计总工作量}$$

$$月折旧额=月份内完成工作量\times 单位工作量折旧额$$

年数总和法：是一种变率递减法。它采用每年年初尚未折旧的年限数作分子，以折旧年限各年次的序数之和作分母计算各年的折旧率。

$$年折旧率=\frac{折旧年限-已使用年限}{折旧年限\times(折旧年限+1)\div 2}\times 100\%$$

$$月折旧额=\frac{固定资产原值-预计净残值}{12}\times 年折旧率$$

双倍余额递减法：不考虑固定资产残值，用固定的折旧率与期初固定资产净值相乘来计算各期应计提折旧额，使用的折旧率等于年限平均法折旧率的2倍。

$$年折旧率=\frac{2}{预计折旧年限}\times 100\%$$

$$\text{月折旧额}=\text{固定资产期初账面净值}\times\frac{\text{年折旧率}}{12}$$

固定资产期初账面净值＝固定资产原值－累计折旧－固定资产减值准备

采用这种方法计算折旧时未考虑净残值的影响，但在客观上固定资产通常是有净残值的。折旧到最后 1 年，固定资产账面净值与其净残值很可能不相等。为使二者相等，就必须调整最后 2 年的应计折旧额。实行双倍余额递减法的固定资产，应在其折旧年限到期前 2 年内，将固定资产净值扣除预计净残值后的净额平均摊销。

(2) 固定资产盘盈与盘亏　企业的固定资产，由于种种原因，会发生账实不符的情况。为了做到账实相符和保护固定资产的安全，企业应当定期或不定期地对固定资产进行清查盘点。

《企业会计制度》规定，企业对固定资产应当定期或者至少每年实地盘点 1 次。对盘盈、盘亏、毁损的固定资产，应当查明原因，写出书面报告，并根据企业的管理权限，经股东大会或董事会，或经理（厂长）会议或类似机构批准后，在期末结账前处理完毕。盘盈的固定资产，计入当期营业外收入；盘亏或毁损的固定资产，在减去过失人或者保险公司等赔款和残料价值之后，计入当期营业外支出。盘盈的固定资产，按同类或类似固定资产的市场价格，减去按该项资产的新旧程度估计的价值损耗后的余额，作为入账价值。此处盘亏、盘盈按照固定资产的公允价值来计量。

公允价值，是指市场参与者在计量日发生的有序交易中，出售一项资产所能收到或者转移一项负债所需支付的价格。有序交易，是指在计量日前一段时期内相关资产或负债具有惯常市场活动的交易。清算等被迫交易不属于有序交易。企业以公允价值计量相关资产或负债，应当假定出售资产或者转移负债的有序交易在相关资产或负债的主要市场进行。不存在主要市场的，企业应当假定该交易在相关资产或负债的最有利市场进行。主要市场，是指相关资产或负债交易量最大和交易活跃程度最高的市场。最有利市场，是指在考虑交易费用和运输费用后，能够以最高金额出售相关资产或者以最低金额转移相关负债的市场。

企业以公允价值计量相关资产或负债，使用的估值技术主要包括市场法、收益法和成本法。市场法，是利用相同或类似的资产、负债或资产和负债组合的价格以及其他相关市场交易信息进行估值的技术。收益法，是将未来金额转换成单一现值的估值技术。成本法，是反映当前要求重置相关资产服务能力所需金额（通常指现行重置成本）的估值技术。企业应当使用与其中一种或多种估值技术相一致的方法计量公允价值。企业使用多种估值技术计量公允价值的，应当考虑各估值结果的合理性，选取在当前情况下最能代表公允价值的金额作为公允价值。

2. 流动资产 流动资产是指可以在1年或者超过1年的一个营业周期内变现或耗用的资产，主要包括现金、银行存款、短期投资、应收及预付款项、待摊费用、存货等。它的特点是：只参加一次生产过程就被消耗，在生产过程中完全改变了原来的物质形态；一般把全部价值一次转入新的产品成本中去。

企业应当设置现金和银行存款日记账。按照业务发生顺序逐日逐笔登记。银行存款应按银行和其他金融机构的名称和存款种类进行明细核算。

应收及预付款项，是指企业在日常生产经营过程中发生的各项债权，包括：应收款项（包括应收票据、应收账款、其他应收款）和预付账款等。应收及预付款项应当按照以下原则核算：应收及预付款项应当按照实际发生额记账，并按照往来户名等设置明细账，进行明细核算；带息的应收款项，应于期末按照本金（或票面价值）与确定的利率计算的金额，增加其账面余额，并确认为利息收入，计入当期损益；到期不能收回的应收票据，应按其账面余额转入应收账款，并不再计提利息。企业应于期末时对应收款项（不包括应收票据）计提坏账准备。

待摊费用，是指企业已经支出，但应当由本期和以后各期分别负担的、分摊期在1年以内（含1年）的各项费用，如低值易耗品摊销、预付保险费、一次性购买印花税票和一次性购买印花税税额较大需分摊的数额等。待摊费用应按其受益期限在1年内分期平均摊销，计入成本、费用。如果某项待摊费用已经不能使企业受益，应当将其摊余价值一次全部转入当期成本、费用，不得再留待以后期间摊销。

存货，是指企业在日常生产经营过程中持有以备出售，或者仍然处于生产过程，或者在生产或提供劳务过程中将消耗的材料或物料等，包括各种原材料、农用材料（种子、饲料、肥料及农药等）、低值易耗品、在产品、幼畜和育肥畜、产成品等。存货在取得时，应按实际成本计价。存货应当定期盘点，每年至少盘点1次。盘点结果如果与账面记录不符，应于期末前查明原因，并根据企业的管理权限，经股东大会或董事会，或经理（厂长）会议或类似机构批准后，在期末结账前处理完毕。盘盈的存货，应冲减当期的管理费用；盘亏的存货，在减去过失人或者保险公司等赔款和残料价值之后，计入当期管理费用，属于非常损失的，计入营业外支出。

3. 无形资产 无形资产是指企业为生产商品或者提供劳务、出租给他人，或为管理目的而持有的、没有实物形态的非货币供长期资产。无形资产分为可辨认无形资产和不可辨认无形资产。可辨认无形资产包括专利权、非专利技术、商标权、著作权、土地使用权等；不可辨认无形资产是指商誉。企业的无形资产在取得时，应按实际成本计量。

无形资产应当自取得当月起在预计使用年限内分期平均摊销，计入损益。如预计使用年限超过了相关合同规定的受益年限或法律规定的有效年限，该无形资产的摊销年限按如下原则确定：合同规定受益年限但法律没有规定有效年限的，摊销年限不应超过合同规定的受益年限；合同没有规定受益年限但法律规定有效年限的，摊销年限不应超过法律规定的有效年限；合同规定了受益年限，法律也规定了有效年限的，摊销年限不应超过受益年限和有效年限两者之中较短者；如果合同没有规定受益年限，法律也没有规定有效年限的，摊销年限不应超过 10 年。

4. 生物资产 生物资产是指农业活动所涉及的活的动物或植物。

生物资产应分为消耗性生物资产和生产性生物资产。消耗性生物资产是指将收获为农产品或为出售而持有的生物资产，如存栏待售的育肥羔羊。生产性生物资产是指消耗性生物资产以外的生物资产，如繁殖母羊和种公羊。生产性生物资产应进一步划分为成熟生产性生物资产和未成熟生产性生物资产。成熟生产性生物资产是指那些进入正常生产期，可以多年连续收获产品或连续提供劳务（服务）的生产性生物资产。

对于同时具有生产性和消耗性特点的生物资产，企业应根据生产经营的主要目的将其划分为生产性生物资产或消耗性生物资产进行核算和管理；对于暂时无法区分生产性和消耗性特点的生物资产，企业应作为消耗性生物资产进行核算和管理，待能够明确确定为生产性生物资产或消耗性生物资产时，再将生产性生物资产转出，单独进行核算和管理。

企业应分别核算生产性生物资产和消耗性生物资产。生物资产的初始计量应当按实际成本入账。自繁的幼畜成龄转为产畜或役畜，按成龄时的账面价值，作为实际成本；产畜或役畜淘汰转为育肥畜，按淘汰时的账面价值，作为实际成本。

企业应至少于每年年度终了对生产性生物资产进行检查，如果由于遭受自然灾害、病虫害、动物疫病侵袭等原因，导致其可收回金额低于账面价值的，应按其可收回金额低于账面价值的差额，计提生产性生物资产减值准备。生产性生物资产减值准备一经计提，不得转回。通常情况下，在未遭受自然灾害、病虫害、动物疫病侵袭时，生产性生物资产不计提减值准备，按账面价值计量。

企业应至少于每年年度终了对消耗性生物资产进行检查，如果由于遭受自然灾害、病虫害、动物疫病侵袭等原因，使消耗性生物资产的成本高于可变现净值的，应按可变现净值低于成本的部分，计提消耗性资产跌价准备。消耗性生物资产计提的存货跌价准备一经计提，不得转回。通常情况下，在未遭受自然灾害、病虫害、动物疫病侵袭时，消耗性生物资产不计提存货跌价准备，按成本计量。

成熟生产性生物资产折旧方法与上面固定资产折旧方法一样。

（二）成本和费用的核算

成本是把企业在一定时期内生产产品所消耗的各项费用加以汇总、分摊和归类。成本核算是指对生产经营过程中所发生的生产费用，按照一定的对象和标准进行归集和分配，并采用相适应的成本计算方法，计算出各种产品的实际总成本和单位成本的过程。肉羊产品成本费用核算是肉羊企业实行经济核算不可缺少的基础工作。通过成本核算，查明企业各项生产费用的情况，考核成本高低，分析成本增减变化的原因，以便找出降低成本的途径，指导肉羊生产者进行生产，以获得最佳收益。

1. 成本费用核算内容 肉羊产品成本费用指养羊企业在一定时期的生产经营活动中为生产和销售产品而花费的全部成本和费用。肉羊产品成本费用核算是经济核算的中心内容，总成本费用由生产成本和期间费用组成。

（1）生产成本 生产成本是指企业为生产产品而发生的各项直接费用和制造费用。直接费用包括直接材料、直接工资及其他直接支出，直接计入生产成本中；制造费用亦称间接费用，按其核算对象，分别计入生产成本。

直接材料：包括直接耗用的原材料、种羊、饲料、辅助材料、企业生产备品配件、燃料动力以及其他直接材料。

直接工资：包括直接从事生产经营人员的工资、奖金、津贴和补贴，以及按规定比例计提的职工福利费。

其他直接支出：指除直接材料、直接工资以外的其他直接费用，包括设备折旧费与修理费、产畜摊销、畜牧医疗费等。

制造费用：指为组织和管理生产所发生的所有费用，包括生产单位管理人员工资、职工福利费、直接费、修理费、无形及递延资产摊销、水电费、取暖费、办公费、差旅费、劳保费以及其他制造费用。

（2）期间费用 期间费用是指在一定会计期间发生的与生产经营没有直接关系和关系不密切的管理费用、营业费用和财务费用。

管理费用指企业管理部门为管理和组织经营活动的各项费用，包括企业经费、工会经费、职工教育费、土地使用费、土地损失补偿费、无形及递延资产摊销以及其他管理费用。企业经费包括管理人员工资及福利费、差旅费、折旧费、修理费、物料消耗、低值易耗品摊销以及其他企业经费。工会经费指按职工工资总额一定比例计提拨给工会的活动经费。职工教育经费指为职工学习先进技术和提高文化水平而支付的费用。其他管理费用主要包括劳动保护费、咨询费、技术转让费、业务招待费。

营业费用指为销售产品或提供劳务而发生的各项销售费用，包括由企业负担的运输费、装卸费、整理费、包装费、保险费、商品损失和销售服务费；销售部门人员工资、职工福利、差旅费、办公费、折旧费、修理费、物料消耗、低值易耗品摊销以及其他经费。

财务费用指为筹集资金而发生的各项费用，包括企业生产经营期间发生的利息净支出、汇兑净支出、调剂外汇手续费、金融机构手续费以及筹资过程中发生的其他财务费用。

2. 肉羊养殖成本费用核算方法 肉羊生产成本费用核算，可以实行分群核算，也可以实行整群核算，具体按照生产实际情况而定。实行分群核算的，要按不同的月龄，归集生产费用，分群计算成本，如可以分基础母羊、种公羊、哺乳期羔羊、育肥期羔羊等。实行混群核算的，不分月龄，将所有肉羊归集生产费用。

（1）分群核算 对肉羊养殖成本进行核算，应设置“基本羊群”“本年生断奶后羔羊群”“往年生幼羊群”和“成龄去势羊及非种用公羊群”4个明细账户。基本羊群主产品是羊羔，羔羊和幼羊群的主产品是增重量，副产品是羊毛、羊奶（基本羊群）、羊皮、羊粪等。在专业养羊场中，下半年停产期的饲养费用应采用预提方式计入上半年生产期产品成本，以保证成本计算的配比性。

基本羊群成本核算：基本羊群的羔羊活重成本和每只羔羊总成本的计算公式如下：

$$\begin{array}{c}\text{羔羊初生活重和出生后}\\ \text{3个月内增重的单位成本}\end{array}=\frac{\text{基本羊群饲养费用合计}-\text{副产品价值}}{\text{初生活重}+\text{出生后3个月内的增重}}$$

$$\text{羔羊活重单位成本}=\frac{\begin{array}{c}\text{期初结存未断奶羔羊的价值}+\\ \text{基本羊群饲养费用合计}-\text{副产品价值}\end{array}}{\begin{array}{c}\text{本期断奶羔羊转群时总活重}+\\ \text{期末结存未断奶羔羊总活重}\end{array}}$$

$$\text{断奶羔羊总成本}=\text{断奶羔羊总活重}\times\text{羔羊活重单位成本}$$

$$\text{未断奶羔羊总成本}=\text{未断奶羔羊总活重}\times\text{羔羊活重单位成本}$$

$$\text{每只断奶羔羊总成本}=\frac{\text{断奶羔羊总成本}}{\text{断奶羔羊只数}}$$

$$每只未断奶羔羊总成本=\frac{未断奶羔羊总成本}{未断奶羔羊只数}$$

其他羊群成本核算：仔羊、幼羊本年生断奶仔羊、往年生幼羊、去势羊及非种公羊的增重成本、活重成本、饲养头日成本的计算公式如下：

$$增重单位成本=\frac{该羊群饲养费用（含死亡羊费用）-副产品价值}{该羊群增重量}$$

某羊群增重量=期末该羊群的活重+本期离群活重（含死亡羊活重）-期初结转及本期增加羊的活重

$$单位活重成本=\frac{期初活重成本+本期增重成本+购入转入成本+饲养费用（含死亡羊费用）-死羊残值}{该羊群活重量}$$

某羊活重量=该羊群期末的活重+本期离群活重（不含死亡羊活重）-期初结转及本期增加羊的活重

某羊群离群活重成本=期内离群羊活重（不含死亡羊活重）×单位活重成本

某羊群期末结存活重成本=该羊群期末活重×单位活重成本

$$某羊群饲养头日成本=\frac{该羊群本期全部饲养费用（不扣副产品价值）}{该羊群本期饲养头日数}$$

饲养头日数=本期饲养该羊群羊只数×本期饲养日数

（2）混群核算　混群核算，是指不按群别，而按其类别计算产品成本的一种方法。核算时，购进、销售肉羊按实际成本计价，生产母羊和种公羊淘汰转为育肥羊时，按折余价值计价。肉羊销售的生产成本计算公式为：

肉羊销售的生产成本=期初存栏价值+购入、调入肉羊价值+本期饲养费用-（调出肉羊价值+期末存栏价值+副产品价值）

混群核算优点是简化了成本核算，适用于规模小的肉羊养殖。但是这种核算方法不能提供肉羊动态资料，不能提供饲养日成本、增重成本、活重成本，不利于考核肉羊养殖成本水平，不利于成本管理的科学化、规模化。因此，养羊企业应尽量实行分群管理、分群核算的管理体制，保证成本的真实性与有用性。

3. 降低肉羊产品成本的途径 通过成本费用计算可以看出，影响肉羊产品成本高低的因素是多方面的。有企业内部的因素，也有外部的因素。就企业内部来说，主要是肉羊产品产量和各项费用。产量高，费用低，肉羊产品的单位成本越低；反之，成本越高。因此，降低肉羊产品成本的主要途径，一是在保证质量的前提下提高产出水平；二是尽可能节约开支，减少不必要的浪费，力争以较少的投入取得较多的产出。仅从节约费用的角度说，降低肉羊产品成本的主要途径是：①充分利用劳动力资源，提高工作效率，采取一些激励机制，调动人员的积极性，提高劳动生产率。②科学管理，合理使用各种原材料，提高饲料转化率，降低单位产品中饲料、燃料、兽药以及各种原材料的消耗。③充分利用各种机具、羊舍等固定设备，提高固定资产利用率，减少单位产品中分摊的折旧费。④严格控制间接费用，节约非生产性开支，减少不必要的管理人员，改进和提高经营管理水平。

（三）收入、利润与分配的核算

1. 营业收入 核算营业收入指企业销售产品取得的主营业务收入及其他业务收入。其他业务收入，包括材料销售、固定资产折旧、无形资产转让，以及技术转让和包装物出租等取得的收入。营业收入的核算可以补偿总成本费用、偿还债务，保证企业再生产顺利进行。

2. 利润核算 利润是考核企业经营成果的重要指标，任何企业都力争取得较多的利润。企业的利润总额按照下列公式计算：

利润总额＝营业利润＋投资净收益＋营业外收入－营业外成本＋补贴收入

营业利润＝主营业利润＋其他业务利润－管理费用－财务费用

主营业利润＝主营业收入－营业成本－营业费用－营业税金及附加

其他业务利润＝其他业务收入－其他业务支出

投资净收益指投资收益扣除投资损失后的余额。营业外收入和营业外支出指与企业生产经营活动没有直接关系的各项收入和支出。营业外收入包括：固定资产的盘盈和出售净收益、罚款收入、因债权人原因确实无法支付的应付款项、教育费附加返还款等；营业外支出包括：固定资产盘亏及报废毁损和出售的净损失、非季节性和非修理期间的停工损失、赔偿金、违约金、防汛抢险支出，经财政部批准的其他支出项目等。

3. 分配核算 利润分配是企业实现的利润按照国家规定或投资人的决议进行分配的活动。按照现行财税制度的规定，企业利润分配程序和原则如下。

①弥补以前年度的亏损。缴纳所得税的企业，其发生的年度亏损，可以用下一年的利润弥补，下一年度不足以弥补的，可以在 5 年内延续弥补，5 年内不足弥补的，用税后利润弥补。

②缴纳所得税。

③支付被罚没的财产损失，各项税收的滞纳金和罚款。

④弥补税前利润弥补后仍存在的亏损。

⑤按规定提取法定盈余公积金。盈余公积金是企业从税后利润中提取的积累资金。包括法定盈余公积金和任意盈余公积金。

⑥提取公益金。公益金指专门用以职工集体福利设施的准备金，也可分为法定公益金和任意公益金。

⑦应付利润。即向投资者分配的利润，是企业税后可供分配的利润减去盈余公积金、公益金后的余额。向投资者分配利润应按有关合同、协议或决定执行。

⑧未分配利润。

四、家庭养羊的经济核算

（一）家庭养羊经济核算的重要性

随着农村经济发展和家庭经营进一步向企业化方向的转化，家庭经济核算对养羊户显得越来越重要，尤其是对于以养羊收入作为家庭主要经营收入来源的农牧户来说。就全国范围来看，目前我国家庭养羊业正经历着从自给半自给向专业化、社会化、商品化生产的转化，由传统养羊业向现代养羊业的转化。在这两个转化过程中，积极改善和提高经营管理水平，加强经济核算，提高经济效益，是发展家庭经营养羊业的关键。

（二）家庭养羊经济核算的一般原则

1. 因地因户制宜，单式记账的原则 要从目前农牧区的实际情况出发，既要考虑家庭核算与集体核算的关系，又要注意农户具有相对独立性的特点和向专业化、社会化发展的趋势。要因地制宜，不能搞一个框架、一个模式，要制定适合农户、家庭各自需要的新的核算方法。目前，一般可采用单式记账法，以 1 年为核算周期，不设会计科目而设三账，即生产收入账、生产费用账、经济往来账。

2. 划清核算范围，明确核算对象的原则 要划清核算范围，明确核算对象，注意做到“三分开”，即要把生产经营的收支和生活消费的收支分开、把生产经营用的财产物资和生活用的财产物资分开、把生产经营的投资和生活用的资金分开。这样有利于集中搞好生产经营核算，从而增加生产，提高物质文化水平。

3. 核算内容与统计口径相一致的原则 生产经营的收入、支出和分配的核算内容与口径，要与有关统计口径相一致。

4. 简化日常核算的原则 根据财产户管户用、资金自收自支的特点，可以用加强管理的方法，尽量简化日常核算工作。有原始单据的按单据记账，没有单据的就按实收实付记账。

5. 自家劳动力一般不纳入核算的原则 由于家庭劳动力实行自我雇佣，工价不好确定。所以，养羊户的家庭劳动力一般不纳入核算，劳动力的报酬暗含在家庭纯收入中。

6. 培养核算人才，帮助农户记账的原则 为了开展农户家庭经济核算工作，国家有关部门除了应办好农牧区会计服务组织外，同时还应举办经营管理人员培训班、财务会计培训班和各种函授学习，为农户培养出满足需要的会计人才，指导农户记账。

（三）家庭养羊经济核算的内容与方法

1. 核算内容 家庭经营核算的内容主要是核算生产经营过程中，各项生产经营收入和各项生产费用开支，从而进一步计算各项生产的成本和纯收入。寻求进一步增加产量、降低成本，获取更多纯收入的途径，以提高经济效益，增加农牧民家庭纯收入。家庭拥有的大、中型固定资产，应登记入账、计提折旧；家庭的流动资产和其他资产也应入账管理。

2. 记账方法 根据家庭经营的特点，本着简明、适用、易记的原则，采取以现金为主体，收入金额记账，支出只记生产费用的单式记账法。家庭所得的一切生产收入均利用价值形式、货币计量进行记账；凡生产过程中的一切费用支出，包括自产自用部分也以价值形式、货币计量进行记账，收入记“生产收入账”的有关收入栏目，支付记“生产费用账”的有关支出栏目，一笔收支只在收支账簿上记一笔，凡家庭生活费用一律不计入本账。需要特别注意的是，一般养羊户都有将自家肉羊自己食用的情形，在核算收入时往往将其忽略，导致收入估算偏低。对于这种实物收入，养羊户应参照当地同类产品市场价格进行估算，计入养羊收入中；采用自家饲草料养羊的，也需要将自家饲草料若不用于养羊，直接出售的按出售价格来计入成本，不出售闲置的该部分成本为0。

3. 账簿设置 农户可通过记录以下三种账簿对家庭养羊的收支、成本和利润进行核算。

(1) 生产收入账　这是用来记录和反映生产经营过程中所取得的各种粮食、经济作物、畜禽等产品及收入金额以及从事其他工副业生产和服务业的收入。

(2) 生产费用账　这是用来记录和反映生产过程中为进行作物种植、饲养畜禽和从事副业生产所产生的种子、化肥、种畜、饲料、农药兽药、农牧机具等生产性费用开支。

(3) 经济往来账　这是用来记录和反映农户与村民小组、信用社或营业所、个人之间经济往来款项。

第二节　肉羊项目投资评估与可行性分析

一、肉羊项目投资

(一) 肉羊项目投资的概念

肉羊项目投资是指在肉羊养殖经营过程中，生产者通过加大对肉羊生产所需各种经济要素的投入，改善肉羊饲养的基础条件或按肉羊产业链对相关生产环节进行延伸，按照预先制定的规划方案，在规定的期限内形成新增固定资产和新增肉羊生产、服务能力，以获取预期的肉羊项目收益而进行扩大再生产的投资活动。根据其概念，肉羊项目投资包含的内容较为广泛，既包括对肉羊饲养基础条件的改善，如对肉羊养殖标准化圈舍和青贮饲料池的增建、改建与扩建，对饲草加工处理设备的购置等，也包括对肉羊产业链相关生产环节的延伸，如肉羊饲养企业增置活羊屠宰、羊肉产品加工环节，扩大经营范围以获取肉羊产业深加工部分的增值收益。

(二) 肉羊项目投资的主要特点

根据肉羊项目投资的相关概念与内涵，结合肉羊产业的产业特点以及肉羊生长的基本自然规律，肉羊项目投资的主要特点主要表现为以下几个方面。

1. 对自然、经济与社会环境依赖性较强　畜牧业生产经营活动是自然、经济和社会因素统一作用而形成发展的结果，其发展必然受到自然环境、经济发展和社会进步的多重约束。肉羊养殖作为畜牧业生产的一个重要组成部分，除了受水土资源、气候条件、降水情况以及自然灾害等自然因素的影响外，还必然受到当地饲草料生产种植状况、农牧业从业人数、年龄组成与受教育年限、经济发展模式、社会生态条件等多个方面的制约。为了使肉羊项目投资达到现实中的可行性、技术上的科学性、经济上的可盈利性以及生态意义上的可持续性，进行肉羊项目投资必须结合当地的社会经济实际发展现状，遵循肉羊生产的自然规律，维护生态环境的和谐建设。

2. 肉羊项目投资时间短、发挥效益早，但风险相对较大 畜牧业与传统种植业和林业相比，其具有投资短、见效快，但风险相对较大的特点。肉羊项目投资的周期主要由其自身生长发育周期的自然规律所决定的，育肥羔羊一般半年即可出栏，因而肉羊养殖资金周转效率高、收益较快。但是，肉羊等畜禽动物受疫病等突发事件的影响相对而言较大，因而其项目投资面临的风险也比较大。

3. 肉羊项目投资的社会综合影响力较大 肉羊养殖与项目投资具有显著的社会性，主要表现在：一是肉羊养殖与项目投资关系到广大农牧民的收入增加和肉羊企业的发展经营，是吸纳农村地区劳动力就业的重要渠道；二是它关系着社会所需羊肉产品的足量与足质供应，特别是对保障穆斯林群众的基本生活，维护民族团结和社会稳定具有重要意义；三是它关系着国家和地方政府相关部门、肉羊相关企业、肉羊养殖农牧民之间的利益分配关系，对推动城乡均衡发展、促进农牧区长久稳定影响巨大；四是它关系着肉羊相关饲养技术的推广和培训，对提升农牧民自身养殖水平和肉羊产业的科技含量意义重大。

4. 肉羊项目投资具有一定的复杂性 由于肉羊产业本身涉及由植物性产品（饲草等）向动物性产品（羊肉）转化这一特殊的生产过程，实际上决定了肉羊养殖需要进行两次投入而带来一次产出，即在肉羊饲养过程中，根据不同地区的饲养方式（农区或牧区），首先需要进行牧草或相关粗饲料（如玉米秸等）等植物性生产，并且需要根据实际的粗饲料供应量来决定肉羊的饲养数量，以保证肉羊生长所必需的营养摄取，进而达到经济上的最优养殖规模；之后，根据肉羊的生长与生活习性，进行肉羊的养殖，实现由植物性产品向动物性产品的生产转化。只有实现植物生产与动物生产科学、有机的结合，才能真正实现肉羊项目投资的经济、社会效益。

二、肉羊项目投资可行性研究

（一）肉羊项目投资可行性研究的概念

参照畜牧业项目投资可行性研究的相关概念表述，肉羊项目投资可行性研究是指在肉羊项目投资决策之前，通过对所投资的肉羊项目进行技术、经济和社会等全方位的分析，采用科学的方法对肉羊项目进行综合评价，判断肉羊项目投资在现实中的可行性、技术上的科学性、经济上的可盈利性、社会效益的综合性以及生态意义上的可持续性。它是从事肉羊项目投资前期工作的核心部分，基于此形成的肉羊项目投资可行性研究与评估报告既是肉羊相关项目立项后实施过程中进行监管的重要指导文件，又是肉羊项目投资综合效益的一个评判依据。因而，只有将肉羊项目投资可行性研究这一步工作做好，才可能进行后续肉羊项目投资管理整体框架规划、具体财务估算以及其他相关工作。

（二）肉羊项目投资可行性研究的作用

在我国，不同产业与行业发展都要求按照一定层次的中长期与短期规划来逐步展开。开展畜牧业相关投资，必须要根据国民经济发展和运行的中长期规划纲要、相关时期的五年规划、地方社会发展规划以及畜牧业行业发展总体规划等的要求，对拟开展的相关投资项目进行全方位、多层次的论证。肉羊项目投资可行性研究即是根据相关的规划与行业发展要求，对项目投资方案、技术论证、经济与社会效果预测和组织管理进行剖析，经过全面的计算、分析、论证与综合评价，为肉羊项目投资决策提供准确、全面、可靠的依据和建议。其作用主要体现在以下几点。

1. 作为相关主管部门对拟建肉羊项目投资申报立项和获得批准的客观依据 开展肉羊项目的投资要向相关主管部门进行申报立项，编制项目投资可行性报告有助于主管部门迅速了解投资项目的相关信息，以便对申报项目进行快速决策评估，节省项目获批所需时间。

2. 作为向银行申请贷款的依据 为拓展肉羊项目投资的资金渠道，进行相关投资的主体可寻求向世界银行、国际金融机构或国内相关金融机构申请贷款支持。肉羊项目投资的可行性报告则可以作为申请贷款的依据，方便相关机构对投资的项目进行全面、细致的分析与评估，有助于贷款项目的最终审批。

3. 为项目的开展提供基础性支持 在肉羊项目投资可行性研究报告获得批准后，实际肉羊投资项目推进过程中相关的投资规模、要求、选址、饲养模式、产品方案、生态制约等具体内容可依据报告依次展开。

4. 为后续项目推进过程中可能的各项谈判和签订有关合同提供依据 肉羊项目投资可能需要与掌握相关技术的厂商或研究机构进行谈判以引进先进的技术设备，在谈判时可以将可行性研究报告作为依据。同时，肉羊项目投资在推进实施过程中，必然需要与供电、供水等基本生产资料管理部门协作配合，可行性报告有助于与相关部门订立协议或合同，以保障项目的顺利推进。

（三）肉羊项目投资可行性研究的工作程序

在肉羊项目投资可行性研究的实际工作中，为了更好地指导规划肉羊项目的具体投资，保证整体项目的可行性与科学性，使项目达到最优的综合效益，需要按照相应的工作程序依次推进。具体的工作程序如下：

1. 筹划准备 在相关肉羊项目建议书批准以后，项目投资单位即可展开具体项目投资可行性研究的筹划准备。在筹划准备时，既可以委托具有相关资质和经验的设计单位进行规划设计，也可以由项目单位内部组织相关专家组成研究小组，对项目进行综合评价规划。承担可行性研究的单位或专家小组要获取具体项目建议书、相关的背景资料、批示文件等，在充分了解相关肉羊项目的投资意图与要求的同时，制定详细的工作计划，以保证肉羊项目投资可行性研究工作的顺利推进。

2. 收集资料 按照预先制定的工作计划，要收集与肉羊项目有关的各种资料，包括肉羊相关项目建设的法律法规与方针政策、地区的历史文化、风俗习惯、自然条件、社会经济发展状况、交通情况、种植与养殖业结构、人员就业情况、年龄构成及受教育年限、本地肉羊项目投资情况等。对于收集获取的数据资料，要进行严格的核实筛查、加工整理，做好分类整理工作，确保其真实可靠、系统完善。

3. 分析研究 在收集、汇总、整理相关资料数据的同时，结合肉羊项目可行性研究要求的内容与项目的具体情况，对肉羊项目投资所涉及的技术方案、组织管理、社会条件、市场条件、实施进度、投资估算、综合效益评价等方面进行比较分析，制定最优的投资方案。

4. 编制肉羊项目投资可行性研究报告 承担可行性研究任务的机构或专家小组，综合对所收集资料数据的整理与分析，提出相关投资方案，结合投资所涉及的财务分析指标，并考量肉羊项目的自然条件、社会经济条件与人文条件，编制肉羊项目投资可行性研究报告。

（四）肉羊项目投资可行性研究报告的编制要求和主要内容

1. 肉羊项目投资可行性研究报告的编制要求 肉羊项目投资可行性研究报告不仅是投资方科学决策的重要依据，还可能成为向银行等相关金融机构贷款的依据，其编制要有规范的格式和一定的深度。作为正式的文件，它的编制应注意以下几点：①肉羊项目投资报告必须坚持科学性、真实性与严肃性。②坚持全面论证、科学表述，充分考虑阅读对象的广泛性。③坚持专人审稿，使报告内容协调充实。④承担可行性研究报告的研究单位应具有相应资质或相关的设计规划经验，秉承公正、科学、客观、独立、可靠的原则编制肉羊项目投资可行性研究报告，并对报告质量负责。

2. 肉羊项目投资可行性研究的主要内容 肉羊项目投资可行性研究是有关

投资方组织相关专家从技术、组织管理、社会、市场营销、财务和经济等方面对拟投资的肉羊项目进行调查研究，分析各种可能的方案并做出科学对比，最终选出最优方案并编制出完整科学可行性报告的研究过程。肉羊项目投资可行性研究工作应围绕以下几方面展开：①技术分析。②组织管理分析。③社会生态分析。④肉羊相关生产资料与活羊及相关产品市场营销分析。⑤财务分析。⑥经济分析。

三、肉羊项目投资评估

（一）肉羊项目投资评估的内涵与原则

1. 肉羊项目投资评估的内涵　肉羊项目投资评估是指在肉羊项目投资可行性研究准备完成以后，组织有关方面的专家对项目进行实地的调研考察，并着重从国家宏观经济形势、区域经济发展、社会生态效益以及发展肉羊项目的现实条件等角度全面系统地检查投资项目涉及的各个方面，对肉羊项目投资可行性研究报告的科学性与可靠性做出评价。对于肉羊项目投资而言，不仅要能够带动农牧民收入的增加、促进当地经济的发展、满足消费者对高品质羊肉产品的需求，还必须综合考虑发展肉羊养殖对当地生态环境可能带来的影响，即肉羊项目投资要基于地区生态环境的可承载能力。

2. 肉羊项目投资评估的原则　肉羊项目投资评估作为对其项目可行性研究报告的审查、核实，必须按照严格的评估原则展开。对于肉羊项目投资评估原则大致可以总结为：①客观、公正、科学性原则。②独立自主的评估原则。③经济、社会、生态效益协调原则。④系统性与综合性相结合原则。⑤注重资金的时间价值原则。

（二）肉羊项目投资评估的主要内容

肉羊项目投资的内涵与特点决定了肉羊项目投资评估要与肉羊养殖实践和当地条件相结合，肉羊项目评估是对项目可行性研究报告的评估与筛查，并得出综合性评价意见，因而肉羊项目投资评估应围绕以下几个方面展开。

1. 肉羊项目投资的必要性评估　肉羊项目投资必要性评估是对拟投资的肉羊项目能否满足自身诉求与社会需求、得到社会认可而进行的审查、分析与评价。

2. 肉羊项目投资的市场条件评估　肉羊项目投资的市场条件评估包括对肉羊市场环境的分析和肉羊项目竞争形势的评估，进而充分把握肉羊项目的市场环境和肉羊产业的竞争优势，为肉羊项目投资的推进奠定基础。

3. 肉羊项目投资的生产养殖技术评估 肉羊生产养殖技术评估主要是针对肉羊饲草料供应的高效性与可行性分析、肉羊良种繁育的可行性评估、肉羊饲养方式的现实性与合理性评价以及肉羊饲养防疫、检疫措施的科学性与可行性评估。

4. 肉羊项目投资组织管理评估 主要是针对拟投资的肉羊项目建设所需的劳动力数量与质量构成、职能分配以及协调管理等方面进行综合考核与评价。

5. 肉羊项目投资的财务效益评估 财务效益评估对任何项目投资评估而言，都是非常重要的组成部分。它是在基础投资数据构成已知的前提下，编制基本财务报表，并根据报表数据与相关行业对应指标进行财务综合评价的一种评估形式。肉羊项目投资的财务效益评估主要包括对拟建肉羊项目的财务盈利能力、清偿能力和财务外汇平衡能力分析。

6. 肉羊项目投资的环境评估 肉羊产业作为畜牧业的重要组成部分，属于典型的排污型产业，肉羊养殖生产过程必然会产生大量的粪便、屠宰加工的毛、血等废弃物以及肉羊精饲料加工过程产生的废气、粉尘等。对于肉羊项目投资的环境评估即是在肉羊项目投资前对其可能产生的环境影响进行评价，结合当地实际条件充分调研肉羊项目投资可能带来的各种环境问题及其影响程度，并按照社会经济发展与环境保护相协调的原则，具体评估肉羊项目投资的综合效益，使产业发展与环境保护和谐共进。

7. 肉羊项目投资的社会经济评估 肉羊项目投资不仅要做好经济效益评估，还必须兼顾其社会效益，因而社会经济评估也是必不可少的分析环节。它主要包括肉羊项目投资对当地社会综合影响分析、适应性、现实性与可行性评价以及社会风险的综合评估。

四、肉羊项目投资可行性研究与肉羊项目投资评估的联系与区别

肉羊项目投资可行性研究与评估都是以分析和论证肉羊项目投资可行与否为目的的工作，二者既有联系又有区别。

（一）肉羊项目投资可行性研究与肉羊项目投资评估的联系

肉羊项目可行性研究与评估之间的联系主要体现在：一是二者都处于肉羊项目投资的前期。肉羊项目可行性研究是在项目建议书批准以后对项目是否进行而展开的全面系统的分析论证，肉羊项目投资评估则是对项目可行性研究报

告进行审查的过程；二是二者工作的内容基本相同。它们都是按照相关的经济评价指标作为主要的分析依据，结合国家、地方政府相关政策规定以及产业发展的现状和特点，对肉羊项目的必要性、可行性、科学性与现实性进行评估与总结；三是二者最终的工作目标和要求基本相同。对拟开展的肉羊项目进行可行性研究与项目投资评估最终都是以肉羊项目能够科学、高效、健康运行为目标，充分调动各方资源，实现资源的优化配置并达到预期的综合效益。同时，二者的实施都是建立在调查研究、分析汇总相关资料数据的基础上，进而得出客观公正的评估意见。

（二）肉羊项目投资可行性研究与肉羊项目投资评估的区别

肉羊项目可行性研究与评估之间的区别主要体现在：一是二者的行为主体不同。肉羊项目投资可行性研究是肉羊项目投资者负责组织委托相关单位进行的，而肉羊项目投资评估则是由贷款银行或其他相关的利益共同体负责组织展开；二是二者的立足点不同。行为主体的不同决定了肉羊项目投资可行性研究与肉羊项目投资评估在考察项目时角度会有所不同，进而可能会在相同问题上存在不同看法；三是二者侧重点有所不同。行为主体的不同还导致进行相关分析时在考察重点上会有所差异，肉羊项目可行性研究主要关注于所投肉羊项目实施的必要性、可行性、科学性以及盈利性等方面，而肉羊项目投资评估则重点关注其本身资金的规模、流动速度以及偿债能力等；四是二者所起作用不同。行为主体的不同决定二者的初衷与作用不同，它们无法相互替代；此外，肉羊项目投资可行性研究在肉羊项目投资评估工作之前进行，二者顺序不可颠倒。

五、肉羊项目投资经济评估方法

（一）肉羊项目投资基础财务数据预测分析

肉羊项目投资基础财务分析是对拟投资肉羊项目财务效益状况是否良好的前瞻性预估，对肉羊项目后续展开具有重要的现实指导意义，必须加以重视。对于拟建肉羊项目的相关数据要认真审查核实、确保真实可靠，基于已有投资数据的基础财务分析应坚持客观、公正、科学原则。肉羊项目投资基础财务分析的主要内容包括对所投项目可能涉及的投资额、成本费用、营业收入以及可能涉及的税费等进行测算。

1. 肉羊项目总投资额测算 肉羊项目总投资额主要包括对肉羊养殖可能涉及的固定资产投资（包括盖建标准化羊舍、青贮饲料池、饲草料运输工具等）、无形资产投资（主要针对从事企业化经营的肉羊养殖场）、其他资产投资、建设期应付利息以及项目建成投产后所垫付的流动资金等。总投资额测算对于肉羊项目整体推进以及项目建成后投资财务效益评估都具有重要的指导意义，应当做到全面、客观、科学。

2. 肉羊项目投资的成本费用测算 肉羊项目投资成本费用是指在进入肉羊饲养经营过程后所耗费的生产资料转移的价值、劳动者提供劳动服务应得报酬以及其他在此过程中所耗费资金的总和。它主要包括生产成本、管理成本、财务费用和营业费用。在具体实践过程中经常采用的成本费用测算方法主要包括项目成本法和要素成本法。

3. 肉羊项目投资营业收入测算 肉羊项目投资营业收入是指在肉羊项目建成后的一定时间里（通常为1年或按照特定的饲养周期）通过销售活羊及相关产品所取得的收入。测算肉羊项目营业收入的主要基础数据包括活羊及相关产品的数量与销售价格，具体测算公式为：

年（周期）营业收入＝相关产品销售单价×对应产品年（周期）销售数量

在实际从事肉羊生产经营过程中，活羊及相关产品的销售数量直接取决于其年生产量，而年生产量则由活羊的单胎产仔数、产仔成活率、出栏率、出肉率、出毛率、胴体重和净肉率等一系列技术指标决定。

（二）肉羊项目投资财务效益评估

肉羊项目财务效益评估是在测算所投资肉羊项目财务基础数据的基础上，按照国家现行的财税制度、价格、区域相关法规条例以及肉羊产业特点，分析肉羊项目的费用和效益，从而考察肉羊项目的盈利能力、清偿能力，以判断肉羊项目财务的可行性。按照其评价内容可以分为肉羊项目投资的财务盈利能力评估与财务清偿能力评估。

1. 肉羊项目投资的财务盈利能力评估 肉羊项目投资的财务盈利能力评估作为财务分析评估的重要内容，主要目的在于考察所投资肉羊项目的盈利水平，进而来判断项目是否达到了预先设定的项目运行目标。在实践过程中，按照不同指标的设计思路，可将其具体分为肉羊项目投资财务盈利动态分析指标与静态分析指标。

（1）肉羊项目投资财务盈利动态分析指标 财务内部收益率（FIRR）：财务内部收益率是指在项目整个寿命周期内各年累计净现金流的现值（未来现金的当前价值）等于零时的折现率。它反映了所投项目在项目周期内最大的盈利能力，也是作为项目接受贷款利率的最高临界点。假设CI为项目年现金流入量，CO为项目年现金流出量，$(CI-CO)_t$表示在第t年净现金流入量，n为计算年期数，则：

$$\sum_{t=1}^{n}(CI-CO)_t(1+FIRR)^{-t}=0$$

具体到肉羊项目投资，即以所投项目开始期为起点至项目结束为终点，在整个肉羊项目周期内各年净现金流按照一定的折现率（FIRR）将各年现金流的现值之和折算为零，这一折现率即为肉羊项目财务内部收益率。与肉羊项目行业基准收益率 i 相比较，若 FIRR 高于 i，则肉羊项目可行；若 FIRR 低于 i，则肉羊项目不可行；若 FIRR 等于 i，则要根据实际情况具体分析是否可行。

财务净现值（FNPV）：财务净现值是按照所投项目行业的基准收益率 i 或预先设定的折现率，将各年的净现金流折现至建设年（基准年）的现值总和。即：

$$FNPV=\sum_{t=1}^{n}\frac{(CI-CO)_t}{(1+i)^t}\geqslant 0$$

在肉羊项目周期内各年净现金流总和按照肉羊行业基准的折现率 i 进行折算，即得所投肉羊项目财务净现值。当肉羊项目财务净现值大于或等于零时，说明肉羊项目在财务收益上可以接受，即项目在财务分析方面具有可行性。

（2）*肉羊项目投资财务盈利静态分析指标*　投资回收期（P_t）：投资回收期是通过项目的净收益来回收项目投资所需要的时间。根据是否考虑资金的时间价值，可将其分为静态投资回收期和动态投资回收期。静态投资回收期是在不考虑资金时间价值的条件下，以项目的净收益回收其全部投资所需要的时间。假定 T 为各年累计现金流量首次出现正值或零的年数，则：

$$P_t=T-1+\frac{[\sum_{i=1}^{T-1}(CI-CO)_i]}{(CI-CO)_T}$$

若肉羊项目累计现金流首次出现正值的年份为 T，则肉羊项目静态投资回收期即为 T-1 再加上第 T-1 年累计净现金流的绝对值与第 T 年净现金流之比。

总投资收益率（ROI）：肉羊项目总投资收益率是在所投资肉羊项目在其营运期内年平均息税前利润（EBIT，即支付利息与所得税之前的利润）与项目投资（TI）的比率。即：

$$ROI=\frac{EBIT}{TI}\times 100\%$$

对于肉羊项目总投资收益率的实际值参照其他肉羊项目的相关参考指标，可以对所投资肉羊项目进行横向对比，进而得出肉羊项目投资收益能否满足其设计盈利能力的要求。

2. 肉羊项目投资的财务清偿能力评估　肉羊项目投资的财务清偿能力评估

主要是分析考察拟投资的肉羊项目财务情况及偿债能力。随着经济活动的展开，对于投资主体而言，可以准确及时把握肉羊项目的财务状况，进而做出正确的决策判断；对于银行或其他相关的间接投资利益主体而言，可以增强对肉羊项目偿债能力的了解，并以此作为正确的投资决策依据。在实际中常用的相关评价指标主要包括利息备付率、偿债备付率、资产负债率、流动比率和速动比率等。

利息备付率（ICR）：利息备付率是从付息资金来源的充裕性程度反映项目偿付债务利息的保障程度，其值越高表明利息偿付的保障程度越高。在已知借款偿还期前提下，息税前利润（EBIT，即支付利息与所得税之前的利润）与应付利息（PI）的比率即为利息备付率。即：

$$ICR=\frac{EBIT}{PI}\times 100\%$$

肉羊项目投资利息备付率即为在肉羊项目借款偿还期内由肉羊项目经营所带来的毛利润之和与借款期间应付利息的比率。它能够准确反映出肉羊项目当前的经营状况，为经营者提供可靠的决策依据。

偿债备付率（DSCR）：偿债备付率是在借款偿还期内用于还本付息的资金来源（EBITDA-TAX）与应还本付息金额（PD）的比率。EBITDA 表示项目的息税前利润与折旧、摊销之和，TAX 则代表项目需上缴的企业所得税。

$$DSCR=\frac{EBITDA-TAX}{PD}\times 100\%$$

肉羊项目投资偿债备付率即为在肉羊项目借款偿还期内由肉羊项目经营所带来的毛利润、应计折旧和摊销之和，减去应缴企业所得税，再与项目应还本付息金额的比率。它确切地反映出所投资肉羊项目涉及还款本息的保障程度，是判断肉羊项目经营是否良好的一个重要指标。

资产负债率（LOAR）：资产负债率是项目投资主体负债总额（TL）与资产总额（TA）的比率。资产负债率作为一个综合反映投资主体财务风险和偿债能力的指标，在实践中有着广泛的使用。不同行业对于资产负债率的评价也有所不同，根据所处行业特点，过高或过低的资产负债率都不是企业良好运行的结果。

$$LOAR=\frac{TL}{TA}\times 100\%$$

其他指标：流动比例和速动比率也是对企业或项目财务清偿能力评估中常用的指标。流动比率反映的是项目各年流动资产与流动负债的比率。流动资产主要包括现金、应收账款、存货等，流动负债则主要包括短期借款、应付账款、预收账款等。

相比流动比率而言，速动比率则更为强调企业偿付负债的速度，是指除去存货的各年流动资产与流动负债的比率。

参考文献

[1] 李秉龙，李金亚.我国肉羊产业的区域化布局、规模化经营与标准化生产[J].北京：中国畜牧杂志，2012，48(2)：56-58.

[2] 夏晓平，李秉龙，隋艳颖.中国肉羊生产的区域优势分析与政策建议[J].北京：农业现代化研究，2009，30(6)：719-723.

[3] 夏晓平.中国肉羊产业发展动力机制研究[D].中国农业大学博士学位论文，2011.

[4] 薛建良.中国草原肉羊生产可持续发展研究[D].中国农业大学博士学位论文，2012.

[5] 赵有璋.中国养羊学[M].北京：中国农业出版社，2013.

[6] 中华人民共和国统计局.中国统计年鉴 2013[M].北京：中国统计出版社，2013.

[7] 杨秀强，杨光，崔玉林，陈刚，肖明荣，李忠全，谯玉红，田贵阳.山区山羊异地引种关键技术探讨[J].武汉：湖北畜牧兽医，2013，05：54-56.

[8] 中国畜牧兽医学会养羊学分会 2012 年全国养羊生产与学术研讨会议论文集[C].中国畜牧兽医学会养羊学分会，2012.

[9] 毋强，路鹏，洪雪莹，陈其新.中国肉羊生产的主要经济杂交模式[J].兰州：中国草食动物科学，2012，03：63-69.

[10] 张英杰，刘月琴.做好肉羊的杂交改良[N].石家庄：河北科技报，2012.

[11] 唐秀芬.种羊引进注意事项[J].北京：中国畜牧兽医文摘，2012，10：55-56.

[12] 赵有璋.羊生产学(第三版)[M].北京：中国农业出版社，2011.

[13] 国家畜禽遗传资源委员会.中国畜禽遗传资源志·羊志[M].北京：中国农业出版社，2011.

[14] 和四池，和良.兰坪乌骨绵羊多点保种技术方案[J].北京：中国畜牧业，2011(15)：74-76.

[15] 李运生，曹鸿国，刘亚，韩春杨，陶勇，张运海.羔羊超数排卵与胚胎体外生产技术研究进展[J].杨凌：动物医学进展，2011，11：99-104.

[16] 诺科加，完么才郎，完马单智，王贵元，王照忠，布仁朝格图，尚有安，高玉兰，文昌，扎西东主，达日科，逯来章.天峻县高原型藏羊不同年龄主要生产性能测定[J].西宁：青海畜牧兽医杂志，2011，01：13-14.

[17] 杨德智.种羊引进需注意的问题[J].呼和浩特:当代畜禽养殖业,2011,06:25-27.

[18] 江喜春,程广龙,赵辉玲.中国绵、山羊的遗传资源保护及对策[J].北京:中国畜牧兽医,2010(10):152-155.

[19] 刘桂琼.肉羊繁育管理新技术[M].北京:中国农业科学技术出版社,2010.

[20] 岳文斌.羊场畜牧师手册[M].北京:金盾出版社,2008.

[21] 张花菊.肉羊品种的培育与地方优良品种保种[A].中国畜牧兽医学会养羊学分会.全国养羊生产与学术研讨会议论文集(2007—2008)[C].中国畜牧兽医学会养羊学分会,2008.

[22] 肖西山.农户怎样选择羊品种和确定养殖规模[J].北京:农村养殖技术,2007,02:8-9.

[23] 沙文锋,陈启康,朱娟,戴晖.我国山羊品种资源的研究与利用进展[J].荆州:长江大学学报(自科版),2006,05:144-147,100-101.

[24] 胡大君,康凤祥."昭乌达肉羊"新品种的培育[A].中国畜牧兽医学会养羊学分会.

[25] 黄勇富.无公害山羊标准化生产[M].北京:中国农业出版社,2006.

[26] 赵有璋.现代中国养羊[M].北京:金盾出版社,2005.

[27] 张英杰,刘月琴.种羊引进技术[J].石家庄:河北畜牧兽医,2005,03:37.

[28] 呼格吉乐图.世界山羊业的发展概况及特点[J].兰州:中国草食动物,2005,06:51-54.

[29] 赵有璋.种草养羊技术[M].北京:中国农业出版社,2004.

[30] 马月辉.我国绵山羊品种资源开发利用分析[A].中国畜牧业协会.中国羊业进展——首届中国羊业发展大会会刊[C].北京:中国畜牧业协会,2004.

[32] 如何选择进口肉羊品种[J].北京:中国农村科技,2003,07:54.

[33] 王武强.浅谈我省地方畜禽品种资源保护及开发利用[J].咸阳:家畜生态学报,2002(1):56-59.

[34] 宋代军,单天锡,刘伯云.川东白山羊小型个体繁殖性能研究[J].兰州:中国养羊,1998,01:25-26.

[35] 吴惠勇,冯维祺.实用科学养羊150问[M].北京:中国农业出版社,1998.

[36] 肖西山.安哥拉山羊与中卫山羊杂交效果的分析[J].兰州:甘肃畜牧兽医,1998,06:20-21.

[37] 徐泽君.怎样选择适合本地的羊种[J].昆明:农村实用工程技术,1995,08:7.

［38］ 郭文韬，曹隆恭.中国传统农业与现代农业[M].北京：中国农业科技出版社，1986.

［39］ 桑润滋，田树军，李铁栓.肉羊快繁新技术[M].北京：中国农业科技出版社，2003.

［40］ 刁其玉.肉羊营养需要量参数研究进展[M].北京：中国农业科学技术出版社，2013.

［41］ 刁其玉.肉羊饲料调制加工与配方集萃[M].北京：化学工业出版社，2013.

［42］ 刁其玉.农作物秸秆养羊技术[M].北京：化学工业出版社，2013.

［43］ 刁其玉.肉羊饲养实用技术[M].北京：中国农业科学技术出版社，2009.

［44］ 娄玉杰，姚军虎.家畜饲养学[M].北京：中国农业出版社，2009.

［45］ 张英杰.羊生产学[M].北京：中国农业大学出版社，2010.

［46］ 刁其玉.农作物秸秆养羊手册[M].北京：中国农业出版社，2013.

［47］ 沙玉圣.饲料安全知识问答[M].北京：中国农业出版社，2013.

［48］ 刁其玉.农户规模养羊实用技术百问[M].北京：华龄出版社，2010.

［49］ 刁其玉.肉羊饲养实用技术[M].北京：中国农业科学技术出版社，2009.

［50］ 娄玉杰，姚军虎.家畜饲养学[M].北京：中国农业出版社，2009.

［51］ 张英杰.羊生产学[M].北京：中国农业大学出版社，2010.

［52］ 张英杰，刘月琴.羔羊快速育肥法[M].北京：中国农业科学技术出版社，2014.

［53］ 刁其玉.肉羊饲养新技术[M].北京：中国农业科学技术出版社，2010.

［54］ 张乃锋.羔羊早期断奶新招[M].北京：中国农业科学技术出版社，2006.

［55］ 安立龙主编.家畜环境卫生学[M].北京：高等教育出版社，2004.

［56］ 权凯主编.农区肉羊场设计与建设[M].北京：金盾出版社，2010.

［57］ 王金文，崔绪奎主编.肉羊健康养殖技术[M].北京：中国农业大学出版社，2013.

［58］ 高伟伟，李麦英.怎样设计和建设规模羊场[J].北京：农业技术与装备.2012，231：22-24

［59］ 许宗运，曾维民，徐馨琦.南疆农区养羊场址选择及主要建筑参数的设计[J].兰州：中国草食动物，2000，2：20-21

［60］ 张建新，岳文斌，马启军，等.肉羊规模健康养殖场建设方案[C].全国养羊生产与学术研讨会论文集.兰州：中国草食动物，2010 年专辑.29-31.

［61］ 上海市特种养殖行业协会.上海养羊场建设用地调研报告[J].兰州：中国草食动物，2009 年增刊(119-122).

[62] 崔绪奎，王金文，王德芹，等.夏季利用全株玉米青贮混合日粮(TMR)在组合式轻钢结构羊舍育肥鲁西黑头羊效果试验[J].济南：山东农业科学，2014年，46(3)：112-114.

[63] 陈溥言.兽医传染病学(第5版)[M].北京：中国农业出版社，2006.

[64] 夏风竹，田梅.羊病防治实用手册[M].石家庄：河北科学技术出版社，2014年2月.

[65] 刘俊伟，魏刚才.动物疾病诊疗丛书——羊病诊疗与处方手册[M].北京：化学工业出版社，2014年6月.

[66] 朱奇.高效健康养羊关键技术[M].北京：化学工业出版社，2010年6月.

[67] 金东航，马玉忠.牛羊常见病诊治彩色图谱[M].北京：化学工业出版社，2014年8月.

[68] 王凤英.牛羊常见病诊治实用技术[M].北京：机械工业出版社，2014年5月.

[69] 熊家军，肖峰.高效养羊[M].北京：机械工业出版社，2014年4月.

[70] 陈万选.羊病快速诊治指南[M].郑州：河南科学技术出版社.2009年.

[71] 卫广森.兽医全攻略-羊病[M].北京：中国农业出版社，2009年8月.

[72] 丁伯良.羊常见病诊断图谱及用药指南(第二版)[M].北京：中国农业出版社，2014年1月.

[73] 常新耀，魏刚才.规模化养殖场兽医手册系列：规模化羊场兽医手册[M].北京：化学工业出版社.2013年5月.

[74] 武瑞，孙东波.羊病科学防治7日通[M].北京：中国农业出版社，2012年1月.

[75] 于振洋，程德君.全方位养殖技术丛书：科学养羊入门[M].北京：中国农业大学出版社，2003年6月.

[76] 田树军，王宗仪，胡万川，等.养羊与羊病防治(第三版)[M].北京：中国农业大学出版社，2012年1月.

[77] 王惠生，陈海萍.小尾寒羊科学饲养技术(第二版)[M].北京：金盾出版社，2010年6月.

[78] 王惠生，王清.波尔山羊科学饲养技术(第二版)[M].北京：金盾出版社，2012年1月.

[79] 丁伯良，李秀丽.羊病临床诊疗实例解析(兽医临床经典案例解析丛书)[M].北京：中国农业出版社，2013年1月.

[80] 陈桂先.兽医临床用药速览[M].北京：化学工业出版社，2011年10月.

[81] 邓干臻.兽医临床诊断学[M].北京:科学出版社,2009 年 5 月.

[82] 崔耀明,杨勇.兽医基础[M].北京:中国农业大学出版社.2011 年 2 月.

[83] 张沅.家畜育种学[M].北京:中国农业出版社,2001 年 10 月.

[84] 丁宜宝.兽用疫苗学[M].北京:中国农业出版社,2010 年 5 月.

[85] 史耀东.畜禽寄生虫病防治技术.基层兽医人员指导丛书[M].北京:中国农业出版社,2010 年 9 月.

[86] 世界动物卫生组织(农业部兽医局译).OIE 陆生动物卫生法典(2012 年第 21 版上下)[M].北京:中国农业出版社,2014 年 5 月.

[87] 夏咸柱,樊代明,李瑞兴.人兽共患病防控[M].北京:高等教育出版社,2014 年 7 月.

[88] 文心田,于恩庶,徐建国,等.当代世界人兽共患病学[M].成都:四川科技出版社,2011 年 3 月.

[89] Alldrick A J, Flynn J, Rowland I R. Effects of plant-derived flavonoids and polyphenolic acids on the activity of mutagens from cooked food.[J].Mutation Research/fundamental & Molecular Mechanisms of Mutagenesis, 1986,163(3):225-232.

[90] Balogh Z,Gray J I,Gomaa E A,et al.Formation and inhibition of heterocyclic aromatic amines in fried ground beef patties.[J].Food & Chemical Toxicology An International Journal Published for the British Industrial Biological Research Association,2000,38(5):395-401.

[91] Pointon A, Kiermeier A, Fegan N. Review of the impact of pre-slaughter feed curfews of cattle,sheep and goats on food safety and carcase hygiene in Australia[J].Food Control,2012,26(2):313-321.

[92] Vitaglione P,Fogliano V.Use of antioxidants to minimize the human health risk associated to mutagenic/carcinogenic heterocyclic amines in food[J]. Journal of Chromatography B Analytical Technologies in the Biomedical & Life Sciences,2004,802(1):189-199.

[93] 冯云,李汴生,周厚源,等.微波间隙处理对鸡翅根干燥特性及品质的影响[J].北京:食品与发酵工业,2014,40(10):69-75.

[94] 郭海涛,王振宇,潘晗,等.脂肪含量及原料肉形态对烤羊肉饼中杂环胺形成的影响[J].北京:核农学报,2014,1(1):91-96.

[95] 郭海涛.加工条件对羊肉制品中杂环胺含量的影响[D].北京:中国农业科学院研究生院,2013.

[96] 廖国周,王桂瑛,徐幸莲,等.葡萄籽提取物对烤羊肉中杂环胺形成的

影响[J].北京:食品与发酵工业,2011,06期:98-101.

[97] 谢小雷,李侠,张春晖,等.中红外-热风组合干燥牛肉干降低能耗提高品质[J].北京:农业工程学报,2013,23(23):217-226.

[98] 姚瑶,彭增起,邵斌,等.20种市售常见香辛料的抗氧化性对酱牛肉中杂环胺含量的影响[J].北京:中国农业科学,2012,45(20):4252.

[99] 李秉龙,常倩,等.中国肉羊规模经营研究[M].北京:中国农业科学技术出版社,2013.

[100] 朱道华,等.农业经济学.第四版[M].北京:中国农业出版社,1999.

[101] 李秉龙,等.农业经济学.2版[M].北京:中国农业大学出版社,2009.

[102] 马俊哲,张耀川.现代农户生产经营管理问答[M].北京:中国农业大学出版社,2006.

[103] 乔娟,潘春玲.畜牧业经济管理学.2版[M].北京:中国农业大学出版社,2010.

[104] 肖光明,文乐元,刘力峰.健康养殖与经营管理[M].湖南:湖南科学技术出版社,2008.

[105] 栾甫贵.农业会计学.2版[M].大连:东北财经大学出版社,2001.

[106] 王洪谟.农业会计学.4版[M].北京:中国农业出版社,2003.

[107] 杨秋林.农业项目投资评估.3版[M].北京:中国农业出版社,2003.

[108] 苏益.项目投资评估.2版[M].北京:清华大学出版社,2011.

[109] 《中华人民共和国农民专业合作社法》.

[110] 《农业企业会计核算办法——生物资产和农产品》.

[111] 《企业会计制度2011》.

[112] 《企业会计准则第39号——公允价值计量》.